高等数学

（本科少学时类型）

第五版　上册

Advanced
mathematics

同济大学数学科学学院　编

中国教育出版传媒集团
高等教育出版社·北京

内容提要

本书分上、下两册出版，上册6章，内容为函数与极限、一元函数微积分学、微分方程；下册4章，内容为向量代数和空间解析几何、多元函数微积分学、无穷级数。本书依据高等数学课程教学基本要求，充分考虑本科少学时类型和职业院校的高等数学教学实际，恰当把握理论深度，着重基本概念的理解和基本方法的掌握，所述内容和习题配置尽量做到基本、够用和实用，并注意与中学教学的衔接。本书发扬同济大学教材编写的优良传统，经长期使用和修订，具备结构严谨、语言平实、易教易学的特色。为便于教学和学生自学，书中配置了与内容紧密结合的概念和计算思考题，在每章后面配置了用于阶段复习的章复习题，本版教材还新配置了例题精讲和章复习指导等数字资源，读者可扫描书中二维码灵活使用。本书可作为本科少学时和职业院校的高等数学教材或参考书。

图书在版编目(CIP)数据

高等数学：本科少学时类型. 上册 / 同济大学数学科学学院编. --5版. --北京：高等教育出版社，2024.7

ISBN 978-7-04-062187-7

Ⅰ.①高… Ⅱ.①同… Ⅲ.①高等数学-高等学校-教材 Ⅳ.①O13

中国国家版本馆CIP数据核字(2024)第095517号

Gaodeng Shuxue

策划编辑 于丽娜　责任编辑 于丽娜　封面设计 张志奇　版式设计 徐艳妮
责任绘图 杨伟露　责任校对 窦丽娜　责任印制 赵义民

出版发行 高等教育出版社
社　　址 北京市西城区德外大街4号
邮政编码 100120
印　　刷 北京中科印刷有限公司
开　　本 787mm×960mm 1/16
印　　张 22
字　　数 400千字
购书热线 010-58581118
咨询电话 400-810-0598
网　　址 http://www.hep.edu.cn
　　　　 http://www.hep.com.cn
网上订购 http://www.hepmall.com.cn
　　　　 http://www.hepmall.com
　　　　 http://www.hepmall.cn
版　　次 1978年3月第1版
　　　　 2024年7月第5版
印　　次 2024年7月第1次印刷
定　　价 42.60元

物 料 号 62187-00

第五版前言

本书依据高等数学教学基本要求，充分考虑本科少学时类型和职业院校的高等数学教学实际，保持原书的体系、框架、深广度和编写特色，同时根据本书第四版的使用经验，对部分内容的处理和阐述做了一些更新和调整，力求使内容呈现得更加简洁明了，更利于对基本概念的深入理解和对基本方法的切实掌握；对部分例题和习题做了增删、修改或置换，在一些题目前加了 * 号，主要想法是不追求计算难度，尽量做到基本、够用，突出实际应用和训练效能；修改了部分思考题，增加了一些突出概念理解的新题。对于原书中存在的个别错漏之处，这次修订时做了订正。

本版的另一个修订重点是，配置了近年来我们制作的数字资源——典型例题精讲（与每节的相关内容配套，全书有 56 个视频），以及每章后面的章复习指导（内容包括本章内容要点、复习注意点、本章复习题选解），可通过扫描书中二维码获取，这些材料对教师讲课和学生学习会有一定帮助。说明一点：这些数字资源是选读材料，不以文字形式出现在书中，完全由老师和学生根据需要自主选用。

参加本次修订的是郭镜明（第一、二、三、八章）、朱晓平（第四、五、九章）和周朝晖（第六、七、十章），郭镜明和朱晓平进行了统稿。

感谢高等教育出版社的于丽娜编辑对本版修订工作的支持和帮助。

对于本书存在的问题和不足之处，欢迎读者和同行批评指正。

编者

2023 年 10 月

第四版前言

本书第三版出版以来已过去九年。为了更好地适应当前的教学实际，并充实这些年来教学实践的经验，我们对第三版教材做了一次修订。这次修订的主要依据是最近正式公布的工科类本科微积分课程教学基本要求，并充分考虑少学时类型和专科的微积分课程教学实际，保留了原书的体系、深广度和编写特色，对部分内容的处理和叙述方式做了一些调整，力求在保持科学性的前提下，更便于教学和学生理解；修改了少数例题和习题，增加了一些既突出概念理解又能提高教学效能的新题；更多地注意与中学数学教学的衔接，对某些中学不学或少学的内容适当增加了介绍。为了更好地体现少学时教材的特色，我们这次修订时在大部分目的后面设计配置了与每一目的内容紧密结合的少量基本概念题或简单计算题，统称为思考题。学生通过对这些题的思考和练习，可检验自己对该部分教材内容的理解情况，及时消化教学内容，然后再进一步做每节后面的习题，提高学习效果。为便于读者查阅，我们在附录中增加了三角函数公式表和行列式的简单介绍。

参加本次修订的为同济大学数学系的郭镜明、朱晓平和陆林生三位教师。对于本书存在的问题及不足之处，欢迎同行和读者批评指正。

编者

2015 年 2 月

第三版前言

本书第三版是在第二版的基础上，参照近期修订的工科类本科数学基础课程教学基本要求和专科类高等数学课程教学基本要求，并考虑当前教学的实际情况，进行修订而成的。

本书主要面向大学本科少学时类型和一些专科、高职的高等数学课程。近几年来，选择这种类型高等数学课程的专业和学生增加较快，他们的教学需求也变得多样。为此，我们在修订时，在基本保持本书第二版的内容框架和深广度的同时，对部分内容做了适当调整和精简处理，更加突出少学时类型的特色。考虑到不同专业对数学要求的差异，对一些内容加了 * 号，供要求较高的专业使用。此外还有一些内容用小字排印，以便使用者根据实际情况灵活选用，更好地掌握教学重点。本次修订时着重考虑了如何进一步加强基本概念，突出素质培养，注重实际应用。为此，我们对一些基本概念和理论的阐述做了修订，在不失严谨的同时做到更加平易好懂，便于教学。书中增加了一些选自不同领域的简单应用题，精选了一些复习概念的习题，引进一些新的题型，并在每章后面增加了章复习题，便于学生进行阶段复习。

参加本次修订工作的有骆承钦、郭镜明、邵婉鸣、朱晓平等同志。对于本书存在的问题及不足之处，欢迎同行和读者批评指正。

编者

2006年2月

第二版前言

本书自1987年出版以来,至今已有14年之久。在这期间内,我国的高等教育事业发展很快,有更多的专业需要使用少学时类型的高等数学教材,并在使用过程中对这类教材提出了一些意见和新的要求。在这样的形势下,为了使本书更好地适应教学需要,在高等教育出版社的大力支持下,我们对它做了一次全面的修订。

这次修订的指导思想是:适当降低理论深度,突出微积分中实用的分析和运算方法,着重基本技能的训练而不过分追求技巧。按照这个想法,我们对极限理论、积分法、向量代数和级数理论等都做了修改,使之更适应本书的使用要求。此外,我们参照教育部颁发的专科高等数学教学基本要求,对原书内容做了少量增删,去掉了级数一章的“*”号,并删去了其中傅里叶级数部分,增加了求条件极值的拉格朗日乘子法。在这次修订时,我们遵从多数同行的意见,把中值定理与导数应用一章紧接在导数一章之后,并把定积分与定积分的应用合并为一章。这次还对全书习题做了修订,删去了某些要求过高的习题,同时增加了一些突出基本训练的题目。

参加本次修订工作的有骆承钦、郭镜明、邵婉鸣、朱晓平等同志。天津大学齐植兰教授仔细审阅了初稿并提出了许多中肯的修改意见,对此我们表示衷心的感谢。

编者

2000年6月

第一版前言

我国高等学校中有一部分工科本科专业的高等数学课程的教学要求比一般工科专业稍低，教学时数也较少，我校就有少数这样的专业。此外，我校还有一些大专性质的专修科、进修班，它们的高等数学课程也属于这一类型。由于教学的需要，长期以来我们一直想编写一本适用于这一类型的教材，在高等教育出版社的支持下，终于在今年春季正式开始了编写工作。我们希望，这本教材的出版，能对其他学校的同类型的高等数学教学有所裨益。

在编写本教材时，我们以同济大学数学教研室主编的《高等数学》一书作为基础，但做了不少改动。我们删节了一些对于少学时类型来说要求过高的内容和难度较大的习题；对有些概念的叙述以及少数定理的证明做了某些改变；对一些章节的次序也重新做了安排。在精简部分内容的同时，对于那些我们认为学生必须掌握的基本理论、基本知识和基本技能，则不惜篇幅，力求解说详细，使读者容易接受。我们希望所做的这些改动能使这本教材较好地适合本科少学时类型的教学要求。

考虑到有些专业课程需要较早地应用积分的知识，因此在上册一元函数微积分学中，把不定积分与定积分安排在中值定理与导数的应用之前，这样做也许有利于高等数学与其他课程的配合。当然，如果没有这种需要，也可先学中值定理与导数的应用这一章，然后再学一元函数积分学。

我们认为，对一本教材所包含的内容不宜限制过死，以便使它能适应要求大体相仿但不完全相同的读者的需要。基于这样的认识，我们在下册中写进了一些供选学的内容，这些内容均用 * 号标出。

参加本书编写工作的有王福楹、张绮萱、骆承钦、郭镜明等同志，限于编者的水平，书中必有考虑不周之处，也会存在缺点和错误，希望读者批评、指正。

编者

1985 年 12 月

目 录

第一章 函数与极限 …… 1
第一节 函数 …… 1
一、集合与区间 …… 1
二、函数的概念 …… 4
三、函数的几种特性 …… 7
四、反函数 …… 9
五、复合函数·初等函数 …… 11
习题 1-1 …… 13
第二节 数列的极限 …… 15
习题 1-2 …… 22
第三节 函数的极限 …… 22
一、自变量趋于有限值时函数的极限 …… 22
二、自变量趋于无穷大时函数的极限 …… 27
习题 1-3 …… 29
第四节 无穷小与无穷大 …… 29
一、无穷小 …… 29
二、无穷大 …… 32
习题 1-4 …… 34
第五节 极限运算法则 …… 34
习题 1-5 …… 40
第六节 极限存在准则·两个重要极限 …… 41
一、夹逼准则 …… 41
二、单调有界收敛准则 …… 44
习题 1-6 …… 48
第七节 无穷小的比较 …… 49
习题 1-7 …… 52
第八节 函数的连续性 …… 53
一、函数连续性的概念 …… 53

二、函数的间断点 …… 54
三、初等函数的连续性 …… 56
习题 1-8 …… 57
第九节 闭区间上连续函数的性质 …… 58
一、最大值和最小值定理 …… 58
二、介值定理 …… 59
习题 1-9 …… 61
第一章复习题 …… 61

第二章 导数与微分 …… 64
第一节 导数的概念 …… 64
一、引例 …… 64
二、导数的定义 …… 66
三、求导数举例 …… 67
四、导数的几何意义 …… 70
五、函数的可导性与连续性之间的关系 …… 71
习题 2-1 …… 72
第二节 函数的和、积、商的求导法则 …… 74
一、函数的线性组合的求导法则 …… 74
二、函数积的求导法则 …… 76
三、函数商的求导法则 …… 77
习题 2-2 …… 79
第三节 反函数和复合函数的求导法则 …… 81
一、反函数的导数 …… 81
二、复合函数的求导法则 …… 83
习题 2-3 …… 87
第四节 高阶导数 …… 89
习题 2-4 …… 92
第五节 隐函数的导数以及由参数方程所确定的函数的导数 …… 93
一、隐函数的导数 …… 93
二、由参数方程所确定的函数的导数 …… 96
习题 2-5 …… 100

*第六节　变化率问题举例及相关变化率 …… 101
一、变化率问题举例 …… 101
二、相关变化率 …… 104
*习题 2-6 …… 106
第七节　函数的微分 …… 107
一、微分的定义 …… 107
二、微分的几何意义 …… 109
三、基本初等函数的微分公式与微分运算法则 …… 110
四、微分在近似计算中的应用 …… 113
习题 2-7 …… 115
第二章复习题 …… 116

第三章　中值定理与导数的应用 …… 119
第一节　中值定理 …… 119
一、罗尔定理 …… 119
二、拉格朗日中值定理 …… 121
习题 3-1 …… 125
第二节　洛必达法则 …… 126
习题 3-2 …… 131
第三节　泰勒中值定理 …… 132
习题 3-3 …… 137
第四节　函数的单调性和曲线的凹凸性 …… 137
一、函数单调性的判定法 …… 137
二、曲线的凹凸性与拐点 …… 140
习题 3-4 …… 143
第五节　函数的极值和最大、最小值 …… 144
一、函数的极值 …… 144
二、函数的最大、最小值 …… 149
习题 3-5 …… 153
第六节　函数图形的描绘 …… 155
习题 3-6 …… 159
*第七节　曲率 …… 160
一、弧微分 …… 160

二、曲率及其计算公式 …… 161
三、曲率圆与曲率半径 …… 164
*习题 3-7 …… 165
*第八节 方程的近似解 …… 166
*习题 3-8 …… 169
第三章复习题 …… 169

第四章 不定积分 …… 171
第一节 不定积分的概念与性质 …… 171
一、原函数与不定积分的概念 …… 171
二、基本积分表 …… 175
三、不定积分的性质 …… 177
习题 4-1 …… 179
第二节 换元积分法 …… 180
一、第一类换元法 …… 180
二、第二类换元法 …… 186
习题 4-2 …… 190
第三节 分部积分法 …… 192
习题 4-3 …… 195
第四节 有理函数的不定积分 …… 196
习题 4-4 …… 200
第四章复习题 …… 201

第五章 定积分及其应用 …… 203
第一节 定积分的概念与性质 …… 203
一、定积分问题举例 …… 203
二、定积分的定义 …… 205
三、定积分的近似计算 …… 208
四、定积分的性质 …… 210
习题 5-1 …… 214
第二节 微积分基本公式 …… 215
一、变速直线运动中位置函数与速度函数之间的联系 …… 215
二、积分上限的函数及其导数 …… 216

三、牛顿-莱布尼茨公式 …… 218
习题 5-2 …… 221
第三节 定积分的换元积分法与分部积分法 …… 222
一、定积分的换元积分法 …… 222
二、定积分的分部积分法 …… 226
习题 5-3 …… 229
第四节 定积分在几何上的应用 …… 230
一、定积分的元素法 …… 230
二、平面图形的面积 …… 232
三、体积 …… 235
四、平面曲线的弧长 …… 238
习题 5-4 …… 241
第五节 定积分在物理上的应用 …… 243
一、变力沿直线所做的功 …… 243
二、水压力 …… 245
三、引力 …… 246
习题 5-5 …… 247
第六节 反常积分 …… 248
一、无穷限的反常积分 …… 248
二、被积函数具有无穷间断点的反常积分 …… 250
习题 5-6 …… 253
第五章复习题 …… 254

第六章 微分方程 …… 257
第一节 微分方程的基本概念 …… 257
习题 6-1 …… 261
第二节 可分离变量的微分方程 …… 262
一、可分离变量的微分方程 …… 262
*二、齐次方程 …… 265
习题 6-2 …… 270
第三节 一阶线性微分方程 …… 271
习题 6-3 …… 275
*第四节 可降阶的高阶微分方程 …… 276

一、$y''=f(x)$型的微分方程 …… 276
二、$y''=f(x,y')$型的微分方程 …… 278
三、$y''=f(y,y')$型的微分方程 …… 280
*习题 6-4 …… 282
第五节　二阶常系数齐次线性微分方程 …… 282
习题 6-5 …… 289
第六节　二阶常系数非齐次线性微分方程 …… 290
一、$f(x)=P_m(x)\mathrm{e}^{\lambda x}$型 …… 291
二、$f(x)=\mathrm{e}^{\lambda x}(A\cos \omega x+B\sin \omega x)$型 …… 293
习题 6-6 …… 295
第六章复习题 …… 296

附录 …… 298
附录Ⅰ　基本初等函数的图形及其主要性质 …… 298
附录Ⅱ　几种常用的曲线 …… 301
附录Ⅲ　常用三角函数公式 …… 304

部分思考题答案 …… 305

部分习题答案 …… 312

第一章 函数与极限

高等数学课程的主要内容是微积分及其应用.微积分与中学里学的初等数学是有很大区别的.初等数学研究的对象基本上是不变的量(称为常量),而微积分则是以变量作为研究对象.研究变量时,着重考察变量之间的相依关系(即所谓的函数关系),并讨论当某个变量变化时,与它相关的变量的变化趋势.这种研究方法就是本章将详细讨论的极限方法.本章将介绍函数、极限和函数连续性等基本概念以及它们的一些性质,这些内容是学习本课程必须掌握好的基础知识.

第一节 函数

一、集合与区间

1. 集合

讨论函数离不开集合这个概念.在数学中,我们把指定的有限多个或无限多个事物所组成的总体称为一个集合.组成这个集合的事物称为该集合的元素.本书以大写拉丁字母表示集合.事物 a 是集合 M 的元素,记作 $a\in M$(读作 a 属于 M);事物 a 不是集合 M 的元素,记作 $a\notin M$(读作 a 不属于 M).

由有限个元素组成的集合称为有限集,而由无穷多个元素所组成的集合则称为无限集.表示集合的方法通常有两种.一种是列举法,就是把集合的全体元素一一列举出来表示.例如,由元素 $a_1,a_2,\cdots,a_n$ 组成的集合 A 可表示成

$$A=\{a_1,a_2,\cdots,a_n\}.$$

另一种是描述法,若集合 M 由具有某种特征的元素 x 所组成,就可表示成

$$M=\{x\mid x\text{ 所具有的特征}\}.$$

例如,平面上坐标适合方程 $x^2+y^2=1$ 的点 (x,y) 所组成的集合 M 可记作

$$M=\{(x,y)\mid x^2+y^2=1\}.$$

本书用到的集合主要是数集,即元素都是数的集合.如果没有特别声明,以后提到的数都是实数.我们将全体非负整数即自然数的集合记作 $\mathbf{N}$,全体整数的集合记作 $\mathbf{Z}$,全体有理数的集合记作 $\mathbf{Q}$,全体实数的集合记作 $\mathbf{R}$.

如果集合 A 的元素都是集合 B 的元素,即若 $x\in A$,则必 $x\in B$,就说 A 是 B 的子集,记作 $A\subset B$ 或 $B\supset A$.例如有 $\mathbf{N}\subset\mathbf{Z}\subset\mathbf{Q}\subset\mathbf{R}$.

如果 $A\subset B$ 且 $B\subset A$,就称集合 A 与 B 相等,记作 $A=B$.

有时我们在表示数集的字母的右上角添加“+”“-”等上标,表示该数集的特定子集.以实数集 $\mathbf{R}$ 为例,$\mathbf{R}^+$ 表示全体正实数之集,$\mathbf{R}^-$ 表示全体负实数之集.仿此可得出其他数集的类似子集的记号.

不含任何元素的集合称为空集.例如 $\{x \mid x\in\mathbf{R}, x^2+1=0\}$
是空集,因为满足条件 $x^2+1=0$ 的实数是不存在的.空集记作 $\varnothing$,并规定空集为任何集合的子集.

读者在中学里已经学过,实数可用数轴上的点表示,因此常把数 x 称为点 x,这时就是指数轴上与数 x 对应的那个点.相应地,数集也常称为(数轴上的)点集,并且根据点集的几何特征来对数集命名.下面介绍的“区间”就是这样的例子,它是高等数学中最常用到的一类数集.

2. 区间

设 a 和 b 都是实数,且 $a<b$.数集 $\{x \mid a<x<b\}$
称为开区间,记作 (a,b),即 $(a,b)=\{x \mid a<x<b\}$.
a 和 b 称为开区间 (a,b) 的端点,这里 $a\notin(a,b)$,$b\notin(a,b)$.数集 $\{x \mid a\leqslant x\leqslant b\}$ 称为闭区间,记作 $[a,b]$,即

$$[a,b]=\{x \mid a\leqslant x\leqslant b\}.$$

a 和 b 也称为闭区间 $[a,b]$ 的端点,这里 $a\in[a,b]$,$b\in[a,b]$.类似地可说明

$$[a,b)=\{x \mid a\leqslant x<b\},\quad (a,b]=\{x \mid a<x\leqslant b\}.$$

$[a,b)$ 和 $(a,b]$ 都称为半开区间.

以上这些区间都称为有限区间.数 $b-a$ 称为这些区间的长度.从数轴上看,这些有限区间是长度为有限的(不包括端点或包括一个、两个端点的)线段(图 1-1).

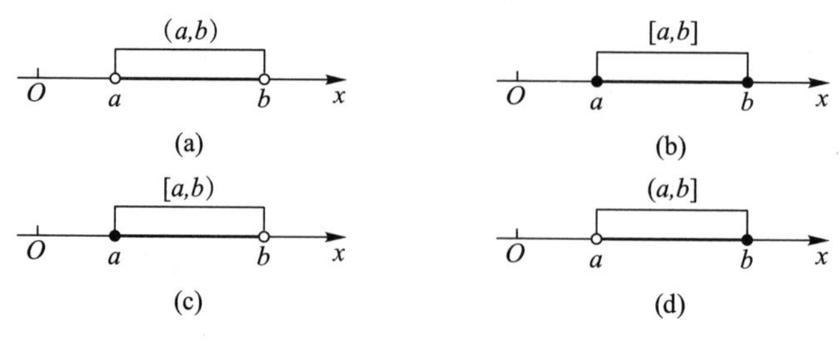

图 1-1

此外还有所谓无限区间.引进记号$+\infty$（读作正无穷大）及$-\infty$（读作负无穷大），则无限的半开或开区间表示如下：

$$[a,+\infty)=\{x \mid x \geqslant a\},$$
$$(-\infty,b]=\{x \mid x \leqslant b\},$$
$$(a,+\infty)=\{x \mid x>a\},$$
$$(-\infty,b)=\{x \mid x<b\}.$$

这些区间在数轴上表现为长度为无限的半直线，例如（图 1-2）：

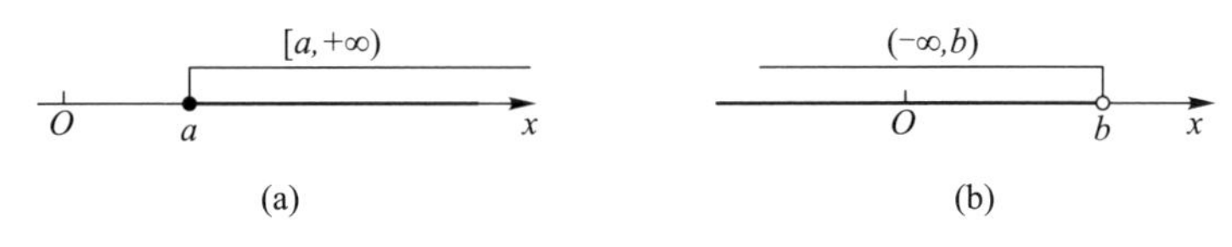

图 1-2

全体实数的集合 **R** 也记作$(-\infty,+\infty)$，它也是无限的开区间.

要注意的是，$+\infty$，$-\infty$ 都只是表示无限性的一种记号，都不表示某个确定的数，因此不能像数一样进行运算.

以后如果遇到所做的论述对不同类型的区间（有限的，无限的，开的，闭的，半开的）都适用，为了避免重复论述，就用“区间 I”代表各种类型的区间.

邻域也是一个经常用到的概念.设 a 与 δ 是两个实数，且$\delta>0$.数集

$$\{x \mid |x-a|<\delta\}$$

称为点 a 的 δ 邻域，记作 $U(a,\delta)$，即

$$U(a,\delta)=\{x \mid |x-a|<\delta\}.$$

点 a 叫做 $U(a,\delta)$ 的中心，δ 叫做 $U(a,\delta)$ 的半径.

因为 $|x-a|<\delta$ 相当于

$$-\delta<x-a<\delta,$$

即 $a-\delta<x<a+\delta$，所以

$$U(a,\delta)=\{x \mid a-\delta<x<a+\delta\}.$$

由此看出，$U(a,\delta)$ 也就是开区间$(a-\delta,a+\delta)$，这个开区间以点 a 为中心，而长度为 2δ（图 1-3）.

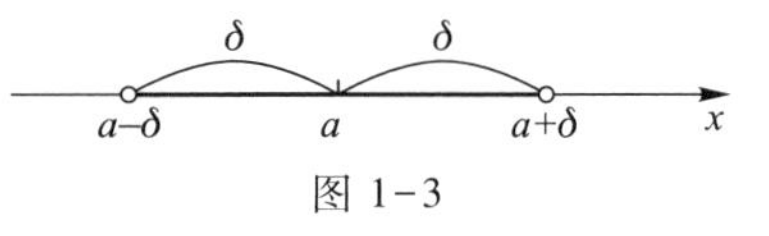

图 1-3

在数轴上，$|x-a|$ 表示点 x 与点 a 之间的距离，因此点 a 的 δ 邻域

$$U(a,\delta)=\{x \mid |x-a|<\delta\}$$

在数轴上表示与点 a 距离小于 δ 的一切点 x 的全体，这正是开区间$(a-\delta,a+\delta)$.

有时用到的邻域需要把邻域中心去掉.点 a 的 δ 邻域去掉中心 a 后，称为点 a 的去心 δ 邻域，记作$\mathring{U}(a,\delta)$，即

$$\mathring{U}(a,\delta)=\{x \mid 0<|x-a|<\delta\},$$

这里 $|x-a|>0$ 就说明 $x\neq a$.

思考题 1 用区间记号表示适合下列不等式的变量 x 的范围,并将区间在数轴上表示出来:

(1) $2<x\leqslant 6$; (2) $|x-2|<0.1$;

(3) $|x|>100$; (4) $0<|x+1|<\delta$.

二、函数的概念

在同一个自然现象或技术过程中,往往同时有几个变量在变化着.这几个变量并不是孤立地在变,而是按照一定的规律相互联系着,其中一个量变化时,另外的量也跟着变化,前者的值一确定,后者的值也就随之而唯一地确定.比如说,圆的面积 A 是随着半径 r 的变化而变化的,其变化规律是 $A=\pi r^2$.当半径 r 在区间 $(0,+\infty)$ 内任意取定一个值时,由上式就可确定面积 A 的相应数值.又如,在任何一个确定的地点,某天一昼夜间的气温 T 是随着时间 t 的变动而变化的.对这一天 0 点到 24 点之间的任一时刻 t_0,气温 T 都有一个确定的值 T_0 与它对应,尽管这个对应规律很难用一个式子精确表达出来.现实世界中广泛存在于变量之间的这种类型的相依关系,正是函数概念的客观背景.

定义 设 x 和 y 是两个变量,D 是一个给定的非空数集.若按照某个法则 f,对于每个数 $x\in D$,变量 y 都有唯一确定的值和它相对应,则称这个对应法则 f 为定义在 D 上的函数.数集 D 称为这个函数的定义域,x 称为自变量,y 称为因变量.

与自变量 x 对应的因变量 y 的值记作 $f(x)$,称为函数 f 在点 x 处的函数值.比如当 x 取值 $x_0\in D$ 时,y 的对应值就是 $f(x_0)$.当 x 取遍定义域 D 的所有数值时,对应的全体函数值所组成的集合

$$W=\{y \mid y=f(x),x\in D\}$$

称为函数的值域.

为了叙述方便,习惯上常用函数值的记号 $f(x)$,或 $y=f(x)$,来表示函数 f,且通常也称 y 是 x 的函数.例如给定如下的对应法则 f:对任一 $x\in D$,$y=x^2+x+1$,则由此对应法则所确定的函数 f 通常就记作

$$f(x)=x^2+x+1,\quad x\in D,$$

或

$$y=x^2+x+1,\quad x\in D.$$

函数的记号 f 也可改用其他字母，例如 φ，F 等，相应地，函数可记作 $y=\varphi(x)$，$y=F(x)$ 等.有时还根据问题的需要，直接用因变量的记号来表示函数，即把函数记作 $y=y(x)$.类似地，函数的自变量和因变量，除了常用 x 和 y 分别表示外，也可用其他的字母来记.但在同一个函数中，自变量和因变量要用不同的字母表示.

从函数的定义可以看到，函数概念有两个要素：定义域和对应法则.如果两个函数的定义域相同，对应法则也相同，那么这两个函数就是相同的，否则就是不同的.

在实际问题中，函数的定义域是根据问题的实际意义确定的.例如圆的面积公式 $A=\pi r^2$ 的定义域 $D=(0,+\infty)$，某天一昼夜温度 T 随时间 t 变化的规律 $T=T(t)$ 的定义域 $D=[0,24]$.

在数学中，有时不考虑函数的实际意义，而抽象地研究用算式表达的函数.这时我们约定：函数的定义域就是自变量所能取的使算式有意义的一切实数所组成的集合.这样约定的定义域有时也称为函数的自然定义域.例如函数 $y=\sqrt{1-x^2}$ 的定义域是闭区间 $[-1,1]$，函数 $y=\dfrac{1}{\sqrt{1-x^2}}$ 的定义域是开区间 $(-1,1)$.

具体表示一个函数时，必须明确指明函数的定义域和对应法则(但自然定义域常常不明确表出，可根据算式自行判定).表示函数的对应法则可用表格法、图形法、解析法(即算式表示法)，有时也可用语言描述，这些是读者在中学里已经熟悉的内容，这里就不再详细说明了.中学代数课中还讨论过许多具体的函数，如幂函数、指数函数、对数函数、三角函数、反三角函数等，这些函数在本课程以后的讨论中将反复出现.下面再举几个函数的例子.

例 1 在定义域各点处取同一个常数值的函数，称为常数函数.例如，$y=2$ 是一个常数函数，它的定义域 $D=(-\infty,+\infty)$，值域 $W=\{2\}$，它的图形是一条平行于 x 轴的直线(图 1-4).

例 2 数 x 的绝对值记为 $|x|$.若把 x 看作变量，则得函数

$$f(x)=|x|=\begin{cases}-x, & 当\ x<0,\\ x, & 当\ x\geqslant 0.\end{cases}$$

这个函数称为绝对值函数，它的定义域 $D=(-\infty,+\infty)$，值域 $W=[0,+\infty)$，它的图形如图 1-5 所示.

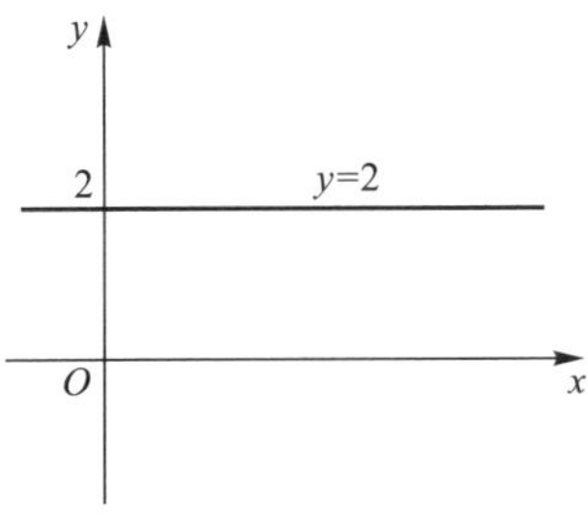

图 1-4

例 3 函数

$$f(x)=\operatorname{sgn} x=\begin{cases}-1, & 当\ x<0,\\ 0, & 当\ x=0,\\ 1, & 当\ x>0\end{cases}$$

称为符号函数，它的定义域 $D=(-\infty,+\infty)$，值域 $W=\{-1,0,1\}$，它的图形如图 1-6 所示.对于任何实数 x，下列关系成立：

$$x=\operatorname{sgn} x\cdot|x|.$$

例如，$\operatorname{sgn}(-3)\cdot|-3|=(-1)\cdot 3=-3$.

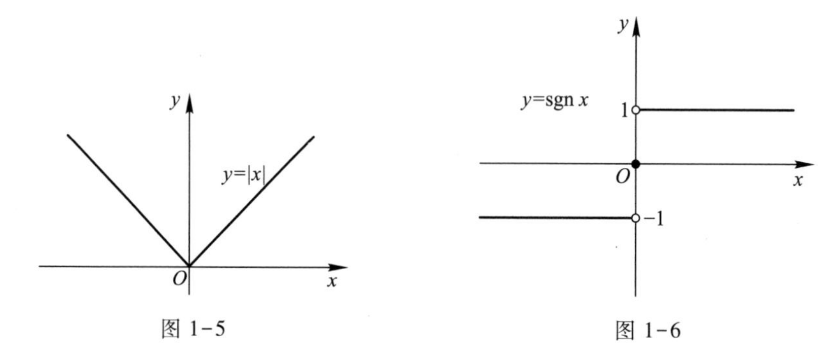

图 1-5　　图 1-6

例 4 设 x 为任一实数.不超过 x 的最大整数记作 $[x]$.例如 $\left[\dfrac{5}{7}\right]=0$，$[\sqrt{2}]=1$，$[\pi]=3$，$[-1]=-1$，$[-3.5]=-4$.一般地，有

$$[x]=n,x\in[n,n+1),n=0,\pm1,\pm2,\cdots.$$

把 x 看作变量，则函数

$$f(x)=[x]$$

称为取整函数，它的定义域 $D=(-\infty,+\infty)$，值域为整数集 $\mathbf{Z}$.它的图形如图 1-7 所示.在 x 的整数值处，图形发生跳跃，跃度为 1.

从例 2 和例 3 看到，有些函数在其定义域的不同部分，对应法则由不同的算式表达，这种函数称为分段函数.分段函数在实际问题中是经常出现的.

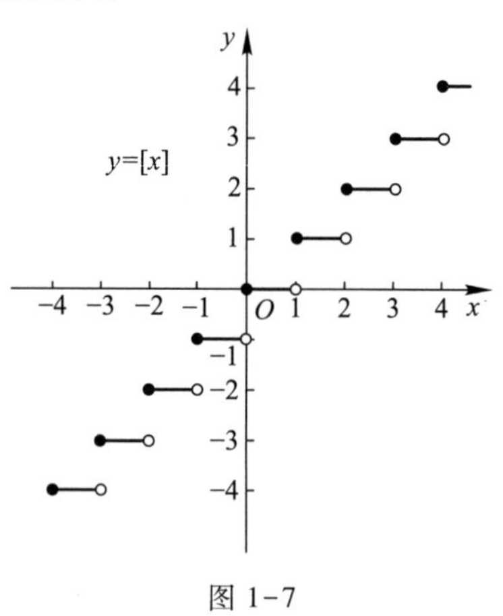

图 1-7

例 5 某市出租车按如下规定收费：当行驶里程不超过3 km时，一律收起步费 12 元；当行驶里程超过 3 km 时，除起步费外，对超过 3 km 且不超过 10 km 的部分，按每千米 2 元计费；对超过10 km 的部分，按每千米 3 元计费.试写出车费

C 与行驶里程 s 之间的函数关系.

解　以 $C=C(s)$ 表示这个函数,其中 s 的单位是 km,C 的单位是元.按上述规定,当 $0<s\leqslant 3$ 时,$C=12$;当 $3<s\leqslant 10$ 时,$C=12+2(s-3)=2s+6$;当 $s>10$ 时,$C=12+2(10-3)+3(s-10)=3s-4$.或写作

$$C(s)=\begin{cases}12, & \text{当 } 0<s\leqslant 3,\\ 2s+6, & \text{当 } 3<s\leqslant 10,\\ 3s-4, & \text{当 } s>10.\end{cases}$$

$C(s)$ 就是一个分段函数.

思考题 2　设 $f(x)=\sqrt{4+x^2}$,求下列函数值:

$$f(0),\quad f(-1),\quad f\left(\frac{1}{a}\right),\quad f(x_0),\quad f(x_0+h).$$

思考题 3　下列函数中,满足关系式 $f(x+y)=f(x)+f(y)$(x,y 为任意实数)的是:

(a) $f(x)=2x$;　　(b) $f(x)=x^2$;

(c) $f(x)=2x+1$;　　(d) $f(x)=\sin x$.

三、函数的几种特性

1. 函数的有界性

设函数 $f(x)$ 的定义域为 D,数集 $X\subset D$.

如果存在正数 M,使得对任一 $x\in X$,都有

$$|f(x)|\leqslant M,$$

就称函数 $f(x)$ 在 X 内有界;如果这样的 M 不存在,就称函数 $f(x)$ 在 X 内无界.

例如,函数 $f(x)=\sin x$ 在 $(-\infty,+\infty)$ 内是有界的,因为无论 x 取任何实数,$|\sin x|\leqslant 1$ 都能成立.这里 $M=1$(当然也可取大于 1 的任何数作为 M,而 $|\sin x|\leqslant M$ 成立).函数 $f(x)=\dfrac{1}{x}$ 在开区间 $(0,1)$ 内是无界的,因为不存在这样的正数 M,使 $\left|\dfrac{1}{x}\right|\leqslant M$ 对于 $(0,1)$ 内的一切 x 都成立.但是 $f(x)=\dfrac{1}{x}$ 在区间 $(1,2)$ 内是有界的,例如可取 $M=1$ 而使 $\left|\dfrac{1}{x}\right|\leqslant 1$ 对于区间 $(1,2)$ 内的一切 x 值都成立.

函数有界的定义也可以这样表述:如果存在常数 M_1 和 M_2,使得对任一 $x\in X$,都有 $M_1\leqslant f(x)\leqslant M_2$,就称 $f(x)$ 在 X 上有界,并分别称 M_1 和 M_2 为 $f(x)$ 在 X 上的一个下界和一个上界.

2. 函数的单调性

设函数$f(x)$的定义域为D,区间$I\subset D$.若对于区间I内任意两点x_1及x_2,当$x_1<x_2$时,恒有

$$f(x_1)<f(x_2),$$

则称函数$f(x)$在区间I内是单调增加的;若对于区间I内任意两点x_1及x_2,当$x_1<x_2$时,恒有

$$f(x_1)>f(x_2),$$

则称函数$f(x)$在区间I内是单调减少的.

例如,函数$f(x)=x^2$在区间$[0,+\infty)$内是单调增加的,在区间$(-\infty,0]$内是单调减少的,而在区间$(-\infty,+\infty)$内不是单调的.

3. 函数的奇偶性

设函数$f(x)$的定义域D关于原点对称(即若$x\in D$,则必有$-x\in D$).若对于任一$x\in D$,

$$f(-x)=-f(x)$$

恒成立,则称$f(x)$为奇函数.若对于任一$x\in D$,

$$f(-x)=f(x)$$

恒成立,则称$f(x)$为偶函数.

例如,$f(x)=x^2$是偶函数,$f(x)=x^3$是奇函数,而$f(x)=\sin x+\cos x$既非奇函数,又非偶函数.

奇函数的图形是关于原点对称的,偶函数的图形是关于y轴对称的.

4. 函数的周期性

对于函数$f(x)$,若存在一个正数l,使得对于定义域内的任何x值,$x\pm l$仍在定义域内,且关系式

$$f(x+l)=f(x)$$

恒成立,则$f(x)$叫做周期函数,l叫做$f(x)$的周期(通常,周期函数的周期是指最小正周期).

例如,函数$y=\sin x$,$y=\cos x$都是以2π为周期的周期函数;函数$y=\tan x$是以π为周期的周期函数.

根据周期函数图形的特点,只要作出函数在长度为周期l的一个区间上的图形,就可通过图形的平移画出整个函数的图形.

思考题 4 试写出在区间$[1,+\infty)$上的两个函数,其中一个在该区间上单调增加且有界,另一个在该区间上单调减少且无界.

四、反函数

函数 $y=f(x)$ 反映了两个变量之间的对应关系，当自变量在定义域 D 内取定一个值后，因变量 y 的值也随之唯一确定.但是，这种因果关系并不是绝对的.例如在自由落体运动中，若已知物体下落时间 t 而要求出下落距离 s，则有公式 $s=\frac{1}{2}gt^2$ ($t\geqslant 0$, g 为重力加速度)，这里时间 t 是自变量而距离 s 是因变量.我们也常常需要考虑反过来的问题：已知下落距离 s 来求出下落时间 t.这时我们可从上式解得 $t=\sqrt{\frac{2s}{g}}$ ($s\geqslant 0$)，这里距离 s 成为自变量而时间 t 成为因变量.在数学上，如果把一个函数中的自变量和因变量进行对换后能得到新的函数，就把这个新函数称为原来函数的反函数.严格地讲，就是：

设函数 $y=f(x)$ 的定义域是数集 D，值域是数集 W.若对每一个 $y\in W$，都有唯一的 $x\in D$ 适合关系 $f(x)=y$，那么就把此 x 值作为取定的 y 值的对应值，从而得到一个定义在 W 上的新函数.这个新的函数称为 $y=f(x)$ 的反函数，记作

$$x=f^{-1}(y).$$

这个函数的定义域为 W，值域为 D，相对于反函数 $x=f^{-1}(y)$ 来说，原来的函数 $y=f(x)$ 称为直接函数.

我们可以用示意图(图 1-8)把 f 和 f^{-1} 的关系形象地表示出来.

在函数式 $x=f^{-1}(y)$ 中，字母 y 表示自变量，字母 x 表示因变量.但习惯上一般用 x 表示函数的自变量，而用 y 表示因变量，因此常常对调函数式 $x=f^{-1}(y)$ 中的字母 x,y，把它改写成 $y=f^{-1}(x)$.今后提到反函数，一般就是指这种经过改写后的反函数.

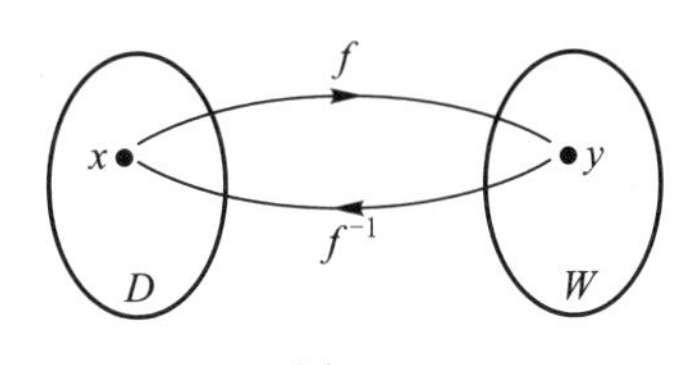

图 1-8

例如，函数 $y=-\sqrt{x-1}$ ($x\geqslant 1$)的反函数是 $x=y^2+1$ ($y\leqslant 0$)，或改写成 $y=x^2+1$ ($x\leqslant 0$).

读者在学习中学代数时已经知道，函数 $y=f(x)$ 的图形与它的反函数 $y=f^{-1}(x)$ 的图形关于直线 $y=x$ 是对称的.例如，指数函数 $y=a^x$ ($a>0, a\neq 1$)和它的反函数——对数函数 $y=\log_a x$ 的图形关于直线 $y=x$ 是对称的(图 1-9).

下面来讨论什么样的函数存在反函数？为此先看一个例子.设 $y=x^2$ ($-\infty<x<+\infty$)，由此式解出 x，得到 $x=\pm\sqrt{y}$.这就表明，对于每个 $y>0$，x 有两个不同的对

应值$\pm\sqrt{y}$,x的值并不唯一确定.因此按反函数的定义,作为定义在区间$(-\infty,+\infty)$上的函数$y=x^2$不存在反函数.但若把函数$y=x^2$的定义域限制在区间$[0,+\infty)$上,即考虑函数$y=x^2\ (x\geqslant0)$,则可解得$x=\sqrt{y}$,这时对于每个$y\geqslant0$,x有唯一确定的值$\sqrt{y}$与它对应.因此,函数$y=x^2\ (x\geqslant0)$存在反函数$x=\sqrt{y}$,或写作$y=\sqrt{x}$.我们注意到,函数$y=x^2\ (x\geqslant0)$在其定义域$D=[0,+\infty)$上是单调(增加)的,而函数$y=x^2\ (-\infty<x<+\infty)$在其定义域$D=(-\infty,+\infty)$上不是单调的(图1-10).

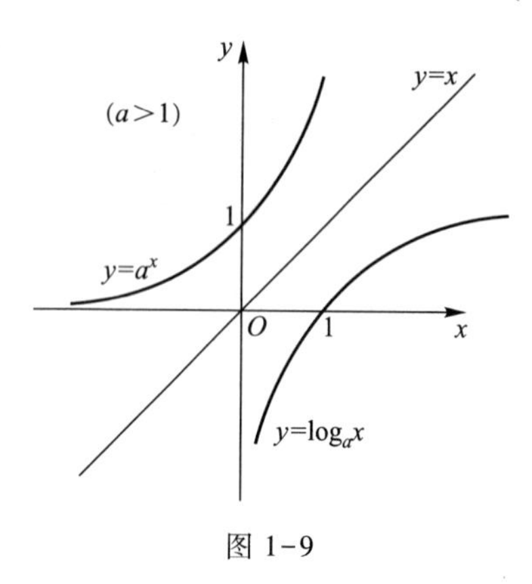

图 1-9

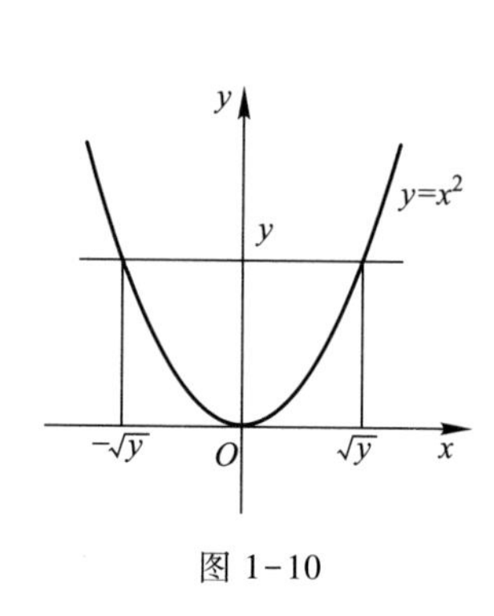

图 1-10

一般地,有如下的关于反函数存在的充分条件:

若函数$y=f(x)$定义在某个区间I上并在该区间上单调(增加或减少),则它必存在反函数.

事实上,若设函数$y=f(x)\ (x\in I)$的值域为W,则由于$f(x)$在I上单调,故对任一$y\in W$,I内必定只有唯一的x值满足$f(x)=y$,从而推得$y=f(x)\ (x\in I)$必存在反函数.

例 6 正弦函数$y=\sin x$的定义域为$(-\infty,+\infty)$,值域为$[-1,1]$.对于任一$y\in[-1,1]$,在$(-\infty,+\infty)$内有无穷多个x的值,满足$\sin x=y$,因此$y=\sin x\ (-\infty<x<+\infty)$不存在反函数.但如果把正弦函数的定义域限制在它的一个单调区间$\left[-\frac{\pi}{2},\frac{\pi}{2}\right]$上,根据上述反函数存在的充分条件,这样得到的函数$y=\sin x\ \left(-\frac{\pi}{2}\leqslant x\leqslant\frac{\pi}{2}\right)$就存在反函数.这个反函数称为反正弦函数,记作$y=\arcsin x$,它的定义域是$[-1,1]$,值域是$\left[-\frac{\pi}{2},\frac{\pi}{2}\right]$(图1-11).

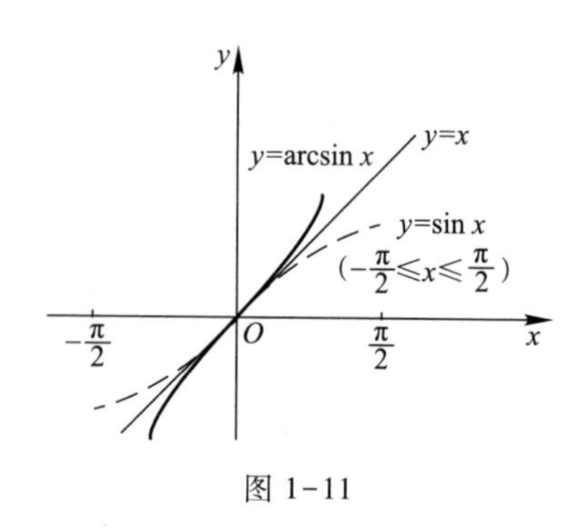

图 1-11

类似地,定义在区间$[0,\pi]$上的余弦函数 $y=\cos x$ 的反函数称为反余弦函数,记作 $y=\arccos x$,它的定义域是$[-1,1]$,值域是$[0,\pi]$;定义在区间$\left(-\frac{\pi}{2},\frac{\pi}{2}\right)$内的正切函数 $y=\tan x$ 的反函数称为反正切函数,记作 $y=\arctan x$,它的定义域为$(-\infty,+\infty)$,值域是$\left(-\frac{\pi}{2},\frac{\pi}{2}\right)$;定义在区间$(0,\pi)$内的余切函数 $y=\cot x$ 的反函数称为反余切函数,记作 $y=\operatorname{arccot} x$,它的定义域是$(-\infty,+\infty)$,值域是$(0,\pi)$.

函数 $y=\arcsin x$,$y=\arccos x$,$y=\arctan x$,$y=\operatorname{arccot} x$ 统称为反三角函数.

思考题 5　设 $y=f(x)$ 是$(-\infty,+\infty)$上的奇函数且有反函数 $y=f^{-1}(x)$.若$(1,-2)$是 $y=f(x)$的图形上的一点,则 $y=f^{-1}(x)$的图形上必有三个点______,______和______.

思考题 6　$\sin\left(\arcsin\frac{1}{3}\right)=$______,$\arccos\left(\cos\frac{5}{4}\pi\right)=$______,$\arcsin(\sin x)\left(\frac{\pi}{2}<x\leqslant\pi\right)=$______.

五、复合函数·初等函数

1. 复合函数

先举一个例子.设

$$y=\sqrt{u},\quad 且\quad u=1+x^2,$$

以 $1+x^2$ 代替第一式的 u,得

$$y=\sqrt{1+x^2}.$$

我们说,这个函数 $y=\sqrt{1+x^2}$ 是由 $y=\sqrt{u}$ 及 $u=1+x^2$ 复合而成的复合函数.

一般地,给定函数 $y=f(u)\ (u\in D_1)$和 $u=\varphi(x)\ (x\in D_2)$,以 $\varphi(x)$代替第一个函数中的 u,得到一个以 x 为自变量、y 为因变量的函数

$$y=f[\varphi(x)],\quad x\in D,$$

这个函数称为由函数 $y=f(u)$及 $u=\varphi(x)$复合而成的复合函数,复合函数的定义域 $D=\{x\mid x\in D_2 且 \varphi(x)\in D_1\}$.变量 u 称为复合函数的中间变量.

例如,函数 $y=\arctan x^2$ 可看作由 $y=\arctan u$ 及 $u=x^2$ 复合而成的.这个函数的定义域为$(-\infty,+\infty)$,它也是 $u=x^2$ 的定义域.又例如,$y=\sqrt{x^2}$ 可看作由 $y=\sqrt{u}$ 及 $u=x^2$ 复合而成的,这个函数实际就是例 2 中的函数 $y=|x|$.

可以用示意图(图 1-12)把复合函数 $f[\varphi(x)]$的对应法则形象地表示出来.

图中的 W 是函数 $y=f(u)$ 的值域，它必定包含但不一定等于复合函数的值域.

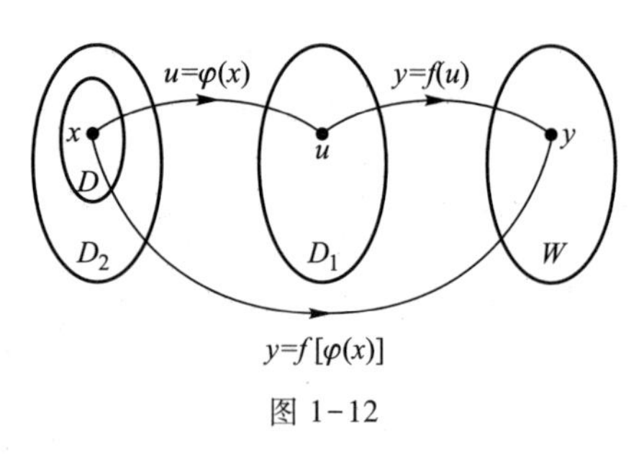

图 1-12

要注意，复合函数 $y=f[\varphi(x)]$ 的定义域 D 不一定等于函数 $u=\varphi(x)$ 的定义域 D_2，一般说是 D_2 的一个子集. 例如，$y=\sqrt{u}$ 和 $u=1-x^2$ 复合而成的函数 $y=\sqrt{1-x^2}$ 的定义域是 $[-1,1]$，它是 $u=1-x^2$ 的定义域 $(-\infty,+\infty)$ 的一个子集. 又，若 $u=\varphi(x)$ 的函数值均不在 $y=f(u)$ 的定义域内，则这两个函数就不能复合. 例如，$y=\ln u$ 和 $u=-x^2$ 就不能复合，因为后者的函数值均不在前者的定义域内.

复合函数也可以由两个以上的函数经过复合构成. 例如，设 $y=\sqrt{u}$，$u=\cot v$，$v=\dfrac{x}{2}$，则得复合函数 $y=\sqrt{\cot\dfrac{x}{2}}$，这里 u 及 v 都是中间变量.

例 7 设 $g(x)=\dfrac{1}{x}$，求 $\dfrac{g(a+h)-g(a)}{h}$，其中 a,h 和 $a+h$ 均不为零.

解
$$\frac{g(a+h)-g(a)}{h}=\frac{\dfrac{1}{a+h}-\dfrac{1}{a}}{h}$$
$$=\frac{a-(a+h)}{ah(a+h)}=-\frac{1}{a(a+h)}.$$

2. 初等函数

下面五类函数都称为基本初等函数：

幂函数　$y=x^{\mu}$（μ 是常数），

指数函数　$y=a^x$（a 是常数，$a>0,a\neq 1$），

对数函数　$y=\log_a x$（a 是常数，$a>0,a\neq 1$），

三角函数　$y=\sin x,y=\cos x,y=\tan x,y=\cot x,y=\sec x,y=\csc x$①，

反三角函数　$y=\arcsin x,y=\arccos x,y=\arctan x,y=\operatorname{arccot} x$.

它们的图形和基本性质可查阅附录 Ⅰ.

由常数及基本初等函数经过有限次四则运算及有限次的复合步骤所构成的函数，叫做初等函数. 按此定义，初等函数都可以用一个式子表示出来. 例如

---

① $\sec x=\dfrac{1}{\cos x}$，$\csc x=\dfrac{1}{\sin x}$.

$$y=\sqrt{1-x^2},\quad y=\sin^2 x,\quad y=\sqrt{\cot\frac{x}{2}}$$

都是初等函数.

初等函数的表达形式简洁明了,研究方便,应用广泛,本书中讨论的函数主要是初等函数.

思考题7 (1) 求由 $y=\ln u, u=\sqrt{1+v^2}, v=\tan x$ 复合而成的函数;

(2) $y=\mathrm{e}^{\sin\frac{2x}{3}}$ 由哪些基本初等函数复合而成?

思考题8 设 $F(x-2)=x^2-2x+3$,则 $F(x+2)=$ ________.

习题 1-1

1. 求邻域半径 δ,使 $x\in U(1,\delta)$ 时,$|2x-2|<\varepsilon$.又若 ε 分别为 0.1,0.01 时,上述 δ 各等于多少?

2. 下列各题中,函数 $f(x)$ 和 $g(x)$ 是否相同?为什么?

(1) $f(x)=\lg x^2$, $g(x)=2\lg x$;

(2) $f(x)=\dfrac{x^3-x}{x^2-1}$, $g(x)=x$;

(3) $f(x)=\sqrt[3]{x^4-x^3}$, $g(x)=x\sqrt[3]{x-1}$;

(4) $f(x)=\sqrt{1-\cos^2 x}$, $g(x)=\sin x$.

3. 求下列函数的定义域:

(1) $y=\dfrac{1}{x}-\sqrt{1-x^2}$;

(2) $y=\dfrac{2x}{x^2-3x+2}$;

(3) $y=\arcsin(x-3)$;

(4) $y=\sqrt{3-x}+\arctan\dfrac{1}{x}$;

(5) $y=\ln(x+1)$;

(6) $y=\mathrm{e}^{\frac{1}{x}}$.

4. 设 $\varphi(x)=\begin{cases}|\sin x|, & \text{当 } |x|<\dfrac{\pi}{3},\\ 0, & \text{当 } |x|\geqslant\dfrac{\pi}{3},\end{cases}$ 求 $\varphi\left(\dfrac{\pi}{6}\right),\varphi\left(\dfrac{\pi}{4}\right),\varphi\left(-\dfrac{\pi}{4}\right),\varphi(-2)$.

5. 设 $f(t)=2t^2+\dfrac{2}{t^2}+\dfrac{5}{t}+5t$,证明:$f(t)=f\left(\dfrac{1}{t}\right)$.

6. 设 $F(x)=\mathrm{e}^x$,证明:

(1) $F(x)\cdot F(y)=F(x+y)$; (2) $\dfrac{F(x)}{F(y)}=F(x-y)$.

7. 设 $G(x)=\ln x$.证明:当 $x>0,y>0$ 时下列等式成立:

(1) $G(x)+G(y)=G(xy)$; (2) $G(x)-G(y)=G\left(\dfrac{x}{y}\right)$.

8. 下列函数中哪些是偶函数,哪些是奇函数,哪些既非奇函数又非偶函数?

(1) $y=x^2(1-x^2)$; (2) $y=3x^2-x^3$;

(3) $y=x(x-1)(x+1)$; (4) $y=\dfrac{a^x+a^{-x}}{2}$;

(5) $y=\dfrac{a^x-a^{-x}}{2}$; (6) $y=\sin x-\cos x+1$.

9. 设下面所考虑的函数都是定义在对称区间$(-l,l)$内的.证明:

(1) 两个偶函数的和是偶函数,两个奇函数的和是奇函数;

(2) 两个偶函数的乘积是偶函数,两个奇函数的乘积是偶函数,偶函数与奇函数的乘积是奇函数.

10. 设$f(x)$为定义在$(-l,l)$内的奇函数,若$f(x)$在$(0,l)$内单调增加,证明:$f(x)$在$(-l,0)$内也单调增加.

11. 下列函数中哪些是周期函数?对于周期函数,指出其周期:

(1) $y=\cos(x-2)$; (2) $y=1+\sin \pi x$;

(3) $y=x\cos x$; (4) $y=\sin^2 x$.

12. 求下列函数的反函数:

(1) $y=\dfrac{1-x}{1+x}$; (2) $y=2\sin 3x,x\in\left[-\dfrac{\pi}{6},\dfrac{\pi}{6}\right]$;

(3) $y=1+\ln(x+2)$; (4) $y=\dfrac{2^x}{2^x+1}$.

13. 在下列各题中,求由所给函数复合而成的函数,并求这函数分别对应于所给自变量值的函数值:

(1) $y=u^2,u=\sin x,x_1=\dfrac{\pi}{6},x_2=\dfrac{\pi}{3}$;

(2) $y=\sqrt{u},u=1+x^2,x_1=1,x_2=2$;

(3) $y=\mathrm{e}^u,u=x^2,x=\tan t,t_1=0,t_2=\dfrac{\pi}{4}$;

(4) $y=u^2,u=\mathrm{e}^x,x=\tan t,t_1=0,t_2=\dfrac{\pi}{4}$.

14. 对由甲城寄往乙城的特快专递,某物流公司的资费标准如下:起重 500 g 及以内,收费 20 元,此后续重每 500 g(或不足 500 g 的零数)收费 6 元,每件限重 30 kg.试求甲城到乙城的资费 y(元)与邮件质量 x(g)之间的函数关系式,并在$0<x\leqslant 1\ 500$ 的范围内,画出函数图形.

15. 将下列函数(1)—(4)与图形(Ⅰ)—(Ⅳ)(图 1-13)匹配起来:

(1) $y=x-[x]$;(2) $y=\dfrac{x-1}{x^2-x-6}$;(3) $y=\sqrt[3]{x-1}$;(4) $y=\sqrt{x^2-1}$.

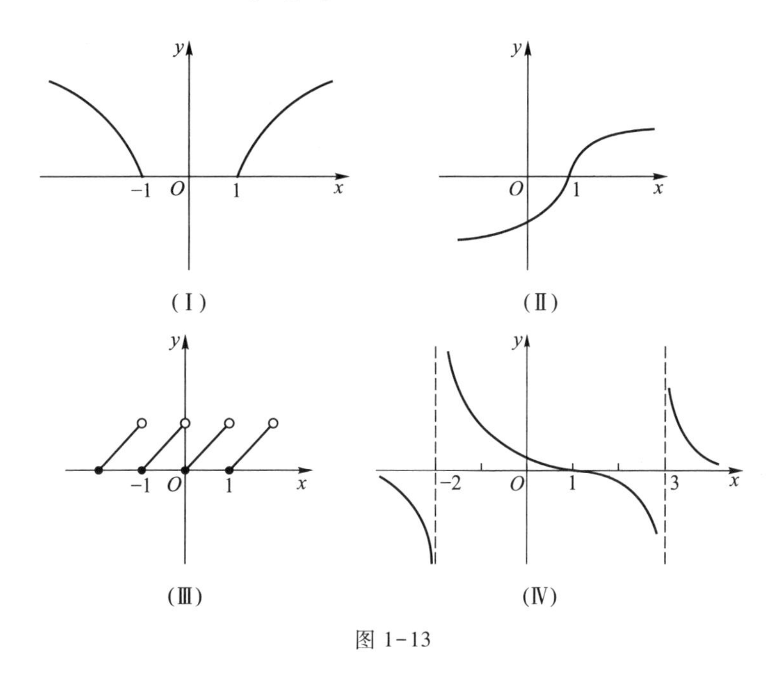

图 1-13

第二节　数列的极限

有很多实际问题的精确解,仅仅通过有限次的算术运算是求不出来的,而必须通过分析一个无限变化过程的变化趋势才能求得,由此产生了极限概念和极限方法.例如,我国古代数学家刘徽(约 225—295 年)利用圆内接正多边形来推算圆面积的方法——割圆术,就是极限思想在几何学上的应用.

设有一圆,首先作内接正 6 边形,把它的面积记为 A_1;再作内接正 12 边形,其面积记为 A_2;再作内接正 24 边形,其面积记为 A_3;依此下去,每次边数加倍,一般地把内接正 $6\times 2^{n-1}$边形的面积记为 A_n $(n=1,2,3,\cdots)$.这样,就得到一系列内接正多边形的面积：

$$A_1, A_2, A_3, \cdots, A_n, \cdots,$$

它们构成一列有次序的数.n 越大,内接正多边形与圆的差别就越小,从而以 A_n 作为圆面积的近似值也越精确.但是无论 n 取得多么大,只要 n 取定了,A_n 终究只是多边形的面积,还不是圆面积.因此,设想 n 无限增大(记为 $n\to\infty$,读作 n 趋于无穷大),即内接正多边形的边数无限增加,在这过程中,从图形上看,内接正多边形将无限接近于圆,因此从数值上看,内接正多边形的面积 A_n 将无限接近于一个确定的数值,这个数值就是所要求的圆的面积.在数学上,将这个确定的数值称为上面这列有次序的数(所谓数列)$A_1, A_2, A_3, \cdots, A_n, \cdots$ 当 $n\to\infty$ 时的极限.可以看到,正是这个数列的极限精确地表达了圆的面积.

下面对数列极限的概念进行一般性的讨论.

先说明数列的概念.如果按照某一法则,可以得到第一个数 x_1,第二个数 x_2,…,第 n 个数 x_n,…,这样依次排列得到的一列有次序的数

$$x_1, x_2, \cdots, x_n, \cdots$$

就叫做数列.

数列中的每一个数叫做数列的项,第 n 项 x_n 叫做数列的一般项(或通项).按照定义,这里的数列是指"无限数列",即数列中有无限多项,每一项后面都有后继项.例如：

$$\frac{1}{2}, \frac{2}{3}, \frac{3}{4}, \cdots, \frac{n}{n+1}, \cdots, \tag{1}$$

$$2, 4, 8, \cdots, 2^n, \cdots, \tag{2}$$

$$1, -1, 1, \cdots, (-1)^{n+1}, \cdots, \tag{3}$$

$$2, \frac{1}{2}, \frac{4}{3}, \cdots, \frac{n+(-1)^{n-1}}{n}, \cdots \tag{4}$$

都是数列的例子,它们的一般项依次为

$$\frac{n}{n+1}, \quad 2^n, \quad (-1)^{n+1}, \quad \frac{n+(-1)^{n-1}}{n}.$$

以后,数列

$$x_1, x_2, x_3, \cdots, x_n, \cdots$$

也简记为数列 x_n.①

在几何上,数列 x_n 可看作数轴上的一个动点,它依次取数轴上的点 $x_1, x_2, x_3, \cdots, x_n, \cdots$(图 1-14).

---

① 有些教材也常把数列 $x_1, x_2, \cdots, x_n, \cdots$ 简记为数列 $\{x_n\}$.

按函数定义,数列 x_n 可看作自变量为正整数 n 的函数

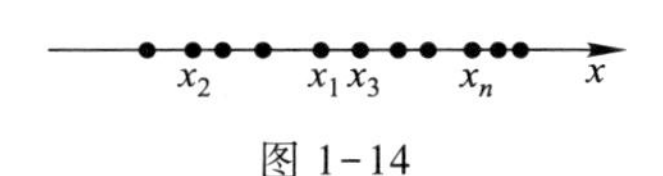

图 1-14

$$x_n=f(n),$$

它的定义域是正整数集,当自变量 n 依次取 1,2,3,…一切正整数时,对应的函数值就排列成数列 x_n.

接着来讨论数列极限的概念.如前面圆面积问题所示,对一般的数列 x_1,x_2,…,x_n,…来说,如果当 n 无限增大时(即 $n\to\infty$ 时),对应的 $x_n=f(n)$ 无限接近于某个确定的常数 a,那么常数 a 就称为数列 x_n 的极限.

例如,前面的数列(1),它的通项 $x_n=\dfrac{n}{n+1}=1-\dfrac{1}{n+1}$,当 n 无限增大时,$\dfrac{1}{n+1}$无限接近于零,从而 x_n 无限接近于 1,因此数列$x_n=\dfrac{n}{n+1}$的极限是 1.类似的情况发生在数列(4),该数列的通项 $x_n=\dfrac{n+(-1)^{n-1}}{n}=1+\dfrac{(-1)^{n-1}}{n}$,当 $n\to\infty$ 时,$\dfrac{(-1)^{n-1}}{n}$无限接近于零,故 x_n 也无限接近于 1,因此数列(4)的极限也是 1.但是,数列(2)、(3)的情况则不同.数列(2)的通项 $x_n=2^n$,当 $n\to\infty$ 时,x_n 的值无限增大,并不接近于任何一个常数,因此数列 $x_n=2^n$ 不存在极限.数列(3)的通项 $x_n=(-1)^{n+1}$,在 $n\to\infty$ 的过程中,x_n 始终轮流地取值 1 和-1,并不接近于某个确定的常数,因此数列 $x_n=(-1)^{n+1}$也不存在极限.

就这些简单的例子而言,根据上面用描述性语言给出的极限概念,可以凭观察来判定它们是否存在极限.但是数列并非总是这样简单的,仅凭观察来判断 x_n 的变化趋势很难做到总是准确,特别是在进行涉及极限的论证时,更不能以观察结果作为推理的依据.因此有必要寻求精确的数学语言来对数列的极限加以定义,以便对数列的极限进行严格的验证.

为此,我们以数列 $x_n=\dfrac{n+(-1)^{n-1}}{n}$为例,来深入分析一下"当 $n\to\infty$ 时,x_n 无限接近于某个常数 a"的含义.

我们知道,两个数 a 与 b 之间的接近程度可以用这两个数之差的绝对值 $|b-a|$ 来衡量.$|b-a|$ 越小,在数轴上点 a 与点 b 之间的距离就越小,a 与 b 就越接近.我们说 $x_n=\dfrac{n+(-1)^{n-1}}{n}$无限接近于常数 1,就是说 $|x_n-1|$ 可无限变小.所谓"可无限变小",就是指小的程度没有限制,也就是说,不论要求 $|x_n-1|$ 多么小,$|x_n-1|$ 都能变得那么小.

比如，如果要求 $|x_n-1|<\frac{1}{10^2}$，由于 $|x_n-1|=\frac{1}{n}$，因此只要 $n>100$，即从第 101 项起以后的一切项 x_n 均能满足这个要求；

如果要求 $|x_n-1|<\frac{1}{10^4}$，那么只要 $n>10\ 000$，即从第10 001项起以后的一切项 x_n 均能满足这个要求；

……

一般地，我们引入一个希腊字母 ε（希腊文“误差”的第一个字母）来代表任意给定的正数（其小的程度没有限制），并用 ε 来刻画 x_n 与 1 的接近程度.现在问：对于任意给定的正数 ε，$|x_n-1|$ 能变得比 ε 还小吗？由于 $|x_n-1|=\frac{1}{n}$，要使 $|x_n-1|<\varepsilon$，只要 $\frac{1}{n}<\varepsilon$，也就是 $n>\frac{1}{\varepsilon}$.又由于 $n\in\mathbf{Z}^+$，因此只要取正整数 $N=\left[\frac{1}{\varepsilon}\right]$，当 $n>N$ 就可以使 $|x_n-1|<\varepsilon$.也就是说，从第$N+1$项起以后的一切项 x_n 均满足不等式 $|x_n-1|<\varepsilon$.这样，我们就得出了“当 $n\to\infty$ 时，数列 $x_n=\frac{n+(-1)^{n-1}}{n}$ 无限接近于常数 1”这个论断的精确的数学刻画，这就是

对于任意给定的正数 ε（不论它多么小），总存在正整数 N $\left(\text{在本例中可取 } N=\left[\frac{1}{\varepsilon}\right]\right)$，当 $n>N$ 时，不等式 $|x_n-1|<\varepsilon$ 恒成立.

由此给出数列极限的下列定义.

定义 设有数列 $x_1,x_2,\cdots,x_n,\cdots$，如果存在常数 a，使得对任意给定的正数 ε（不论它多么小），总存在正整数 N，当 $n>N$ 时，所对应的 x_n 都满足不等式

$$|x_n-a|<\varepsilon,$$

那么称常数 a 是数列 x_n 的极限，或称数列 x_n 收敛于 a，记作

$$\lim_{n\to\infty}x_n=a,$$

或

$$x_n\to a\quad(n\to\infty).$$

如果这样的常数不存在，就说数列 x_n 没有极限，或称数列 x_n 是发散的①.

---

① “数列 x_n 没有极限”这句话习惯上也常表达为“极限 $\lim\limits_{n\to\infty}x_n$ 不存在”.

上面定义中的正数 ε 是一个任意给定的正数,所谓"任意给定"是指 ε 的小的程度没有任何限制,这样不等式 $|x_n-a|<\varepsilon$ 就表达了 x_n 与 a 无限接近的意思.定义中的正整数 N 表示了下标 n 增大的程度.只要 n 增大到 N 以后,所有的 x_n 均满足 $|x_n-a|<\varepsilon$.一般来说,N 是与任意给定的正数 ε 有关的,它随着 ε 的给定而选定.

我们给"数列 x_n 的极限为 a"一个几何解释.

将常数 a 及数列 $x_1,x_2,\cdots,x_n,\cdots$ 在数轴上用它们的对应点表示出来,任意给定一个正数 ε,在数轴上作点 a 的 ε 邻域即开区间 $(a-\varepsilon,a+\varepsilon)$ (图 1-15).因为对于 $n>N$ 的一切 x_n,都有

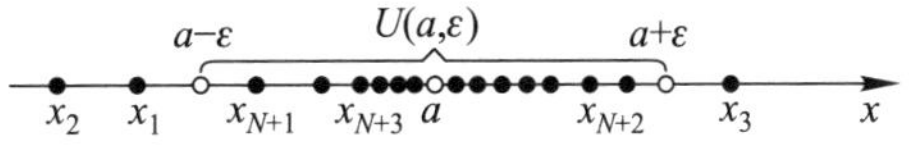

$$|x_n-a|<\varepsilon,$$

图 1-15

即

$$a-\varepsilon<x_n<a+\varepsilon,$$

所以点列 $x_1,x_2,\cdots,x_n,\cdots$ 中,有无限多个点

$$x_{N+1},\quad x_{N+2},\quad x_{N+3},\quad \cdots$$

都落在开区间 $(a-\varepsilon,a+\varepsilon)$ 内,只有有限个点(至多只有 N 个)落在这区间以外.

数列极限的定义可用来验证某个常数是否为某个给定数列的极限,但它并未直接提供如何去求数列极限的方法.以后将会讨论极限的求法.现在先举几个简单例子,说明如何根据极限定义来证明数列的极限.

例 1 证明数列

$$2,\frac{1}{2},\frac{4}{3},\frac{3}{4},\cdots,\frac{n+(-1)^{n-1}}{n},\cdots$$

的极限是 1.

证 这个例子前面已经分析过,现在依据极限定义来证明.只需证明对于任意给定的 $\varepsilon>0$,总存在正整数 N,当 $n>N$ 时,不等式

$$|x_n-1|<\varepsilon$$

恒成立.因为

$$|x_n-1|=\left|\frac{n+(-1)^{n-1}}{n}-1\right|=\frac{1}{n},$$

于是,要使 $|x_n-1|<\varepsilon$,只要 $\frac{1}{n}<\varepsilon$,即

$$n>\frac{1}{\varepsilon}.$$

因此可取 $N=\left[\frac{1}{\varepsilon}\right]$ ①,则当 $n>N$ 时就有

$$\left|\frac{n+(-1)^{n-1}}{n}-1\right|<\varepsilon,$$

于是按极限定义得 $$\lim_{n\to\infty}\frac{n+(-1)^{n-1}}{n}=1.$$

例 2 已知 $x_n=\frac{(-1)^n}{(n+1)^2}$,证明数列 x_n 的极限是 0.

证 因为 $|x_n-0|=\left|\frac{(-1)^n}{(n+1)^2}-0\right|=\frac{1}{(n+1)^2}$,故对任意给定的 $\varepsilon>0$,要使 $|x_n-0|<\varepsilon$,只要

$$\frac{1}{(n+1)^2}<\varepsilon,$$

即 $n>\sqrt{\frac{1}{\varepsilon}}-1$.因此可取 $N=\left[\sqrt{\frac{1}{\varepsilon}}-1\right]$,则当 $n>N$ 时就有

$$\left|\frac{(-1)^n}{(n+1)^2}-0\right|<\varepsilon,$$

于是按极限定义得

$$\lim_{n\to\infty}\frac{(-1)^n}{(n+1)^2}=0.$$

例 3 证明:等比数列

$$1,q,q^2,\cdots,q^{n-1},\cdots$$

当 $|q|<1$ 时的极限是 0.

证 任意给定 $\varepsilon>0$.因为

$$|x_n-0|=|q^{n-1}-0|=|q|^{n-1},$$

要使 $|x_n-0|<\varepsilon$,只要

$$|q|^{n-1}<\varepsilon,$$

取自然对数②,得 $(n-1)\ln|q|<\ln\varepsilon$.因 $|q|<1$,$\ln|q|<0$,故

---

① 如果所给 ε 的值使得 $\left[\frac{1}{\varepsilon}\right]=0$,则可令 N 取最小的正整数 1.以下例 2 和例 3 的证明中所找到的 N 也有类似情况出现,不另说明.

② $\ln x$ 称为 x 的自然对数,这是以无理数 $e=2.718\ 28\cdots$ 为底的对数.关于这个无理数 e 将在本章第六节中说明.

$$n>1+\frac{\ln \varepsilon}{\ln|q|}.$$

取 $N=\left[1+\frac{\ln \varepsilon}{\ln|q|}\right]$，则当 $n>N$ 时，就有 $|q^{n-1}-0|<\varepsilon$，即

$$\lim_{n\to\infty} q^{n-1}=0.$$

下面先介绍数列的有界性概念，然后证明收敛数列的有界性.

对于数列 x_n，如果存在正数 M，使得一切 x_n 都满足不等式

$$|x_n|\leqslant M,$$

那么称数列 x_n 是有界的；如果这样的正数 M 不存在，就称数列 x_n 是无界的.

例如，数列 $x_n=\frac{n}{n+1}$ 是有界的，因为可取 $M=1$，而使

$$\left|\frac{n}{n+1}\right|\leqslant 1$$

对于一切正整数 n 都成立. 数列 $x_n=2^n$ 是无界的，因为当 n 无限增加时，2^n 可超过任何正数.

从数轴上看，对应于有界数列的点 x_n 都落在闭区间 $[-M,M]$ 内.

定理（收敛数列的有界性）　如果数列 x_n 收敛，那么数列 x_n 一定有界.

证　因为数列 x_n 收敛，设 $\lim\limits_{n\to\infty} x_n=a$. 根据数列极限的定义，对于 $\varepsilon=1$，存在着正整数 N，使得对于 $n>N$ 时的一切 x_n，不等式 $|x_n-a|<1$ 都成立. 于是，当 $n>N$ 时，

$$|x_n|=|(x_n-a)+a|\leqslant|x_n-a|+|a|<1+|a|.$$

取 $M=\max\{|x_1|,|x_2|,\cdots,|x_N|,1+|a|\}$（这式子表示，$M$ 是 $|x_1|$，$|x_2|$，$\cdots$，$|x_N|$，$1+|a|$ 这 $N+1$ 个数中最大的数），那么数列 x_n 中的一切 x_n 都满足不等式

$$|x_n|\leqslant M.$$

这就证明了数列 x_n 是有界的.

根据上述定理，如果数列 x_n 无界，那么数列 x_n 一定发散. 但是，如果数列 x_n 有界，却不能断定数列 x_n 一定收敛，例如数列

$$1,-1,1,\cdots,(-1)^{n+1},\cdots$$

有界，但这数列是发散的. 所以数列有界是数列收敛的必要条件，但不是充分条件.

思考题 1　观察下列数列的变化趋势，写出它们的极限（如果存在的话）：

(1) $x_n=\frac{1}{2^n}$；　　(2) $x_n=(-1)^n\frac{1}{n}$；

(3) $x_n=\frac{n-1}{n+1}$；　　(4) $x_n=n(-1)^n$.

思考题 2　数列极限定义中的正整数 N 是唯一确定的吗？为什么？

习题 1-2

1. 根据数列极限的定义证明：

(1) $\lim\limits_{n\to\infty}\dfrac{1}{n^2}=0$； (2) $\lim\limits_{n\to\infty}\dfrac{3n+1}{2n+1}=\dfrac{3}{2}$；

(3) $\lim\limits_{n\to\infty}\sqrt{1+\dfrac{4}{n^2}}=1$； (4) $\lim\limits_{n\to\infty}0.\underbrace{999\cdots9}_{n个}=1$.

2. 若 $\lim\limits_{n\to\infty}u_n=a$，证明 $\lim\limits_{n\to\infty}|u_n|=|a|$. 并举例说明，数列 $|u_n|$ 收敛时，数列 u_n 未必收敛.

第三节 函数的极限

上面讲了数列的极限. 因为数列 x_n 可看作自变量为正整数 n 的函数 $x_n=f(n)$，所以数列极限可看作是一种特殊的函数极限，这就是当自变量 n 取正整数而无限增大（即 $n\to\infty$）时函数 $f(n)$ 的极限. 下面要讲一般的函数极限，分两种情形进行讨论：

1. 自变量 x 任意地接近有限值 x_0 或者说 x 趋于有限值 x_0（记作 $x\to x_0$）时，对应的函数值 $f(x)$ 的变化情形；

2. 自变量 x 的绝对值 $|x|$ 无限增大或者说 x 趋于无穷大（记作 $x\to\infty$）时，对应的函数值 $f(x)$ 的变化情形.

一、自变量趋于有限值时函数的极限

从函数的观点来看，数列 $x_n=f(n)$ 的极限为 a，所指的是：当自变量 n 取正整数而无限增大（即 $n\to\infty$）时，对应的函数值 $f(n)$ 无限接近于确定的数 a. 如果把数列极限概念中的函数为 $f(n)$、自变量的变化过程为 $n\to\infty$ 等特殊性抽去，那么直观上可以这样叙述函数极限的概念：对函数 $f(x)$，如果在自变量 x 的某个变化过程中（这个变化过程可以是 $x\to x_0$ 或 $x\to\infty$ 等），对应的函数值 $f(x)$ 无限接近于某个确定的常数，那么这个确定的常数叫做在这一变化过程中函数的极限. 下面来讨论如何精确刻画函数极限的概念.

先考虑自变量的变化过程为 $x\to x_0$ 的情况. 当然，这里需假定函数 $f(x)$ 在点 x_0 的邻近是有定义的，但在点 x_0 可以没有定义，因为 $x\to x_0$ 时 $f(x)$ 的变化趋势

与 $f(x)$ 在点 x_0 是否有定义没有关系，因此规定 $x\to x_0$ 时，$x\neq x_0$.

对于一些简单的函数极限，有时可以凭观察判断出来. 例如，设 $f(x)=2x-1$. 由于当 $x\to 1$ 时，$2x$ 无限接近于 2，故 $f(x)=2x-1$ 无限接近于 1. 因此推知，当 $x\to 1$ 时，$f(x)=2x-1$ 的极限为 1. 但是我们所遇到的函数极限并非总是这样简单，仅凭观察来判断 $f(x)$ 的变化趋势很难做到总是准确，更不能以观察所得作为推理的依据. 因此，如同数列极限的情况一样，我们需要对上面用描述性语言给出的函数极限的概念，精确地加以定义.

为此，以函数 $f(x)=2x-1$ 为例，深入分析一下"当 $x\to 1$ 时，$f(x)$ 无限接近于 1"的含义.

我们知道，$f(x)$ 与 1 的接近程度可用绝对值 $|f(x)-1|$ 来刻画，而 x 与 1 的接近程度可用绝对值 $|x-1|$ 来刻画. "$f(x)$ 无限接近于 1"就是" $|f(x)-1|$ 可无限变小"，所谓"可无限变小"就是指小的程度没有限制. 也就是说，不论要求 $|f(x)-1|$ 多么小，$|f(x)-1|$ 都能变得那么小.

比如，如果要求 $|f(x)-1|<\dfrac{1}{10^2}$，由于 $|f(x)-1|=|(2x-1)-1|=2|x-1|$，因此只要 x 适合 $0<|x-1|<\dfrac{1}{2\cdot 10^2}$（考虑到 $x\to 1$ 时 $x\neq 1$，故有 $|x-1|>0$），即 x 与 1 之间的距离小于 $\dfrac{1}{2\cdot 10^2}$，就能使 $f(x)$ 满足 $|f(x)-1|<\dfrac{1}{10^2}$；

如果要求 $|f(x)-1|<\dfrac{1}{10^4}$，那么只要 x 适合 $0<|x-1|<\dfrac{1}{2\cdot 10^4}$，即 x 与 1 之间的距离小于 $\dfrac{1}{2\cdot 10^4}$，就能使 $f(x)$ 满足

$$|f(x)-1|<\frac{1}{10^4};$$

……

一般地，任意给定一个正数 ε（其小的程度没有限制），如果要求 $|f(x)-1|<\varepsilon$，那么只要 x 适合 $0<|x-1|<\dfrac{\varepsilon}{2}$，即 x 与 1 的距离小于 $\dfrac{\varepsilon}{2}$，就能使 $f(x)$ 满足 $|f(x)-1|<\varepsilon$.

这样，我们就得到了"当 $x\to 1$ 时，$f(x)=2x-1$ 无限接近于常数 1"这个结论的精确的数学刻画，这就是：

对于任意给定的正数 ε（不论它多么小），总存在正数 $\delta\left(\text{在本例中可取 }\delta=\dfrac{\varepsilon}{2}\right)$，

当 $0<|x-1|<\delta$ 时,不等式 $|f(x)-1|<\varepsilon$ 恒成立.

由此我们给出 $x\to x_0$ 时函数极限的定义如下.

定义 设函数 $f(x)$ 在点 x_0 的某个去心邻域内有定义,如果存在常数 A,使得对于任意给定的正数 ε(不论它多么小),总存在正数 δ,只要点 x 适合不等式 $0<|x-x_0|<\delta$,对应的函数值 $f(x)$ 就都满足不等式

$$|f(x)-A|<\varepsilon,$$

那么常数 A 就叫做函数 $f(x)$ 当 $x\to x_0$ 时的极限,记作

$$\lim_{x\to x_0}f(x)=A \quad 或 \quad f(x)\to A \quad (x\to x_0).$$

如果这样的常数不存在,那么称 $x\to x_0$ 时 $f(x)$ 没有极限[①].

我们指出,定义中的正数 ε 是一个任意给定的正数,所谓"任意给定"是指 ε 的小的程度没有任何限制,这样不等式 $|f(x)-A|<\varepsilon$ 就表达了 $f(x)$ 与 A 无限接近的意思.定义中的正数 δ 表示了 x 与 x_0 接近的程度,它与任意给定的正数 ε 有关,随着 ε 的给定而选定.又,定义中 $0<|x-x_0|$ 表示 $x\neq x_0$,这表明 $x\to x_0$ 时 $f(x)$ 有没有极限与 $f(x)$ 在点 x_0 是否有定义、有定义时 $f(x_0)$ 为何值并无关系.

函数 $f(x)$ 当 $x\to x_0$ 时的极限为 A 的几何解释如下:任意给定一正数 ε,作平行于 x 轴的两条直线 $y=A+\varepsilon$ 和 $y=A-\varepsilon$,介于这两条直线之间是一横条区域.根据定义,对于给定的 ε,存在着点 x_0 的一个去心 δ 邻域 $\mathring{U}(x_0,\delta)$,当 $y=f(x)$ 的图形上的点的横坐标 $x\in\mathring{U}(x_0,\delta)$ 时,这些点的纵坐标 $f(x)$ 均满足不等式

$$|f(x)-A|<\varepsilon,$$

即

$$A-\varepsilon<f(x)<A+\varepsilon,$$

从而这些点落在上面所说的横条区域内(图 1-16).

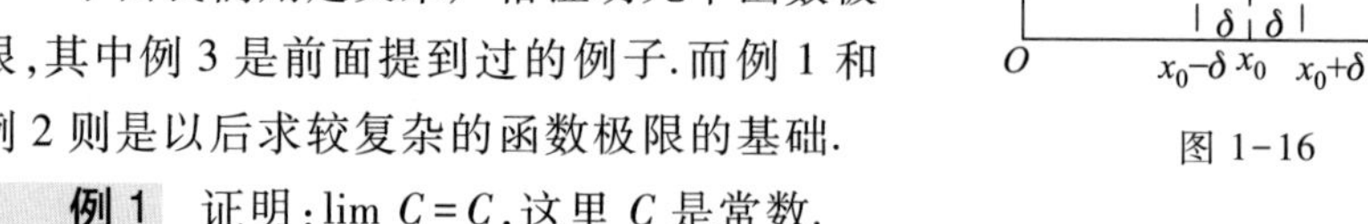

图 1-16

下面我们用定义来严格证明几个函数极限,其中例 3 是前面提到过的例子.而例 1 和例 2 则是以后求较复杂的函数极限的基础.

例 1 证明:$\lim\limits_{x\to x_0}C=C$,这里 C 是常数.

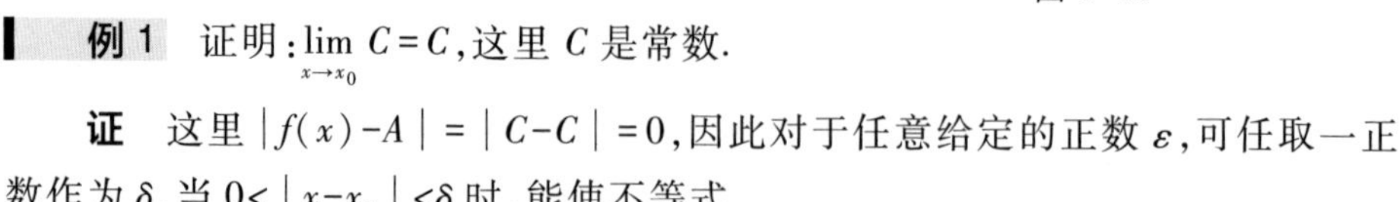

证 这里 $|f(x)-A|=|C-C|=0$,因此对于任意给定的正数 ε,可任取一正数作为 δ,当 $0<|x-x_0|<\delta$ 时,能使不等式

① "$x\to x_0$ 时 $f(x)$ 没有极限"这句话习惯上也常表达为"极限 $\lim\limits_{x\to x_0}f(x)$ 不存在".

$$|f(x)-A|=0<\varepsilon$$

成立.所以$\lim\limits_{x\to x_0}C=C$.

例 2　证明:$\lim\limits_{x\to x_0}x=x_0$.

证　这里$|f(x)-A|=|x-x_0|$,因此对于任意给定的正数ε,可取$\delta=\varepsilon$,当$0<|x-x_0|<\delta$时,能使不等式

$$|f(x)-A|=|x-x_0|<\varepsilon$$

成立.所以$\lim\limits_{x\to x_0}x=x_0$.

例 3　证明:$\lim\limits_{x\to 1}(2x-1)=1$.

证　任意给定正数ε.由于

$$|f(x)-A|=|(2x-1)-1|=2|x-1|,$$

要使$|f(x)-A|<\varepsilon$,只要$|x-1|<\frac{\varepsilon}{2}$.取$\delta=\frac{\varepsilon}{2}$,则当$x$适合不等式

$$0<|x-1|<\delta$$

时,对应的函数值$f(x)$就满足不等式

$$|f(x)-1|<\varepsilon.$$

所以

$$\lim_{x\to 1}(2x-1)=1.$$

例 4　证明:$\lim\limits_{x\to 1}\frac{x^2-1}{x-1}=2$.

证　这里,函数$f(x)=\frac{x^2-1}{x-1}$在点$x=1$处没有定义,但$f(x)$当$x\to 1$时的极限与$f(1)$不存在并无关系.对于任意给定的正数ε,不等式

$$\left|\frac{x^2-1}{x-1}-2\right|<\varepsilon$$

中约去非零因子$x-1$后($x\to 1$时$x\neq 1$,故$x-1\neq 0$),就成为

$$|x+1-2|=|x-1|<\varepsilon.$$

因此,只要取$\delta=\varepsilon$,则当x适合不等式$0<|x-1|<\delta$时,对应的函数值$f(x)=\frac{x^2-1}{x-1}$就满足不等式

$$\left|\frac{x^2-1}{x-1}-2\right|<\varepsilon.$$

所以

$$\lim_{x\to 1}\frac{x^2-1}{x-1}=2.$$

上述 $x\to x_0$ 时函数 $f(x)$ 的极限概念中，x 是既从 x_0 的左侧也从 x_0 的右侧趋于 x_0 的.但有时需要考虑 x 仅从 x_0 的左侧趋于 x_0（记作 $x\to x_0^-$）的情形，或 x 仅从 x_0 的右侧趋于 x_0（记作 $x\to x_0^+$）的情形.在 $x\to x_0^-$ 的情形，x 在 x_0 的左侧，即 $x<x_0$.在 $\lim\limits_{x\to x_0}f(x)=A$ 的定义中，把 $0<|x-x_0|<\delta$ 改为 $x_0-\delta<x<x_0$，那么 A 就叫做函数 $f(x)$ 当 $x\to x_0$ 时的左极限，记作

$$\lim_{x\to x_0^-}f(x)=A \quad 或 \quad f(x_0^-)=A.$$

类似地，在 $\lim\limits_{x\to x_0}f(x)=A$ 的定义中，把 $0<|x-x_0|<\delta$ 改为 $x_0<x<x_0+\delta$，那么 A 就叫做函数 $f(x)$ 当 $x\to x_0$ 时的右极限，记作

$$\lim_{x\to x_0^+}f(x)=A \quad 或 \quad f(x_0^+)=A.$$

注意不要把左、右极限的记号 $f(x_0^-)$，$f(x_0^+)$ 与函数值的记号 $f(x_0)$ 相混淆，两者的含义完全不一样.

根据 $x\to x_0$ 时函数 $f(x)$ 的极限的定义以及左极限和右极限的定义，容易证明：函数 $f(x)$ 当 $x\to x_0$ 时极限存在的充要条件是左极限及右极限各自存在并且相等，即

$$f(x_0^-)=f(x_0^+).$$

因此，若 $f(x_0^-)$ 和 $f(x_0^+)$ 中有一个不存在，或虽然两者均存在但不相等，则 $\lim\limits_{x\to x_0}f(x)$ 不存在.

例 5 设函数

$$f(x)=\begin{cases}x-1, & 当\ x<0,\\ 0, & 当\ x=0,\\ x+1, & 当\ x>0,\end{cases}$$

证明：当 $x\to 0$ 时，$f(x)$ 的极限不存在.

证 仿例 3 可证左极限

$$\lim_{x\to 0^-}f(x)=\lim_{x\to 0^-}(x-1)=-1,$$

而右极限

$$\lim_{x\to 0^+}f(x)=\lim_{x\to 0^+}(x+1)=1.$$

因为左极限和右极限不相等，所以 $\lim\limits_{x\to 0}f(x)$ 不存在（图 1-17）.

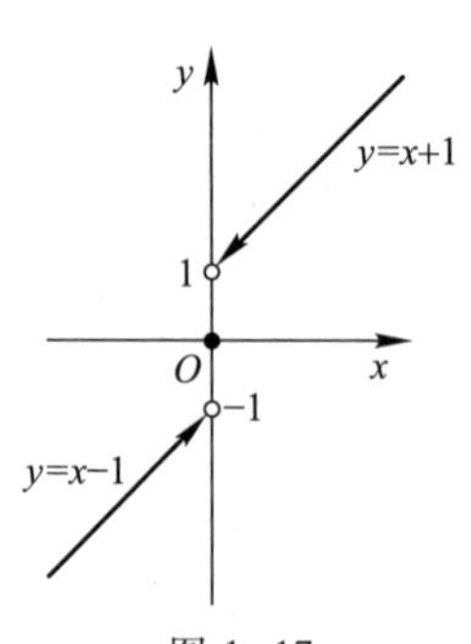

图 1-17

思考题 1　对符号函数 $f(x)=\operatorname{sgn} x=\begin{cases}1, & 当\ x>0,\\ 0, & 当\ x=0,\\ -1, & 当\ x<0,\end{cases}$ 从图形上观察出 $f(0^+)$ 和 $f(0^-)$. 又，$\lim\limits_{x\to 0} f(x)$ 是否存在？

思考题 2　$x\to x_0$ 时函数极限的定义中的正数 δ 是唯一确定的吗？为什么？

二、自变量趋于无穷大时函数的极限

现在考虑自变量 x 的绝对值 $|x|$ 无限增大即 $x\to\infty$ 时的函数极限. 设函数 $f(x)$ 当 $|x|>M$（M 为某一正数）时有定义. 如果在 $x\to\infty$ 的过程中，对应的函数值 $f(x)$ 无限接近于某个确定的常数 A，那么 A 叫做函数 $f(x)$ 当 $x\to\infty$ 时的极限. 仿照前面对自变量趋于有限值时函数的极限所做的分析，可以得出如下的定义：

定义　设函数 $f(x)$ 在 $|x|>M$ 时有定义（M 为某一正数）. 如果存在常数 A，使得对于任意给定的正数 ε（不论它多么小），总存在正数 X，只要自变量 x 适合不等式 $|x|>X$，对应的函数值 $f(x)$ 就都满足不等式

$$|f(x)-A|<\varepsilon,$$

那么常数 A 就叫做函数 $f(x)$ 当 $x\to\infty$ 时的极限，记作

$$\lim_{x\to\infty} f(x)=A \quad 或 \quad f(x)\to A \quad (x\to\infty).$$

如果这样的常数不存在，那么称 $x\to\infty$ 时 $f(x)$ 没有极限.

如果 $x>0$ 且无限增大（记作 $x\to+\infty$），那么只要把上述定义中的 $|x|>X$ 改为 $x>X$，就可得 $\lim\limits_{x\to+\infty} f(x)=A$ 的定义. 同样，如果 $x<0$ 而 $|x|$ 无限增大（记作 $x\to-\infty$），那么只要把 $|x|>X$ 改为 $x<-X$，便得 $\lim\limits_{x\to-\infty} f(x)=A$ 的定义.

从几何上说，$\lim\limits_{x\to\infty} f(x)=A$ 的意义是：作直线 $y=A-\varepsilon$ 和 $y=A+\varepsilon$，则总有一正数 X 存在，使当 $x<-X$ 或 $x>X$ 时，函数 $y=f(x)$ 的图形就位于这两条直线之间（图 1-18）.

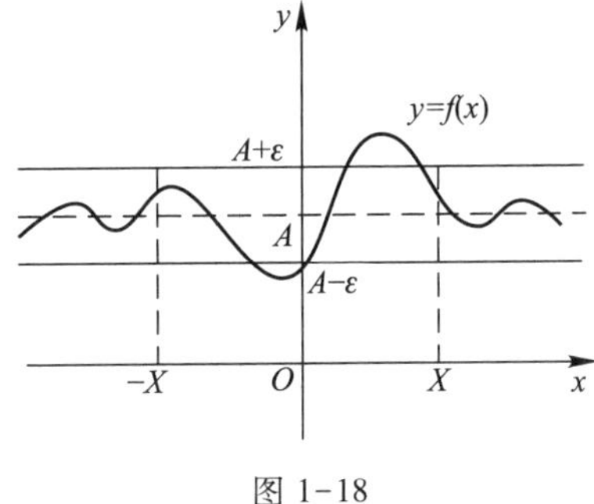

图 1-18

例 6　证明：$\lim\limits_{x\to\infty}\dfrac{1}{x}=0.$

证　要证对于任意给定的正数 ε，总存在着正数 X，当 $|x|>X$ 时，$\left|\dfrac{1}{x}-0\right|<\varepsilon$ 成立.

因 $\left|\dfrac{1}{x}-0\right|<\varepsilon$ 相当于 $\dfrac{1}{|x|}<\varepsilon$，即 $|x|>\dfrac{1}{\varepsilon}$. 由此可知，取 $X=\dfrac{1}{\varepsilon}$，则对于适

合 $|x|>X$ 的一切 x，不等式 $\left|\dfrac{1}{x}-0\right|<\varepsilon$ 恒成立.

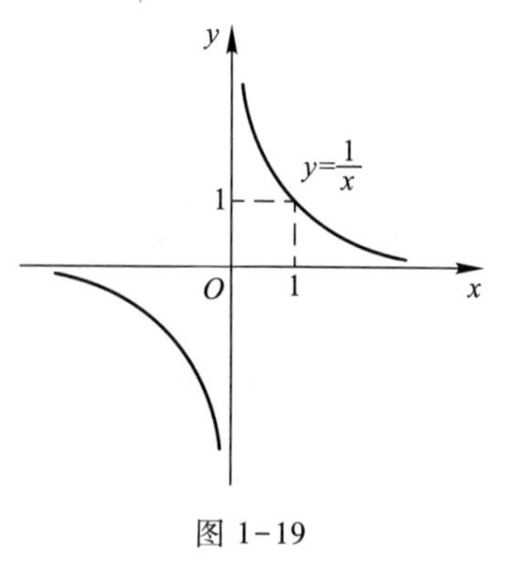

图 1-19

这就证明了 $\lim\limits_{x\to\infty}\dfrac{1}{x}=0$.

从图 1-19 上看，当 $x\to\infty$ 时，曲线 $y=\dfrac{1}{x}$ 与水平直线$y=0$ 无限接近，称直线 $y=0$ 为曲线 $y=\dfrac{1}{x}$ 的水平渐近线.

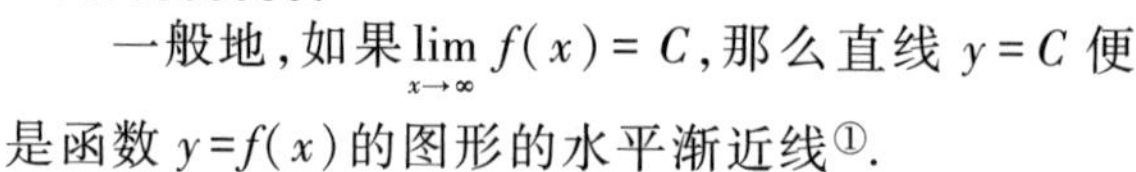

一般地，如果 $\lim\limits_{x\to\infty}f(x)=C$，那么直线 $y=C$ 便是函数 $y=f(x)$ 的图形的水平渐近线①.

最后，我们利用函数极限的定义来证明极限的下述性质.

定理 如果 $\lim\limits_{x\to x_0}f(x)=A$（或 $\lim\limits_{x\to\infty}f(x)=A$），而且 $A\neq 0$，那么存在着某个正数 δ（或正数 X），当 $0<|x-x_0|<\delta$（或 $|x|>X$）时，$f(x)$ 恒不为零且与 A 有相同的符号.

证 就 $\lim\limits_{x\to x_0}f(x)=A$ 的情况加以证明.设 $A>0$，取 ε 为小于或等于 A 的任一正数.根据 $\lim\limits_{x\to x_0}f(x)=A$ 的定义，对于这个取定的正数 ε，必存在正数 δ，当 $0<|x-x_0|<\delta$ 时，不等式

$$|f(x)-A|<\varepsilon,$$

即 $A-\varepsilon<f(x)<A+\varepsilon$ 恒成立.因 $A-\varepsilon\geqslant 0$，故 $f(x)>0$.

类似地可证明 $A<0$ 的情形.

$\lim\limits_{x\to\infty}f(x)=A$ 的情形的证明也可仿照以上证明给出，留给读者作为练习.

这条性质称为极限的局部保号性，它说明：在自变量的一个局部变化范围内，函数值 $f(x)$ 与极限值 A 保持相同的符号.

由定理立即可得如下推论：

推论 如果当 $0<|x-x_0|<\delta$（或当 $|x|>X$）时，$f(x)\geqslant 0$，且 $\lim\limits_{x\to x_0}f(x)=A$（或 $\lim\limits_{x\to\infty}f(x)=A$），那么 $A\geqslant 0$；若 $f(x)\leqslant 0$，则相应地有 $A\leqslant 0$.

证 就 $\lim\limits_{x\to\infty}f(x)=A$ 的情形证明之.设当 $|x|>X$ 时，$f(x)\geqslant 0$.假设推论不真，即有 $A<0$，那么由定理可知，存在某个正数 X_1，当 $|x|>X_1$ 时，$f(x)<0$，这就与推论的假设相矛盾.所以 $A\geqslant 0$.

---

① 如果 $\lim\limits_{x\to+\infty}f(x)=C$ 或者 $\lim\limits_{x\to-\infty}f(x)=C$，那么直线 $y=C$ 也是 $y=f(x)$ 的图形的水平渐近线.

类似地可证明 $f(x)\leqslant 0$ 的情形.

$\lim\limits_{x\to x_0} f(x)=A$ 的情形的证明可仿照以上证明给出.

思考题 3　从 $y=\arctan x$ 的图形(见附录Ⅰ)分别观察 $x\to+\infty$ 和 $x\to-\infty$ 时,函数的变化趋势,写出极限 $\lim\limits_{x\to+\infty}\arctan x$ 和 $\lim\limits_{x\to-\infty}\arctan x$.曲线 $y=\arctan x$ 有水平渐近线吗?

思考题 4　假设在 x_0 的某去心邻域内 $f(x)>0$,那么由 $\lim\limits_{x\to x_0} f(x)=A$ 能否推得 $A>0$?

习题 1-3

1. 根据函数极限的定义证明:

(1) $\lim\limits_{x\to 3}(3x-1)=8$;　　(2) $\lim\limits_{x\to -2}\dfrac{x^2-4}{x+2}=-4$.

2. 根据函数极限的定义证明:

(1) $\lim\limits_{x\to\infty}\dfrac{1+x^3}{2x^3}=\dfrac{1}{2}$;　　(2) $\lim\limits_{x\to+\infty}\dfrac{\sin x}{\sqrt{x}}=0$.

3. 根据第 2 题的结果,写出曲线 $y=\dfrac{1+x^3}{2x^3}$ 和 $y=\dfrac{\sin x}{\sqrt{x}}$ 的水平渐近线的方程.

4. 证明:函数 $f(x)=|x|$ 当 $x\to 0$ 时极限为 0.

5. 求 $f(x)=\dfrac{x}{x},\varphi(x)=\dfrac{|x|}{x}$ 当 $x\to 0$ 时的左、右极限,并说明它们当 $x\to 0$ 时的极限是否存在.

第四节　无穷小与无穷大

一、无穷小

在极限的研究中,极限为 0 的函数发挥着重要作用,需要进行专门的讨论.为此先引入如下的定义.

定义　如果当 $x\to x_0$(或 $x\to\infty$)时,函数 $\alpha(x)$ 的极限为 0,那么 $\alpha(x)$ 叫做 $x\to x_0$(或 $x\to\infty$)时的无穷小.

极限为 0 的数列 x_n 也称为 $n\to\infty$ 时的无穷小.

例如,因为 $\lim\limits_{x\to 1}(x-1)=0$,所以函数 $x-1$ 是 $x\to 1$ 时的无穷小.因为当 $|q|<1$

时，$\lim\limits_{n\to\infty} q^n=0$（第二节例 3），所以数列 q^n（$|q|<1$）是$n\to\infty$ 时的无穷小.

注意，无穷小是一个以 0 为极限的函数，不要把它与很小的数（例如百万分之一）混淆起来.除了常数 0 可作为无穷小外，其他任何常数，即使其绝对值很小，都不是无穷小.

下面的定理说明了无穷小与函数极限的关系.

定理 1 在自变量的某个变化过程中，函数 $f(x)$ 有极限 A 的充要条件是 $f(x)=A+\alpha$，其中 α 是自变量同一变化过程中的无穷小.

证 就 $x\to x_0$ 时的情形证明之.

先证必要性.设 $\lim\limits_{x\to x_0} f(x)=A$，则对于任意给定的正数 ε，存在着正数 δ，使当 $0<|x-x_0|<\delta$ 时，有

$$|f(x)-A|<\varepsilon.$$

由极限的定义即得 $\lim\limits_{x\to x_0}[f(x)-A]=0$.

令 $\alpha=f(x)-A$，则有 $\lim\limits_{x\to x_0}\alpha=0$，即 α 是 $x\to x_0$ 时的无穷小，且

$$f(x)=A+\alpha.$$

再证充分性.设 $f(x)=A+\alpha$，其中 A 是常数，α 是 $x\to x_0$ 时的无穷小，于是

$$|f(x)-A|=|\alpha|.$$

因 α 是 $x\to x_0$ 时的无穷小，即有 $\lim\limits_{x\to x_0}\alpha=0$，于是对任意给定的正数 ε，存在着正数 δ，使当 $0<|x-x_0|<\delta$ 时，有 $|\alpha|<\varepsilon$，即 $|f(x)-A|<\varepsilon$，这就证明了

$$\lim_{x\to x_0} f(x)=A.$$

类似地可证明 $x\to\infty$ 时的情形.

下面给出无穷小的几条性质.

定理 2 有限个无穷小的和也是无穷小.

证 只需证两个无穷小之和是无穷小就足够了（想一想为什么）.设 α,β 是 $x\to x_0$ 时的两个无穷小，而

$$\gamma=\alpha+\beta.$$

任意给定 $\varepsilon>0$，因 $\lim\limits_{x\to x_0}\alpha=0$，故对$\dfrac{\varepsilon}{2}>0$，存在 $\delta_1>0$，当 $0<|x-x_0|<\delta_1$ 时，有

$$|\alpha|<\frac{\varepsilon}{2};$$

又因 $\lim\limits_{x\to x_0}\beta=0$，故对$\dfrac{\varepsilon}{2}>0$，存在 $\delta_2>0$，当 $0<|x-x_0|<\delta_2$ 时，有

$$|\beta|<\frac{\varepsilon}{2}.$$

取 $\delta=\min\{\delta_1,\delta_2\}$（这式子表示，$\delta$ 是 δ_1 和 δ_2 这两个数中较小的那个数），则当 $0<|x-x_0|<\delta$

时，$|\alpha|<\frac{\varepsilon}{2}$和$|\beta|<\frac{\varepsilon}{2}$同时成立，从而就有

$$|\gamma|=|\alpha+\beta|\leqslant|\alpha|+|\beta|<\frac{\varepsilon}{2}+\frac{\varepsilon}{2}=\varepsilon,$$

这说明 $\lim\limits_{x\to x_0}\gamma=0$，即 $\gamma=\alpha+\beta$ 也是 $x\to x_0$ 时的无穷小.

$x\to\infty$ 时的无穷小的情形可类似证明.

定理 3　有界函数与无穷小的乘积是无穷小.

证　设函数 u 在 x_0 的某一去心邻域$\mathring{U}(x_0,\delta_1)$内是有界的，则存在正数 M，使 $|u|\leqslant M$ 对一切 $0<|x-x_0|<\delta_1$ 成立.又设 α 是 $x\to x_0$ 时的无穷小，则对于任意给定的正数 ε，存在着 $\delta_2>0$，当 $0<|x-x_0|<\delta_2$ 时，有

$$|\alpha|<\frac{\varepsilon}{M}.$$

取 $\delta=\min\{\delta_1,\delta_2\}$，则当 $0<|x-x_0|<\delta$ 时，

$$|u|\leqslant M\quad 及\quad |\alpha|<\frac{\varepsilon}{M}$$

同时成立.从而

$$|u\alpha|=|u|\cdot|\alpha|<M\cdot\frac{\varepsilon}{M}=\varepsilon,$$

这就证明了 $u\alpha$ 是 $x\to x_0$ 时的无穷小.

若函数 u 在数集$(-\infty,-K)\cup(K,+\infty)$内是有界的($K$ 为某一正数)，而 α 是 $x\to\infty$ 时的无穷小，则用类似的方法可以证明，函数 $u\alpha$ 是$x\to\infty$ 时的无穷小.

推论 1　常数与无穷小的乘积是无穷小.

推论 2　有限个无穷小的乘积也是无穷小.

例 1　求极限 $\lim\limits_{x\to0}\left(x\sin\frac{1}{x}\right)$.

解　由于$\left|\sin\frac{1}{x}\right|\leqslant1\ (x\neq0)$，故 $\sin\frac{1}{x}$在$x=0$ 的任一去心邻域内是有界的.而函数 x 是 $x\to0$ 时的无穷小，由定理 3 可知函数 $x\sin\frac{1}{x}$是 $x\to0$ 时的无穷小，即

$$\lim_{x\to0}\left(x\sin\frac{1}{x}\right)=0.$$

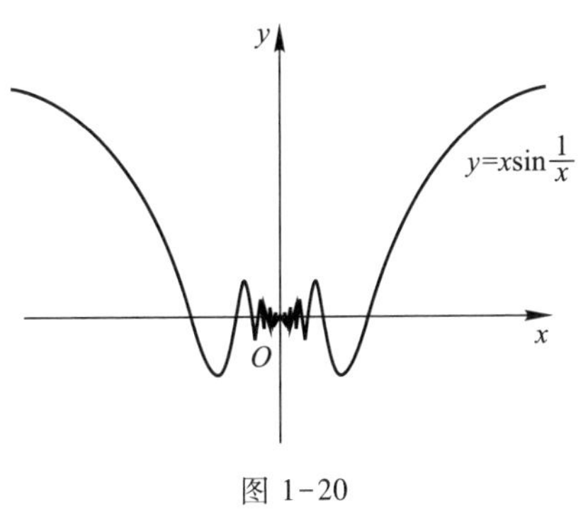

图 1-20

图 1-20 是函数 $y=x\sin\frac{1}{x}$的图形，从中可见当 x 接近于 0 时，对应的函数值虽然交替地取正负值，但“振幅”越来越小，并

无限地接近于0.

思考题1 两个无穷小的商是否一定是无穷小？举例说明之.

思考题2 数列$f(n)=\frac{\sin n}{n}$是否是$n\to\infty$时的无穷小？为什么？

二、无穷大

如果当$x\to x_0$（或$x\to\infty$）时,对应的函数值的绝对值$|f(x)|$无限增大,就说函数$f(x)$当$x\to x_0$（或$x\to\infty$）时为无穷大.精确地说,有下述定义.

定义 若对于任意给定的正数M（不论它多么大）,总存在正数δ（或正数X）,使得对于适合不等式$0<|x-x_0|<\delta$（或$|x|>X$）的一切x,对应的函数值$f(x)$总满足不等式

$$|f(x)|>M,$$

则称函数$f(x)$当$x\to x_0$（或$x\to\infty$）时为无穷大.

当$x\to x_0$（或$x\to\infty$）时为无穷大的函数$f(x)$,按函数极限的定义,在自变量的该变化过程中,$f(x)$的极限是不存在的.但为了便于刻画函数的这一变化趋势,我们也说“函数的极限是无穷大”,并记作

$$\lim_{x\to x_0}f(x)=\infty \quad （或\ \lim_{x\to\infty}f(x)=\infty）.$$

如果在无穷大的定义中,把$|f(x)|>M$换成$f(x)>M$（或$f(x)<-M$）,就得到$f(x)$当$x\to x_0$（或$x\to\infty$）时为正无穷大（或负无穷大）的定义,并分别记作

$$\lim_{\substack{x\to x_0\\(x\to\infty)}}f(x)=+\infty \quad （或\ \lim_{\substack{x\to x_0\\(x\to\infty)}}f(x)=-\infty）.$$

如果把$\lim\limits_{x\to\infty}f(x)=\infty$的定义中的$x$换成正整数$n$,就可得到数列$x_n=f(n)$为无穷大的定义.

必须注意,无穷大∞不是数,不可与很大的数（如一千万、一亿等）混为一谈.此外,无穷大与无界量是不一样的.比如数列$1,0,2,0,\cdots,n,0,\cdots$是无界的,但它不是$n\to\infty$时的无穷大.

例2 证明:$\lim\limits_{x\to1}\frac{1}{x-1}=\infty$（图1-21）.

证 任意给定正数M.要使

$$\left|\frac{1}{x-1}\right|>M,$$

只要

$$|x-1|<\frac{1}{M}.$$

所以,取 $\delta=\frac{1}{M}$,则对于适合不等式 $0<|x-1|<\delta=\frac{1}{M}$ 的一切 x,都有

$$\left|\frac{1}{x-1}\right|>M.$$

这就证明了 $\lim\limits_{x\to1}\frac{1}{x-1}=\infty$.

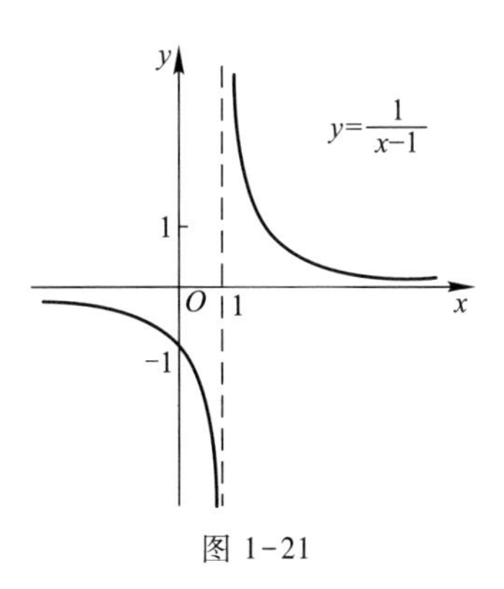

图 1-21

从图形上看,当 $x\to1$ 时,曲线 $y=\frac{1}{x-1}$ 与铅直直线 $x=1$ 无限接近.称直线 $x=1$ 是曲线 $y=\frac{1}{x-1}$ 的铅直渐近线.

一般地,若 $\lim\limits_{x\to x_0}f(x)=\infty$,则直线 $x=x_0$ 是函数 $y=f(x)$ 的图形的铅直渐近线①.

无穷大与无穷小之间有一种简单的关系,即

定理 4　在自变量的同一变化过程中,若 $f(x)$ 为无穷大,则 $\frac{1}{f(x)}$ 为无穷小;反之,若 $f(x)$ 为无穷小,且 $f(x)\neq0$,则 $\frac{1}{f(x)}$ 为无穷大.

证　设 $\lim\limits_{x\to x_0}f(x)=\infty$,要证 $\frac{1}{f(x)}$ 当 $x\to x_0$ 时为无穷小.

任意给定 $\varepsilon>0$.根据无穷大的定义,对于 $M=\frac{1}{\varepsilon}$,存在 $\delta>0$,当 $0<|x-x_0|<\delta$ 时,有

$$|f(x)|>M=\frac{1}{\varepsilon},$$

从而

$$\left|\frac{1}{f(x)}\right|<\varepsilon,$$

所以 $\frac{1}{f(x)}$ 当 $x\to x_0$ 时为无穷小.

① 如果 $\lim\limits_{x\to x_0^+}f(x)=\infty$ 或 $\lim\limits_{x\to x_0^-}f(x)=\infty$,直线 $x=x_0$ 也是 $y=f(x)$ 的图形的铅直渐近线.

反之,设 $\lim\limits_{x\to x_0} f(x)=0$,且 $f(x)\neq 0$,要证 $\dfrac{1}{f(x)}$ 当 $x\to x_0$ 时为无穷大.

任意给定 $M>0$.根据无穷小的定义,对于 $\varepsilon=\dfrac{1}{M}$,存在 $\delta>0$,当 $0<|x-x_0|<\delta$ 时,有

$$|f(x)|<\varepsilon=\frac{1}{M},$$

由于 $f(x)\neq 0$,从而 $\left|\dfrac{1}{f(x)}\right|>M$,所以 $\dfrac{1}{f(x)}$ 当 $x\to x_0$ 时为无穷大.

类似地可证 $x\to\infty$ 时的情形.

我们指出,与无穷小不同的是,在自变量的同一变化过程中,两个无穷大相加或相减的结果是不确定的,需具体问题具体考虑.

思考题 3 举例说明:若 $f(x)$ 和 $g(x)$ 均为 $x\to x_0$ 时的无穷大,则当 $x\to x_0$ 时,$f(x)+g(x)$ 可能是无穷大,也可能不是无穷大.

习题 1-4

1. 利用无穷小的性质,计算下列极限:

(1) $\lim\limits_{x\to 0} x^2\cos\dfrac{1}{x}$;　　(2) $\lim\limits_{x\to\infty}\dfrac{\arctan x}{x}$.

2. 根据定义证明:当 $x\to 0$ 时,函数 $y=\dfrac{1+2x}{x}$ 是无穷大,并写出曲线 $y=\dfrac{1+2x}{x}$ 的铅直渐近线的方程.

3. 函数 $y=x\sin x$ 在区间 $(0,+\infty)$ 内是否有界?又,当 $x\to+\infty$ 时,这个函数是不是无穷大?

第五节 极限运算法则

本节讨论极限的求法,主要是建立极限的四则运算法则.利用这些法则,可以求出某些函数的极限.以后我们还将介绍求极限的其他方法.

在下面的讨论中,记号 lim 下面没有标明自变量的变化过程,这表示以下结果对 $x\to x_0$ 及 $x\to\infty$ 都是成立的,而且对数列极限也是成立的.在论证时,我们只证明了 $x\to x_0$ 的情形,只要把 δ 改成 X,把 $0<|x-x_0|<\delta$ 改成 $|x|>X$,就可得 $x\to\infty$

情形的证明.

定理 1 若 $\lim f(x)=A,\lim g(x)=B$,则 $\lim[f(x)\pm g(x)]$存在,且

$$\lim[f(x)\pm g(x)]=A\pm B=\lim f(x)\pm\lim g(x).$$

证 因 $\lim f(x)=A,\lim g(x)=B$,由上节定理 1 有

$$f(x)=A+\alpha,\quad g(x)=B+\beta,$$

其中 α 及 β 都是无穷小.于是

$$f(x)\pm g(x)=(A+\alpha)\pm(B+\beta)=(A\pm B)+(\alpha\pm\beta).$$

由上节定理 2,$\alpha\pm\beta$ 是无穷小($\alpha-\beta$ 可看作 $\alpha+(-1)\beta$,由上节推论,$(-1)\beta$ 是无穷小,因此 $\alpha-\beta$ 也可看作两个无穷小之和).再由上节定理 1,得

$$\lim[f(x)\pm g(x)]=A\pm B=\lim f(x)\pm\lim g(x).$$

定理 1 可推广到有限个函数的情形,例如,若 $\lim f(x),\lim g(x),\lim h(x)$都存在,则由定理 1 有

$$\begin{aligned}\lim[f(x)+g(x)-h(x)]&=\lim\{f(x)+[g(x)-h(x)]\}\\&=\lim f(x)+\lim[g(x)-h(x)]\\&=\lim f(x)+\lim g(x)-\lim h(x).\end{aligned}$$

定理 2 若 $\lim f(x)=A,\lim g(x)=B$,则 $\lim[f(x)\cdot g(x)]$存在,且

$$\lim[f(x)\cdot g(x)]=AB=\lim f(x)\cdot\lim g(x).$$

这个定理的证明,建议读者作为练习完成.

定理 2 可推广到有限个函数相乘的情形.例如,若$\lim f(x),\lim g(x),\lim h(x)$都存在,则由定理 2 有

$$\begin{aligned}\lim[f(x)g(x)h(x)]&=\lim\{[f(x)g(x)]h(x)\}\\&=\lim[f(x)g(x)]\cdot\lim h(x)\\&=\lim f(x)\cdot\lim g(x)\cdot\lim h(x).\end{aligned}$$

推论 1 若 $\lim f(x)$存在,而 n 为正整数,则

$$\lim[f(x)]^n=[\lim f(x)]^n.$$

推论 2 若 $\lim f(x)$存在,而 c 为常数,则

$$\lim[cf(x)]=c\lim f(x).$$

就是说,求极限时,常数因子可以提到极限记号外面.只需在定理 2 中,令 $g(x)=c$,再由 $\lim c=c$,即证得这个推论.

定理 3 若 $\lim f(x)=A,\lim g(x)=B$,且 $B\neq0$,则$\lim\dfrac{f(x)}{g(x)}$存在,且

$$\lim\frac{f(x)}{g(x)}=\frac{A}{B}=\frac{\lim f(x)}{\lim g(x)}.$$

证明从略.

定理 4 如果 $\varphi(x)\geqslant\psi(x)$，而 $\lim\varphi(x)=a$，$\lim\psi(x)=b$，那么 $a\geqslant b$.

证 令 $f(x)=\varphi(x)-\psi(x)$，则 $f(x)\geqslant 0$. 由定理 1 有 $\lim f(x)=\lim[\varphi(x)-\psi(x)]=\lim\varphi(x)-\lim\psi(x)=a-b$. 而由第三节的极限的局部保号性的推论，有 $\lim f(x)\geqslant 0$，即 $a-b\geqslant 0$，故 $a\geqslant b$.

例 1 求 $\lim\limits_{x\to 1}(2x-1)$.

解 $\lim\limits_{x\to 1}(2x-1)=\lim\limits_{x\to 1}2x-\lim\limits_{x\to 1}1=2\lim\limits_{x\to 1}x-1=2\cdot 1-1=1.$

例 2 求 $\lim\limits_{x\to 2}\dfrac{x^3-1}{x^2-5x+3}$.

解
$$\lim_{x\to 2}\frac{x^3-1}{x^2-5x+3}=\frac{\lim\limits_{x\to 2}(x^3-1)}{\lim\limits_{x\to 2}(x^2-5x+3)}=\frac{\lim\limits_{x\to 2}x^3-\lim\limits_{x\to 2}1}{\lim\limits_{x\to 2}x^2-5\lim\limits_{x\to 2}x+\lim\limits_{x\to 2}3}$$
$$=\frac{(\lim\limits_{x\to 2}x)^3-1}{(\lim\limits_{x\to 2}x)^2-5\cdot 2+3}=\frac{2^3-1}{2^2-10+3}=\frac{7}{-3}=-\frac{7}{3}.$$

从上面两个例子可以看出，求多项式函数或有理分式函数（即两个多项式之商）当 $x\to x_0$ 的极限时，只要把 x_0 代替函数中的 x 并求出相应的函数值就行了. 但是对于有理分式函数，只有当分母在 x_0 处的值不为零时，才可这样做.

事实上，设多项式
$$f(x)=a_0x^n+a_1x^{n-1}+\cdots+a_n,$$
则
$$\lim_{x\to x_0}f(x)=\lim_{x\to x_0}(a_0x^n+a_1x^{n-1}+\cdots+a_n)$$
$$=a_0(\lim_{x\to x_0}x)^n+a_1(\lim_{x\to x_0}x)^{n-1}+\cdots+\lim_{x\to x_0}a_n$$
$$=a_0x_0^n+a_1x_0^{n-1}+\cdots+a_n=f(x_0).$$

又设有理分式函数
$$f(x)=\frac{P(x)}{Q(x)},$$
其中 $P(x)$，$Q(x)$ 都是多项式，于是
$$\lim_{x\to x_0}P(x)=P(x_0),\quad \lim_{x\to x_0}Q(x)=Q(x_0).$$
若 $Q(x_0)\neq 0$，则
$$\lim_{x\to x_0}f(x)=\lim_{x\to x_0}\frac{P(x)}{Q(x)}=\frac{\lim\limits_{x\to x_0}P(x)}{\lim\limits_{x\to x_0}Q(x)}=\frac{P(x_0)}{Q(x_0)}=f(x_0).$$

但必须注意，若 $Q(x_0)=0$，则关于商的极限的定理不能应用，那就需要特别考虑. 下面举两个属于这种情形的例题.

例 3 求 $\lim\limits_{x\to 3}\dfrac{x-3}{x^2-9}$.

解 当 $x\to 3$ 时，分子、分母的极限都是零，不能分子、分母分别取极限. 因分子、分母有公因子 $x-3$，而当 $x\to 3$ 时，$x\neq 3$，$x-3\neq 0$，可约去这个不为零的公因子. 由此得

$$\lim_{x\to 3}\frac{x-3}{x^2-9}=\lim_{x\to 3}\frac{1}{x+3}=\frac{1}{6}.$$

例 4 求 $\lim\limits_{x\to 1}\dfrac{2x-3}{x^2-5x+4}$.

解 当 $x\to 1$ 时，分母的极限是零，分子的极限是 -1，不能应用商的极限的定理. 但因

$$\lim_{x\to 1}\frac{x^2-5x+4}{2x-3}=\frac{0}{-1}=0,$$

故由上节定理 4 关于无穷小与无穷大的关系，可得

$$\lim_{x\to 1}\frac{2x-3}{x^2-5x+4}=\infty.$$

例 5 求 $\lim\limits_{x\to\infty}\dfrac{3x^3-4x^2+2}{7x^3+5x^2-3}$.

解 先用 x^3 去除分母及分子，然后取极限，得

$$\lim_{x\to\infty}\frac{3x^3-4x^2+2}{7x^3+5x^2-3}=\lim_{x\to\infty}\frac{3-\dfrac{4}{x}+\dfrac{2}{x^3}}{7+\dfrac{5}{x}-\dfrac{3}{x^3}}=\frac{3}{7},$$

这是因为

$$\lim_{x\to\infty}\frac{a}{x^n}=a\lim_{x\to\infty}\frac{1}{x^n}=a\left(\lim_{x\to\infty}\frac{1}{x}\right)^n=0,$$

其中 a 为常数，n 为正整数，$\lim\limits_{x\to\infty}\dfrac{1}{x}=0$（见第三节例 6）.

例 6 求 $\lim\limits_{x\to\infty}\dfrac{3x^2-2x-1}{2x^3-x^2+5}$.

解 先用 x^3 去除分母及分子，然后取极限，得

$$\lim_{x\to\infty}\frac{3x^2-2x-1}{2x^3-x^2+5}=\lim_{x\to\infty}\frac{\dfrac{3}{x}-\dfrac{2}{x^2}-\dfrac{1}{x^3}}{2-\dfrac{1}{x}+\dfrac{5}{x^3}}=\frac{0}{2}=0.$$

例 7 求 $\lim\limits_{x\to\infty}\dfrac{2x^3-x^2+5}{3x^2-2x-1}$.

解 应用例 6 结果并根据上节定理 4,得

$$\lim_{x\to\infty}\frac{2x^3-x^2+5}{3x^2-2x-1}=\infty.$$

例 5、例 6、例 7 都是 $x\to\infty$ 时,有理分式函数的极限.现把这类极限的一般情况归纳如下:

当 $a_0\neq 0, b_0\neq 0, m$ 和 n 为非负整数时,有

$$\lim_{x\to\infty}\frac{a_0x^m+a_1x^{m-1}+\cdots+a_m}{b_0x^n+b_1x^{n-1}+\cdots+b_n}=\begin{cases}\dfrac{a_0}{b_0}, & \text{当 } n=m,\\ 0, & \text{当 } n>m,\\ \infty, & \text{当 } n<m.\end{cases}$$

例 8 求 $\lim\limits_{x\to\infty}\dfrac{\sin x}{x}$.

解 当 $x\to\infty$ 时,分子及分母的极限都不存在,故关于商的极限的定理不能应用.把 $\dfrac{\sin x}{x}$ 看作 $\sin x$ 与 $\dfrac{1}{x}$ 的乘积,因 $\dfrac{1}{x}$ 当 $x\to\infty$ 为无穷小,而 $\sin x$ 是有界函数,所以根据上节定理 3,有

$$\lim_{x\to\infty}\frac{\sin x}{x}=0.$$

前面已经看到,对于有理函数(多项式函数或有理分式函数)$f(x)$,只要 $f(x)$ 在点 x_0 处有定义,那么当 $x\to x_0$ 时 $f(x)$ 的极限必定存在且等于 $f(x)$ 在点 x_0 的函数值.

我们不加证明地指出:一切基本初等函数,即幂函数、指数函数、对数函数、三角函数和反三角函数,在其定义域内的每点处都具有这样的性质,这就是说,**若 $f(x)$ 是基本初等函数,其定义域为 D,若 $x_0\in D$,则有**

$$\lim_{x\to x_0}f(x)=f(x_0).$$

例如,$f(x)=\sqrt{x}=x^{\frac{1}{2}}$ 是基本初等函数,它在点 $x=\dfrac{1}{6}$ 处有定义,所以

$$\lim_{x\to\frac{1}{6}}\sqrt{x}=\sqrt{\frac{1}{6}}=\frac{\sqrt{6}}{6}.$$

下面介绍一个关于复合函数求极限的定理.

定理 5 设函数 $u=\varphi(x)$ 当 $x\to x_0$ 时的极限存在且等于 a,即

$$\lim_{x\to x_0}\varphi(x)=a,$$

而函数 $y=f(u)$ 在点 $u=a$ 处有定义且 $\lim\limits_{u\to a}f(u)=f(a)$，那么复合函数 $y=f[\varphi(x)]$ 当 $x\to x_0$ 时的极限也存在且等于 $f(a)$，即

$$\lim_{x\to x_0}f[\varphi(x)]=f(a). \tag{1}$$

证明从略.

因为 $\lim\limits_{x\to x_0}\varphi(x)=a$，(1)式也可写成

$$\lim_{x\to x_0}f[\varphi(x)]=f[\lim_{x\to x_0}\varphi(x)]. \tag{2}$$

公式(2)表明，在定理 5 的条件下，求复合函数 $f[\varphi(x)]$ 的极限时，函数符号与极限记号可以交换次序.

(1)式还可写作

$$\lim_{x\to x_0}f[\varphi(x)]=\lim_{u\to a}f(u)\text{，其中 }u=\varphi(x)\text{，且 }x\to x_0\text{ 时，}u\to a. \tag{3}$$

(3)式给出了求极限时的变量代换法则，即通过变量代换 $u=\varphi(x)$，把求极限 $\lim\limits_{x\to x_0}f[\varphi(x)]$ 转化为求极限 $\lim\limits_{u\to a}f(u)$，常可用这个法则来简化极限运算.

例 9 求(1) $\lim\limits_{x\to 3}\sqrt{\dfrac{x-3}{x^2-9}}$；(2) $\lim\limits_{x\to\infty}e^{\frac{x}{x^2-1}}$.

解 (1) 由定理 5 有

$$\lim_{x\to 3}\sqrt{\frac{x-3}{x^2-9}}=\sqrt{\lim_{x\to 3}\frac{x-3}{x^2-9}}=\sqrt{\frac{1}{6}}=\frac{\sqrt{6}}{6}.$$

(2) 令 $u=\dfrac{x}{x^2-1}$，则当 $x\to\infty$ 时，$u\to 0$，因此 $\lim\limits_{x\to\infty}e^{\frac{x}{x^2-1}}=\lim\limits_{u\to 0}e^u=e^0=1$.

例 10 求 $\lim\limits_{x\to 0}\dfrac{\sqrt{1+x^2}-1}{x}$.

解 当 $x\to 0$ 时，分母趋于零，商的极限运算法则不适用，但可这样处理：分子、分母同时乘 $\sqrt{1+x^2}+1$，将分子有理化，得

函数极限的计算

$$\lim_{x\to 0}\frac{\sqrt{1+x^2}-1}{x}=\lim_{x\to 0}\frac{(\sqrt{1+x^2}-1)(\sqrt{1+x^2}+1)}{x(\sqrt{1+x^2}+1)}$$

$$=\lim_{x\to 0}\frac{x}{\sqrt{1+x^2}+1}=\frac{0}{2}=0.$$

思考题 1 函数 $f(x)$ 和 $g(x)$ 的和、差、积、商的极限运算法则的条件是什么？

思考题 2 如果 $\lim f(x)$ 存在而 $\lim g(x)$ 不存在，那么 $\lim[f(x)+g(x)]$ 是否存在？如果 $\lim f(x)$ 和 $\lim g(x)$ 都不存在，结果又如何呢？

习题 1-5

1. 计算下列极限：

(1) $\lim\limits_{x\to2}\dfrac{x^2+5}{x-3}$；

(2) $\lim\limits_{x\to-1}\dfrac{x^2+2x+5}{x^2+1}$；

(3) $\lim\limits_{x\to\sqrt{3}}\dfrac{x^2-3}{x^2+1}$；

(4) $\lim\limits_{x\to2}\dfrac{x-2}{\sqrt{x+2}}$；

(5) $\lim\limits_{x\to1}\dfrac{x^2-2x+1}{x^2-1}$；

(6) $\lim\limits_{x\to0}\dfrac{4x^3-2x^2+x}{3x^2+2x}$；

(7) $\lim\limits_{h\to0}\dfrac{(x+h)^2-x^2}{h}$；

(8) $\lim\limits_{x\to\infty}\left(2-\dfrac{1}{x}+\dfrac{1}{x^2}\right)$；

(9) $\lim\limits_{x\to\infty}\dfrac{x^2-1}{2x^2-x-1}$；

(10) $\lim\limits_{x\to\infty}\dfrac{x^2+x}{x^4-3x^2+1}$；

(11) $\lim\limits_{x\to\frac{1}{2}}\dfrac{8x^3-1}{6x^2-5x+1}$；

(12) $\lim\limits_{x\to4}\dfrac{x^2-6x+8}{x^2-5x+4}$；

(13) $\lim\limits_{x\to\infty}\left(1+\dfrac{1}{x}\right)\left(2-\dfrac{1}{x^2}\right)$；

(14) $\lim\limits_{n\to\infty}\left(1+\dfrac{1}{2}+\dfrac{1}{4}+\cdots+\dfrac{1}{2^n}\right)$；

(15) $\lim\limits_{n\to\infty}\dfrac{1+2+3+\cdots+(n-1)}{n^2}$；

(16) $\lim\limits_{n\to\infty}\dfrac{(n+1)(n+2)(n+3)}{5n^3}$；

(17) $\lim\limits_{x\to1}\left(\dfrac{1}{1-x}-\dfrac{3}{1-x^3}\right)$.

2. 计算下列极限：

(1) $\lim\limits_{x\to2}\dfrac{x^3+2x^2}{(x-2)^2}$；

(2) $\lim\limits_{x\to\infty}\dfrac{x^2}{2x+1}$；

(3) $\lim\limits_{x\to\infty}(2x^3-x+1)$；

(4) $\lim\limits_{x\to\infty}\arccos\dfrac{x^2-1}{2x^2+1}$.

3. 计算下列极限：

(1) $\lim\limits_{x\to0}\sqrt{x^2-2x+5}$；

(2) $\lim\limits_{x\to a^+}\dfrac{\sqrt{x}-\sqrt{a}}{\sqrt{x-a}}\ (a>0)$；

(3) $\lim\limits_{x\to0}\dfrac{x^2}{1-\sqrt{1+x^2}}$；

(4) $\lim\limits_{x\to1}\dfrac{\sqrt{5x-4}-\sqrt{x}}{x-1}$.

第六节　极限存在准则 · 两个重要极限

下面讲判定极限存在的两个准则.作为应用这两个准则的例子,还将导出两个重要极限:$\lim\limits_{x\to 0}\dfrac{\sin x}{x}=1$ 及 $\lim\limits_{x\to\infty}\left(1+\dfrac{1}{x}\right)^{x}=\mathrm{e}$.

一、夹逼准则

以下的准则 I 和准则 I ′均称为极限的夹逼准则.

准则 I　如果数列 $x_n,y_n,z_n\ (n=1,2,\cdots)$ 满足下列条件:

(1) $y_n\leqslant x_n\leqslant z_n\ (n=1,2,3,\cdots)$;

(2) $\lim\limits_{n\to\infty}y_n=a,\lim\limits_{n\to\infty}z_n=a$,

那么数列 x_n 的极限存在,且 $\lim\limits_{n\to\infty}x_n=a$.

证　因 $y_n\to a,z_n\to a$,所以根据数列极限的定义,对于任意给定的正数 ε,存在正整数 N_1,当 $n>N_1$ 时,有 $|y_n-a|<\varepsilon$;又存在正整数 N_2,当 $n>N_2$ 时,有 $|z_n-a|<\varepsilon$.现在取 $N=\max\{N_1,N_2\}$,则当 $n>N$ 时,

$$|y_n-a|<\varepsilon,\quad |z_n-a|<\varepsilon$$

同时成立,即

$$a-\varepsilon<y_n<a+\varepsilon,\quad a-\varepsilon<z_n<a+\varepsilon$$

同时成立.又因 x_n 介于 y_n 和 z_n 之间,所以当 $n>N$ 时,有

$$a-\varepsilon<y_n\leqslant x_n\leqslant z_n<a+\varepsilon,$$

即 $|x_n-a|<\varepsilon$ 成立.这就是说,$\lim\limits_{n\to\infty}x_n=a$.

上述关于数列极限的夹逼准则可以推广到函数的极限上.

准则 I ′　如果

(1) 当 $x\in\mathring{U}(x_0,r)$ (或 $|x|>X$) 时,有

$$g(x)\leqslant f(x)\leqslant h(x);$$

(2) $\lim\limits_{\substack{x\to x_0\\(x\to\infty)}}g(x)=A$, $\lim\limits_{\substack{x\to x_0\\(x\to\infty)}}h(x)=A$,

那么 $\lim\limits_{\substack{x\to x_0\\(x\to\infty)}}f(x)$ 存在,且等于 A.

准则 I ′的证明类似于准则 I 的证明,这里省略.这个准则的几何直观是明

显的.以 $x\to x_0$ 的函数极限为例,在图 1-22 中可以看到,由于当 $x\to x_0$ 时,$g(x)$ 和 $h(x)$ 都趋于常数 A,可知夹在中间的函数 $f(x)$ 也必定趋于 A.

作为准则 I ′的应用,下面证明一个重要的极限:

$$\lim_{x\to 0}\frac{\sin x}{x}=1.$$

首先注意到,函数 $\frac{\sin x}{x}$ 对于一切 $x\neq 0$ 都有定义.

在图 1-23 所示的单位圆中,设圆心角 $\angle AOB=x\left(0<x<\frac{\pi}{2}\right)$,点 A 处的切线与 OB 的延长线相交于 D,又 $BC\perp OA$,则

$$\sin x=CB,\quad x=\widehat{AB},\quad \tan x=AD.$$

因为

$$\triangle AOB \text{ 的面积}<\text{圆扇形 } AOB \text{ 的面积}<\triangle AOD \text{ 的面积},$$

所以

$$\frac{1}{2}\sin x<\frac{1}{2}x<\frac{1}{2}\tan x,$$

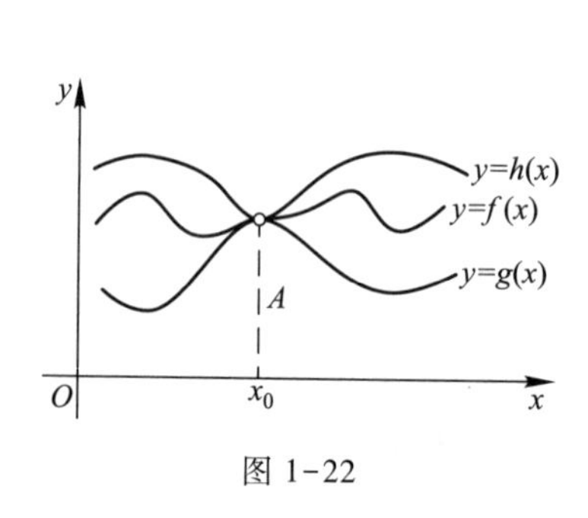

图 1-22

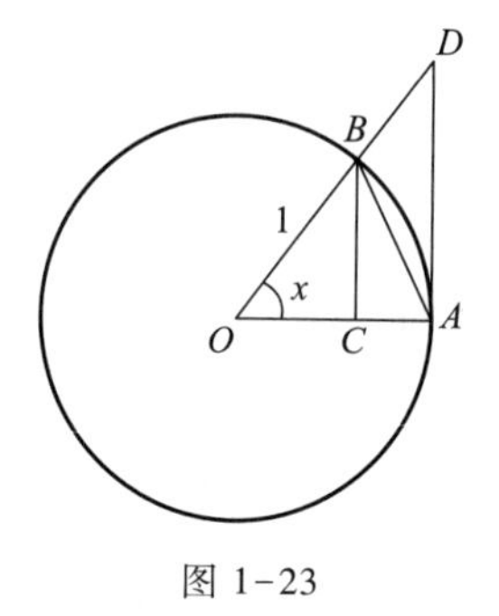

图 1-23

即

$$\sin x<x<\tan x,$$

除以 $\sin x$,就有 $1<\frac{x}{\sin x}<\frac{1}{\cos x}$,从而

$$\cos x<\frac{\sin x}{x}<1. \tag{1}$$

因为当 x 用 $-x$ 代替时,$\cos x$ 与 $\frac{\sin x}{x}$ 的值都不改变,所以上面的不等式对于开区间 $\left(-\frac{\pi}{2},0\right)$ 内的一切 x 也是成立的.

由上节指出的基本初等函数的性质:基本初等函数在其定义域内任意一点处的极限值等于函数在该点处的值,可知

$$\lim_{x\to 0}\cos x=1,$$

又

$$\lim_{x\to 0}1=1,$$

所以由不等式(1)及准则 Ⅰ′即得

$$\lim_{x\to 0}\frac{\sin x}{x}=1.$$

函数 $y=\dfrac{\sin x}{x}$的图形如图1-24所示.

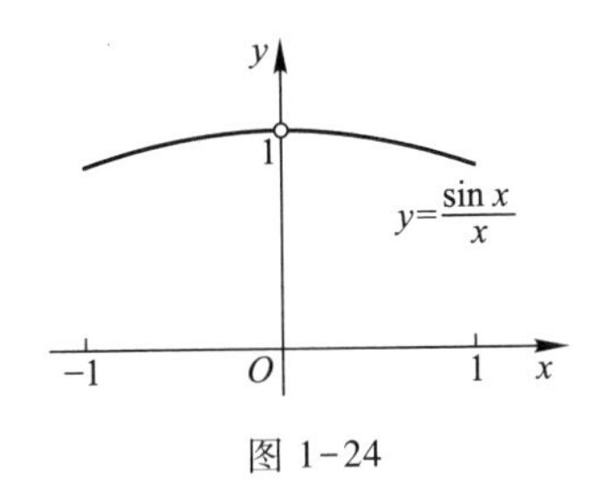

图 1-24

例 1　求 $\lim\limits_{x\to 0}\dfrac{\tan x}{x}$.

解　$$\lim_{x\to 0}\frac{\tan x}{x}=\lim_{x\to 0}\left(\frac{\sin x}{x}\cdot\frac{1}{\cos x}\right)$$

$$=\lim_{x\to 0}\frac{\sin x}{x}\cdot\lim_{x\to 0}\frac{1}{\cos x}=1.$$

例 2　求 $\lim\limits_{x\to 0}\dfrac{1-\cos x}{x^2}$.

解　$$\lim_{x\to 0}\frac{1-\cos x}{x^2}=\lim_{x\to 0}\frac{2\sin^2\frac{x}{2}}{x^2}=\frac{1}{2}\lim_{x\to 0}\frac{\sin^2\frac{x}{2}}{\left(\frac{x}{2}\right)^2}$$

$$=\frac{1}{2}\lim_{x\to 0}\left(\frac{\sin\frac{x}{2}}{\frac{x}{2}}\right)^2=\frac{1}{2}\cdot 1^2=\frac{1}{2}.$$

由本题的结果可得 $\lim\limits_{x\to 0}\dfrac{1-\cos x}{\frac{x^2}{2}}=1$.

例 3　求 $\lim\limits_{x\to 0}\dfrac{\arcsin x}{x}$.

解　令 $x=\sin t$,则当 $t\to 0$ 时,$x\to 0$,且 $\arcsin x=t$,于是

$$\lim_{x\to 0}\frac{\arcsin x}{x}=\lim_{t\to 0}\frac{t}{\sin t}=1.$$

用同样的方法可求得

$$\lim_{x\to 0}\frac{\arctan x}{x}=1.$$

例 4 求 $\lim\limits_{n\to\infty}2n\sin\frac{1}{n}$.

解 令 $x=\frac{1}{n}$,则当 $n\to\infty$ 时,$x\to 0$. 于是

重要极限 1

$$\lim_{n\to\infty}2n\sin\frac{1}{n}=2\lim_{n\to\infty}\frac{\sin\frac{1}{n}}{\frac{1}{n}}=2\lim_{x\to 0}\frac{\sin x}{x}=2\cdot 1=2.$$

思考题 1 注意以下三个极限的区别并分别求出它们的值:

(1) $\lim\limits_{x\to 0}\frac{\sin x}{x}$; (2) $\lim\limits_{x\to\infty}\frac{\sin x}{x}$; (3) $\lim\limits_{x\to 0}x\sin\frac{1}{x}$.

二、单调有界收敛准则

以下的准则Ⅱ称为数列的单调有界收敛准则.

准则Ⅱ 单调有界数列必有极限.

如果数列 x_n 满足条件

$$x_1\leqslant x_2\leqslant x_3\leqslant\cdots\leqslant x_n\leqslant x_{n+1}\leqslant\cdots,$$

就称数列 x_n 是单调增加的;如果数列 x_n 满足条件

$$x_1\geqslant x_2\geqslant x_3\geqslant\cdots\geqslant x_n\geqslant x_{n+1}\geqslant\cdots,$$

就称数列 x_n 是单调减少的.单调增加和单调减少的数列统称为单调数列①.

在第二节中曾证明:收敛的数列一定有界.但那时也曾指出,有界的数列不一定收敛,现在准则Ⅱ表明:如果数列不仅有界,并且是单调的,那么这数列的极限必定存在,也就是这数列一定收敛.

对准则Ⅱ我们不作证明,而给出如下的几何解释:

从数轴上看,对应于单调数列的点 x_n 只能向一个方向移动,所以只有两种可能情形:或者点 x_n 沿数轴移向无穷远($x_n\to+\infty$ 或 $x_n\to-\infty$),或者点 x_n 无限趋近于某一个定点 A(图 1-25),也就是数列 x_n 趋于一个极限.但现在假定数列是

① 这里的单调数列是广义的,就是说,在条件中也包括相等的情形.以后提到的单调数列都是指这种广义的单调数列.

有界的，而有界数列的点 x_n 都落在数轴上某个闭区间$[-M,M]$内，因此上述第一种情形就不可能发生了.这就表示这个数列趋于一个极限，并且这个极限的绝对值不超过 M.

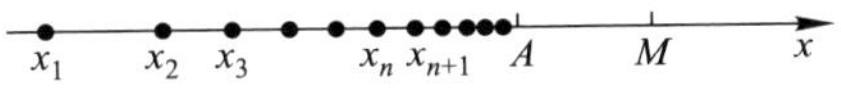

图 1-25

作为准则Ⅱ的应用，我们讨论另一个重要极限

$$\lim_{x\to\infty}\left(1+\frac{1}{x}\right)^{x}.$$

先考虑 x 取正整数 n 而趋于$+\infty$ 的情形.

设 $x_n=\left(1+\dfrac{1}{n}\right)^{n}$，我们来证数列 x_n 单调增加并且有界.按牛顿二项式公式，有

$$\begin{aligned}x_n&=\left(1+\frac{1}{n}\right)^{n}\\&=1+\frac{n}{1!}\cdot\frac{1}{n}+\frac{n(n-1)}{2!}\cdot\frac{1}{n^2}+\frac{n(n-1)(n-2)}{3!}\cdot\frac{1}{n^3}+\cdots+\\&\quad\frac{n(n-1)\cdots(n-n+1)}{n!}\cdot\frac{1}{n^n}\\&=1+1+\frac{1}{2!}\left(1-\frac{1}{n}\right)+\frac{1}{3!}\left(1-\frac{1}{n}\right)\left(1-\frac{2}{n}\right)+\cdots+\\&\quad\frac{1}{n!}\left(1-\frac{1}{n}\right)\left(1-\frac{2}{n}\right)\cdots\left(1-\frac{n-1}{n}\right),\end{aligned}$$

类似地，

$$\begin{aligned}x_{n+1}=&1+1+\frac{1}{2!}\left(1-\frac{1}{n+1}\right)+\frac{1}{3!}\left(1-\frac{1}{n+1}\right)\left(1-\frac{2}{n+1}\right)+\cdots+\frac{1}{n!}\left(1-\frac{1}{n+1}\right)\\&\left(1-\frac{2}{n+1}\right)\cdots\left(1-\frac{n-1}{n+1}\right)+\frac{1}{(n+1)!}\left(1-\frac{1}{n+1}\right)\left(1-\frac{2}{n+1}\right)\cdots\left(1-\frac{n}{n+1}\right).\end{aligned}$$

比较 x_n 和 x_{n+1} 的展开式，可以看到除前两项外，x_n 的每一项都小于 x_{n+1} 的对应项，并且 x_{n+1} 还多了最后一项，其值大于 0，因此

$$x_n<x_{n+1},$$

这就说明数列 x_n 是单调增加的.这个数列同时还是有界的.因为，如果 x_n 的展开式中各项括号内的数用较大的数 1 代替，就得

$$x_n<1+1+\frac{1}{2!}+\frac{1}{3!}+\cdots+\frac{1}{n!}<1+1+\frac{1}{2}+\frac{1}{2^2}+\cdots+\frac{1}{2^{n-1}}$$

$$=1+\frac{1-\frac{1}{2^n}}{1-\frac{1}{2}}=3-\frac{1}{2^{n-1}}<3,$$

这就说明数列 x_n 是有界的.根据极限存在准则Ⅱ,这个数列 x_n 的极限存在,通常用字母 e 来表示它,即

$$\lim_{n\to\infty}\left(1+\frac{1}{n}\right)^n=\mathrm{e}.$$

利用上式,就可以进一步证明,当 x 取实数而趋于 $+\infty$ 或 $-\infty$ 时,函数 $\left(1+\frac{1}{x}\right)^x$ 的极限都存在且都等于 e (证明从略).因此

$$\lim_{x\to\infty}\left(1+\frac{1}{x}\right)^x=\mathrm{e}. \tag{2}$$

这个数 e 是无理数,它的值是 2.718 281 828 459 045….指数函数 $y=\mathrm{e}^x$ 以及自然对数 $y=\ln x$ 中的底 e 就是这个数.

利用代换 $z=\frac{1}{x}$,则当 $x\to\infty$ 时,$z\to 0$,于是(2)式又可写成

$$\lim_{z\to 0}(1+z)^{\frac{1}{z}}=\mathrm{e}.$$

图 1-26 的(a)和(b)分别是数列 $y=\left(1+\frac{1}{n}\right)^n$ 和函数 $y=\left(1+\frac{1}{x}\right)^x$ $(x\notin[-1,0])$ 的图形,从中可看出函数的变化趋势.

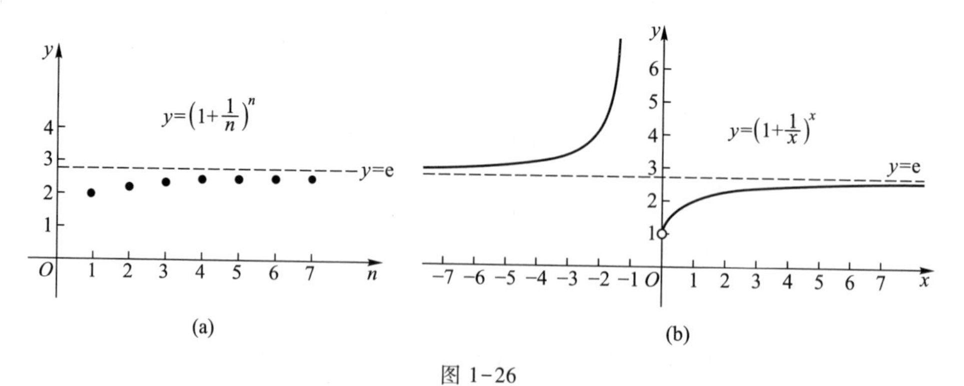

图 1-26

例 5　求 $\lim\limits_{x\to\infty}\left(1-\frac{1}{x}\right)^{x}$.

解　令 $t=-x$，则当 $x\to\infty$ 时，$t\to\infty$.

$$\lim_{x\to\infty}\left(1-\frac{1}{x}\right)^{x}=\lim_{t\to\infty}\left[\left(1+\frac{1}{t}\right)^{t}\right]^{-1}=\lim_{t\to\infty}\frac{1}{\left(1+\frac{1}{t}\right)^{t}}$$

$$=\frac{1}{\lim\limits_{t\to\infty}\left(1+\frac{1}{t}\right)^{t}}=\frac{1}{\mathrm{e}}.$$

例 6　求 $\lim\limits_{x\to 0}\frac{\ln(1+x)}{x}$.

解　由于 $\frac{\ln(1+x)}{x}=\ln(1+x)^{\frac{1}{x}}$，故

$$\lim_{x\to 0}\frac{\ln(1+x)}{x}=\lim_{x\to 0}\ln(1+x)^{\frac{1}{x}}$$

$$=\ln[\lim_{x\to 0}(1+x)^{\frac{1}{x}}]=\ln \mathrm{e}=1.$$

例 7　求 $\lim\limits_{x\to 0}\frac{\mathrm{e}^{x}-1}{x}$.

解　令 $u=\mathrm{e}^{x}-1$，即 $x=\ln(1+u)$，则当 $x\to 0$ 时，$u\to 0$，于是，

$$\lim_{x\to 0}\frac{\mathrm{e}^{x}-1}{x}=\lim_{u\to 0}\frac{u}{\ln(1+u)},$$

利用例 6 的结果，可知上式右端的极限为 1.因此

$$\lim_{x\to 0}\frac{\mathrm{e}^{x}-1}{x}=1.$$

在利用第二个重要极限来计算函数极限时，常遇到形如 $[f(x)]^{g(x)}$ $(f(x)>0)$ 的函数（通常称为幂指函数）的极限.如果 $\lim f(x)=A>0$，$\lim g(x)=B$，那么有

$$\lim[f(x)]^{g(x)}=A^{B}.$$

事实上，由指数函数和对数函数的关系以及复合函数求极限的法则，可得

$$\lim\,[f(x)]^{g(x)}=\lim\,\mathrm{e}^{g(x)\ln f(x)}=\mathrm{e}^{\lim[g(x)\ln f(x)]}$$

$$=\mathrm{e}^{B\ln A}=\mathrm{e}^{\ln A^{B}}=A^{B}.$$

例 8　求 $\lim\limits_{x\to 0}(1+x)^{\frac{2}{\sin x}}$.

解　由于 $(1+x)^{\frac{2}{\sin x}}=[(1+x)^{\frac{1}{x}}]^{\frac{2x}{\sin x}}$，于是有

$$\lim_{x\to 0}(1+x)^{\frac{2}{\sin x}}=\lim_{x\to 0}[(1+x)^{\frac{1}{x}}]^{\frac{2x}{\sin x}}.$$

由于当 $x\to 0$ 时，底 $(1+x)^{\frac{1}{x}}\to \mathrm{e}$，指数 $\frac{2x}{\sin x}\to 2$，故所求极限等于 e^2.

例 9 设某人以本金 p 元进行一项投资，投资的年利率为 r. 如果以年为单位计算复利（即每年计息一次，并把利息加入下年的本金，重复计息），那么 t 年后，资金总额将变为

$$p(1+r)^t \text{ 元；}$$

若以月为单位计算复利（即每月计息一次，并把利息加入下月的本金，重复计息），那么 t 年后，资金总额将变为

$$p\left(1+\frac{r}{12}\right)^{12t} \text{ 元；}$$

以此类推，若以天为单位计算复利，那么 t 年后的资金总额为

$$p\left(1+\frac{r}{365}\right)^{365t} \text{ 元；}$$

一般地，若以 $\frac{1}{n}$ 年为单位计算复利，那么 t 年后的资金总额为

$$p\left(1+\frac{r}{n}\right)^{nt} \text{ 元.}$$

现在让 $n\to\infty$，即每时每刻计算复利（称为连续复利），那么 t 年后的资金总额将变为

重要极限 2

$$\lim_{n\to\infty} p\left(1+\frac{r}{n}\right)^{nt}=\lim_{n\to\infty} p\left[\left(1+\frac{r}{n}\right)^{\frac{n}{r}}\right]^{rt}=p\mathrm{e}^{rt}(\text{元}).$$

思考题 2 有人认为，由于当 $n\to\infty$ 时，$1+\frac{1}{n}\to 1$，所以 $\lim\limits_{n\to\infty}\left(1+\frac{1}{n}\right)^n=\underbrace{\lim\limits_{n\to\infty}\left(1+\frac{1}{n}\right)\cdot\lim\limits_{n\to\infty}\left(1+\frac{1}{n}\right)\cdot\cdots\cdot\lim\limits_{n\to\infty}\left(1+\frac{1}{n}\right)}_{n\text{个}}=1\cdot 1\cdot\cdots\cdot 1=1$. 这种求法错在哪里？

习题 1-6

1. 计算下列极限：

(1) $\lim\limits_{x\to 0}\frac{\sin \omega x}{x}$；　　(2) $\lim\limits_{x\to 0}\frac{\tan 3x}{x}$；

(3) $\lim\limits_{x\to 0}\frac{\sin 2x}{\sin 5x}$；　　(4) $\lim\limits_{x\to 0}x\cdot\cot x$；

(5) $\lim\limits_{x\to 0}\dfrac{1-\cos 2x}{x\sin x}$；　　(6) $\lim\limits_{x\to 0}\dfrac{\arctan x}{x}$；

(7) $\lim\limits_{x\to a}\dfrac{\sin x-\sin a}{x-a}$；

(8) $\lim\limits_{n\to\infty}2^n\sin\dfrac{x}{2^n}$（$x$ 为不等于零的常数）；

(9) $\lim\limits_{x\to 0}\ln\dfrac{\sin 2x}{x}$.

2. 计算下列极限：

(1) $\lim\limits_{x\to 0}(1-x)^{\frac{1}{x}}$；　　(2) $\lim\limits_{x\to 0}(1+2x)^{\frac{1}{x}}$；

(3) $\lim\limits_{x\to\infty}\left(1+\dfrac{1}{x}\right)^{\frac{x}{2}}$；　　(4) $\lim\limits_{x\to\infty}\left(\dfrac{1+x}{x}\right)^{2x}$；

(5) $\lim\limits_{x\to\infty}\left(\dfrac{2x+3}{2x+1}\right)^{x+1}$；　　(6) $\lim\limits_{x\to\infty}\left(1-\dfrac{1}{x}\right)^{kx}$　（k 为正整数）.

3. 利用极限夹逼准则证明：

$$\lim_{n\to\infty}\left(\frac{1}{\sqrt{n^2+1}}+\frac{1}{\sqrt{n^2+2}}+\cdots+\frac{1}{\sqrt{n^2+n}}\right)=1.$$

第七节　无穷小的比较

从本章第四节中我们已经知道，两个无穷小的和、差及乘积仍是无穷小.但是，关于两个无穷小的商，却会出现不同的情况.例如，当 $x\to 0$ 时，$3x$，x^2，$\sin x$ 都是无穷小，而

$$\lim_{x\to 0}\frac{x^2}{3x}=0,\quad \lim_{x\to 0}\frac{3x}{x^2}=\infty,\quad \lim_{x\to 0}\frac{\sin x}{x}=1.$$

两个无穷小之比的极限的各种不同情况，反映了不同的无穷小趋于零的“快慢”程度.就上面几个例子来说，在 $x\to 0$ 的过程中，$x^2\to 0$ 比 $3x\to 0$“快些”，反过来 $3x\to 0$ 比 $x^2\to 0$“慢些”，而 $\sin x\to 0$ 与 $x\to 0$“快慢相仿”.

当两个无穷小之比的极限存在或为无穷大时，我们来说明两个无穷小之间的比较.

定义　设 α 与 β 是自变量在同一变化过程中的两个无穷小（$\alpha\neq 0$），而 $\lim\dfrac{\beta}{\alpha}$ 也是在这个变化过程中的极限.

如果 $\lim \dfrac{\beta}{\alpha}=0$,就说 β 是比 α 高阶的无穷小,记作$\beta=o(\alpha)$;

如果 $\lim \dfrac{\beta}{\alpha}=\infty$,就说 β 是比 α 低阶的无穷小;

如果 $\lim \dfrac{\beta}{\alpha}=c\neq 0$,就说 β 与 α 是同阶无穷小;

如果 $\lim \dfrac{\beta}{\alpha}=1$,就说 β 与 α 是等价无穷小,记作 $\alpha\sim\beta$.

显然,等价无穷小是同阶无穷小的特殊情形,即 $c=1$ 的情形.

下面举一些例子:

因为 $\lim\limits_{x\to 0}\dfrac{3x^2}{x}=0$,所以当 $x\to 0$ 时,$3x^2$ 是比 x 高阶的无穷小,即 $3x^2=o(x)\ (x\to 0)$.

因为 $\lim\limits_{n\to\infty}\dfrac{\dfrac{1}{n}}{\dfrac{1}{n^2}}=\infty$,所以当 $n\to\infty$ 时,$\dfrac{1}{n}$是比$\dfrac{1}{n^2}$低阶的无穷小.

因为 $\lim\limits_{x\to 3}\dfrac{x^2-9}{x-3}=6$,所以当 $x\to 3$ 时,x^2-9 与 $x-3$ 是同阶无穷小.

因为 $\lim\limits_{x\to 0}\dfrac{\sin x}{x}=1$,所以当 $x\to 0$ 时,$\sin x$ 与 x 是等价无穷小,即 $\sin x\sim x\ (x\to 0)$.

关于等价无穷小,有下面两个定理.

定理 1 β 与 α 是等价无穷小的充要条件为

$$\beta=\alpha+o(\alpha).$$

证 必要性 设 $\alpha\sim\beta$,则

$$\lim\frac{\beta-\alpha}{\alpha}=\lim\left(\frac{\beta}{\alpha}-1\right)=\lim\frac{\beta}{\alpha}-1=0,$$

因此 $\beta-\alpha=o(\alpha)$,即 $\beta=\alpha+o(\alpha)$.

充分性 设 $\beta=\alpha+o(\alpha)$,则

$$\lim\frac{\beta}{\alpha}=\lim\frac{\alpha+o(\alpha)}{\alpha}=\lim\left(1+\frac{o(\alpha)}{\alpha}\right)=1,$$

因此 $\alpha\sim\beta$.

我们知道,两个等价无穷小不一定相等,但定理 1 告诉我们,它们的差为其中一个的高阶无穷小.

例 1　因为当 $x\to0$ 时，$\sin x\sim x$，$\tan x\sim x$，所以当 $x\to0$ 时有

$$\sin x=x+o(x),\tan x=x+o(x).$$

定理 2　设 $\alpha\sim\alpha'$，$\beta\sim\beta'$，且 $\lim\frac{\beta'}{\alpha'}$ 存在，则

$$\lim\frac{\beta}{\alpha}=\lim\frac{\beta'}{\alpha'}.$$

证　$$\lim\frac{\beta}{\alpha}=\lim\left(\frac{\beta}{\beta'}\cdot\frac{\beta'}{\alpha'}\cdot\frac{\alpha'}{\alpha}\right)$$
$$=\lim\frac{\beta}{\beta'}\cdot\lim\frac{\beta'}{\alpha'}\cdot\lim\frac{\alpha'}{\alpha}=\lim\frac{\beta'}{\alpha'}.$$

定理 2 表明，求两个无穷小之比的极限时，分子及分母都可用各自的等价无穷小来代替.如果用来代替的无穷小选得适当的话，可以使计算简化.

例 2　求 $\lim\limits_{x\to0}\frac{\tan 2x}{\sin 5x}$.

解　当 $x\to0$ 时，$\tan 2x\sim2x$，$\sin 5x\sim5x$，所以

$$\lim_{x\to0}\frac{\tan 2x}{\sin 5x}=\lim_{x\to0}\frac{2x}{5x}=\frac{2}{5}.$$

例 3　求 $\lim\limits_{x\to0}\frac{(x^2+2)\sin x}{\arcsin x}$.

解　当 $x\to0$ 时，$\sin x\sim x$，因此 $(x^2+2)\sin x\sim(x^2+2)x$；又由上节例 3，$\arcsin x\sim x$，故由定理 2 得

$$\lim_{x\to0}\frac{(x^2+2)\sin x}{\arcsin x}=\lim_{x\to0}\frac{(x^2+2)x}{x}=\lim_{x\to0}(x^2+2)=2.$$

从本例可看到，若分子或分母是若干因子之积，则可对其中的任一因子作等价无穷小的替换.但需注意，若分子或分母是若干项之和或差，则一般不能对其中某一项作等价无穷小替换，否则可能出错，例如

$$\lim_{n\to\infty}\frac{\frac{1}{n}-\frac{1}{n+1}}{\frac{1}{n^2}}=\lim_{n\to\infty}\frac{n^2}{n(n+1)}=\lim_{n\to\infty}\frac{1}{1+\frac{1}{n}}=1,$$

如果把分子上的项 $\frac{1}{n+1}$ 换成它的等价无穷小 $\frac{1}{n}$，则会得出错误结果：

$$\lim_{n\to\infty}\frac{\frac{1}{n}-\frac{1}{n}}{\frac{1}{n^2}}=0.$$

原因是虽然当 $n\to\infty$ 时，$\frac{1}{n+1}\sim\frac{1}{n}$，但整个分子$\frac{1}{n}-\frac{1}{n+1}$却并不是$\frac{1}{n}-\frac{1}{n}$的等价无穷小.

最后，我们把在上一节的例题中证明的当 $x\to 0$ 时的几个等价无穷小集中列出，以便于记忆和应用.

当 $x\to 0$ 时，

$$x\sim\sin x\sim\tan x\sim\arcsin x\sim\arctan x\sim\ln(1+x)\sim(\mathrm{e}^x-1)^{①},$$

$$1-\cos x\sim\frac{x^2}{2}.$$

思考题 1　当 $x\to 0$ 时，$2x-x^2$ 与 x^2-x^3 相比，哪一个是高阶无穷小？

思考题 2　当 $x\to 1$ 时，无穷小 $1-x$ 与 (1) $1-x^3$，(2) $\frac{1}{2}(1-x^2)$ 是否同阶？是否等价？

习题 1-7

1. 证明：当 $x\to 0$ 时，$\sqrt{1+x}-1\sim\frac{x}{2}$.

2. 利用等价无穷小替换，求下列极限：

(1) $\lim\limits_{x\to 0}\frac{\tan 3x}{2x}$；　　(2) $\lim\limits_{x\to 0}\frac{\sin(x^n)}{(\sin x)^m}$　(m,n 为正整数)；

(3) $\lim\limits_{x\to 0}\frac{\tan x-\sin x}{x^3}$；　　(4) $\lim\limits_{x\to 0}\frac{(x+1)\ln(1+x)}{x^2+3x}$；

(5) $\lim\limits_{x\to 0}\frac{\mathrm{e}^{2x}-1}{x}$；　　(6) $\lim\limits_{x\to 1}\frac{\arcsin(1-x)}{\ln x}$.

3. 证明等价无穷小具有下列性质：

(1) 自反性：$\alpha\sim\alpha$；

(2) 对称性：若 $\alpha\sim\beta$，则 $\beta\sim\alpha$；

(3) 传递性：若 $\alpha\sim\beta,\beta\sim\gamma$，则 $\alpha\sim\gamma$.

---

①　由本节习题的第 3(3) 题，等价无穷小具有传递性.由于当 $x\to 0$ 时，本式中的各无穷小都是 x 的等价无穷小，因此它们相互也都是等价无穷小.

第八节 函数的连续性

一、函数连续性的概念

自然界中有许多现象，如气温的变化、河水的流动、植物的生长等，都是连续地变化着的.就气温的变化来看，当时间变动很微小时，气温的变化也很微小，这种现象在函数关系上的反映，就是函数的连续性.为了便于给出函数连续性的定义，我们先引入增量的概念.

设变量 u 从它的一个初值 u_1 变到终值 u_2，终值与初值的差 u_2-u_1 就叫做变量 u 的增量，记作 Δu，即

$$\Delta u=u_2-u_1.$$

要注意记号 Δu 是一个整体，不能看成某个量 Δ 与变量 u 的乘积.又，Δu 可正可负.当 $\Delta u>0$ 时，变量 u 是增加的；当 $\Delta u<0$ 时，变量 u 是减少的.

现在假设函数 $y=f(x)$ 在点 x_0 的某个邻域内有定义.当自变量 x 在这邻域内从 x_0 变到 $x_0+\Delta x$ 时，函数 y 相应地从 $f(x_0)$ 变到 $f(x_0+\Delta x)$，因此函数 y 的对应增量为

$$\Delta y=f(x_0+\Delta x)-f(x_0).$$

这个关系式的几何解释如图 1-27 所示.

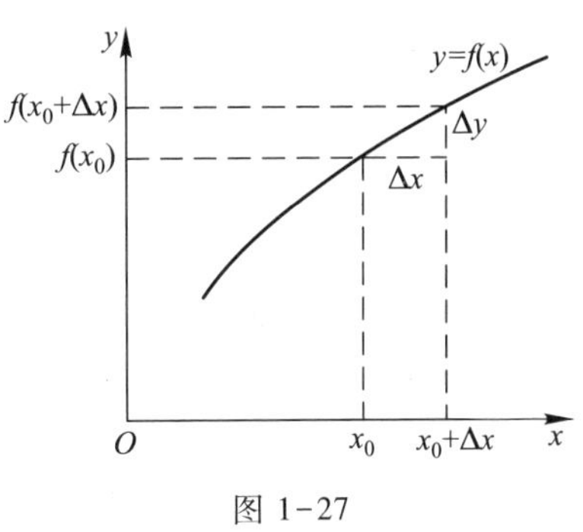

图 1-27

假如保持 x_0 不变而让自变量的增量 Δx 变动，一般说来，函数 y 的增量 Δy 也要随着变动.现在可对连续性的概念做这样的描述：如果当 Δx 趋于零时，函数 y 的对应增量 Δy 也趋于零，那么就称函数 $y=f(x)$ 在点 x_0 处是连续的，即有下述定义：

定义 设函数 $y=f(x)$ 在点 x_0 的某个邻域内有定义，如果当自变量的增量 $\Delta x=x-x_0$ 趋于零时，对应的函数的增量 $\Delta y=f(x_0+\Delta x)-f(x_0)$ 也趋于零，即有

$$\lim_{\Delta x\to 0}\Delta y=0 \tag{1}$$

或

$$\lim_{\Delta x\to 0}[f(x_0+\Delta x)-f(x_0)]=0,$$

那么就称函数 $y=f(x)$ 在点 x_0 处连续.

设 $x=x_0+\Delta x$，则 $\Delta x\to 0$ 就是 $x\to x_0$.又由于

$$\Delta y=f(x_0+\Delta x)-f(x_0)=f(x)-f(x_0),$$

即

$$f(x)=f(x_0)+\Delta y.$$

可见 $\Delta y\to 0$ 就是 $f(x)\to f(x_0)$，因此(1)式与

$$\lim_{x\to x_0}f(x)=f(x_0)$$

相当.由此可知，函数在一点连续的定义也可这样表述：

设函数 $y=f(x)$ 在点 x_0 的某个邻域内有定义，如果函数 $f(x)$ 当 $x\to x_0$ 时的极限存在，且等于它在点 x_0 处的函数值 $f(x_0)$，即

$$\lim_{x\to x_0}f(x)=f(x_0), \tag{2}$$

那么就称函数 $f(x)$ 在点 x_0 处连续.

下面说明左连续及右连续的概念.

如果函数 $f(x)$ 满足条件

$$\lim_{x\to x_0^-}f(x)=f(x_0)\quad\left(\lim_{x\to x_0^+}f(x)=f(x_0)\right),$$

就说函数 $f(x)$ 在点 x_0 处左(右)连续.

在区间上每一点都连续的函数，叫做在该区间上的连续函数，或者说函数在该区间上连续.如果区间包括端点，那么函数在左端点连续是指右连续，在右端点连续是指左连续.

连续函数的图形是一条连续而不间断的曲线.

在本章第五节中我们指出，基本初等函数 $f(x)$ 在其定义域内任一点 x_0 处满足

$$\lim_{x\to x_0}f(x)=f(x_0).$$

函数的连续性

现在有了连续性的概念，可把此结论表述为

基本初等函数在其定义域内每点处均连续.也就是说，**基本初等函数在其定义域内是连续的**.

思考题 1 写出 $f(x)$ 在点 x_0 处连续的两个等价定义式.

二、函数的间断点

下面假定，函数 $f(x)$ 在点 x_0 的某个邻域内(至多除了点 x_0 本身)有定义.由函数 $f(x)$ 在点 x_0 处连续的定义式(2)可知，若函数 $f(x)$ 有下列三种情形之一：

(1) 在点 x_0 处没有定义，即 $f(x_0)$ 不存在；

(2) $\lim\limits_{x\to x_0}f(x)$ 不存在；

(3) 虽然 $f(x_0)$ 及 $\lim\limits_{x\to x_0}f(x)$ 都存在，但 $\lim\limits_{x\to x_0}f(x)\neq f(x_0)$，

则 $f(x)$ 在点 x_0 处不连续,这时点 x_0 称为函数 $f(x)$ 的不连续点或间断点.

现在举几个例子说明函数间断点的几种常见类型.

例 1　函数 $f(x)=\tan x$ 在点 $x=\dfrac{\pi}{2}$ 处没有定义,所以点 $x=\dfrac{\pi}{2}$ 是函数 $f(x)=\tan x$ 的间断点.因

$$\lim_{x\to\frac{\pi}{2}}\tan x=\infty,$$

我们称 $x=\dfrac{\pi}{2}$ 为函数 $\tan x$ 的无穷间断点(图 1-28).

例 2　考虑函数 $f(x)=\operatorname{sgn} x$,极限 $\lim\limits_{x\to 0}\operatorname{sgn} x$ 不存在.事实上,

$$\lim_{x\to 0^-}\operatorname{sgn} x=-1,\quad \lim_{x\to 0^+}\operatorname{sgn} x=1,$$

左极限与右极限虽都存在,但不相等,故极限 $\lim\limits_{x\to 0}\operatorname{sgn} x$ 不存在.所以 $x=0$ 是函数 $f(x)=\operatorname{sgn} x$ 的间断点(图 1-29).因 $y=\operatorname{sgn} x$ 的图形在 $x=0$ 处出现跳跃现象,我们称 $x=0$ 为函数 $\operatorname{sgn} x$ 的跳跃间断点.

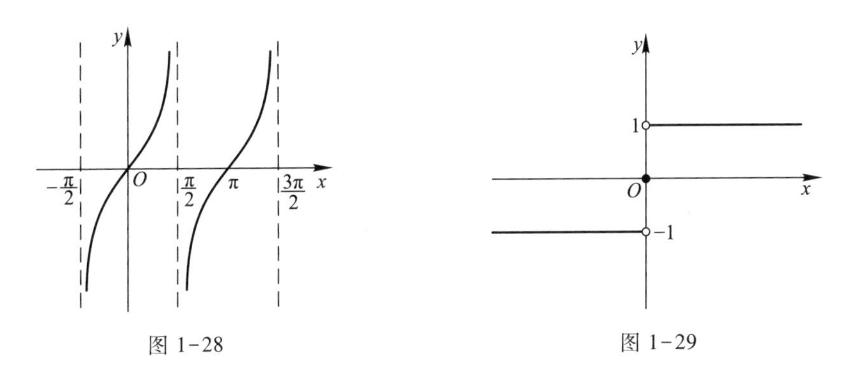

图 1-28　　　　图 1-29

例 3　函数 $f(x)=\dfrac{x^2-1}{x-1}$ 在点 $x=1$ 处没有定义,所以 $x=1$ 是此函数的间断点(图 1-30).这里

$$\lim_{x\to 1}\frac{x^2-1}{x-1}=\lim_{x\to 1}(x+1)=2.$$

$f(x)$ 在 $x=1$ 处间断,只是因为 $f(x)$ 在 $x=1$ 处没有定义.若补充函数在 $x=1$ 处的定义:令 $f(1)=2$,则函数就在点 $x=1$ 处连续.因此,点 $x=1$ 称为函数 $f(x)$ 的可去间断点.

例 4　函数 $f(x)=(\operatorname{sgn} x)^2$,有 $f(0)=0$, $\lim\limits_{x\to 0}f(x)=1$ (图 1-31).因

$$\lim_{x\to 0}f(x)\neq f(0),$$

所以 $x=0$ 是函数 $f(x)=(\operatorname{sgn} x)^2$ 的间断点.若我们改变这函数在 $x=0$ 处的定义,令 $f(0)=1$,则函数 $f(x)$ 在点 $x=0$ 处也成为连续.因此,点 $x=0$ 也称为函数 $(\operatorname{sgn} x)^2$ 的可去间断点.

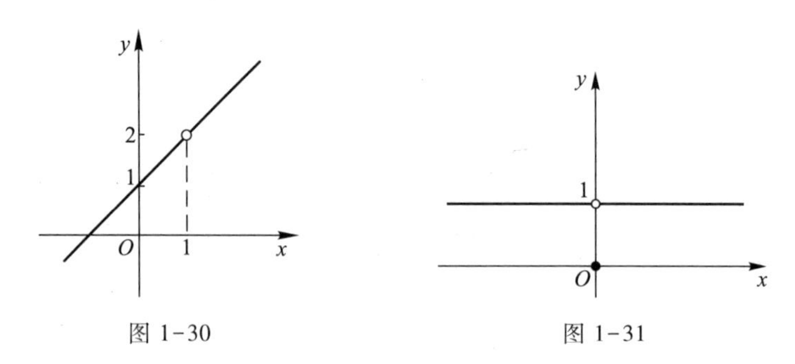

图 1-30　　图 1-31

通常我们把间断点分为两类:第一类间断点及第二类间断点.凡是左、右极限都存在的间断点称为第一类间断点,其中左、右极限不相等者称为跳跃间断点,左、右极限相等者称为可去间断点.不是第一类间断点的任何间断点,都称为第二类间断点,其中极限为 ∞ 者称为无穷间断点.

思考题 2 函数 $f(x)=\dfrac{x^2-1}{x^2-3x+2}$ 在哪些点处间断?每个间断点属于哪一类型?若是可去间断点,则补充函数的定义使它连续.

三、初等函数的连续性

由函数在某点连续的定义和第五节极限的四则运算法则,立即可得以下结论:

1. 两个在某点连续的函数的和、差、积、商(分母在该点不为零)为在该点连续的函数.

再由第五节复合函数求极限的定理 5,可得以下复合函数连续性的结论:

2. 若 $u=\varphi(x)$ 在点 x_0 处连续,$y=f(u)$ 在点 $u_0=\varphi(x_0)$ 处连续,则复合函数 $y=f[\varphi(x)]$ 在点 x_0 处连续.

在第一目中已经指出:基本初等函数在其定义域内都是连续的.由于初等函数是由基本初等函数经过有限次的四则运算和复合步骤所构成,因此由以上两个结论可得下列重要结论:**一切初等函数在其定义区间内都是连续的**.所谓定义区间,是指包含在定义域内的区间.

例 5 函数 $f(x)=\dfrac{x+1}{\ln x-1}+x\sin\dfrac{1}{x}$ 是初等函数,其定义域 $D=(0,\mathrm{e})\cup(\mathrm{e},+\infty)$.由以上初等函数连续性的结论可知,$f(x)$ 在其定义区间 $(0,\mathrm{e})$ 和 $(\mathrm{e},+\infty)$ 内是连续的.

根据函数$f(x)$在点x_0处连续的定义，如果已知$f(x)$在点x_0处连续，那么求$f(x)$当$x\to x_0$时的极限，只要求$f(x)$在点x_0处的函数值就行了.因此，上述关于初等函数连续性的结论提供了求极限的一种方法，这就是：若$f(x)$是初等函数，且x_0是$f(x)$的定义区间内的点，则

$$\lim_{x\to x_0} f(x)=f(x_0).$$

例如，点$x_0=\frac{\pi}{2}$是初等函数$f(x)=\ln\sin x$的一个定义区间$(0,\pi)$内的点，所以

$$\lim_{x\to\frac{\pi}{2}}\ln\sin x=\ln\sin\frac{\pi}{2}=0.$$

例 6　设

$$f(x)=\begin{cases}\cos 2x, & 当\ x\leqslant 0,\\ \dfrac{a\ln(1+x)}{x}, & 当\ x>0\end{cases}$$

在$(-\infty,+\infty)$内连续，求a.

解　在$(-\infty,0)$内，$f(x)=\cos 2x$连续；在$(0,+\infty)$内，不论a取何值，$f(x)=\frac{a\ln(1+x)}{x}$都连续，故只需考察$f(x)$在分段点$x=0$处的连续性.因

$$f(0^-)=\lim_{x\to 0^-}f(x)=\lim_{x\to 0}\cos 2x=\cos 0=1,$$

而$f(0^+)=\lim\limits_{x\to 0^+}f(x)=\lim\limits_{x\to 0^+}\frac{a\ln(1+x)}{x}=\lim\limits_{x\to 0^+}\frac{ax}{x}=a$，且

$$f(0)=\cos(2\cdot 0)=1,$$

因此当$f(0^+)=f(0^-)=f(0)$，即$a=1$时，$f(x)$在$x=0$处连续，从而$f(x)$在$(-\infty,+\infty)$内连续.

思考题 3　函数$f(x)=\frac{x^3+3x^2-x-3}{x^2+x-6}$在哪些区间内连续，并求极限$\lim\limits_{x\to 0}f(x)$，$\lim\limits_{x\to -3}f(x)$及$\lim\limits_{x\to 2}f(x)$.

习题 1-8

1. 研究下列函数的连续性，并画出函数的图形：

(1) $f(x)=\begin{cases}x^2, & 当\ 0\leqslant x\leqslant 1,\\ 2-x, & 当\ 1<x\leqslant 2;\end{cases}$

(2) $f(x)=\begin{cases}x, & 当\ -1\leqslant x\leqslant 1,\\ 1, & 当\ x<-1\ 或\ x>1.\end{cases}$

2. 下列函数在给定的点处间断，说明这些间断点属于哪一类型. 若是可去间断点，则补充或改变函数的定义使它连续：

(1) $y=\dfrac{x}{\tan x}, x=0, x=\dfrac{\pi}{2}, x=\pi$；　　(2) $y=\cos^2\dfrac{1}{x}, x=0$；

(3) $y=\begin{cases} x-1, & \text{当 } x\leqslant 1, \\ 3-x, & \text{当 } x>1, \end{cases}$ $x=1$.

3. 求下列极限：

(1) $\lim\limits_{t\to -2}\dfrac{e^t+1}{t}$；　　(2) $\lim\limits_{\alpha\to\frac{\pi}{4}}(\sin 2\alpha)^3$；

(3) $\lim\limits_{x\to\frac{\pi}{9}}\ln(2\cos 3x)$；　　(4) $\lim\limits_{x\to\frac{\pi}{4}}\dfrac{\sin 2x}{2\cos(\pi-x)}$.

4. 设函数

$$f(x)=\begin{cases} e^{2x}, & \text{当 } x<0, \\ a+x, & \text{当 } x\geqslant 0. \end{cases}$$

应当怎样选择数 a，使得 $f(x)$ 成为在 $(-\infty,+\infty)$ 内的连续函数.

第九节　闭区间上连续函数的性质

第八节中已经说明，如果函数 $f(x)$ 在开区间 (a,b) 内连续，且在左端点 a 右连续，在右端点 b 左连续，那么称函数 $f(x)$ 在闭区间 $[a,b]$ 上连续. 在闭区间上连续的函数有几个重要的性质，今以定理的形式叙述它们.

一、最大值和最小值定理

先说明最大值和最小值的概念. 对于在区间 I 上有定义的函数 $f(x)$，若有 $x_0\in I$，使得对于任一 $x\in I$ 都满足

$$f(x)\leqslant f(x_0)\quad (f(x)\geqslant f(x_0)),$$

则称 $f(x_0)$ 是函数 $f(x)$ 在区间 I 上的最大值（最小值）.

例如，函数 $f(x)=\sin x+1$ 在区间 $[0,2\pi]$ 上有最大值 2 和最小值 0. 又例如，函数 $f(x)=\operatorname{sgn} x$ 在区间 $(-\infty,+\infty)$ 内有最大值 1 和最小值 -1；而在开区间 $(0,+\infty)$ 内，$\operatorname{sgn} x$ 的最大值和最小值都等于 1.（注意，最大值和最小值可以相等！）但函数 $f(x)=x$ 在开区间 (a,b) 内就没有最大值和最小值. 下列定理给出最大值和最小值存在的一个充分条件.

定理 1(最大值和最小值定理) 在闭区间上连续的函数在该区间上一定有最大值和最小值.

这就是说,如果函数 $f(x)$ 在闭区间 $[a,b]$ 上是连续的,那么至少有一点 $\xi_1 \in [a,b]$,使 $f(\xi_1)$ 是 $f(x)$ 在 $[a,b]$ 上的最大值;又至少有一点 $\xi_2 \in [a,b]$,使 $f(\xi_2)$ 是 $f(x)$ 在 $[a,b]$ 上的最小值(图 1-32).

证明从略.

注意,如果函数在开区间内连续,或在闭区间内有间断点,那么函数在该区间上就不一定有最大值或最小值.上面提到的函数 $f(x)=x$ 在开区间 (a,b) 内是连续的,但在 (a,b) 内既无最大值又无最小值.又例如,函数

$$f(x)=\begin{cases} x, & \text{当 } 0 \leqslant x<1, \\ \dfrac{x-1}{2}, & \text{当 } 1 \leqslant x \leqslant 2 \end{cases}$$

在闭区间 $[0,2]$ 内的 $x=1$ 处间断,它在该区间上没有最大值(图 1-33).

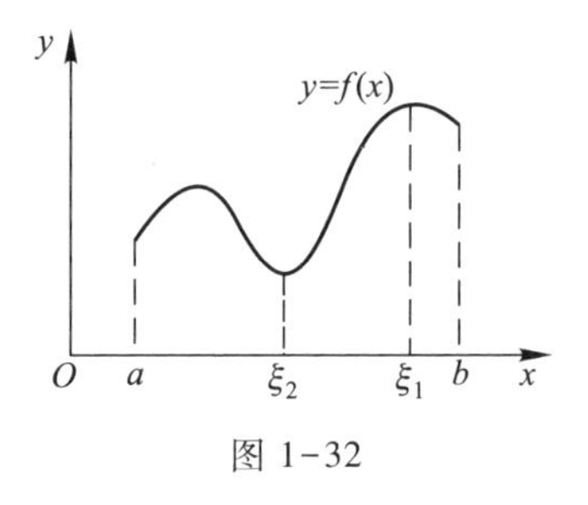

图 1-32

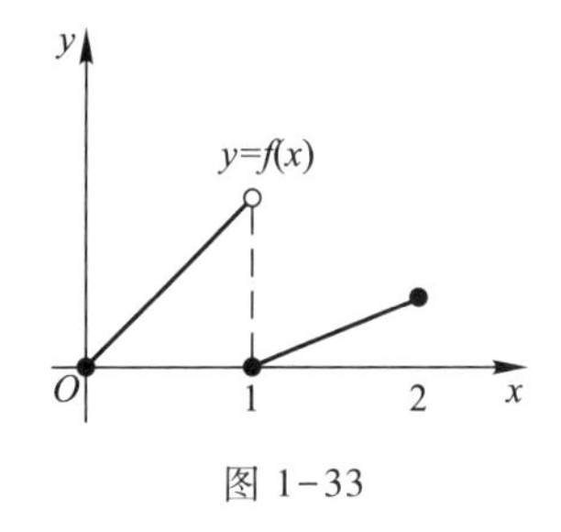

图 1-33

由定理 1 可推得下列定理.

定理 2(有界性定理) 在闭区间上连续的函数一定在该区间上有界.

证 设函数 $f(x)$ 在闭区间 $[a,b]$ 上连续.由定理 1,$f(x)$ 在区间 $[a,b]$ 上有最大值 M 及最小值 m,从而对 $[a,b]$ 上的任一 x,都有

$$m \leqslant f(x) \leqslant M,$$

因此函数 $f(x)$ 在 $[a,b]$ 上有界.

二、介值定理

若 x_0 使 $f(x_0)=0$,则 x_0 称为函数 $f(x)$ 的零点,或方程 $f(x)=0$ 的根.

定理 3(零点定理) 设函数 $f(x)$ 在闭区间 $[a,b]$ 上连续,且 $f(a)$ 与 $f(b)$ 异号(即 $f(a) \cdot f(b)<0$),那么在开区间 (a,b) 内至少有函数 $f(x)$ 的一个零点,即至少有一点 ξ $(a<\xi<b)$,使

$$f(\xi)=0.$$

证明从略.

定理 3 也称为根的存在定理.从几何上看,这个定理表示:如果连续曲线弧 $y=f(x)$ 的两个端点位于 x 轴的不同侧,那么这段曲线弧与 x 轴至少有一个交点(图 1-34).

图 1-34

由定理 3 立即可得下列较一般性的定理.

定理 4(介值定理) 设函数$f(x)$在闭区间 $[a,b]$上连续,且在这区间的两个端点取不同的函数值

$$f(a)=A \quad 及 \quad f(b)=B,$$

那么,对于 A 与 B 之间的任意一个数 C,在开区间(a,b)内至少有一点 ξ,使得

$$f(\xi)=C \quad (a<\xi<b).$$

证 设 $\varphi(x)=f(x)-C$,则 $\varphi(x)$ 在闭区间$[a,b]$上连续,且$\varphi(a)=A-C$ 与 $\varphi(b)=B-C$ 异号.根据零点定理,在开区间(a,b)内至少有一点 ξ,使得

$$\varphi(\xi)=0 \quad (a<\xi<b).$$

由于 $\varphi(\xi)=f(\xi)-C$,因此由上式即得

$$f(\xi)=C \quad (a<\xi<b).$$

这定理的几何意义是:在$[a,b]$上的连续曲线 $y=f(x)$与水平直线 $y=C$ (C 介于$f(a)$与$f(b)$之间)至少相交于一点(图 1-35).

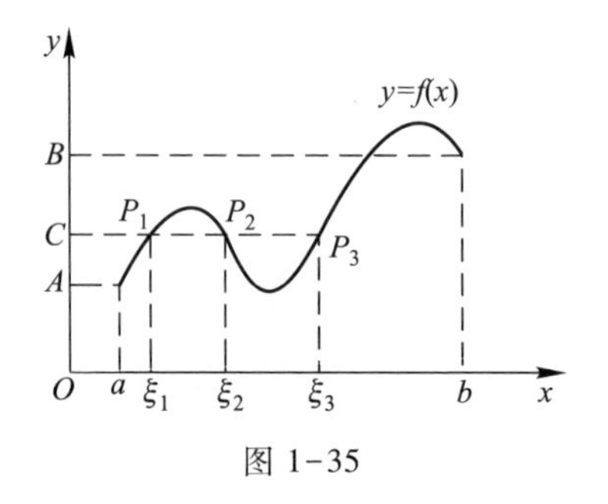

图 1-35

推论 在闭区间上连续的函数必取得介于最大值 M 与最小值 $m(M>m)$之间的任何值.

设 $m=f(x_1)$,$M=f(x_2)$,在闭区间$[x_1,x_2]$(或$[x_2,x_1]$)上应用介值定理,即得本推论.

例 证明:三次方程$x^3-4x^2+1=0$ 在开区间$(0,1)$内至少有一个根.

零点定理

证 多项式$f(x)=x^3-4x^2+1$ 在闭区间$[0,1]$上连续,又

$$f(0)=1>0, \quad f(1)=-2<0,$$

根据零点定理,在开区间$(0,1)$内至少有一点 ξ,使得$f(\xi)=0$,即

$$\xi^3-4\xi^2+1=0 \quad (0<\xi<1).$$

这等式说明方程 $x^3-4x^2+1=0$ 在开区间$(0,1)$内至少有一个根ξ.

思考题 1 举例说明:若$f(x)$在闭区间$[a,b]$上存在间断点,则介值定理的结论不一定成立.

思考题 2 如果$f(x)$只是在开区间(a,b)内连续,那么加上什么条件后,仍可保证零点定理的结论成立?

习题 1-9

1. 证明:方程 $x^5-3x=1$ 至少有一个根介于 1 与 2 之间.

2. 证明:方程 $x=a\sin x+b$ $(a>0,b>0)$ 至少有一个正根,并且它不超过 $a+b$.

3. 若 $f(x)$ 在 $[a,b]$ 上连续,$a<x_1<x_2<x_3<b$,则在 $[x_1,x_3]$ 上必有 ξ,使 $f(\xi)=\dfrac{f(x_1)+f(x_2)+f(x_3)}{3}$. 又,本题可做怎样的推广?

4. 一个登山运动员从早晨 7:00 开始攀登某座山峰,在下午 7:00 到达山顶;第二天早晨 7:00 再从山顶沿着原路下山,下午 7:00 到达山脚. 试利用介值定理说明,这个运动员必在这两天的某一相同时刻经过登山路线的同一地点.

第一章复习题

第一章
复习指导

一、概念复习

1. 填空、选择题:

(1) 图 1-36 中,可以作为某个函数 $y=f(x)$ 的图形的是(　　)和(　　);

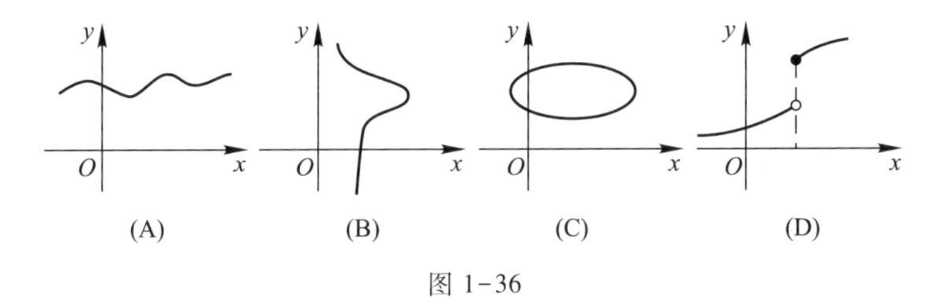

图 1-36

(2) 下列命题中错误的是(　　)(假设其中的函数复合运算均可行);

(A) 两个偶函数的复合函数是偶函数

(B) 两个奇函数的复合函数是奇函数

(C) 两个单调增加函数的复合函数是单调增加函数

(D) 两个单调减少函数的复合函数是单调减少函数

(3) 设 $f(\sin x)=1+\cos 2x$,则 $f(x)=$ ________;

(4) 设 $y=f(x)$ 的图形如图 1-37 所示,则 $f(x)$ 的间断点为________,且间断点的类型分别是________________;

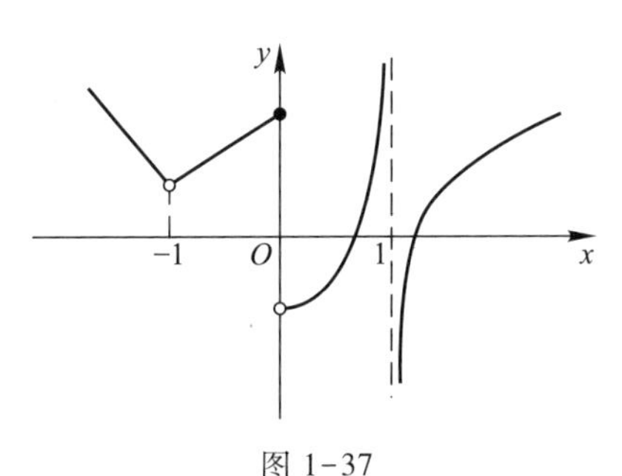

图 1-37

(5) 设 $f(x)=\begin{cases}1-x^2, & 当 x\geqslant 0,\\ (1-x)^2, & 当 x<0,\end{cases}$ 则 $f^{-1}(-3)=$ ________;

(6) 尽可能多地列举当 $x\to 0$ 时的等价无穷小________;

(7) 设 $f(x)$ 在点 x_0 处连续,则 $f(x)=f(x_0)+\alpha(x)$,其中$\alpha(x)$满足________.

2. 是非题(回答时需说明理由):

(1) 若数列 x_n 是有界的,则它必存在极限;

(2) 若 $\lim\limits_{x\to a}[f(x)+g(x)]$ 和 $\lim\limits_{x\to a}f(x)$ 都存在,则 $\lim\limits_{x\to a}g(x)$ 也存在;

(3) 若 $\lim\limits_{x\to a}f(x)g(x)$ 和 $\lim\limits_{x\to a}f(x)$ 都存在,则 $\lim\limits_{x\to a}g(x)$ 也存在;

(4) 若 $\lim\limits_{x\to a}f(x)$ 和 $\lim\limits_{x\to a}g(x)$ 都不存在,则 $\lim\limits_{x\to a}\dfrac{f(x)}{g(x)}$ 也不存在;

(5)
$$\lim_{n\to\infty}\left(\frac{1}{\sqrt{n^2+1}}+\frac{1}{\sqrt{n^2+2}}+\cdots+\frac{1}{\sqrt{n^2+n}}\right)$$
$$=\lim_{n\to\infty}\frac{1}{\sqrt{n^2+1}}+\lim_{n\to\infty}\frac{1}{\sqrt{n^2+2}}+\cdots+\lim_{n\to\infty}\frac{1}{\sqrt{n^2+n}}$$
$$=0+0+\cdots+0=0;$$

(6) 若 $f(x)>g(x)$ 且 $\lim\limits_{x\to a}f(x)$ 和 $\lim\limits_{x\to a}g(x)$ 都存在,则必有$\lim\limits_{x\to a}f(x)>\lim\limits_{x\to a}g(x)$;

(7) 设 $f(x)$ 在闭区间 $[a,b]$ 上连续, $f(x)$ 在 $[a,b]$ 上的最大值、最小值分别为 M 和 $m(M>m)$,则集合 $I=\{f(x)\mid a\leqslant x\leqslant b\}$ 是区间 $[m,M]$.

二、综合练习

1. 设 $f(x)=\dfrac{2x+1}{x-2}$.

(1) 证明 $f^{-1}(x)=f(x)$,并确定 $y=f(x)$ 的图形具有怎样的对称性?

(2) 求出曲线 $y=f(x)$ 的铅直渐近线和水平渐近线;

(3) 利用(1)和(2)的结果,用描点法画出 $y=f(x)$ 的草图.

2. 设 $f(x)=\begin{cases}1, & 当 |x|<1,\\ 0, & 当 |x|=1,\\ -1, & 当 |x|>1,\end{cases}$ $g(x)=\mathrm{e}^x$,求 $f[g(x)]$ 和 $g[f(x)]$,并作出这两个函数的图形.

3. 计算下列极限:

(1) $\lim\limits_{x\to 1}\dfrac{1+\cos\pi x}{(x-1)^2}$;

(2) $\lim\limits_{x\to+\infty}(\mathrm{e}^{\frac{2}{x}}-1)x$;

(3) $\lim\limits_{x\to+\infty}x(\sqrt{x^2+1}-x)$;

(4) $\lim\limits_{x\to 1}\left(\dfrac{2}{x^2-1}-\dfrac{1}{x-1}\right)$;

(5) $\lim\limits_{x\to 0}(1+3\tan^2x)^{\cot^2x}$;

(6) $\lim\limits_{x\to 0}(\cos x)^{4/x^2}$.

4. 试求常数 a 和 b 的值,使 $\lim\limits_{x\to\infty}\left(\dfrac{x^2+1}{x+1}-ax-b\right)=0$.

5. 设 $f(x)=\begin{cases} x\sin\dfrac{1}{x}+1, & 当\ x<0, \\ a, & 当\ x=0, \\ \dfrac{\sin x}{x}, & 当\ x>0 \end{cases}$ 在 $(-\infty,+\infty)$ 内连续,求 a.

6. 已知三次方程 $x^3-6x+2=0$ 有三个实根,试估计这三个根的大概位置.

7. 许多药物进入人体后,其药量 q 随时间 t 按指数规律减少:$q(t)=q_0\mathrm{e}^{-kt}$,其中 k 为随具体药物而定的常数($k>0$),t 为服药后经过的时间,q_0 为服药的剂量.因此当患者服某种药物,若每次服药的剂量均为 q_0,两次服药之间的间隔时间为 T,则刚服下第 $(n+1)$ 次药后体内留存的药物总量为

$$Q_n=q_0+q_0\mathrm{e}^{-kT}+q_0\mathrm{e}^{-2kT}+\cdots+q_0\mathrm{e}^{-nkT}.$$

(1) 假设患者无次数限制地按上述方式服该种药物,那么最终人体内残留的药量可达到多少?

(2) 假设该药物进入人体内 6 h 后,药量减少为原来的一半,求常数 k 的值.又若患者每隔 12 h 服一次药,每次服用 2 mg,那么(1)中求得的药量为多少?

*8. 设一条橡皮筋在不受拉力的情况下,覆盖了区间 $[a,b]$.现抓住它的两个端点,将其拉伸至区间 $[c,d]$,其中 $c<a<b<d$.试利用连续函数的介值定理说明:橡皮筋上至少有一点,该点在拉伸前后的位置不变.

第二章
导数与微分

微分学是微积分的重要组成部分,它的基本概念是导数与微分,而求导数是微分学中的基本运算.在这一章中,我们主要讨论导数与微分的概念以及它们的计算方法.至于导数的应用,将在第三章讨论.

第一节 导数的概念

一、引例

1. 切线问题

有很多实际问题都与曲线的切线有关,例如物体做曲线运动时的运动方向问题、光线的入射角和反射角问题等.我们知道圆的切线可定义为“与圆只有一个交点的直线”(图 2-1(a)),而对于一般的曲线来说,把曲线的切线定义为“与曲线只有一个交点的直线”就不合适了,例如图 2-1(b)中直线 l 与曲线 C 只交于点 P,显然该直线不是我们在实际问题中所指的切线,而直线 t 虽然与曲线 C 的交点有两个,但该直线却是我们所指的曲线 C 在点 P 处的切线.下面我们给出切线的定义.

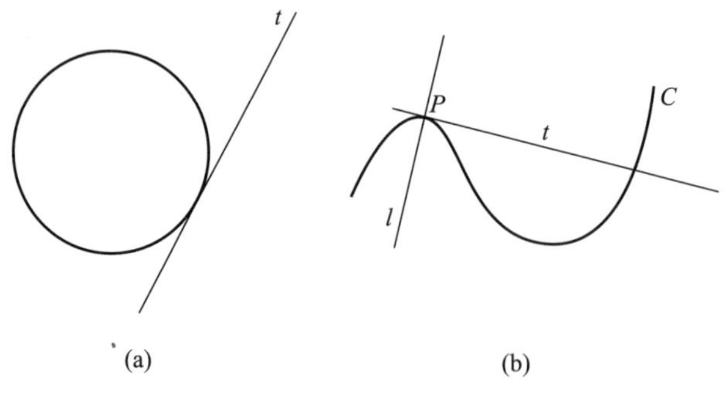

图 2-1

设有曲线 C,M 为 C 上的一个定点(图 2-2).在点 M 外另取 C 上一点 N,作割线 MN.当点 N 沿曲线 C 趋于点 M 时,如果割线 MN 绕点 M 转动而趋于一极限位置,那么该极限位置上的直线 MT 就称为曲线 C 在点 M 处的切线.这里极限位

置的含义是:当弦长 $|MN|$ 趋于零时,MN 与 MT 的夹角 $\angle NMT$ 趋于零.

现设曲线 C 的方程为 $y=f(x)$,$M(x_0,y_0)$ 是 C 上的一个定点(图 2-2),则 $y_0=f(x_0)$.要定出曲线 C 在点 M 处的切线,只要定出切线的斜率就行了.由于切线位于割线的极限位置,我们只需先求出割线的斜率,再取其极限就可得到切线的斜率.为此,在点 M 外另取 C 上的一点 $N(x,y)$,割线 MN 的斜率为

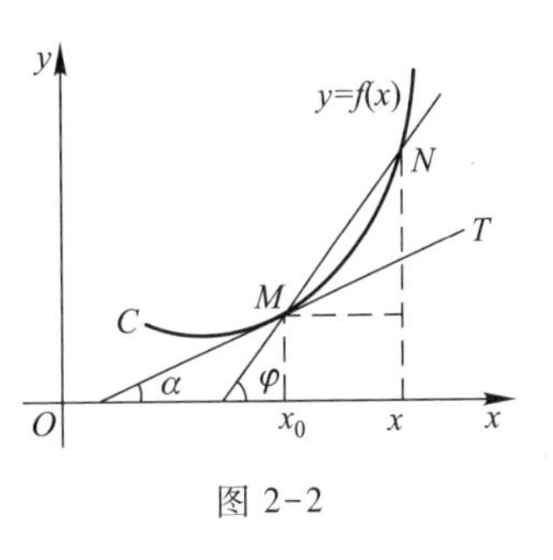

图 2-2

$$\tan\varphi=\frac{y-y_0}{x-x_0}=\frac{f(x)-f(x_0)}{x-x_0},$$

其中 φ 为割线 MN 的倾角.若当点 N 沿曲线 C 趋于点 M,即 $x\to x_0$ 时,上式的极限存在,设为 k,即有

$$k=\lim_{x\to x_0}\frac{f(x)-f(x_0)}{x-x_0},$$

则此极限 k 是割线斜率的极限,也就是切线的斜率.这里 $k=\tan\alpha$,其中 α 是切线 MT 的倾角.于是,通过点 $M(x_0,f(x_0))$ 且以 k 为斜率的直线 MT 便是曲线 C 在点 M 处的切线.

2. 直线运动的速度问题

设某点沿直线运动.在直线上引入原点、单位长度及方向,使该直线成为一数轴.此外,再取定一个时刻作为测量时间的零点.设动点于时刻 t 在直线上的位置的坐标为 s(简称位置 s).这样,运动由形如

$$s=f(t)$$

的方程所确定.这里 $f(t)$ 是 t 的函数,称为位置函数.在最简单的情形中,该点所经过的路程与所花的时间成正比.就是说,无论取哪一段路程,比值

$$\frac{\text{经过的路程}}{\text{所用的时间}}\tag{1}$$

总是相同的.这个比值就称为该动点的速度,并说该动点做匀速直线运动.如果该动点不是做匀速直线运动,那么在运动的不同时间间隔内,比值(1)可能有不同的值,因此,把此比值笼统地称为该动点的速度就不合适了,而需要按不同时刻来考虑.那么,这种非匀速运动的动点在某一时刻(设为 t_0)的速度应如何理解并求得呢?

首先取从时刻 t_0 到 t 这样一个时间间隔,在这段时间内动点从位置 $s_0=f(t_0)$ 移动到 $s=f(t)$.这时由(1)式算得的比值称为该动点在该时间间隔内的平均速度,记作 $\overline{v}$,即

$$\overline{v}=\frac{f(t)-f(t_0)}{t-t_0}.\tag{2}$$

一般地，当时间间隔很小时，由于动点在该时间间隔内的运动状况来不及发生大的变化，因此可把(2)式近似作为动点在 t_0 时刻的速度，时间间隔越小，这个近似的精确程度就越高.我们进一步观察当 $t\to t_0$ 时(2)式的变化趋势，如果(2)式存在极限，我们就把该极限称为动点在 t_0 时刻的(瞬时)速度 v，即

$$v=\lim_{t\to t_0}\bar{v}=\lim_{t\to t_0}\frac{f(t)-f(t_0)}{t-t_0}.$$

切线问题和直线运动的速度问题虽然是两个不同的具体问题，但其计算都归结为求如下的极限：

$$\lim_{x\to x_0}\frac{f(x)-f(x_0)}{x-x_0},\tag{3}$$

其中 $\frac{f(x)-f(x_0)}{x-x_0}$ 为函数增量与自变量增量之商，表示函数随自变量的变化而变化的平均“快慢”程度，称为函数 $f(x)$ 的平均变化率，而当 $x\to x_0$ 时平均变化率的极限即为函数 $f(x)$ 在点 x_0 处的变化率，它反映了函数在点 x_0 处相对于自变量 x 的变化的快慢程度.若记 $\Delta x=x-x_0$，$\Delta y=f(x)-f(x_0)$，则(3)式也可写成

$$\lim_{\Delta x\to 0}\frac{\Delta y}{\Delta x}\quad 或\quad \lim_{\Delta x\to 0}\frac{f(x_0+\Delta x)-f(x_0)}{\Delta x}.$$

在实际生活中还有很多不同类型的函数变化率问题，例如细杆的线密度、电流强度、人口增长率以及经济学中的边际成本、边际利润等，涉及众多不同领域(有关变化率的更多的例子见本章第六节)，这就要求我们用统一的方式来加以处理，从而得出了导数的概念.

二、导数的定义

定义 设函数 $y=f(x)$ 在点 x_0 的某个邻域内有定义，当自变量 x 在 x_0 处取得增量 Δx 时，函数 y 相应地取得增量 $\Delta y=f(x_0+\Delta x)-f(x_0)$.若 Δy 与 Δx 之比当 $\Delta x\to 0$ 时的极限存在，则称函数 $y=f(x)$ 在点 x_0 处可导，并称这个极限为函数 $y=f(x)$ 在点 x_0 处的导数，记为 $f'(x_0)$，即

$$f'(x_0)=\lim_{\Delta x\to 0}\frac{\Delta y}{\Delta x}=\lim_{\Delta x\to 0}\frac{f(x_0+\Delta x)-f(x_0)}{\Delta x}.\tag{4}$$

$f'(x_0)$ 也可记作 $y'\big|_{x=x_0}$，$\left.\frac{\mathrm{d}y}{\mathrm{d}x}\right|_{x=x_0}$ 或 $\left.\frac{\mathrm{d}f(x)}{\mathrm{d}x}\right|_{x=x_0}$.

函数 $f(x)$ 在点 x_0 处可导有时也说成函数 $f(x)$ 在点 x_0 处具有导数或导数存在.

导数的定义式(4)可取不同的形式，常见的还有

$$f'(x_0)=\lim_{x\to x_0}\frac{f(x)-f(x_0)}{x-x_0}. \tag{5}$$

如果当 $\Delta x\to 0$ 时，函数增量与自变量增量之比$\frac{\Delta y}{\Delta x}$的极限不存在，就说函数 $y=f(x)$ 在点 x_0 处不可导. 如果不可导的原因是由于当 $\Delta x\to 0$ 时，比值$\frac{\Delta y}{\Delta x}\to\infty$，在这种情况下，为了方便起见，也说函数$y=f(x)$在点 x_0 处的导数为无穷大，并记作 $f'(x_0)=\infty$.

上面讲的是函数在某一点处可导. 如果函数 $y=f(x)$ 在开区间 I 内的每点处都可导，就称函数 $y=f(x)$ 在区间 I 内可导. 这时，对于区间 I 内的每一个确定的 x 值，都对应着 $f(x)$ 的一个确定的导数值，这样就构成了一个新的函数，这个函数叫做原来函数 $y=f(x)$ 的导函数，记作 $f'(x)$，y'，$\frac{\mathrm{d}y}{\mathrm{d}x}$或$\frac{\mathrm{d}f(x)}{\mathrm{d}x}$.

在(4)式中，把 x_0 换成 x，即得导函数的定义式

$$f'(x)=\lim_{\Delta x\to 0}\frac{f(x+\Delta x)-f(x)}{\Delta x}. \tag{6}$$

注意，在上式中，虽然 x 可以取区间 I 内的任何数值，但在求极限的过程中，x 看作常量，Δx 是变量.

导函数 $f'(x)$ 也常简称为导数. 显然，函数 $f(x)$ 在点 x_0 处的导数 $f'(x_0)$ 就是导函数 $f'(x)$ 在点 x_0 处的函数值，即有

$$f'(x_0)=f'(x)\big|_{x=x_0}.$$

有了导数概念，第一目中讨论的曲线 $y=f(x)$ 在点 (x_0,y_0) 处的切线斜率就是 $f'(x_0)$；而以 $s=f(t)$ 为位置函数做直线运动的质点，在时刻 t_0 的速度就是 $f'(t_0)$.

思考题 1　若物体的温度 T 与时间 t 的函数关系为 $T=T(t)$，那么该物体的温度在时刻 t 的变化速度是多少？

思考题 2　设 $y=x^2+x$，那么 y 关于 x 在区间 $[2,5]$ 上的平均变化率是多少？又，y 关于 x 在 $x=0$ 处的变化率是多少？

三、求导数举例

下面根据导数定义求一些简单函数的导数.

例 1　求常数函数 $f(x)=C$（C 为常数）的导数.

解　$f'(x)=\lim\limits_{\Delta x\to 0}\frac{f(x+\Delta x)-f(x)}{\Delta x}=\lim\limits_{\Delta x\to 0}\frac{C-C}{\Delta x}=0$，即

$$(C)'=0.$$

这就是说,常数函数的导数等于零.

例 2 设函数 $f(x)=x^n$ (n 为正整数),求 $f'(x)$.

解 根据导数定义,再利用牛顿二项展开式,可得

$$f'(x)=\lim_{\Delta x\to 0}\frac{f(x+\Delta x)-f(x)}{\Delta x}=\lim_{\Delta x\to 0}\frac{(x+\Delta x)^n-x^n}{\Delta x}$$

$$=\lim_{\Delta x\to 0}\frac{C_n^1 x^{n-1}\Delta x+C_n^2 x^{n-2}(\Delta x)^2+\cdots+(\Delta x)^n}{\Delta x}=nx^{n-1},$$

即

$$(x^n)'=nx^{n-1}.$$

后面将会证明:对于一般的幂函数 $y=x^{\mu}$ (μ 为常数),都有

$$(x^{\mu})'=\mu x^{\mu-1}.$$

利用此公式,可以方便地求出幂函数的导数,例如,

$y=\sqrt{x}$ 的导数为

$$y'=(\sqrt{x})'=(x^{\frac{1}{2}})'=\frac{1}{2}x^{\frac{1}{2}-1}=\frac{1}{2}x^{-\frac{1}{2}},$$

即

$$(\sqrt{x})'=\frac{1}{2\sqrt{x}}.$$

$y=\dfrac{1}{x}$ 的导数为

$$y'=\left(\frac{1}{x}\right)'=(x^{-1})'=-1\cdot x^{-1-1}=-x^{-2},$$

即

$$\left(\frac{1}{x}\right)'=-\frac{1}{x^2}.$$

例 3 求函数 $f(x)=\sin x$ 的导数.

解 利用导数定义和三角函数和差化积公式(见附录Ⅲ),可得

$$f'(x)=\lim_{\Delta x\to 0}\frac{f(x+\Delta x)-f(x)}{\Delta x}=\lim_{\Delta x\to 0}\frac{\sin(x+\Delta x)-\sin x}{\Delta x}$$

$$=\lim_{\Delta x\to 0}\frac{2\cos\left(x+\dfrac{1}{2}\Delta x\right)\sin\dfrac{\Delta x}{2}}{\Delta x}$$

$$=\lim_{\Delta x\to 0}\cos\left(x+\frac{1}{2}\Delta x\right)\frac{\sin\dfrac{\Delta x}{2}}{\dfrac{\Delta x}{2}}$$

$$=\lim_{\Delta x\to 0}\cos\left(x+\frac{1}{2}\Delta x\right)\cdot\lim_{\Delta x\to 0}\frac{\sin\frac{\Delta x}{2}}{\frac{\Delta x}{2}}=\cos x\cdot 1$$

$$=\cos x,$$

即

$$(\sin x)'=\cos x.$$

用类似的方法可以求得

$$(\cos x)'=-\sin x.$$

例 4　求指数函数 $f(x)=a^x\ (a>0,a\neq 1)$ 的导数.

解　$f'(x)=\lim\limits_{\Delta x\to 0}\dfrac{f(x+\Delta x)-f(x)}{\Delta x}=\lim\limits_{\Delta x\to 0}\dfrac{a^{x+\Delta x}-a^x}{\Delta x}$

$$=a^x\lim_{\Delta x\to 0}\frac{a^{\Delta x}-1}{\Delta x}=a^x\lim_{\Delta x\to 0}\frac{\mathrm{e}^{\Delta x\ln a}-1}{\Delta x}.$$

由于当 $\Delta x\to 0$ 时，$\Delta x\ln a\to 0$，此时 $\mathrm{e}^{\Delta x\ln a}-1\sim\Delta x\ln a$（见第一章第六节的例 7），所以

$$f'(x)=a^x\lim_{\Delta x\to 0}\frac{\Delta x\ln a}{\Delta x}=a^x\ln a,$$

即

$$(a^x)'=a^x\ln a.$$

特别地，当 $a=\mathrm{e}$ 时有

$$(\mathrm{e}^x)'=\mathrm{e}^x,$$

即以 e 为底的指数函数的导数就是它自己，这是以 e 为底的指数函数的一个重要特性.

例 5　讨论函数 $f(x)=|x|$ 在 $x=0$ 处的可导性.

解　$\lim\limits_{\Delta x\to 0}\dfrac{f(0+\Delta x)-f(0)}{\Delta x}=\lim\limits_{\Delta x\to 0}\dfrac{|\Delta x|}{\Delta x}$，

当 $\Delta x<0$ 时，$\dfrac{|\Delta x|}{\Delta x}=-1$，故 $\lim\limits_{\Delta x\to 0^-}\dfrac{|\Delta x|}{\Delta x}=-1$；

当 $\Delta x>0$ 时，$\dfrac{|\Delta x|}{\Delta x}=1$，故

$$\lim_{\Delta x\to 0^+}\frac{|\Delta x|}{\Delta x}=1,$$

从而，当 $\Delta x\to 0$ 时，$\dfrac{|\Delta x|}{\Delta x}$ 的极限不存在，即函数 $f(x)=|x|$ 在 $x=0$ 处不可导. 如图 2-3 所示，曲线

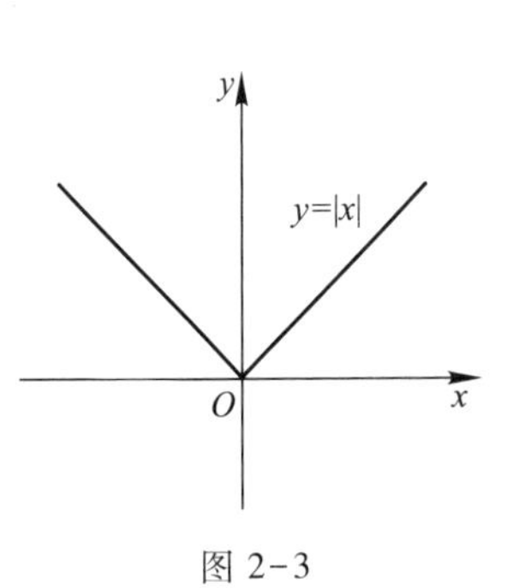

图 2-3

$y=|x|$在原点处没有切线.

思考题 3 设 $y=ax+b$(a,b 是常数),试按定义求$\frac{\mathrm{d}y}{\mathrm{d}x}$.

思考题 4 设 $f'(x_0)=2$,求 $\lim\limits_{h\to 0}\frac{f(x_0-h)-f(x_0)}{h}$.

四、导数的几何意义

由第一目切线的定义可知,若函数 $f(x)$ 在点 x_0 处可导,则表明曲线 $y=f(x)$ 在点$(x_0,f(x_0))$处有不垂直于 x 轴的切线,且该切线的斜率为 $f'(x_0)$,即

$$f'(x_0)=\tan\alpha,$$

其中 α 为切线的倾角(图 2-4).

根据导数的几何意义并应用直线的点斜式方程,可知曲线 $y=f(x)$ 的在点 $M(x_0,f(x_0))$ 处的切线方程为

$$y-f(x_0)=f'(x_0)(x-x_0).$$

过切点 $M(x_0,f(x_0))$且与切线垂直的直线称为曲线 $y=f(x)$ 在点 M_0 处的法线,若 $f'(x_0)\neq 0$,则法线的斜率为$-\frac{1}{f'(x_0)}$,从而法线方程为

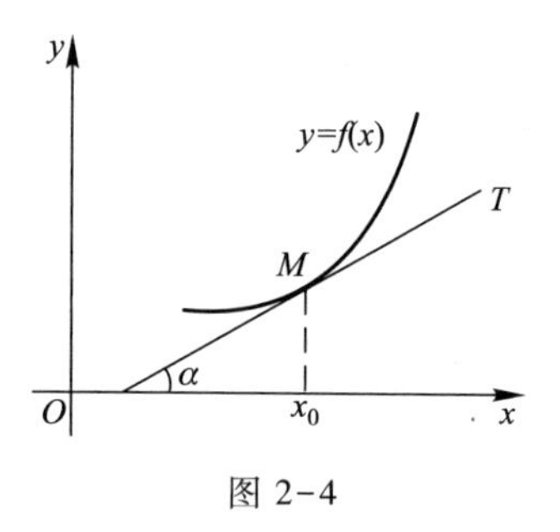

图 2-4

$$y-f(x_0)=-\frac{1}{f'(x_0)}(x-x_0).$$

若函数 $f(x)$ 在点 x_0 处的导数为无穷大,则易知当 $x\to x_0$ 时,曲线 $y=f(x)$ 的过点$(x_0,f(x_0))$和点$(x,f(x))$的割线以垂直于 x 轴的直线 $x=x_0$ 为极限位置,即曲线 $y=f(x)$ 在点$(x_0,f(x_0))$处有垂直于 x 轴的切线 $x=x_0$.

例 6 求等轴双曲线 $y=\frac{1}{x}$在点$\left(\frac{1}{2},2\right)$处的切线的斜率,并写出切线方程和法线方程.

解 根据导数的几何意义知道,所求切线斜率为

$$k=y'\Big|_{x=\frac{1}{2}}.$$

由于 $y'=\left(\frac{1}{x}\right)'=-\frac{1}{x^2}$,于是

$$k=-\frac{1}{x^2}\Bigg|_{x=\frac{1}{2}}=-4.$$

从而所求切线方程为

$$y-2=-4\left(x-\frac{1}{2}\right),$$

即

$$4x+y-4=0.$$

所求法线的斜率为

$$k_1=-\frac{1}{k}=\frac{1}{4},$$

于是所求法线方程为

$$y-2=\frac{1}{4}\left(x-\frac{1}{2}\right),$$

即

$$2x-8y+15=0.$$

例 7　问曲线 $y=x^{\frac{3}{2}}$ 上哪一点处的切线与直线 $y=3x-1$ 平行？

解　已知直线 $y=3x-1$ 的斜率为 $k=3$.根据两条直线平行的条件,所求切线的斜率也应等于 3.

由导数的几何意义可知,$y=x^{\frac{3}{2}}$ 的导数 $y'=(x^{\frac{3}{2}})'=\frac{3}{2}x^{\frac{1}{2}}$ 表示曲线 $y=x^{\frac{3}{2}}$ 上点 $M(x,y)$ 处的切线斜率.因此,问题就成为:当 x 为何值时,导数 $y'=\frac{3}{2}x^{\frac{1}{2}}$ 等于 3,即

$$\frac{3}{2}x^{\frac{1}{2}}=3,$$

解此方程得 $x=4$.

将 $x=4$ 代入所给曲线方程,得 $y=4^{\frac{3}{2}}=8$.因此曲线 $y=x^{\frac{3}{2}}$ 在点(4,8)处的切线与直线 $y=3x-1$ 平行.

五、函数的可导性与连续性之间的关系

设函数 $y=f(x)$ 在点 x 处可导,即

$$\lim_{\Delta x\to 0}\frac{\Delta y}{\Delta x}=f'(x)$$

存在,则由极限运算法则可得

$$\lim_{\Delta x\to 0}\Delta y=\lim_{\Delta x\to 0}\frac{\Delta y}{\Delta x}\cdot\Delta x=\lim_{\Delta x\to 0}\frac{\Delta y}{\Delta x}\cdot\lim_{\Delta x\to 0}\Delta x=f'(x)\cdot 0=0,$$

由此可见，当 $\Delta x\to 0$ 时，$\Delta y\to 0$. 这就是说，函数 $y=f(x)$ 在点 x 处是连续的. 这就证明了如下的重要结论：

若函数 $y=f(x)$ 在点 x 处可导，则函数在该点必连续.

另一方面，一个函数在某点连续却不一定在该点处可导. 在前面例 5 中我们已经看到，函数 $y=|x|$ 虽然在 $x=0$ 处连续但在该点却不可导（图 2-3），下面再举一个例子.

例 8 函数 $f(x)=\sqrt[3]{x}$ 在区间 $(-\infty,+\infty)$ 内处处连续，但在点 $x=0$ 处不可导. 这是因为在点 $x=0$ 处有

$$\frac{f(0+\Delta x)-f(0)}{\Delta x}=\frac{\sqrt[3]{\Delta x}}{\Delta x}=\frac{1}{\sqrt[3]{(\Delta x)^2}},$$

因而，当 $\Delta x\to 0$ 时，上式为无穷大，从而函数 $y=\sqrt[3]{x}$ 在点 $x=0$ 处不可导. 根据前面的说明，此时曲线 $y=f(x)=\sqrt[3]{x}$ 在原点 O 处具有垂直于 x 轴的切线 $x=0$（图 2-5）.

导数以及可导与连续的关系

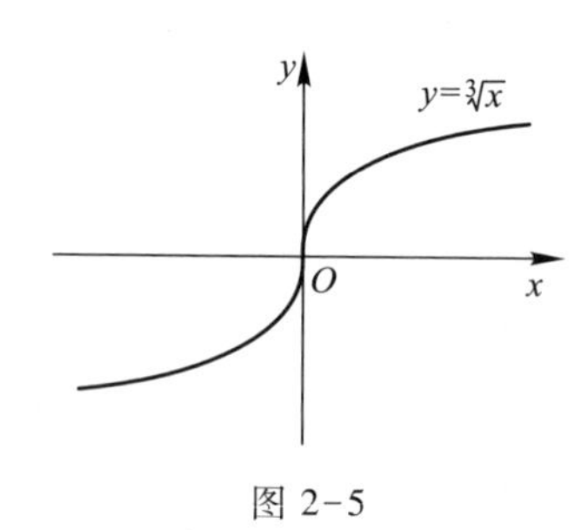

图 2-5

由以上讨论可知，**函数连续是函数可导的必要条件，但不是充分条件.**

思考题 5 讨论 $y=|\sin x|$ 在 $x=0$ 处的连续性和可导性.

习题 2-1

1. 将一个物体铅直上抛，设经过时间 t（单位为 s）后，物体上升的高度为 $h=10t-\frac{1}{2}gt^2$（单位为 m），求下列各值：

（1）物体在 $t=1$ 到 $t=1+\Delta t$ 这段时间内的平均速度；

（2）物体在 $t=1$ 时的速度；

(3) 物体在 $t=t_0$ 到 $t=t_0+\Delta t$ 这段时间内的平均速度；

(4) 物体在 $t=t_0$ 时的速度.

2. 设 $y=10x^2$，试按定义求 $\left.\frac{\mathrm{d}y}{\mathrm{d}x}\right|_{x=-1}$.

3. 设 $f'(x_0)=A$，求 $\lim\limits_{h\to 0}\frac{f(x_0+2h)-f(x_0)}{h}$.

4. 若函数 $f(x)$ 在点 $x=0$ 处连续，且 $\lim\limits_{x\to 0}\frac{f(x)}{x}$ 存在，试问函数 $f(x)$ 在点 $x=0$ 处是否可导.

5. 求下列函数的导数：

(1) $y=x^4$；　(2) $y=\sqrt[3]{x^2}$；　(3) $y=x^{1.6}$；

(4) $y=\frac{1}{\sqrt{x}}$；　(5) $y=\frac{1}{x^2}$；　(6) $y=x^3\sqrt[5]{x}$；

(7) $y=\frac{x^2\sqrt[3]{x^2}}{\sqrt{x^5}}$.

6. 已知物体的运动规律为 $h=t^2$（单位为 m），求这物体在 $t=2$ s 时的速度.

7. 设 $f(x)=\cos x$，证明 $(\cos x)'=-\sin x$，并求 $f'\left(\frac{\pi}{6}\right)$ 和 $f'\left(\frac{\pi}{3}\right)$.

8. 如果 $f(x)$ 为偶函数，且 $f'(0)$ 存在，证明：$f'(0)=0$.

9. 讨论下列函数在 $x=0$ 处的连续性与可导性：

(1) $y=\begin{cases} x\sin\frac{1}{x}, & \text{当 } x\neq 0, \\ 0, & \text{当 } x=0; \end{cases}$　(2) $y=\begin{cases} x^2\sin\frac{1}{x}, & \text{当 } x\neq 0, \\ 0, & \text{当 } x=0. \end{cases}$

10. 求曲线 $y=\sin x$ 在具有下列横坐标的各点处切线的斜率：

$$x=\frac{2}{3}\pi,\quad x=\pi.$$

11. 在抛物线 $y=x^2$ 上取横坐标为 $x_1=1$，$x_2=3$ 的两点，作过这两点的割线. 问抛物线上哪一点的切线平行于这条割线？

12. 求曲线 $y=\cos x$ 上点 $\left(\frac{\pi}{3},\frac{1}{2}\right)$ 处的切线方程和法线方程.

13. 证明：双曲线 $xy=1$ 上任一点处的切线与两坐标轴构成的三角形的面积都等于 2.

第二节 函数的和、积、商的求导法则

前面我们根据导数的定义,求出了一些简单函数的导数.但是,对于稍复杂的函数,直接根据定义来求它们的导数往往比较困难.在这一节和下一节中,将介绍几个求导数的基本法则,并求出所有基本初等函数的导数公式.借助于这些法则和公式,就能比较方便地求出初等函数的导数.

一、函数的线性组合的求导法则

设有函数 $u(x)$ 和 $v(x)$,常数 α 和 β,称 $\alpha u(x)+\beta v(x)$ 为这两个函数的线性组合.

定理 1 若函数 $u(x)$ 及 $v(x)$ 都在点 x 处可导,则它们的线性组合

$$f(x)=\alpha u(x)+\beta v(x)$$

(其中 α 及 β 为常数)也在点 x 处可导,且其导数为

$$f'(x)=\alpha u'(x)+\beta v'(x). \tag{1}$$

即两个可导函数的线性组合的导数等于这两个函数的导数的线性组合.

证 根据导数的定义,我们有

$$\begin{aligned}
&\lim_{\Delta x\to 0}\frac{f(x+\Delta x)-f(x)}{\Delta x}\\
&=\lim_{\Delta x\to 0}\frac{[\alpha u(x+\Delta x)+\beta v(x+\Delta x)]-[\alpha u(x)+\beta v(x)]}{\Delta x}\\
&=\lim_{\Delta x\to 0}\left[\alpha\frac{u(x+\Delta x)-u(x)}{\Delta x}+\beta\frac{v(x+\Delta x)-v(x)}{\Delta x}\right]\\
&=\alpha\lim_{\Delta x\to 0}\frac{u(x+\Delta x)-u(x)}{\Delta x}+\beta\lim_{\Delta x\to 0}\frac{v(x+\Delta x)-v(x)}{\Delta x}\\
&=\alpha u'(x)+\beta v'(x),
\end{aligned}$$

故 $f(x)$ 在点 x 处可导,而且

$$f'(x)=\alpha u'(x)+\beta v'(x).$$

由定理 1,容易得到下面两个推论:

推论 1 若函数 $u(x)$ 及 $v(x)$ 都在点 x 处可导,则函数 $u(x)\pm v(x)$ 在点 x 处也可导,且

$$(u\pm v)'=u'\pm v'.$$

即两个可导函数之和或差的导数,等于这两个函数的导数之和或差.

推论 2　若函数 $u(x)$ 在点 x 处可导，则函数 $\alpha u(x)$ 在点 x 处也可导，且

$$(\alpha u)'=\alpha u'.$$

即，求常数与可导函数的乘积的导数时，常数因子可提到求导记号外面去.

定理 1 可以推广到有限多个可导函数上去，即若函数 $u_1(x),u_2(x),\cdots,u_n(x)$ 都在点 x 处可导，$\alpha_1,\alpha_2,\cdots,\alpha_n$ 为常数，则函数

$$f(x)=\alpha_1u_1(x)+\alpha_2u_2(x)+\cdots+\alpha_nu_n(x)$$

在点 x 处可导，且其导数为

$$f'(x)=\alpha_1u_1'(x)+\alpha_2u_2'(x)+\cdots+\alpha_nu_n'(x).$$

这个结果可在定理 1 的基础上，利用数学归纳法证得.

例 1　设 $y=2x^3-5x^2+3x-7$，求 y'.

解　
$$\begin{aligned}y'&=(2x^3-5x^2+3x-7)'\\&=2(x^3)'-5(x^2)'+3(x)'-(7)'\\&=2\cdot3x^2-5\cdot2x+3\cdot1-0\\&=6x^2-10x+3.\end{aligned}$$

一般地，容易求得

$$\begin{aligned}&(a_0x^n+a_1x^{n-1}+\cdots+a_{n-1}x+a_n)'\\&=na_0x^{n-1}+(n-1)a_1x^{n-2}+\cdots+a_{n-1},\end{aligned}$$

可见 n 次多项式的导数是一个 $n-1$ 次多项式.

例 2　已知 $y=2x-\sqrt[3]{x}+3\sin x-\cos\dfrac{\pi}{3}$，求 y'.

解　
$$\begin{aligned}y'&=\left(2x-\sqrt[3]{x}+3\sin x-\cos\frac{\pi}{3}\right)'\\&=2(x)'-(x^{\frac{1}{3}})'+3(\sin x)'-\left(\cos\frac{\pi}{3}\right)'\\&=2-\frac{1}{3}x^{-\frac{2}{3}}+3\cos x.\end{aligned}$$

例 3　求由曲线 $y=\dfrac{1}{x}-x$ 在点 $A(1,0)$ 处的切线与两坐标轴所围成的三角形的面积(图 2-6).

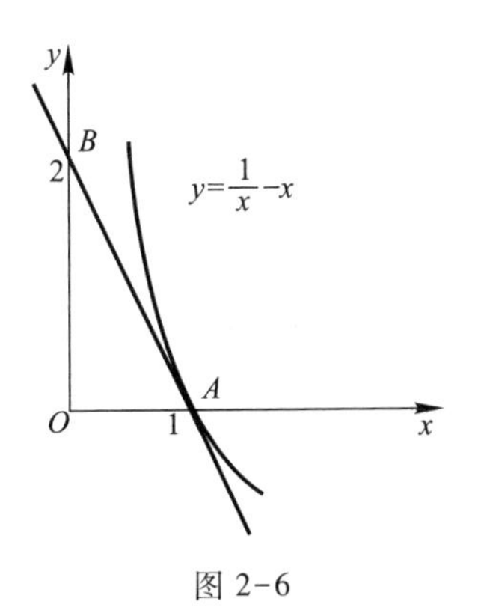

图 2-6

解　由于
$$\begin{aligned}y'&=\left(\frac{1}{x}-x\right)'=\left(\frac{1}{x}\right)'-x'\\&=-\frac{1}{x^2}-1,\end{aligned}$$

所以曲线 $y=\dfrac{1}{x}-x$ 在点 $A(1,0)$ 处的切线斜率为

$y'|_{x=1}=-2$.由此得曲线在点 A 处的切线方程 $y=-2(x-1)$,令 $x=0$,得切线在 y 轴上的截距 $OB=2$.于是,$\triangle AOB$ 的面积为$\frac{1}{2}OA\cdot OB=\frac{1}{2}\cdot 1\cdot 2=1$.

二、函数积的求导法则

定理 2 若函数 $u(x)$ 及 $v(x)$ 都在点 x 处可导,则函数

$$f(x)=u(x)v(x)$$

在点 x 处可导,且其导数为

$$f'(x)=u'(x)v(x)+u(x)v'(x). \tag{2}$$

上式也简写成

$$(uv)'=u'v+uv'.$$

证 $\frac{f(x+\Delta x)-f(x)}{\Delta x}$

$$=\frac{u(x+\Delta x)v(x+\Delta x)-u(x)v(x)}{\Delta x}$$

$$=\frac{u(x+\Delta x)v(x+\Delta x)-u(x)v(x+\Delta x)+u(x)v(x+\Delta x)-u(x)v(x)}{\Delta x}$$

$$=\frac{u(x+\Delta x)-u(x)}{\Delta x}v(x+\Delta x)+u(x)\frac{v(x+\Delta x)-v(x)}{\Delta x}. \tag{3}$$

根据 $u(x)$ 及 $v(x)$ 在点 x 可导的假设,当 $\Delta x\to 0$ 时,

$$\frac{u(x+\Delta x)-u(x)}{\Delta x}\to u'(x),\quad \frac{v(x+\Delta x)-v(x)}{\Delta x}\to v'(x),$$

又由于函数可导必连续,因此当 $\Delta x\to 0$ 时,有

$$v(x+\Delta x)\to v(x),$$

由此,(3)式右端当 $\Delta x\to 0$ 时极限存在,且等于

$$u'(x)v(x)+u(x)v'(x),$$

从而函数 $f(x)$ 在点 x 处可导,且

$$f'(x)=u'(x)v(x)+u(x)v'(x).$$

即公式(2)成立.证毕.

需要注意,一般说来,乘积的导数不等于导数的乘积,即 $(uv)'\neq u'v'$.

公式(2)可推广到有限多个函数乘积的情形,例如若函数 $f_1(x)$,$f_2(x)$ 和 $f_3(x)$ 在点 x 处均可导,则函数 $f_1(x)f_2(x)f_3(x)$ 在点 x 处可导,且有

$$(f_1f_2f_3)'=f_1'f_2f_3+f_1f_2'f_3+f_1f_2f_3'.$$

例 4　求 $f(x)=x^3\sin x$ 的导数.

解　$f'(x)=(x^3\sin x)'=(x^3)'\sin x+x^3(\sin x)'$

$=3x^2\sin x+x^3\cos x=x^2(3\sin x+x\cos x)$.

例 5　设 $y=\mathrm{e}^x(\sin x+\cos x)$,求 y'和 $y'\big|_{x=\pi}$.

解　$y=(\mathrm{e}^x)'(\sin x+\cos x)+\mathrm{e}^x(\sin x+\cos x)'$

$=\mathrm{e}^x(\sin x+\cos x)+\mathrm{e}^x(\cos x-\sin x)$

$=2\mathrm{e}^x\cos x$.

于是,$y'(\pi)=[2\mathrm{e}^x\cos x]_{x=\pi}=-2\mathrm{e}^{\pi}$.

思考题 1　用本节公式(1)和(2)分别计算 $f(x)=(x-2)(x^2+3)$ 的导数,并用本例验证 $(uv)'\neq u'v'$.

三、函数商的求导法则

定理 3　若函数 $u(x)$ 及 $v(x)$ 都在点 x 处可导且 $v(x)\neq 0$,则函数

$$f(x)=\frac{u(x)}{v(x)}$$

在点 x 处可导,且其导数为

$$f'(x)=\frac{u'(x)v(x)-u(x)v'(x)}{v^2(x)}. \tag{4}$$

上式也简写成

$$\left(\frac{u}{v}\right)'=\frac{u'v-uv'}{v^2}.$$

证　先考虑函数 $g(x)=\dfrac{1}{v(x)}$,由于

$$\begin{aligned}&\frac{g(x+\Delta x)-g(x)}{\Delta x}\\&=\frac{\dfrac{1}{v(x+\Delta x)}-\dfrac{1}{v(x)}}{\Delta x}=\frac{v(x)-v(x+\Delta x)}{v(x+\Delta x)v(x)\Delta x}\\&=-\frac{v(x+\Delta x)-v(x)}{\Delta x}\cdot\frac{1}{v(x+\Delta x)v(x)},\end{aligned} \tag{5}$$

根据条件,函数 $v(x)$ 在点 x 处可导,因此当 $\Delta x\to 0$ 时,有

$$\frac{v(x+\Delta x)-v(x)}{\Delta x}\to v'(x),$$

又根据函数可导必连续,可推得函数 $v(x)$ 在点 x 处连续,即当 $\Delta x\to 0$ 时,有

$$v(x+\Delta x)\to v(x).$$

因此(5)式右端当 $\Delta x\to 0$ 时极限存在且等于 $-\dfrac{v'(x)}{v^2(x)}$,即函数 $g(x)=\dfrac{1}{v(x)}$ 在点 x 处可导,且

$$\left[\frac{1}{v(x)}\right]'=-\frac{v'(x)}{v^2(x)}.$$

根据两个函数积的求导法则可知,此时函数

$$f(x)=u(x)g(x)$$

在点 x 处可导,且

$$\begin{aligned}f'(x)&=u'(x)g(x)+u(x)g'(x)\\&=u'(x)\cdot\frac{1}{v(x)}+u(x)\cdot\left[-\frac{v'(x)}{v^2(x)}\right]\\&=\frac{u'(x)v(x)-u(x)v'(x)}{v^2(x)}.\end{aligned}$$

即证得定理 3.

需要注意,一般说来,商的导数不等于导数的商,即 $\left(\dfrac{u}{v}\right)'\neq\dfrac{u'}{v'}$.

例 6 设 $y=\dfrac{x^2+x-2}{x^3+6}$,求 y'.

解
$$\begin{aligned}y'&=\frac{(x^2+x-2)'(x^3+6)-(x^2+x-2)(x^3+6)'}{(x^3+6)^2}\\&=\frac{(2x+1)(x^3+6)-(x^2+x-2)(3x^2)}{(x^3+6)^2}\\&=\frac{(2x^4+x^3+12x+6)-(3x^4+3x^3-6x^2)}{(x^3+6)^2}\\&=\frac{-x^4-2x^3+6x^2+12x+6}{(x^3+6)^2}.\end{aligned}$$

例 7 设 $y=\tan x$,求 y'.

解
$$\begin{aligned}y'&=(\tan x)'=\left(\frac{\sin x}{\cos x}\right)'=\frac{(\sin x)'\cos x-\sin x(\cos x)'}{\cos^2 x}\\&=\frac{\cos^2 x+\sin^2 x}{\cos^2 x}=\frac{1}{\cos^2 x}=\sec^2 x,\end{aligned}$$

即

$$(\tan x)'=\sec^2 x.$$

这就是正切函数的导数公式.

例 8　设 $y=\sec x$，求 y'.

解　$y'=(\sec x)'=\left(\dfrac{1}{\cos x}\right)'=\dfrac{(1)'\cdot\cos x-1\cdot(\cos x)'}{\cos^2 x}$

$$=\frac{\sin x}{\cos^2 x}=\sec x\tan x,$$

即

$$(\sec x)'=\sec x\tan x.$$

这就是正割函数的导数公式.

用类似的方法，我们可以求得余切函数与余割函数的导数公式：

$$(\cot x)'=-\csc^2 x,$$

$$(\csc x)'=-\csc x\cot x.$$

思考题 2　用本节公式(1)和(4)分别计算 $f(x)=\dfrac{x^3-2x+1}{x}$ 的导数，并用本例验证：$\left(\dfrac{u}{v}\right)'\neq\dfrac{u'}{v'}$.

习题 2-2

1. 求下列函数的导数：

(1) $y=3x^2-\dfrac{2}{x^2}+5$；　　(2) $y=x^2(2+\sqrt{x})$；

(3) $y=\dfrac{x^5+\sqrt{x}+1}{x^3}$；　　(4) $y=(2x-1)^2$.

2. 以初速 v_0 上抛的物体，其上升的高度 h 与时间 t 的关系是

$$h(t)=v_0 t-\frac{1}{2}gt^2.$$

求：

(1) 上抛物体的速度 $v(t)$；

(2) 经过多少时间它达到最高点.

3. 求曲线 $y=2\sin x+x^2$ 上横坐标为 $x=0$ 的点处的切线方程和法线方程.

4. 求曲线 $y=x-\dfrac{1}{x}$ 与横轴交点处的切线方程.

5. 曲线 $y=x^3+x-2$ 上哪一点的切线与直线 $y=4x-1$ 平行？

6. 证明:

(1) $(\cot x)'=-\csc^2 x$;

(2) $(\csc x)'=-\csc x\cot x$.

7. 求下列函数的导数:

(1) $y=x^2\cos x$;

(2) $\rho=\sqrt{\varphi}\sin\varphi$;

(3) $y=x\tan x-2\sec x$;

(4) $y=\dfrac{\cos x}{x^2}$;

(5) $u=v-3\sin v$;

(6) $y=x^{10}+10^x$;

(7) $y=\mathrm{e}^x(x^2+3x+1)$;

(8) $y=\mathrm{e}^x(\cos x+x\sin x)$;

(9) $y=(x-a)(x-b)(x-c)$ (a,b,c 是常数);

(10) $y=\sqrt{x}(x-\cot x)\cos x$.

8. 求下列函数的导数:

(1) $y=\dfrac{x-1}{x+1}$;

(2) $s=\dfrac{1+\sin t}{1+\cos t}$;

(3) $y=\dfrac{2\csc x}{1+x^2}$;

(4) $y=\dfrac{\sin x}{x^2}$;

(5) $u=\dfrac{v^5}{v^3-2}$;

(6) $y=\dfrac{\cot x}{1+\sqrt{x}}$;

(7) $y=\dfrac{1}{1+x+x^2}$;

(8) $y=\dfrac{1}{1+\sqrt{t}}-\dfrac{1}{1-\sqrt{t}}$;

(9) $y=x\tan x-\csc x$;

(10) $y=\dfrac{x\sin x}{1+\tan x}$.

9. 求下列函数在给定点处的导数值:

(1) $y=\cos x\sin x$,求$y'\big|_{x=\frac{\pi}{6}}$和$y'\big|_{x=\frac{\pi}{4}}$;

(2) $\rho=\varphi\sin\varphi+\dfrac{1}{2}\cos\varphi$,求$\left.\dfrac{\mathrm{d}\rho}{\mathrm{d}\varphi}\right|_{\varphi=\frac{\pi}{4}}$;

(3) $f(t)=\dfrac{1-\sqrt{t}}{1+\sqrt{t}}$,求$f'(4)$;

(4) $f(x)=\dfrac{3}{5-x}+\dfrac{x^2}{5}$,求$f'(0)$和$f'(2)$.

10. 设$f(x)=ax^3+bx^2+cx+d(a\neq 0)$.试确定系数$a,b,c,d$分别满足的条件,使得(1) $f(x)$的图形恰有两条水平切线;(2) $f(x)$的图形恰有一条水平切线;(3) $f(x)$的图形没有水平切线.

第三节　反函数和复合函数的求导法则

一、反函数的导数

在同一坐标平面上，函数 $x=\varphi(y)$ 和它的反函数 $y=f(x)$ 的图形是同一条曲线(不过，前者以 y 轴为自变量轴、x 轴为因变量轴；而后者以 x 轴为自变量轴、y 轴为因变量轴). 因此从图形上容易知道，如果直接函数 $x=\varphi(y)$ 在某区间 I_y 内单调、连续，那么它的反函数 $y=f(x)$ 在对应区间 $I_x=\{x\mid x=\varphi(y),y\in I_y\}$ 内也单调、连续. 进一步，如果假设 $x=\varphi(y)$ 在区间 I_y 内还是可导的，且 $\varphi'(y)\neq0$，下面我们来证明此时反函数 $y=f(x)$ 在区间 I_x 内可导.

让 x 取得增量 Δx $(\Delta x\neq0)$，由 $y=f(x)$ 的单调性可知

$$\Delta y=f(x+\Delta x)-f(x)\neq0,$$

因而有

$$\frac{\Delta y}{\Delta x}=\frac{1}{\dfrac{\Delta x}{\Delta y}}.$$

由于 $y=f(x)$ 连续，故当 $\Delta x\to0$ 时，必有 $\Delta y\to0$. 由条件 $x=\varphi(y)$ 在某区间内可导，且 $\varphi'(y)\neq0$，即 $\lim\limits_{\Delta y\to0}\dfrac{\Delta x}{\Delta y}\neq0$，可得

$$\lim_{\Delta x\to0}\frac{\Delta y}{\Delta x}=\lim_{\Delta y\to0}\frac{1}{\dfrac{\Delta x}{\Delta y}}=\frac{1}{\lim\limits_{\Delta y\to0}\dfrac{\Delta x}{\Delta y}}=\frac{1}{\varphi'(y)},$$

即

$$f'(x)=\frac{1}{\varphi'(y)}.\tag{1}$$

于是得出结论：如果单调函数 $x=\varphi(y)$ 在某区间内可导，而且 $\varphi'(y)\neq0$，那么它的反函数 $y=f(x)$ 在对应的区间内也可导，且有公式(1)成立.

上述结论简单地说成：**反函数的导数等于直接函数导数的倒数**.

下面用公式(1)来推导反三角函数的导数公式.

例 1　设 $x=\sin y$ $\left(|y|\leqslant\dfrac{\pi}{2}\right)$ 为直接函数，则 $y=\arcsin x$ 是它的反函数. 由于

函数 $x=\sin y$ 在区间$\left(-\frac{\pi}{2},\frac{\pi}{2}\right)$内单调、可导,且

$$(\sin y)'=\cos y\neq 0,$$

因此,根据公式(1),在对应区间(-1,1)内有

$$(\arcsin x)'=\frac{1}{(\sin y)'}=\frac{1}{\cos y}.$$

由于 $\cos y=\sqrt{1-\sin^2 y}=\sqrt{1-x^2}$ (这里因为 $y\in\left(-\frac{\pi}{2},\frac{\pi}{2}\right)$,故 $\cos y>0$),从而得反正弦函数的导数公式

$$(\arcsin x)'=\frac{1}{\sqrt{1-x^2}}. \tag{2}$$

用类似的方法可得反余弦函数的导数公式

$$(\arccos x)'=-\frac{1}{\sqrt{1-x^2}}. \tag{3}$$

例 2 设 $x=\tan y\left(|y|<\frac{\pi}{2}\right)$是直接函数,则 $y=\arctan x$ 是它的反函数.由于函数 $x=\tan y$ 在区间$\left(-\frac{\pi}{2},\frac{\pi}{2}\right)$内单调、可导,且

$$(\tan y)'=\sec^2 y\neq 0,$$

因此,由公式(1)可知,在对应区间$(-\infty,+\infty)$内有

$$(\arctan x)'=\frac{1}{(\tan y)'}=\frac{1}{\sec^2 y}.$$

但 $\sec^2 y=1+\tan^2 y=1+x^2$,从而得反正切函数的导数公式

$$(\arctan x)'=\frac{1}{1+x^2}. \tag{4}$$

用类似的方法可得反余切函数的导数公式

$$(\operatorname{arccot} x)'=-\frac{1}{1+x^2}. \tag{5}$$

如果利用三角学中的恒等式

$$\arccos x=\frac{\pi}{2}-\arcsin x \text{ 和 } \operatorname{arccot} x=\frac{\pi}{2}-\arctan x,$$

那么在等式两端对 x 求导,并利用本节公式(2)和(4),也立刻可推得公式(3)和(5).

例 3 设 $x=a^y\ (a>0,a\neq 1)$是直接函数,则 $y=\log_a x$ 是它的反函数.由于函

数 $x=a^y$ 在区间$(-\infty,+\infty)$内单调、可导,且

$$(a^y)'=a^y\ln a\neq 0,$$

因此,由公式(1)可知,在对应区间$(0,+\infty)$内有

$$(\log_a x)'=\frac{1}{(a^y)'}=\frac{1}{a^y\ln a}=\frac{1}{x\ln a},$$

即得到对数函数的导数公式

$$(\log_a x)'=\frac{1}{x\ln a}\quad (x>0).$$

当 $a=\mathrm{e}$ 时,可得自然对数的导数公式

$$(\ln x)'=\frac{1}{x}\quad (x>0).$$

思考题 1　设 $y=x^5+x^3+1$ 的反函数为 $x=\varphi(y)$,则 $\varphi(3)=$ ________;$\varphi'(3)=$ ________.

二、复合函数的求导法则

到目前为止,我们还不知道例如

$$\ln\tan x,\quad \mathrm{e}^{x^3},\quad \sin\frac{2x}{1+x^2}$$

这样的函数是否可导,可导的话如何求它们的导数.这些问题借助于下面的重要法则可以得到解决,从而使可以求得导数的函数范围得到很大的扩充.

复合函数求导法则　若 $u=g(x)$ 在点 x 可导,而 $y=f(u)$ 在点 $u=g(x)$ 可导,则复合函数 $y=f[g(x)]$ 在点 x 可导,且其导数为

$$\frac{\mathrm{d}y}{\mathrm{d}x}=f'(u)g'(x)\quad 或\quad \frac{\mathrm{d}y}{\mathrm{d}x}=\frac{\mathrm{d}y}{\mathrm{d}u}\cdot\frac{\mathrm{d}u}{\mathrm{d}x}.\tag{6}$$

证　由于 $y=f(u)$ 在点 u 可导,因此

$$\lim_{\Delta u\to 0}\frac{\Delta y}{\Delta u}=f'(u)$$

存在,于是根据极限与无穷小的关系有

$$\frac{\Delta y}{\Delta u}=f'(u)+\alpha,$$

其中 α 是 $\Delta u\to 0$ 时的无穷小.上式中 $\Delta u\neq 0$,用 Δu 乘上式两边,得

$$\Delta y=f'(u)\Delta u+\alpha\cdot\Delta u.\tag{7}$$

当 $\Delta u=0$ 时,规定 $\alpha=0$,这时因 $\Delta y=f(u+\Delta u)-f(u)=0$,而(7)式右端亦为零,故

对这样规定的 α,(7)式对 $\Delta u=0$ 也成立.用 $\Delta x\neq 0$ 除(7)式两边,得

$$\frac{\Delta y}{\Delta x}=f'(u)\frac{\Delta u}{\Delta x}+\alpha\frac{\Delta u}{\Delta x},$$

于是

$$\lim_{\Delta x\to 0}\frac{\Delta y}{\Delta x}=\lim_{\Delta x\to 0}\left[f'(u)\frac{\Delta u}{\Delta x}+\alpha\frac{\Delta u}{\Delta x}\right].$$

根据函数在某点可导必在该点连续的性质知道,当 $\Delta x\to 0$ 时,$\Delta u\to 0$,从而可以推知

$$\lim_{\Delta x\to 0}\alpha=\lim_{\Delta u\to 0}\alpha=0\text{①}.$$

又因 $u=g(x)$ 在点 x 可导,有

$$\lim_{\Delta x\to 0}\frac{\Delta u}{\Delta x}=g'(x),$$

故

$$\lim_{\Delta x\to 0}\frac{\Delta y}{\Delta x}=f'(u)\cdot g'(x),$$

即

$$\frac{\mathrm{d}y}{\mathrm{d}x}=f'(u)\cdot g'(x).$$

这就是公式(6).

若求复合函数 $y=f[g(x)]$ 在给定点 x_0 处的导数,则公式(6)变为

$$\left.\frac{\mathrm{d}y}{\mathrm{d}x}\right|_{x=x_0}=f'[g(x_0)]\cdot g'(x_0). \tag{8}$$

复合函数求导法则在求导运算中有十分重要的作用,由它还能导出下面将讨论的隐函数求导法则和由参数方程确定的函数的求导法则.复合函数求导法则常被称为“链式法则”.

例 4 若 $y=\ln(-x)\ (x<0)$,求 $\frac{\mathrm{d}y}{\mathrm{d}x}$.

解 $y=\ln(-x)$ 可看作由 $y=\ln u\ (u>0)$,$u=-x\ (x<0)$ 复合而成,因此

$$\frac{\mathrm{d}y}{\mathrm{d}x}=\frac{\mathrm{d}y}{\mathrm{d}u}\cdot\frac{\mathrm{d}u}{\mathrm{d}x}=\frac{1}{u}\cdot(-1)=\frac{1}{-x}\cdot(-1)=\frac{1}{x}.$$

本例所得结果

① 在 Δx 趋于 0 的过程中,Δu 有可能取得 0,此时按前面的规定,$\alpha=0$,因此总有 $\lim\limits_{\Delta x\to 0}\alpha=0$.

$$[\ln(-x)]'=\frac{1}{x}\quad(x<0)$$

与上一目所得结果

$$(\ln x)'=\frac{1}{x}\quad(x>0)$$

合起来,可得公式

$$(\ln|x|)'=\frac{1}{x}\quad(x\neq 0).$$

例 5 若 $y=\mathrm{e}^{x^3}$,求$\frac{\mathrm{d}y}{\mathrm{d}x}$.

解 $y=\mathrm{e}^{x^3}$可看作由 $y=\mathrm{e}^u$,$u=x^3$ 复合而成,因此

$$\frac{\mathrm{d}y}{\mathrm{d}x}=\frac{\mathrm{d}y}{\mathrm{d}u}\cdot\frac{\mathrm{d}u}{\mathrm{d}x}=\mathrm{e}^u\cdot 3x^2=3x^2\mathrm{e}^{x^3}.$$

例 6 若 $y=\sin\frac{2x}{1+x^2}$,求$\frac{\mathrm{d}y}{\mathrm{d}x}$.

解 $y=\sin\frac{2x}{1+x^2}$可看作由 $y=\sin u$,$u=\frac{2x}{1+x^2}$复合而成.因

$$\frac{\mathrm{d}y}{\mathrm{d}u}=\cos u,$$

$$\frac{\mathrm{d}u}{\mathrm{d}x}=\frac{2(1+x^2)-(2x)^2}{(1+x^2)^2}=\frac{2-2x^2}{(1+x^2)^2}=\frac{2(1-x^2)}{(1+x^2)^2},$$

所以

$$\frac{\mathrm{d}y}{\mathrm{d}x}=\cos u\cdot\frac{2(1-x^2)}{(1+x^2)^2}=\frac{2(1-x^2)}{(1+x^2)^2}\cos\frac{2x}{1+x^2}.$$

从以上例子看出,应用复合函数求导法则时,首先要分析所给函数可由哪些函数复合而成,或者说,所给函数能分解成哪些函数.如果所给函数能分解成比较简单的函数,而这些简单函数的导数我们已经会求,那么应用复合函数求导法则就可以求出所给函数的导数了.

对复合函数的分解比较熟练后,就不必再明显写出中间变量,而可以采用下列例题的解题过程来计算.

例 7 若 $y=\ln\sin x$,求$\frac{\mathrm{d}y}{\mathrm{d}x}$.

解 $\frac{\mathrm{d}y}{\mathrm{d}x}=(\ln\sin x)'=\frac{1}{\sin x}(\sin x)'=\frac{1}{\sin x}\cdot\cos x=\cot x.$

例 8 若 $y=\sqrt[3]{1-2x^2}$，求$\frac{\mathrm{d}y}{\mathrm{d}x}$.

解 $$\frac{\mathrm{d}y}{\mathrm{d}x}=[(1-2x^2)^{\frac{1}{3}}]'=\frac{1}{3}(1-2x^2)^{-\frac{2}{3}}\cdot(1-2x^2)'$$

$$=\frac{1}{3\sqrt[3]{(1-2x^2)^2}}\cdot(-4x)=\frac{-4x}{3\sqrt[3]{(1-2x^2)^2}}.$$

复合函数的求导法则可以推广到多个中间变量的情形.例如，如果 $y=f(u)$，$u=\varphi(v)$，$v=\psi(x)$，那么由于

$$\frac{\mathrm{d}y}{\mathrm{d}x}=\frac{\mathrm{d}y}{\mathrm{d}u}\cdot\frac{\mathrm{d}u}{\mathrm{d}x},\quad \frac{\mathrm{d}u}{\mathrm{d}x}=\frac{\mathrm{d}u}{\mathrm{d}v}\cdot\frac{\mathrm{d}v}{\mathrm{d}x},$$

因此复合函数 $y=f\{\varphi[\psi(x)]\}$ 的导数为

$$\frac{\mathrm{d}y}{\mathrm{d}x}=\frac{\mathrm{d}y}{\mathrm{d}u}\cdot\frac{\mathrm{d}u}{\mathrm{d}v}\cdot\frac{\mathrm{d}v}{\mathrm{d}x}.$$

当然，这里假设导数$\frac{\mathrm{d}y}{\mathrm{d}u}$，$\frac{\mathrm{d}u}{\mathrm{d}v}$，$\frac{\mathrm{d}v}{\mathrm{d}x}$均存在.

例 9 若 $y=\ln\cos \mathrm{e}^x$，求$\frac{\mathrm{d}y}{\mathrm{d}x}$.

解 所给函数可分解为 $y=\ln u$，$u=\cos v$，$v=\mathrm{e}^x$.由于

$$\frac{\mathrm{d}y}{\mathrm{d}u}=\frac{1}{u},\quad \frac{\mathrm{d}u}{\mathrm{d}v}=-\sin v,\quad \frac{\mathrm{d}v}{\mathrm{d}x}=\mathrm{e}^x,$$

因此

$$\frac{\mathrm{d}y}{\mathrm{d}x}=\frac{\mathrm{d}y}{\mathrm{d}u}\cdot\frac{\mathrm{d}u}{\mathrm{d}v}\cdot\frac{\mathrm{d}v}{\mathrm{d}x}=\frac{1}{u}\cdot(-\sin v)\cdot\mathrm{e}^x=-\mathrm{e}^x\tan \mathrm{e}^x.$$

对于多重复合函数的导数同样可不写出中间变量.此例可这样做

$$\frac{\mathrm{d}y}{\mathrm{d}x}=\frac{1}{\cos \mathrm{e}^x}(\cos \mathrm{e}^x)'=\frac{1}{\cos \mathrm{e}^x}\cdot(-\sin \mathrm{e}^x)(\mathrm{e}^x)'$$

$$=-\tan \mathrm{e}^x\cdot\mathrm{e}^x=-\mathrm{e}^x\tan \mathrm{e}^x.$$

例 10 若 $y=\mathrm{e}^{\arcsin\sqrt{x}}$，求 y'.

解 $$y'=(\mathrm{e}^{\arcsin\sqrt{x}})'=\mathrm{e}^{\arcsin\sqrt{x}}(\arcsin\sqrt{x})'$$

$$=\mathrm{e}^{\arcsin\sqrt{x}}\cdot\frac{1}{\sqrt{1-x}}\cdot(\sqrt{x})'=\frac{\mathrm{e}^{\arcsin\sqrt{x}}}{\sqrt{1-x}}\cdot\frac{1}{2\sqrt{x}}$$

$$=\frac{\mathrm{e}^{\arcsin\sqrt{x}}}{2\sqrt{x(1-x)}}.$$

例 11　若 $y=\sin nx\cdot\sin^n x$（n 为常数），求 y'.

解　首先应用积的求导法则得

$$y'=(\sin nx)'\cdot\sin^n x+\sin nx\cdot(\sin^n x)'.$$

在计算$(\sin nx)'$及$(\sin^n x)'$时，都要应用复合函数的求导法则，由此得

$$\begin{aligned}y'&=n\cos nx\cdot\sin^n x+\sin nx\cdot n\sin^{n-1}x\cdot\cos x\\&=n\sin^{n-1}x(\cos nx\cdot\sin x+\sin nx\cdot\cos x)\\&=n\sin^{n-1}x\sin(n+1)x.\end{aligned}$$

在本章第一节中，我们证明了当 n 为正整数时，$(x^n)'=nx^{n-1}$. 下面我们利用复合函数的求导法则，就 $x>0$ 的情形证明一般情形下幂函数的导数公式

$$(x^\mu)'=\mu x^{\mu-1}\quad(\mu\text{ 为任意常数}).$$

因为 $x^\mu=(\mathrm{e}^{\ln x})^\mu=\mathrm{e}^{\mu\ln x}$，所以

$$(x^\mu)'=(\mathrm{e}^{\mu\ln x})'=\mathrm{e}^{\mu\ln x}\cdot(\mu\ln x)'=x^\mu\cdot\mu\frac{1}{x}=\mu x^{\mu-1}.$$

我们现在已会求常数函数、幂函数、三角函数、反三角函数、指数函数和对数函数的导数（求导公式见本章第七节第三目中的列表），即基本初等函数的导数我们都已经会求了. 在此基础上，再应用函数的和、差、积、商的求导法则以及复合函数的求导法则，我们就能求得任一初等函数的导数了.

求导运算

思考题 2　设 $F(x)=f[g(x)]$，$G(x)=g[f(x)]$. 则根据下表提供的数据，有 $F'(3)=$ ________，$G'(3)=$ ________.

x	$f(x)$	$f'(x)$	$g(x)$	$g'(x)$
3	5	−2	5	7
5	3	−1	12	4

习题 2-3

1. 求下列函数的导数：

(1) $y=\arctan x^2$；　　(2) $y=\sqrt{x}\arctan x$；

(3) $y=(\arcsin x)^2$；　　(4) $y=x\arcsin(\ln x)$；

(5) $y=\operatorname{arccot}(1-x^2)$；　　(6) $y=\mathrm{e}^{\arctan\sqrt{x}}$；

(7) $y=\arcsin\sqrt{\sin x}$; (8) $y=x\arccos x-\sqrt{1-x^2}$;

(9) $y=\arctan\dfrac{x+1}{x-1}$; (10) $y=\dfrac{\arcsin x}{\arccos x}$;

(11) $y=x^2\ln x$; (12) $y=\dfrac{1-\ln x}{1+\ln x}$.

2. 求下列函数的导数(其中 a,b,n,A,ω,φ 都是常数):

(1) $y=(3x+1)^5$; (2) $y=3\mathrm{e}^{-x}-1$;

(3) $s=A\sin(\omega t+\varphi)$; (4) $y=\left(a+\dfrac{b}{x}\right)^n$;

(5) $y=\mathrm{e}^{-x^2}$; (6) $y=\ln|\cos x|$;

(7) $y=\sin 2^x$; (8) $y=2^{\sin x}$;

(9) $y=\sec^2 x$; (10) $y=\cot\dfrac{1}{x}$;

(11) $y=\sqrt{\dfrac{1+t}{1-t}}$; (12) $y=\log_a(x^2+x+1)$.

3. 求下列函数的导数(其中 a,ω,φ,α 都是常数):

(1) $y=\ln\tan\dfrac{x}{2}$; (2) $y=\ln(x+\sqrt{x^2+a^2})$;

(3) $y=\sqrt{\cos x^2}$; (4) $y=\sin\sqrt{1+x^2}$;

(5) $s=a\cos^2(2\omega t+\varphi)$; (6) $y=\ln[\ln(\ln x)]$;

(7) $y=\dfrac{\sin 2x}{x}$; (8) $y=\mathrm{e}^{-\alpha t}\sin(\omega t+\varphi)$;

(9) $y=\dfrac{x}{2}\sqrt{a^2-x^2}$; (10) $y=2^{\frac{x}{\ln x}}$;

(11) $y=\tan x-\dfrac{1}{3}\tan^3 x+\dfrac{1}{5}\tan^5 x$; (12) $y=\sqrt{\tan\dfrac{x}{2}}$.

4. 设 $f(x),g(x)$ 可导,$f^2(x)+g^2(x)\neq 0$,求函数 $y=\sqrt{f^2(x)+g^2(x)}$ 的导数.

5. 设 $f(x)$ 可导,求下列函数的导数 $\dfrac{\mathrm{d}y}{\mathrm{d}x}$:

(1) $y=f(x^2)$; (2) $y=f(\sin^2 x)+f(\cos^2 x)$.

6. 设 $y=\dfrac{1}{\sqrt{2\pi}D}\mathrm{e}^{-\frac{(x-a)^2}{2D^2}}$,其中 a,D 是常数.求出使导数 $y'(x)=0$ 的 x 值.

7. 当物体的温度高于周围介质的温度时,物体就不断冷却,其温度 T 与时

间 t 的函数关系为

$$T=(T_0-T_1)\mathrm{e}^{-kt}+T_1,$$

其中 T_0 为物体在初始时刻的温度，T_1 为介质的温度，k 为正常数.试求该物体的温度的变化速度.

8. 质量为 m_0 的物质，在化学分解中，经过时间 t 后，所剩的质量 m 与时间 t 的关系是

$$m=m_0\mathrm{e}^{-kt}\quad(k>0\text{ 是常数}),$$

求出这个函数的变化率.

9. 求曲线 $y=\mathrm{e}^{2x}+x^2$ 上横坐标 $x=0$ 处的法线方程，并求原点到这法线的距离.

第四节　高阶导数

在第一节第二目中说过，若函数 $y=f(x)$ 在区间 I 内可导，则其导数 $y'=f'(x)$ 仍是 x 的函数.若这个函数 $f'(x)$ 在点 $x_0\in I$ 仍然是可导的，则其导数称为函数 $f(x)$ 在点 x_0 处的二阶导数，记作 $f''(x_0)$，$y''\big|_{x=x_0}$ 或 $\left.\dfrac{\mathrm{d}^2y}{\mathrm{d}x^2}\right|_{x=x_0}$，即有

$$f''(x_0)=\lim_{x\to x_0}\frac{f'(x)-f'(x_0)}{x-x_0}.$$

若函数 $f'(x)$ 在区间 I 内每一点处都可导，则 $f'(x)$ 的导函数称为函数 $y=f(x)$ 的二阶导函数（简称二阶导数），记作 $f''(x)$，y'' 或 $\dfrac{\mathrm{d}^2y}{\mathrm{d}x^2}$，即

$$f''(x)=[f'(x)]',\quad \frac{\mathrm{d}^2y}{\mathrm{d}x^2}=\frac{\mathrm{d}}{\mathrm{d}x}\left(\frac{\mathrm{d}y}{\mathrm{d}x}\right)^{①}.$$

类似地，二阶导数 $f''(x)$ 的导数，叫做 $f(x)$ 的三阶导数，记作 $f'''(x)$，y''' 或 $\dfrac{\mathrm{d}^3y}{\mathrm{d}x^3}$；三阶导数 $f'''(x)$ 的导数，叫做 $f(x)$ 的四阶导数，记作 $f^{(4)}(x)$，$y^{(4)}$ 或 $\dfrac{\mathrm{d}^4y}{\mathrm{d}x^4}$.一般地，$f(x)$ 的 $(n-1)$ 阶导数的导数，叫做 $f(x)$ 的 n 阶导数，记作 $f^{(n)}(x)$，$y^{(n)}$ 或 $\dfrac{\mathrm{d}^ny}{\mathrm{d}x^n}$，即

$$f^{(n)}(x)=[f^{(n-1)}(x)]',\quad \frac{\mathrm{d}^ny}{\mathrm{d}x^n}=\frac{\mathrm{d}}{\mathrm{d}x}\left(\frac{\mathrm{d}^{n-1}y}{\mathrm{d}x^{n-1}}\right).$$

---

① 记号 $\dfrac{\mathrm{d}}{\mathrm{d}x}$ 可看作是一个求导运算记号，即对它后面的函数求关于 x 的导数.

二阶及二阶以上的导数统称为高阶导数.相对于高阶导数来说,$f(x)$的导数$f'(x)$就称为$f(x)$的一阶导数,并且我们约定$f^{(0)}(x)=f(x)$.

由上述定义可见,求高阶导数就是多次接连地求一阶导数,所以只需应用前面学过的求导方法就能计算高阶导数.

在第一节中讲过做直线运动的点的速度的概念.若点的运动由位置函数(或运动方程)$s=s(t)$表示,则速度$v=\frac{\mathrm{d}s}{\mathrm{d}t}=v(t)$,而加速度是速度关于时间的变化率,因此加速度$a=\frac{\mathrm{d}v}{\mathrm{d}t}=\frac{\mathrm{d}}{\mathrm{d}t}\left(\frac{\mathrm{d}s}{\mathrm{d}t}\right)=\frac{\mathrm{d}^2s}{\mathrm{d}t^2}$.所以,加速度是位置函数$s=s(t)$对时间$t$的二阶导数.

例 1 已知自由落体运动方程为$s=\frac{1}{2}gt^2$,求落体的速度v及加速度a.

解 $v=\frac{\mathrm{d}s}{\mathrm{d}t}=gt,\quad a=\frac{\mathrm{d}^2s}{\mathrm{d}t^2}=\frac{\mathrm{d}}{\mathrm{d}t}\left(\frac{\mathrm{d}s}{\mathrm{d}t}\right)=\frac{\mathrm{d}}{\mathrm{d}t}(gt)=g.$

例 2 求指数函数$y=\mathrm{e}^x$的n阶导数.

解 因为$y'=\mathrm{e}^x$,$y''=\mathrm{e}^x$,用数学归纳法容易得到$y^{(n)}=\mathrm{e}^x$,即

$$(\mathrm{e}^x)^{(n)}=\mathrm{e}^x.$$

例 3 求正弦函数$y=\sin x$及余弦函数$y=\cos x$的n阶导数.

解 对正弦函数$y=\sin x$,由于

$$y'=\cos x=\sin\left(x+\frac{\pi}{2}\right),$$

$$y''=\cos\left(x+\frac{\pi}{2}\right)=\sin\left(x+\frac{\pi}{2}+\frac{\pi}{2}\right)=\sin\left(x+2\cdot\frac{\pi}{2}\right),$$

$$y'''=\cos\left(x+2\cdot\frac{\pi}{2}\right)=\sin\left(x+3\cdot\frac{\pi}{2}\right),$$

一般地,由数学归纳法可得

$$y^{(n)}=\sin\left(x+n\cdot\frac{\pi}{2}\right),$$

即

$$(\sin x)^{(n)}=\sin\left(x+n\cdot\frac{\pi}{2}\right).$$

用类似方法可得

$$(\cos x)^{(n)}=\cos\left(x+n\cdot\frac{\pi}{2}\right).$$

例 4 求函数 $y=\dfrac{1}{1-x}$ 的 n 阶导数.

解 把函数表达式写作

$$y=(1-x)^{-1},$$

然后利用幂函数求导公式和链式法则,可得

$$\begin{aligned}y'&=(-1)(1-x)^{-2}\cdot(1-x)'=(1-x)^{-2},\\y''&=-2(1-x)^{-3}\cdot(1-x)'=1\cdot2\cdot(1-x)^{-3},\\y'''&=1\cdot2\cdot(-3)(1-x)^{-4}\cdot(1-x)'\\&=1\cdot2\cdot3\cdot(1-x)^{-4},\end{aligned}$$

一般地,由数学归纳法可得

$$y^{(n)}=n!(1-x)^{-(n+1)}=\frac{n!}{(1-x)^{n+1}}.①$$

即

$$\left(\frac{1}{1-x}\right)^{(n)}=\frac{n!}{(1-x)^{n+1}}.$$

类似可求得

$$\left(\frac{1}{1+x}\right)^{(n)}=\frac{(-1)^{n}n!}{(1+x)^{n+1}}.$$

例 5 求函数 $y=\ln(1+x)$ 的 n 阶导数.

解 由于 $y'=\dfrac{1}{1+x}$,再利用上一题的结果,可得

$$y^{(n)}=(y')^{(n-1)}=\left(\frac{1}{1+x}\right)^{(n-1)}=\frac{(-1)^{n-1}(n-1)!}{(1+x)^{n}}.$$

即

$$[\ln(1+x)]^{(n)}=\frac{(-1)^{n-1}(n-1)!}{(1+x)^{n}}.$$

例 6 求幂函数 $y=x^{\mu}$(μ 为任意常数)的 n 阶导数.

解 由于

$$\begin{aligned}y'&=\mu x^{\mu-1},\\y''&=\mu(\mu-1)x^{\mu-2},\\y'''&=\mu(\mu-1)(\mu-2)x^{\mu-3},\end{aligned}$$

一般地,由数学归纳法可得

$$(x^{\mu})^{(n)}=\mu(\mu-1)\cdots(\mu-n+1)x^{\mu-n}.$$

---

① 对正整数 n,$n!=1\cdot2\cdot3\cdot\cdots\cdot n$,称为 n 的阶乘,并规定 $0!=1$.

由此可知，当 μ 为正整数 n 时，有

$$(x^n)^{(n)}=n!,$$

而 $(x^n)^{(n+k)}=0\ (k=1,2,\cdots)$.

高阶导数

思考题 1 求 n 次多项式 $f(x)=x^n+a_1x^{n-1}+a_2x^{n-2}+\cdots+a_{n-1}x+a_n(a_1,a_2,\cdots,a_n$ 都是常数)的 n 阶导数.

思考题 2 设 $u(x)$ 和 $v(x)$ 都具有二阶导数，求 $(u\cdot v)''$.

习题 2-4

1. 求下列函数的二阶导数：

(1) $y=2x^2+\ln x$;　　(2) $y=\mathrm{e}^{2x-1}$;

(3) $y=x\cos x$;　　(4) $y=\mathrm{e}^{-t}\sin t$;

(5) $y=\sqrt{a^2-x^2}$;　　(6) $y=\dfrac{2x^3+\sqrt{x}+4}{x}$;

(7) $y=\ln(1-x^2)$;　　(8) $y=\tan x$;

(9) $y=\dfrac{1}{x^3+1}$;　　(10) $y=(1+x^2)\arctan x$;

(11) $y=\cos^2 x\ln x$;　　(12) $y=\dfrac{\mathrm{e}^x}{x}$;

(13) $y=x\mathrm{e}^{x^2}$;　　(14) $y=\ln(x+\sqrt{1+x^2})$.

2. 设 $f(x)=(x+10)^6$，求 $f'''(2)$.

3. 若 $f''(x)$ 存在，求函数 $y=\ln[f(x)]$ 的二阶导数 $\dfrac{\mathrm{d}^2y}{\mathrm{d}x^2}$.

4. 已知物体的运动规律为 $s=A\sin\omega t\ (A,\omega$ 是常数)，求物体运动的加速度，并验证

$$\frac{\mathrm{d}^2s}{\mathrm{d}t^2}+\omega^2s=0.$$

5. 验证函数 $y=C_1\mathrm{e}^{\lambda x}+C_2\mathrm{e}^{-\lambda x}\ (\lambda,C_1,C_2$ 是常数)满足关系式：

$$y''-\lambda^2y=0.$$

6. 求下列函数的 n 阶导数：

(1) $y=\sin^2 x$;　　(2) $y=\dfrac{1-x}{1+x}$;

(3) $y=\sqrt[m]{1+x}$;　　(4) $y=x\ln x$.

第五节　隐函数的导数以及由参数方程所确定的函数的导数

一、隐函数的导数

函数 $y=f(x)$ 表示两个变量 y 与 x 之间的对应关系，这种对应关系可以用各种不同的方式表达.前面我们遇到的函数，例如 $y=\sin x$，$y=\ln(x+\sqrt{1+x^2})$ 等，它们的表达方式的特点是：直接给出由自变量的取值 x 求因变量的对应值 y 的计算公式.用这种方式表达的函数叫做显函数.有些函数的表达方式却不是这样，例如，方程

$$x+y^3-1=0$$

也可表示一个函数，因为当变量 x 在 $(-\infty,+\infty)$ 内取值时，变量 y 有确定的值与之对应.例如：当 $x=0$ 时，$y=1$；当 $x=1$ 时，$y=0$，等等.这里 y 与 x 之间的对应关系"隐含"在一个二元方程中，故称这样的函数为隐函数.

一般地，如果变量 x 和 y 满足一个方程 $F(x,y)=0$，在一定条件下，当 x 取某区间 I_x 内的任一值时，相应地总有满足这个方程的唯一的 y 值存在，那么就说方程 $F(x,y)=0$ 在 I_x 内确定了一个隐函数.

把一个隐函数化成显函数，叫做隐函数的显化.例如从方程 $x+y^3-1=0$ 解出 $y=\sqrt[3]{1-x}$，就把隐函数化成了显函数.但隐函数的显化有时是很困难的，甚至是不可能的.例如，方程

$$y^5+3x^2y^2+5x^4+x=1 \tag{1}$$

所确定的隐函数就很难用显式表达出来.

在实际问题中，有时需要计算隐函数的导数.因此，我们希望有一种方法，无需对隐函数进行显化，而直接由方程算出它所确定的隐函数的导数.下面通过具体例子来说明这种方法.

例 1　设方程 $e^y+xy-e=0$ 确定了隐函数 $y=y(x)$，求 $\frac{dy}{dx}$.

解　把方程所确定的隐函数 $y=y(x)$ 代入方程后就得到一个关于 x 的恒等式，这意味着等式两端的两个函数为同一个函数，因此它们的导函数也相等.为此我们在方程两边分别对 x 求导数，即得

$$\frac{d}{dx}(e^y+xy-e)=\frac{d}{dx}(0),$$

注意到 y 是 x 的函数 $y=y(x)$，于是由复合函数求导法可得

$$e^{y}y'+y+xy'=0,$$

从而

$$y'=-\frac{y}{x+e^{y}}\quad (x+e^{y}\neq 0).$$

注意 上式右端中的 y 是由方程 $e^{y}+xy-e=0$ 所确定的隐函数 $y=y(x)$.一般说来，隐函数的导数是同时含 x 和 y 的一个表达式.

例 2 求由方程 $y^{5}+3x^{2}y+5x^{4}+x=1$ 所确定的隐函数 $y=y(x)$ 在 $x=0$ 处的导数 $y'\big|_{x=0}$.

解 在方程两边分别对 x 求导（求导时把 y 看作 x 的函数），得到

$$5y^{4}y'+3\cdot 2xy+3x^{2}\cdot y'+5\cdot 4x^{3}+1=0.$$

由此解得

$$y'=-\frac{1+6xy+20x^{3}}{5y^{4}+3x^{2}}.$$

因为当 $x=0$ 时，可从原方程解得 $y=1$.把 $x=0,y=1$ 代入上式，即得

$$y'\big|_{x=0}=-\frac{1}{5}.$$

例 3 求椭圆 $\dfrac{x^{2}}{16}+\dfrac{y^{2}}{9}=1$ 在点 $\left(2,\dfrac{3}{2}\sqrt{3}\right)$ 处的切线方程.

解 在椭圆方程两边分别对 x 求导，得

$$\frac{x}{8}+\frac{2yy'}{9}=0,$$

从而

$$\frac{dy}{dx}=-\frac{9x}{16y}.$$

把 $x=2,y=\dfrac{3}{2}\sqrt{3}$ 代入上式，得所求切线的斜率为

$$k=\frac{dy}{dx}\bigg|_{x=2}=-\frac{\sqrt{3}}{4}.$$

于是所求的切线方程为

$$y-\frac{3}{2}\sqrt{3}=-\frac{\sqrt{3}}{4}(x-2),$$

即

$$\sqrt{3}x+4y-8\sqrt{3}=0.$$

本题若先把隐函数 $y=y(x)$ 显化，再求导得出切线斜率，运算会变得较为复杂.

例 4 求由方程

$$x-y+\frac{1}{2}\sin y=0$$

所确定的隐函数 $y=f(x)$ 的二阶导数$\dfrac{\mathrm{d}^2y}{\mathrm{d}x^2}$.

解 在所给方程两边对 x 求导，得

$$1-\frac{\mathrm{d}y}{\mathrm{d}x}+\frac{1}{2}\cos y\cdot\frac{\mathrm{d}y}{\mathrm{d}x}=0, \tag{2}$$

于是

$$\frac{\mathrm{d}y}{\mathrm{d}x}=\frac{2}{2-\cos y}. \tag{3}$$

为了求二阶导数，在上式右端对 x 求导（记住 y 是 x 的函数），得

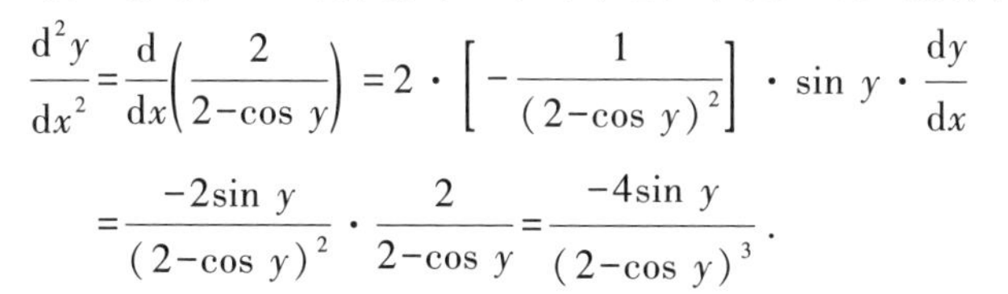

$$\begin{aligned}\frac{\mathrm{d}^2y}{\mathrm{d}x^2}&=\frac{\mathrm{d}}{\mathrm{d}x}\left(\frac{2}{2-\cos y}\right)=2\cdot\left[-\frac{1}{(2-\cos y)^2}\right]\cdot\sin y\cdot\frac{\mathrm{d}y}{\mathrm{d}x}\\&=\frac{-2\sin y}{(2-\cos y)^2}\cdot\frac{2}{2-\cos y}=\frac{-4\sin y}{(2-\cos y)^3}.\end{aligned}$$

隐函数的导数

在某些场合，利用所谓的对数求导法求导数比用通常的方法简便些.这种方法是先在 $y=f(x)$ 的两边取对数，然后用隐函数求导法求出$\dfrac{\mathrm{d}y}{\mathrm{d}x}$.下面通过例子来说明这种方法.

例 5 求 $y=x^{\sin x}$ $(x>0)$ 的导数.

解 这函数是幂指函数.为了求出这个函数的导数，可以先在两边取对数，得

$$\ln y=\sin x\ln x.$$

上式两边对 x 求导，注意到 y 是 x 的函数，由复合函数求导法则可得

$$\frac{1}{y}\cdot y'=\cos x\cdot\ln x+\sin x\cdot\frac{1}{x},$$

于是

$$y'=y\left(\cos x\ln x+\frac{\sin x}{x}\right)=x^{\sin x}\left(\cos x\ln x+\frac{\sin x}{x}\right).$$

例 6 求 $y=\sqrt{\dfrac{(x-1)(x-2)}{(x-3)(x-4)}}$ 的导数.

解 先在等式两边取对数①,得

$$\ln y=\frac{1}{2}[\ln(x-1)+\ln(x-2)-\ln(x-3)-\ln(x-4)].$$

上式两边对 x 求导,注意到 y 是 x 的函数,得

对数求导法

$$\frac{y'}{y}=\frac{1}{2}\left(\frac{1}{x-1}+\frac{1}{x-2}-\frac{1}{x-3}-\frac{1}{x-4}\right),$$

于是

$$y'=\frac{1}{2}\sqrt{\frac{(x-1)(x-2)}{(x-3)(x-4)}}\left(\frac{1}{x-1}+\frac{1}{x-2}-\frac{1}{x-3}-\frac{1}{x-4}\right).$$

思考题 1 设 $x^2+y^2=1$.分别用先显化、再求导以及隐函数求导两种方法求 $\dfrac{\mathrm{d}y}{\mathrm{d}x}$.

思考题 2 求曲线 $x+y+xy=3$ 上点 $(1,1)$ 处的切线方程.

二、由参数方程所确定的函数的导数

研究物体运动的轨迹时,常采用参数方程.例如,研究抛射体的运动,若空气阻力忽略不计,则抛射体的运动轨迹可表示为

$$\begin{cases}x=v_1t,\\ y=v_2t-\dfrac{1}{2}gt^2,\end{cases}\tag{4}$$

其中 v_1,v_2 分别是抛射体初速度的水平和铅直分量,g 是重力加速度,t 是飞行时间,x 和 y 是飞行中抛射体在铅直平面上的位置的横坐标和纵坐标(图 2-7).

在(4)式中,x,y 都是 t 的函数.如果把对应于同一个 t 的 y 的值与 x 的值看作是对应的,这样就得到 x 与 y 之间的一个函数关系.消去参数方程(4)中的参数 t,有

$$y=\frac{v_2}{v_1}x-\frac{g}{2v_1^2}x^2.$$

这是直接联系因变量 y 与自变量 x 的式子,也是参数方程(4)所确定的函数 $y=y(x)$ 的显式表示.

① 严格地应分为 $x<1,2<x<3$ 和 $x>4$ 三种情形进行讨论,但这三种情形的结果是相同的.

一般地，若参数方程

$$\begin{cases}x=\varphi(t),\\y=\psi(t)\end{cases}\tag{5}$$

确定 x 与 y 间的函数关系，则称此函数为由参数方程(5)所确定的函数.

在实际问题中，需要计算由参数方程(5)所确定的函数的导数.由于从(5)中消去参数 t 有时会带来困难，因此我们希望有一种方法能直接由参数方程(5)算出它所确定的函数的导数.下面我们就来讨论由参数方程(5)所确定的函数的求导方法.

在(5)式中，如果函数 $x=\varphi(t)$ 在某个区间内具有单调连续的反函数 $t=\varphi^{-1}(x)$，那么由参数方程(5)所确定的函数 $y=y(x)$ 可以看成是由函数 $y=\psi(t)$，$t=\varphi^{-1}(x)$ 复合而成的函数 $y=\psi[\varphi^{-1}(x)]$.因此，要计算这个复合函数的导数，只要再假定函数 $y=\psi(t)$，$x=\varphi(t)$ 都可导，而且 $\varphi'(t)\neq 0$，那么根据复合函数的求导法则和反函数的导数公式，就可得到

$$\frac{\mathrm{d}y}{\mathrm{d}x}=\frac{\mathrm{d}y}{\mathrm{d}t}\cdot\frac{\mathrm{d}t}{\mathrm{d}x}=\frac{\mathrm{d}y}{\mathrm{d}t}\cdot\frac{1}{\dfrac{\mathrm{d}x}{\mathrm{d}t}}=\frac{\psi'(t)}{\varphi'(t)},$$

即

$$\frac{\mathrm{d}y}{\mathrm{d}x}=\frac{\psi'(t)}{\varphi'(t)}.\tag{6}$$

上式也可写成

$$\frac{\mathrm{d}y}{\mathrm{d}x}=\frac{\dfrac{\mathrm{d}y}{\mathrm{d}t}}{\dfrac{\mathrm{d}x}{\mathrm{d}t}}.$$

这就是由参数方程(5)所确定的函数 $y=y(x)$ 的导数公式.一般说来，(6)式右端是一个参数 t 的表达式.

例 7　已知椭圆的参数方程为

$$\begin{cases}x=a\cos t,\\y=b\sin t.\end{cases}$$

求椭圆在 $t=\dfrac{\pi}{4}$ 相应的点处的切线方程.

解　当 $t=\dfrac{\pi}{4}$ 时，椭圆上的相应点 M_0 的坐标是

$$x_0=a\cos\frac{\pi}{4}=\frac{\sqrt{2}}{2}a,\quad y_0=b\sin\frac{\pi}{4}=\frac{\sqrt{2}}{2}b.$$

椭圆在点 M_0 处的切线斜率为

$$\left.\frac{\mathrm{d}y}{\mathrm{d}x}\right|_{t=\frac{\pi}{4}}=\left.\frac{(b\sin t)'}{(a\cos t)'}\right|_{t=\frac{\pi}{4}}=\left.\frac{b\cos t}{-a\sin t}\right|_{t=\frac{\pi}{4}}=-\frac{b}{a}.$$

代入点斜式方程,即得椭圆在点 M_0 处的切线方程

$$y-\frac{\sqrt{2}}{2}b=-\frac{b}{a}\left(x-\frac{\sqrt{2}}{2}a\right).$$

化简后得

$$bx+ay-\sqrt{2}ab=0.$$

例 8 已知抛射体的运动轨迹的参数方程为

$$\begin{cases}x=v_1t,\\ y=v_2t-\dfrac{1}{2}gt^2.\end{cases}$$

求抛射体在时刻 t 时的运动速度的大小和方向.

解 先求速度的大小.由于速度的水平分量为

$$\frac{\mathrm{d}x}{\mathrm{d}t}=v_1,$$

速度的铅直分量为

$$\frac{\mathrm{d}y}{\mathrm{d}t}=v_2-gt,$$

所以抛射体运动速度的大小为

$$v=\sqrt{\left(\frac{\mathrm{d}x}{\mathrm{d}t}\right)^2+\left(\frac{\mathrm{d}y}{\mathrm{d}t}\right)^2}=\sqrt{v_1^2+(v_2-gt)^2}.$$

再求速度的方向,也就是运动轨迹的切线方向.设 α 是切线的倾角,则根据导数的几何意义,得

$$\tan\alpha=\frac{\mathrm{d}y}{\mathrm{d}x}=\frac{\dfrac{\mathrm{d}y}{\mathrm{d}t}}{\dfrac{\mathrm{d}x}{\mathrm{d}t}}=\frac{v_2-gt}{v_1}.$$

所以,当抛射体刚射出(即 $t=0$)时,

$$\tan\alpha\Big|_{t=0}=\left.\frac{\mathrm{d}y}{\mathrm{d}x}\right|_{t=0}=\frac{v_2}{v_1};$$

当 $t=\dfrac{v_2}{g}$ 时，

$$\tan\alpha\Big|_{t=\frac{v_2}{g}}=0.$$

这时，运动方向是水平的，即抛射体到达最高点(图 2-7).

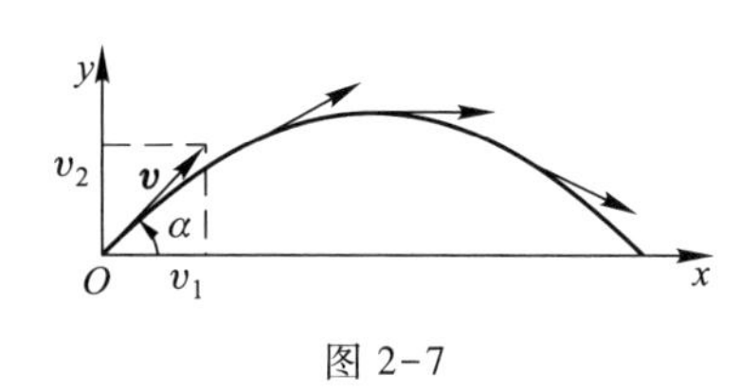

图 2-7

如果要求由参数方程(5)确定的函数 $y=y(x)$ 的二阶导数$\dfrac{d^2y}{dx^2}$，由于$\dfrac{d^2y}{dx^2}=\dfrac{dy'}{dx}$，故可看作是求由以下的参数方程

$$\begin{cases}x=\varphi(t),\\ y'=\dfrac{\psi'(t)}{\varphi'(t)}\end{cases}$$

所确定的函数 $y'(x)$ 的一阶导数.利用公式(6)，即得

$$\frac{d^2y}{dx^2}=\frac{dy'}{dx}=\frac{d\left(\dfrac{\psi'(t)}{\varphi'(t)}\right)}{dt}\Bigg/\frac{dx}{dt}. \tag{7}$$

例 9　计算由摆线(图 2-8)的参数方程

$$\begin{cases}x=a(\theta-\sin\theta),\\ y=a(1-\cos\theta)\end{cases}$$

所确定的函数的二阶导数.

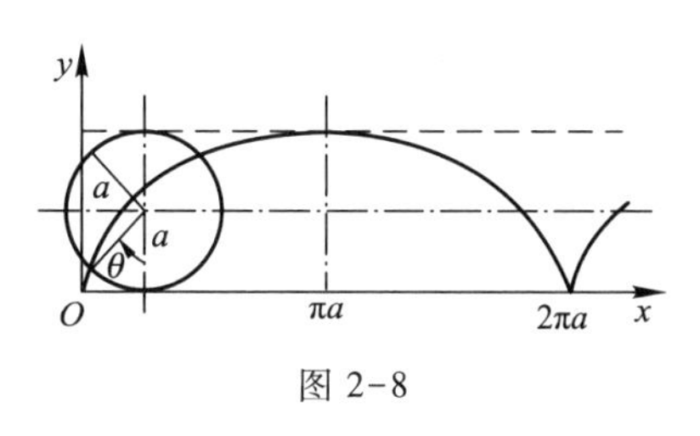

图 2-8

解　$\dfrac{dy}{dx}=\dfrac{\dfrac{dy}{d\theta}}{\dfrac{dx}{d\theta}}=\dfrac{a\sin\theta}{a(1-\cos\theta)}=\dfrac{\sin\theta}{1-\cos\theta}$

$(\theta\neq 2n\pi, n\in\mathbf{Z})$.

由(7)式，得

$$\begin{aligned}\frac{d^2y}{dx^2}&=\frac{d}{d\theta}\left(\frac{\sin\theta}{1-\cos\theta}\right)\Bigg/\frac{dx}{d\theta}\\&=\frac{\cos\theta(1-\cos\theta)-\sin^2\theta}{(1-\cos\theta)^2}\cdot\frac{1}{a(1-\cos\theta)}\\&=\frac{\cos\theta-1}{a(1-\cos\theta)^3}=-\frac{1}{a(1-\cos\theta)^2}\quad(\theta\neq 2n\pi,n\in\mathbf{Z}).\end{aligned}$$

由参数方程所确定函数的导数

思考题 3　设$\begin{cases}x=x(\theta),\\ y=y(\theta),\end{cases}$ $x_0=x(\theta_0)$，$\dfrac{dx}{d\theta}\Big|_{\theta=\theta_0}=2$，$\dfrac{dy}{dx}\Big|_{x=x_0}=2$，求$\dfrac{dy}{d\theta}\Big|_{\theta=\theta_0}$.

习题 2-5

1. 求由下列方程所确定的隐函数的导数$\dfrac{\mathrm{d}y}{\mathrm{d}x}$：

(1) $y^2-2xy+9=0$；　　(2) $x^3+y^3-3axy=0$；

(3) $xy=\mathrm{e}^{x+y}$；　　(4) $y=1-x\mathrm{e}^y$.

2. 求曲线 $x^{\frac{2}{3}}+y^{\frac{2}{3}}=a^{\frac{2}{3}}$ 在点$\left(\dfrac{\sqrt{2}}{4}a,\dfrac{\sqrt{2}}{4}a\right)$处的切线方程和法线方程.

3. 求由下列方程所确定的隐函数的二阶导数$\dfrac{\mathrm{d}^2y}{\mathrm{d}x^2}$：

(1) $y=\sin(x+y)$；　　(2) $x^2-y^2=1$.

4. 用对数求导法求下列函数的导数：

(1) $y=\left(\dfrac{x}{1+x}\right)^x$；　　(2) $y=(\tan 2x)^{\cot\frac{x}{2}}$；

(3) $y=\sqrt[5]{\dfrac{x-5}{\sqrt[5]{x^2+2}}}$；　　(4) $y=\dfrac{\sqrt{x+2}\,(3-x)^4}{(x+1)^5}$.

5. 设曲线 $x^2y+ay^2=b$ 上有点 $(1,1)$ 且在该点处的切线方程为 $4x+3y=7$. 求 a,b 的值.

6. 求下列由参数方程所确定的函数的导数$\dfrac{\mathrm{d}y}{\mathrm{d}x}$：

(1) $\begin{cases}x=at^2,\\y=bt^3;\end{cases}$　　(2) $\begin{cases}x=\theta(1-\sin\theta),\\y=\theta\cos\theta.\end{cases}$

7. 已知

$$\begin{cases}x=\mathrm{e}^t\sin t,\\y=\mathrm{e}^t\cos t,\end{cases}$$

求当 $t=\dfrac{\pi}{3}$ 时$\dfrac{\mathrm{d}y}{\mathrm{d}x}$的值.

8. 写出下列曲线在所给参数值相应的点处的切线方程和法线方程：

(1) $\begin{cases}x=\sin t,\\y=\cos 2t,\end{cases}$ 在 $t=\dfrac{\pi}{4}$ 处；　　(2) $\begin{cases}x=2\mathrm{e}^t,\\y=\mathrm{e}^{-t},\end{cases}$ 在 $t=0$ 处.

9. 求下列由参数方程所确定的函数的二阶导数$\dfrac{\mathrm{d}^2y}{\mathrm{d}x^2}$：

(1) $\begin{cases}x=\dfrac{t^2}{2},\\ y=1-t;\end{cases}$　　　　(2) $\begin{cases}x=a\cos t,\\ y=b\sin t.\end{cases}$

10. 验证:由参数方程$\begin{cases}x=e^t\sin t,\\ y=e^t\cos t\end{cases}$所确定的函数满足关系式

$$\frac{d^2y}{dx^2}(x+y)^2=2\left(x\frac{dy}{dx}-y\right).$$

*第六节　变化率问题举例及相关变化率

一、变化率问题举例

在第一节中,我们通过切线问题和直线运动的速度问题引入了导数概念,并指出:函数 $y=f(x)$ 的导数 $f'(x)$ 可以解释为 y 关于 x 的变化率.在这一节里,我们将举出其他一些变化率的具体实例及导数在其中的应用.

例 1　若金属杆的质量是均匀分布的,则其线密度 μ 是常数,可用单位长度的质量来定义,单位为 kg/m.现考虑不均匀杆,并假设从左端算起长度为 x 的一段杆的质量 $m=f(x)$,如图 2-9 所示.

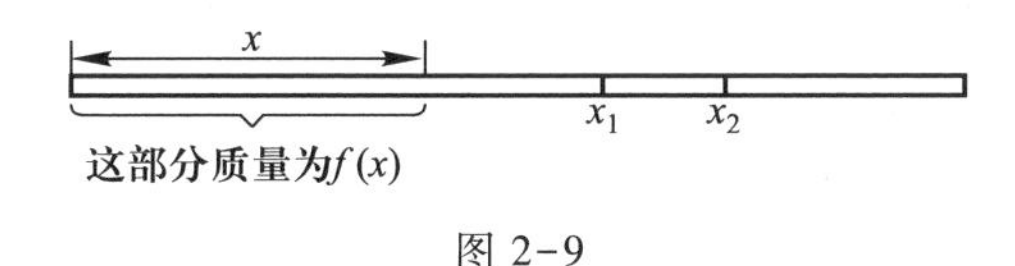

图 2-9

杆位于 $x=x_1$ 和 $x=x_2$ 之间的部分的质量为 $\Delta m=f(x_2)-f(x_1)$,其平均线密度为

$$\frac{\Delta m}{\Delta x}=\frac{f(x_2)-f(x_1)}{x_2-x_1}.$$

令 $\Delta x\to 0$ (即 $x_2\to x_1$),上述平均线密度的极限就是杆在 x_1 处的线密度 μ,即线密度是质量关于长度的变化率或导数.用符号表示即为

$$\mu=\lim_{\Delta x\to 0}\frac{\Delta m}{\Delta x}=\frac{dm}{dx}.$$

例如,设 $m=f(x)=\sqrt{x}$,则杆在[1,1.2]上的平均线密度为

$$\frac{\Delta m}{\Delta x}=\frac{f(1.2)-f(1)}{1.2-1}=\frac{\sqrt{1.2}-1}{0.2}\approx 0.48(\text{kg/m}).$$

而在 $x=1$ m 处的线密度为

$$\mu=\left.\frac{\mathrm{d}m}{\mathrm{d}x}\right|_{x=1}=\left.\frac{1}{2\sqrt{x}}\right|_{x=1}=0.50(\mathrm{kg/m}).$$

例 2 用 $n=f(t)$ 表示时刻 t 时某一动物或植物群体中的个体总数. 由于从 $t=t_1$ 到 $t=t_2$ 时个体总数的变化为 $\Delta n=f(t_2)-f(t_1)$，所以在 $[t_1,t_2]$ 期间该群体的平均增长率为

$$\frac{\Delta n}{\Delta t}=\frac{f(t_2)-f(t_1)}{t_2-t_1}.$$

类似于瞬时速度，我们定义该群体的瞬时增长率（简称增长率）是当 Δt 趋于 0 时它的平均增长率的极限，即

$$\text{增长率}=\lim_{\Delta t\to 0}\frac{\Delta n}{\Delta t}=\frac{\mathrm{d}n}{\mathrm{d}t}.$$

严格地说，这不是很精确的描述，因为函数 $n=f(t)$ 的实际图形不是一条连续的曲线，在个体出生或死亡时就产生间断，因而在这个时刻不可导. 然而对于个体总数很大的动物或植物群体，我们可以近似地认为函数 $n=f(t)$ 的图形是一条连续的曲线.

作为具体例子，现在考虑在某种均匀营养介质中的细菌总数的变化情况. 假设通过某些时刻的抽样确定出细菌总数以每小时加倍的速度增长. 记初始时刻的总数为 n_0，t 的单位用 h，则

$$f(1)=2n_0,$$
$$f(2)=2f(1)=2^2n_0,$$
$$f(3)=2f(2)=2^3n_0,$$
$$\cdots$$

一般有

$$f(t)=2^tn_0,$$

即任一时刻总数 $n=n_02^t$. 由此细菌总数的增长率为

$$\frac{\mathrm{d}n}{\mathrm{d}t}=n_02^t\ln 2.$$

例如，若初始总数 $n_0=1\ 000$ 个，则 2 h 时的增长率为

$$\left.\frac{\mathrm{d}n}{\mathrm{d}t}\right|_{t=2}\approx 1\ 000\cdot 2^2\cdot 0.693\ 147\approx 2\ 773(\text{个/h}).$$

例 3 假设 $C=C(x)$ 是某公司在生产 x 件产品时的总成本，这个函数

$C(x)$称为成本函数.当产品的件数从 x_0 增加到 $x_0+\Delta x$ 时,增加的成本为 $\Delta C=f(x_0+\Delta x)-f(x_0)$,成本关于产品件数的平均变化率是

$$\frac{\Delta C}{\Delta x}=\frac{f(x_0+\Delta x)-f(x_0)}{\Delta x},$$

这个量在 $\Delta x\to 0$ 时的极限即为成本关于产品件数(当产品为 x_0 件时)的变化率,经济学家称为边际成本,即

$$\text{边际成本}=\lim_{\Delta x\to 0}\frac{\Delta C}{\Delta x}=\frac{\mathrm{d}C}{\mathrm{d}x}.$$

若取 $\Delta x=1$,我们有

$$C'(n)\approx C(n+1)-C(n).$$

因而生产 n 件产品的边际成本近似等于多生产一件产品(第$(n+1)$件产品)的成本.由此可知,如果将边际成本与平均成本$\frac{C(n)}{n}$相比较,若前者比后者小,那么就可以考虑增加产量以降低平均成本,否则就要考虑削减产量以降低平均成本.

通常用多项式

$$C(x)=a+bx+cx^2+dx^3$$

表示总成本函数,这里 a 代表相对固定的一般管理成本(例如租金、供暖、保养等费用),其他的项代表原材料、劳动力成本等(原材料成本可以认为与产量 x 成比例,而劳动力成本因为产量加大时引起的加班成本和工作效率降低,可能与 x 的高次幂成比例).

例如,设某个公司估计生产 x 件产品的成本(单位:元)为

$$C(x)=10\ 000+5x+0.01x^2,$$

则边际成本函数

$$C'(x)=5+0.02x.$$

生产 500 件产品时的边际成本

$$C'(500)=5+0.02\times 500=15(\text{元/件}).$$

这提供了 $x=500$ 件时的成本增加率.

又直接从成本函数得到生产第 501 件的成本为

$$\begin{aligned}&C(501)-C(500)\\&=(10\ 000+5\times 501+0.01\times 501^2)-(10\ 000+5\times 500+0.01\times 500^2)\\&=15.01(\text{元}),\end{aligned}$$

这表明

$$C'(500)\approx C(501)-C(500).$$

经济学家还研究边际需求、边际收益、边际利润，它们分别是需求函数、收益函数、利润函数的导数.在这些导数的基础上，结合使用以后将介绍的求函数最大值、最小值的方法，所得结果可帮助经营者进行生产经营决策.

几乎所有的科学领域都有变化率的问题，以上介绍的只是其中很小的一部分.还有如地质学家要研究地下熔岩的冷却速度问题、城市生态学家要研究人口密度随距离市中心远近而变化的情况、气象学家关心大气压力关于高度的变化率.心理学家关心人们在学习某种技艺的过程中，他们的学习成效是如何随培训时间而变化的，希望得出所谓的“学习曲线”（学习成效随时间变化的曲线），特别想要知道成效随时间的提高率.在社会学方面，导数则可用来分析信息的传播、新方法的推广、服饰新款式的流行等问题.

这些例子都是一个简单的数学概念——导数的各种具体表现形式.因此对导数的研究，不仅是数学本身的需要，也是各门学科的共同要求.

二、相关变化率

下面来讨论一类有较多实际应用的变化率问题——相关变化率问题.

设 $x(t)$，$y(t)$ 都是时间 t 的可导函数，如果 $x(t)$ 与 $y(t)$ 之间存在某种关系，那么变量 x 和 y 关于时间的变化率 $x'(t)$ 与 $y'(t)$ 之间也应有一定的关系.这种相互依赖的变化率称为相关变化率.相关变化率问题就是研究这两个变化率之间的关系，以便从其中一个变化率求出另一个变化率.

求解这类问题，通常先建立联系 $x(t)$ 和 $y(t)$ 的方程，然后利用求导法则在方程两端对 t 求导，得到两个变化率所满足的关系式并解出所求的变化率，最后将已知信息代入得到所需的结果.下面我们举例说明这种方法.

例 4 一梯子长 10 m，上端靠墙，下端着地，梯子顺墙下滑.当梯子下端离墙 6 m 时，沿着地面以 2 m/s 的速度离墙.问这时梯子上端下降的速度是多少？

解 建立坐标系如图 2-10 所示.设在时刻 t，梯子上端的坐标为 $(0,y(t))$，梯子下端的坐标为 $(x(t),0)$，则因梯子长度为10 m，故有关系式

$$x^2(t)+y^2(y)=100.$$

两边对 t 求导，得到变化率 $\frac{\mathrm{d}x}{\mathrm{d}t}$ 与 $\frac{\mathrm{d}y}{\mathrm{d}t}$ 的关系式

$$x\frac{\mathrm{d}x}{\mathrm{d}t}+y\frac{\mathrm{d}y}{\mathrm{d}t}=0.$$

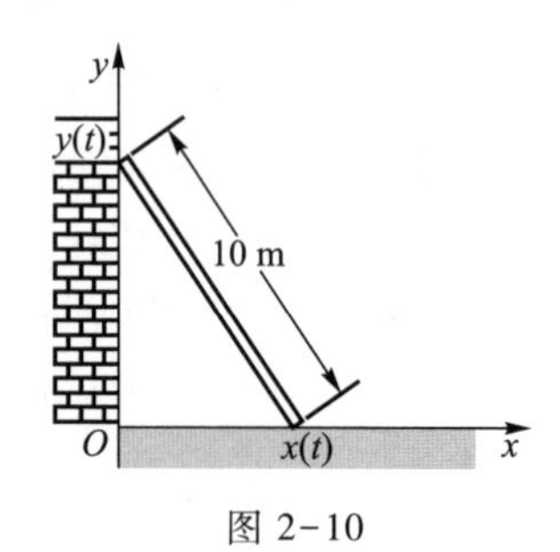

图 2-10

当 $x=6$ 时，$y=8$，$\frac{\mathrm{d}x}{\mathrm{d}t}=2$，代入上式，得到

$$12+8\frac{\mathrm{d}y}{\mathrm{d}t}=0,$$

于是$\frac{\mathrm{d}y}{\mathrm{d}t}=-\frac{3}{2}$ m/s，即这时候梯子上端下降的速度为 1.5 m/s.

例 5　一架摄像机安装在距火箭发射台 4 000 m 处.假设火箭发射后铅直升空并在距地面 3 000 m 处其速度达到 300 m/s.问：(1) 这时火箭与摄像机之间的距离的增加率为多少？(2) 如果摄像机镜头始终对准升空火箭，那么这时摄像机仰角的增加率是多少？

解　设火箭升空 t s 后的高度为 h m，火箭与摄像机之间的距离为 l m，摄像机仰角为 α rad(弧度)(图 2-11)，则有

$$l=\sqrt{4\ 000^2+h^2},$$

两边对 t 求导，得

$$\frac{\mathrm{d}l}{\mathrm{d}t}=\frac{h}{\sqrt{4\ 000^2+h^2}}\frac{\mathrm{d}h}{\mathrm{d}t}.$$

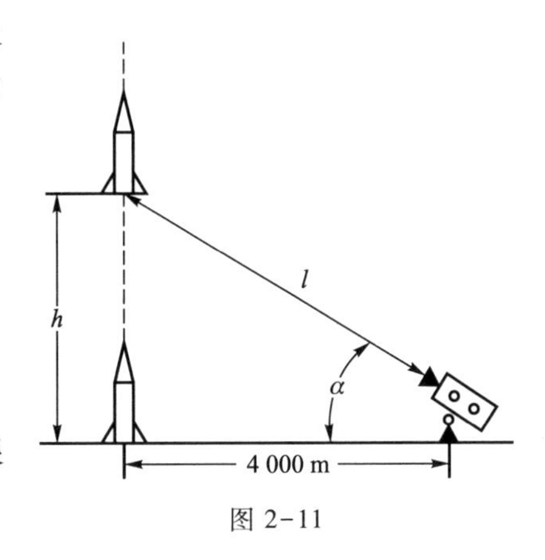

图 2-11

设当 $t=t_0$ 时，火箭升空高度为 3 000 m，则根据给定条件，有

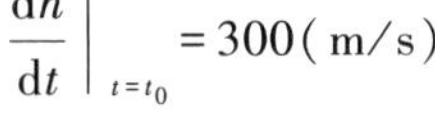

$$\left.\frac{\mathrm{d}h}{\mathrm{d}t}\right|_{t=t_0}=300(\mathrm{m/s}),$$

故得

$$\left.\frac{\mathrm{d}l}{\mathrm{d}t}\right|_{t=t_0}=\frac{3\ 000}{\sqrt{4\ 000^2+3\ 000^2}}\cdot 300=180(\mathrm{m/s}),$$

即此时火箭与摄像机之间的距离的增加率为 180 m/s.又

$$\tan\alpha=\frac{h}{4\ 000},$$

两边对 t 求导，得

$$\sec^2\alpha\cdot\frac{\mathrm{d}\alpha}{\mathrm{d}t}=\frac{1}{4\ 000}\cdot\frac{\mathrm{d}h}{\mathrm{d}t},$$

当 $h=3\ 000$ 时，$\sec^2\alpha=\frac{25}{16}$，$\frac{\mathrm{d}h}{\mathrm{d}t}=300$，故得

$$\left.\frac{\mathrm{d}\alpha}{\mathrm{d}t}\right|_{t=t_0}=\frac{1}{4\ 000}\cdot\frac{16}{25}\cdot 300=0.048(\mathrm{rad/s}).$$

即此时摄像机仰角的增加率为 0.048 rad/s.

*习题 2-6

1. 有一非均匀的细棒 AB,长为 20 cm,M 为棒上任意一点.若 AM 的质量 m 与其长度 l 的平方成正比,且 $l=2$ cm 时,$m=8$ g.求这棒上任意点 M 处的密度.

2. 设一容器内 1 000 L 的水经底部流出,40 min 流完.t min 后容器里所剩水的体积 V 为

$$V=1\ 000\left(1-\frac{t}{40}\right)^2,\ 0\leqslant t\leqslant 40,$$

求 5 min,10 min,20 min 时出水的流量(即单位时间流出的水量).

3. 在一新陈代谢实验中,葡萄糖的含量为 $m=5-0.02t^2$,其中时间 t 的单位为 h.求 1 h 后葡萄糖量的变化率.

4. 已知某种商品的成本函数为 $C(x)$(单位:元),求边际成本,并将生产 100 件产品时的边际成本与生产第 101 件产品的成本进行比较:

(1) $C(x)=420+1.5x+0.002x^2$;

(2) $C(x)=2\ 000+3x+0.01x^2+0.000\ 2x^3$.

5. 已知球形雪球的融化率(即单位时间体积的减小率)正比于雪球的表面积.证明:雪球的半径以常速率减小.(注:半径为 r 的球的体积为 $\frac{4}{3}\pi r^3$,表面积为 $4\pi r^2$.)

6. 设一架飞机以 1 000 km/h 的速度在高度为 2 km 的上空水平飞过正下方地面的雷达站.求飞机距雷达站 4 km 处飞机与雷达站距离增加的速率.

7. 设一个顶部朝下、底部朝上放置的正圆锥形容器的高为 4 m,底半径为 2 m.现以 2 $\mathrm{m^3/min}$ 的常速率将水注入该容器,求水深 3 m 时水面上升的速率.

8. 一气球在距离观察员 500 m 处离地往上升,上升速率是 140 m/min.当气球高度为 500 m 时,观察员视线的仰角增加的速率是多少?

第七节　函数的微分

一、微分的定义

先分析一个具体问题.一块正方形金属薄片因受温度变化的影响,其边长由 x_0 变到 $x_0+\Delta x$ (图 2-12),问此薄片的面积改变了多少?

设此薄片的边长为 x_0,面积为 A,则 $A=x_0^2$.薄片受温度变化影响时面积的改变量,就是当自变量 x 自 x_0 取得增量 Δx 时,因变量 A 所取得的相应的增量 ΔA,即

$$\Delta A=(x_0+\Delta x)^2-x_0^2=2x_0\Delta x+(\Delta x)^2.$$

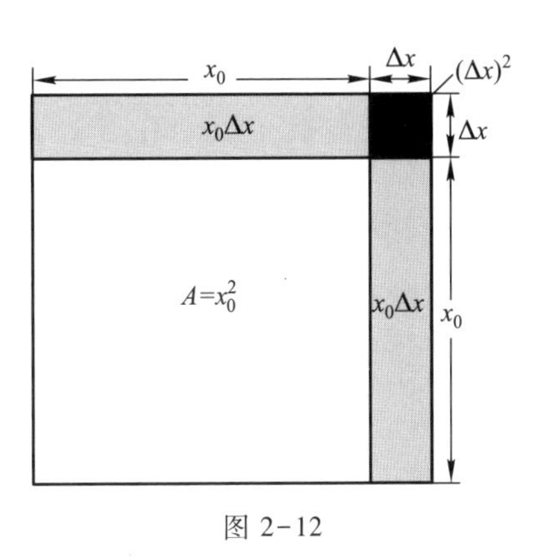

图 2-12

从上式可以看出,ΔA 由两部分组成,第一部分 $2x_0\Delta x$ 是 Δx 的线性函数,即图中灰色的两个矩形面积之和,而第二部分 $(\Delta x)^2$ 在图中是黑色的小正方形的面积.当 $\Delta x\to 0$ 时,第二部分 $(\Delta x)^2$ 是比 Δx 高阶的无穷小,即 $(\Delta x)^2=o(\Delta x)$ $(\Delta x\to 0)$.由此可见,如果边长改变很微小,即 $|\Delta x|$ 很小时,面积的改变量 ΔA 可近似地用第一部分来代替.

一般地,如果函数 $y=f(x)$ 对应于自变量增量 Δx 的增量 Δy 可表示为 $\Delta y=A\Delta x+o(\Delta x)$,其中 A 是不依赖于 Δx 的常数,那么当 $|\Delta x|$ 很小时,我们就可以用 Δx 的线性函数 $A\Delta x$ 来近似代替 Δy.这个近似值不仅计算方便,而且精度也较高,它与 Δy 的差满足 $\Delta y-A\Delta x=o(\Delta x)$,是比 Δx 高阶的无穷小.

那么,什么样的函数具有这样良好的性质呢?近似值 $A\Delta x$ 中的常数 A 又等于什么呢?下面就来讨论这个问题.

定义　设函数 $y=f(x)$ 在某区间内有定义,x_0 及 $x_0+\Delta x$ 在这区间内,如果函数的增量

$$\Delta y=f(x_0+\Delta x)-f(x_0)$$

可表示为

$$\Delta y=A\Delta x+o(\Delta x), \qquad (1)$$

其中 A 是不依赖于 Δx 的常数,$o(\Delta x)$ 是 $\Delta x\to 0$ 时比 Δx 高阶的无穷小,那么称函数 $y=f(x)$ 在点 x_0 是可微的,而 $A\Delta x$ 叫做函数 $y=f(x)$ 在点 x_0 相应于自变量增量 Δx 的微分,记作 $\mathrm{d}y$,即

$$dy = A\Delta x.$$

下面讨论函数可微的条件.设函数 $y=f(x)$ 在点 x_0 可微,则按定义有(1)式成立.(1)式两边除以 Δx 得

$$\frac{\Delta y}{\Delta x}=A+\frac{o(\Delta x)}{\Delta x}.$$

于是,当 $\Delta x\to 0$ 时,由上式就得到

$$A=\lim_{\Delta x\to 0}\frac{\Delta y}{\Delta x}=f'(x_0).$$

因此,若函数 $y=f(x)$ 在点 x_0 可微,则 $f(x)$ 在点 x_0 也一定可导(即 $f'(x_0)$ 存在),且 $A=f'(x_0)$.

反之,如果 $y=f(x)$ 在点 x_0 可导,即

$$\lim_{\Delta x\to 0}\frac{\Delta y}{\Delta x}=f'(x_0)$$

存在,根据极限与无穷小的关系,上式可写成

$$\frac{\Delta y}{\Delta x}=f'(x_0)+\alpha,$$

其中 $\alpha\to 0$ (当 $\Delta x\to 0$ 时).由此可得

$$\Delta y=f'(x_0)\Delta x+\alpha\Delta x.$$

因 $\alpha\Delta x=o(\Delta x)$,且 $f'(x_0)$ 不依赖于 Δx,故上式相当于(1)式,所以 $f(x)$ 在点 x_0 也是可微的.

由此得出结论:**函数 $f(x)$ 在点 x_0 可微的充要条件是函数 $f(x)$ 在点 x_0 可导**.且当 $f(x)$ 在点 x_0 可微时,其微分一定是

$$dy=f'(x_0)\Delta x. \tag{2}$$

由微分定义可知,当 $|\Delta x|$ 很小时,有

$$\Delta y\approx dy.$$

这样,我们就把一个计算起来比较复杂的量 Δy 近似表达为一个比较简单的量 dy,这个量是 Δx 的线性函数 $f'(x_0)\Delta x$,且近似的精度也比较好.

例 1 求函数 $y=x^2$ 在 $x=1$ 和 $x=3$ 处的微分.

解 函数 $y=x^2$ 在 $x=1$ 处的微分为

$$dy=(x^2)'\big|_{x=1}\Delta x=2\Delta x;$$

在 $x=3$ 处的微分为

$$dy=(x^2)'\big|_{x=3}\Delta x=6\Delta x.$$

例 2 求函数 $y=x^3$ 当 $x=2,\Delta x=0.02$ 时的微分.

解　先求函数在任意点 x 的微分

$$dy=(x^3)'\Delta x=3x^2\Delta x.$$

再求函数当 $x=2,\Delta x=0.02$ 时的微分（为明确起见，把这个微分记作 $dy\Big|_{\substack{x=2\\ \Delta x=0.02}}$），有

$$dy\Big|_{\substack{x=2\\ \Delta x=0.02}}=3x^2\Delta x\Big|_{\substack{x=2\\ \Delta x=0.02}}=3\cdot 2^2\cdot 0.02=0.24.$$

函数 $y=f(x)$ 在任意点 x 的微分，称为函数的微分，也记作 dy，或 $df(x)$，即

$$dy=f'(x)\Delta x.$$

又，通常把自变量 x 的增量 Δx 称为自变量的微分，并记作 dx，即 $dx=\Delta x$. 相应地，函数 $y=f(x)$ 的微分通常记作

$$dy=f'(x)dx. \tag{3}$$

例如，函数 $y=\cos x$ 的微分为

$$dy=(\cos x)'dx=-\sin x dx;$$

函数 $y=e^x$ 的微分为

$$dy=(e^x)'dx=e^x dx.$$

当 $dx\neq 0$ 时，在(3)式两端同除以 dx 可得

$$\frac{dy}{dx}=f'(x).$$

这样，本章第一节引入的导数记号 $\frac{dy}{dx}$ 有了新的解释，它可看作函数的微分 dy 与自变量的微分 dx 之商，这个商等于该函数的导数 $f'(x)$. 因此，导数也被称作“微商”.

思考题 1　函数 $f(x)$ 在点 x_0 可微的定义是什么？充要条件是什么？

思考题 2　设 $y=5-x^2$. 求 dy 和 $dy\Big|_{\substack{x=2\\ \Delta x=0.1}}$.

二、微分的几何意义

为了对微分有比较直观的了解，我们来说明微分的几何意义.

在直角坐标系中，函数 $y=f(x)$ 的图形是一条曲线. 对于某一固定的值 x_0，曲线上有一个确定点 $M(x_0,y_0)$，当自变量 x 在 x_0 处有微小增量 Δx 时，相应函数有微小增量 Δy，从而得到曲线上另一点 $N(x_0+\Delta x,y_0+\Delta y)$. 从图 2-13 可知：

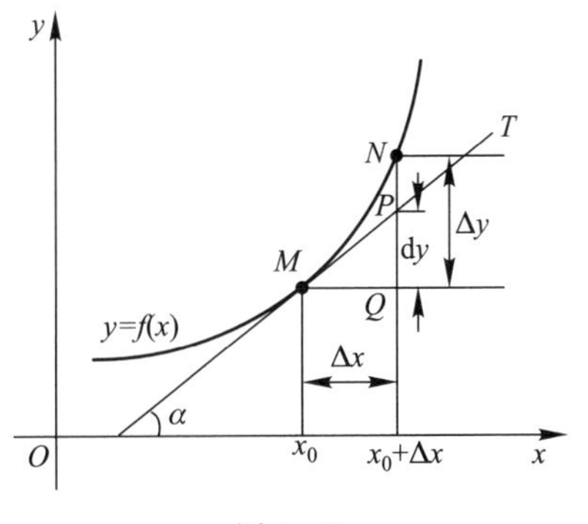

图 2-13

$$MQ=\Delta x,\quad QN=\Delta y.$$

若 $y=f(x)$ 在点 x_0 处可微,则曲线 $y=f(x)$ 在点 M 处有切线 MT,设它的倾角为 α,则

$$QP=MQ\cdot\tan\alpha=\Delta x\cdot f'(x_0),$$

即

$$\mathrm{d}y=QP.$$

由此可见,当 Δy **是曲线** $y=f(x)$ **上点的纵坐标的增量时**,$\mathrm{d}y$ **就是曲线上相应点的切线纵坐标的增量**.当 $|\Delta x|$ 很小时,$|\Delta y-\mathrm{d}y|$ 比 $|\Delta x|$ 小得多.因此在点 M 的邻近,可以用切线段来近似代替曲线段,或简单说成可"以直代曲".

三、基本初等函数的微分公式与微分运算法则

从函数微分的表达式

$$\mathrm{d}y=f'(x)\,\mathrm{d}x$$

可以看出,要计算函数的微分,只要计算函数的导数,再乘自变量的微分.由此,可得如下的微分公式和微分运算法则:

1. 基本初等函数的微分公式

由基本初等函数的导数公式,可以直接写出基本初等函数的微分公式.为了便于对照,列表于下:

导数公式	微分公式
$(x^{\mu})'=\mu x^{\mu-1}$	$\mathrm{d}(x^{\mu})=\mu x^{\mu-1}\mathrm{d}x$
$(a^x)'=a^x\ln a\quad(a>0$ 且 $a\neq1)$	$\mathrm{d}(a^x)=a^x\ln a\mathrm{d}x\quad(a>0$ 且 $a\neq1)$
$(\ln\|x\|)'=\dfrac{1}{x}$	$\mathrm{d}(\ln\|x\|)=\dfrac{1}{x}\mathrm{d}x$
$(\sin x)'=\cos x$	$\mathrm{d}(\sin x)=\cos x\mathrm{d}x$
$(\cos x)'=-\sin x$	$\mathrm{d}(\cos x)=-\sin x\mathrm{d}x$
$(\tan x)'=\sec^2 x$	$\mathrm{d}(\tan x)=\sec^2 x\mathrm{d}x$
$(\cot x)'=-\csc^2 x$	$\mathrm{d}(\cot x)=-\csc^2 x\mathrm{d}x$
$(\sec x)'=\sec x\tan x$	$\mathrm{d}(\sec x)=\sec x\tan x\mathrm{d}x$
$(\csc x)'=-\csc x\cot x$	$\mathrm{d}(\csc x)=-\csc x\cot x\mathrm{d}x$
$(\arcsin x)'=\dfrac{1}{\sqrt{1-x^2}}$	$\mathrm{d}(\arcsin x)=\dfrac{1}{\sqrt{1-x^2}}\mathrm{d}x$
$(\arccos x)'=-\dfrac{1}{\sqrt{1-x^2}}$	$\mathrm{d}(\arccos x)=-\dfrac{1}{\sqrt{1-x^2}}\mathrm{d}x$
$(\arctan x)'=\dfrac{1}{1+x^2}$	$\mathrm{d}(\arctan x)=\dfrac{1}{1+x^2}\mathrm{d}x$
$(\operatorname{arccot} x)'=-\dfrac{1}{1+x^2}$	$\mathrm{d}(\operatorname{arccot} x)=-\dfrac{1}{1+x^2}\mathrm{d}x$

2. 微分运算法则

对应每一条求导法则,可推得相应的微分法则.为了便于对照,列成下表(表中 $u=u(x)$,$v=v(x)$,c 为常数):

求导法则	微分法则
$(c)'=0$	$\mathrm{d}c=0$
$(u\pm v)'=u'\pm v'$	$\mathrm{d}(u\pm v)=\mathrm{d}u\pm\mathrm{d}v$
$(cu)'=cu'$	$\mathrm{d}(cu)=c\mathrm{d}u$
$(uv)'=u'v+uv'$	$\mathrm{d}(uv)=v\mathrm{d}u+u\mathrm{d}v$
$\left(\dfrac{u}{v}\right)'=\dfrac{u'v-uv'}{v^2}(v\neq 0)$	$\mathrm{d}\left(\dfrac{u}{v}\right)=\dfrac{v\mathrm{d}u-u\mathrm{d}v}{v^2}$

现在我们以乘积的微分法则为例加以证明.

根据微分的定义,有

$$\mathrm{d}(uv)=(uv)'\mathrm{d}x.$$

再根据乘积的求导法则,有

$$(uv)'=u'v+uv'.$$

于是

$$\mathrm{d}(uv)=(u'v+uv')\mathrm{d}x=u'v\mathrm{d}x+uv'\mathrm{d}x.$$

由于

$$u'\mathrm{d}x=\mathrm{d}u,\quad v'\mathrm{d}x=\mathrm{d}v,$$

所以

$$\mathrm{d}(uv)=v\mathrm{d}u+u\mathrm{d}v.$$

其他法则都可以用类似方法证明.

与复合函数的求导法则相对应,有以下的复合函数的微分法则.

设 $y=f(u)$,$u=\varphi(x)$,则复合函数 $y=f[\varphi(x)]$ 的微分为

$$\mathrm{d}y=\frac{\mathrm{d}y}{\mathrm{d}x}\cdot\mathrm{d}x=\frac{\mathrm{d}y}{\mathrm{d}u}\cdot\frac{\mathrm{d}u}{\mathrm{d}x}\cdot\mathrm{d}x,$$

即

$$\mathrm{d}y=f'[\varphi(x)]\varphi'(x)\mathrm{d}x.$$

由于 $u=\varphi(x)$,$\mathrm{d}u=\varphi'(x)\mathrm{d}x$,所以,复合函数 $y=f[\varphi(x)]$ 的微分公式也可以写成

$$\mathrm{d}y=f'(u)\mathrm{d}u.$$

由此可见,无论 u 是自变量还是中间变量,$y=f(u)$ 的微分 $\mathrm{d}y$ 总可以用 $f'(u)$ 与

$\mathrm{d}u$ 的乘积来表示.这一性质称为微分形式不变性.

例 3 若 $y=\sin(2x+1)$,求 $\mathrm{d}y$.

解 把 $2x+1$ 看成中间变量 u,即 $u=2x+1$,则

$$\begin{aligned}\mathrm{d}y&=\mathrm{d}(\sin u)=\cos u\mathrm{d}u=\cos(2x+1)\mathrm{d}(2x+1)\\&=\cos(2x+1)\cdot 2\mathrm{d}x=2\cos(2x+1)\mathrm{d}x.\end{aligned}$$

例 4 若 $y=\mathrm{e}^{1-3x}\cos x$,求 $\mathrm{d}y$.

解 应用积的微分法则,得

$$\begin{aligned}\mathrm{d}y&=\mathrm{d}(\mathrm{e}^{1-3x}\cos x)=\cos x\mathrm{d}(\mathrm{e}^{1-3x})+\mathrm{e}^{1-3x}\mathrm{d}(\cos x)\\&=\cos x\cdot\mathrm{e}^{1-3x}\cdot(-3\mathrm{d}x)+\mathrm{e}^{1-3x}\cdot(-\sin x\mathrm{d}x)\\&=-\mathrm{e}^{1-3x}(3\cos x+\sin x)\mathrm{d}x.\end{aligned}$$

例 5 在下列等式左端的括号中填入适当的函数,使等式成立:

(1) $\mathrm{d}(\quad)=x\mathrm{d}x$; (2) $\mathrm{d}(\quad)=\cos\omega t\mathrm{d}t$.

解 (1) 我们知道,

$$\mathrm{d}(x^2)=2x\mathrm{d}x.$$

可见

$$x\mathrm{d}x=\frac{1}{2}\mathrm{d}(x^2)=\mathrm{d}\left(\frac{x^2}{2}\right),$$

即

$$\mathrm{d}\left(\frac{x^2}{2}\right)=x\mathrm{d}x.$$

显然,对任何常数 C 都有

$$\mathrm{d}\left(\frac{x^2}{2}+C\right)=x\mathrm{d}x.$$

(2) 因为

$$\mathrm{d}(\sin\omega t)=\omega\cos\omega t\mathrm{d}t,$$

可见

$$\cos\omega t\mathrm{d}t=\frac{1}{\omega}\mathrm{d}(\sin\omega t)=\mathrm{d}\left(\frac{\sin\omega t}{\omega}\right),$$

即

$$\mathrm{d}\left(\frac{\sin\omega t}{\omega}\right)=\cos\omega t\mathrm{d}t,$$

一般地有

$$\mathrm{d}\left(\frac{\sin\omega t}{\omega}+C\right)=\cos\omega t\mathrm{d}t\quad(C\text{ 为常数}).$$

思考题 3 设 $u(x)$ 为可微函数，则对任意常数 a,b，验证 $\mathrm{d}(au+b)=a\mathrm{d}u$.

思考题 4 设 $y=\mathrm{e}^{x^2}$，试用微分的定义和微分形式不变性两种方法求 $\mathrm{d}y$.

四、微分在近似计算中的应用

在工程问题中，经常会遇到一些复杂的计算公式.如果直接用这些公式进行计算，那是很费力的.利用微分有时可以把一些复杂的计算公式用简单的近似公式来代替.

前面说过，如果 $y=f(x)$ 在点 x_0 处可微（即可导），且 $|\Delta x|$ 很小时，我们有

$$\Delta y\approx \mathrm{d}y=f'(x_0)\Delta x,$$

即

$$\Delta y=f(x_0+\Delta x)-f(x_0)\approx f'(x_0)\Delta x, \tag{4}$$

这个式子也可以写成

$$f(x_0+\Delta x)\approx f(x_0)+f'(x_0)\Delta x. \tag{5}$$

在(5)式中令 $x=x_0+\Delta x$，即 $\Delta x=x-x_0$，那么(5)式又可改写为

$$f(x)\approx f(x_0)+f'(x_0)(x-x_0). \tag{6}$$

如果 $f(x_0)$ 及 $f'(x_0)$ 都容易计算，那么就可利用(4)式来近似计算 Δy，或利用(5)、(6)两式来近似计算 $f(x_0+\Delta x)$ 和 $f(x)$.(5)、(6)两式表明，在点 x_0 可微的函数 $f(x)$，在 x_0 的邻近可用 x 的线性函数，即一次多项式 $f(x_0)+f'(x_0)(x-x_0)$ 来近似表示，这是可微函数的重要性质，称为“可微函数可局部线性化”.从几何上看，就是曲线 $y=f(x)$ 在点 x_0 的邻近可用它的切线来近似代替.局部线性化是微积分学处理可微函数的重要思想方法，有着广泛应用.

例 6 有一批半径为 1 cm 的球，为了提高球面的光洁度，要镀上一层铜，厚度定为 0.01 cm.估计每只球需用铜多少克（1 cm^3 铜的质量是 8.9 g）？

解 先求出镀层的体积，再乘 8.9 $\mathrm{g/cm}^3$ 就得到每个球需用铜的质量.因为镀层的体积等于两个球体体积之差，所以它就是球体体积 $V=\dfrac{4}{3}\pi R^3$ 当 R 自 R_0 取得增量 ΔR 时的增量 ΔV.求 V 对 R 的导数

$$V'\big|_{R=R_0}=\left(\frac{4}{3}\pi R^3\right)'\bigg|_{R=R_0}=4\pi R_0^2.$$

由(4)式得

$$\Delta V\approx 4\pi R_0^2\Delta R.$$

将 $R_0=1$ cm，$\Delta R=0.01$ cm 代入上式，得

$$\Delta V\approx 4\times 3.14\times 1^2\times 0.01\approx 0.126(\mathrm{cm}^3).$$

于是镀每个球需用的铜约为

$$8.9\times 0.126\approx 1.12(\mathrm{g}).$$

例 7 求 $f(x)=\dfrac{1}{x}$ 在 $x_0=1$ 处的线性近似式.

解 在(6)式中取 $x_0=1$,因 $f(1)=1, f'(1)=-\dfrac{1}{x^2}\bigg|_{x=1}=-1$,

故有 $\dfrac{1}{x}\approx 1-(x-1)$.

下面推导一些常用的线性近似公式.在(6)式中取 $x_0=0$,当 $|x|$ 较小时,就有

$$f(x)\approx f(0)+f'(0)x. \tag{7}$$

应用(7)式可以推得下面几个在工程上常用的近似公式(下面都假定 $|x|$ 是较小的数值):

(i) $\sqrt[n]{1+x}\approx 1+\dfrac{x}{n}$,

(ii) $\sin x\approx x$ (x 用弧度作单位来表达),

(iii) $\tan x\approx x$ (x 用弧度作单位来表达),

(iv) $\mathrm{e}^x\approx 1+x$,

(v) $\ln(1+x)\approx x$.

证 (i) 取 $f(x)=\sqrt[n]{1+x}$,那么

$$f(0)=1,\quad f'(0)=\frac{1}{n}(1+x)^{\frac{1}{n}-1}\bigg|_{x=0}=\frac{1}{n},$$

代入(7)式便得

$$\sqrt[n]{1+x}\approx 1+\frac{x}{n}.$$

(ii) 取 $f(x)=\sin x$,那么 $f(0)=0, f'(0)=\cos x\big|_{x=0}=1$,
代入(7)式便得

$$\sin x\approx x.$$

其他几个近似公式可用类似方法证明,这里从略.

例 8 计算 $\sqrt{1.05}$ 的近似值.

解 由于 $\sqrt{1.05}=\sqrt{1+0.05}$,这里取 $x=0.05$,其值较小,利用近似公式(i)($n=2$ 的情形),便得

$$\sqrt{1.05}\approx 1+\frac{1}{2}\cdot 0.05=1.025.$$

如果直接开方,可得

$$\sqrt{1.05}=1.02470\cdots.$$

将两个结果比较一下,可以看出,用 1.025 作为$\sqrt{1.05}$的近似值,其误差不超过 0.001,这样的近似值在一般性应用中已够精确了,但运算却得到了很大的简化.

思考题 5　推导以下的线性近似公式:当$|x|$较小时,

$$e^x\approx 1+x,\quad \tan x\approx x.$$

习题 2-7

1. 设质点沿数轴从原点出发做变速直线运动,在时刻 t 时离开原点的距离为 $s=s(t)$,那么在时间区间$[t_0,t_0+\Delta t]$($\Delta t>0$ 且很小)上质点运动的距离近似为 $\Delta s\approx s'(t_0)\Delta t=v(t_0)\Delta t$.试解释此线性近似式的物理意义.

2. 已知 $y=x^2-x$,计算在 $x=2$ 处当 Δx 分别等于 1,0.1,0.01 时的 Δy 及 dy.

3. 求下列函数的微分:

(1) $y=\dfrac{1}{x}+2\sqrt{x}$;　　(2) $y=x\sin 2x$;

(3) $y=\dfrac{x}{\sqrt{x^2+1}}$;　　(4) $y=\ln^2(1-x)$;

(5) $y=x^2e^{2x}$;　　(6) $y=\tan^2(1+2x^2)$;

(7) $y=\arctan\dfrac{1-x^2}{1+x^2}$;　　(8) $s=A\sin(\omega t+\varphi)$ (A,ω,φ 是常数).

4. 将适当的函数填入括号内,使等式成立:

(1) $d(\quad)=2dx$;　　(2) $d(\quad)=3xdx$;

(3) $d(\quad)=\cos tdt$;　　(4) $d(\quad)=\sin\omega xdx$;

(5) $d(\quad)=\dfrac{1}{1+x}dx$;　　(6) $d(\quad)=e^{-2x}dx$;

(7) $d(\quad)=\dfrac{1}{\sqrt{x}}dx$;　　(8) $d(\quad)=\sec^2 3xdx$.

5. 求下列函数在指定点 x_0 处的线性近似式:

(1) $f(x)=\arctan x,x_0=0$;

(2) $f(x)=e^{-x}\cos x,x_0=0$;

(3) $f(x)=\arcsin\sqrt{1-x}, x_0=\dfrac{1}{2}$;

(4) $f(x)=\ln(1+x^2), x_0=1$.

6. 扩音器插头为圆柱形,截面半径 r 为 0.15 cm,长度 l 为 4 cm.为了提高它的导电性能,必须在这圆柱的侧面镀上一层厚为 0.001 cm 的纯铜,问约需多少克的纯铜(1 cm^3 铜的质量是 8.9 g)?

7. 计算下列各值的近似值:

(1) $\cos 29°$;　　(2) $\sqrt[6]{65}$.

第二章复习题

第二章
复习指导

一、概念复习

1. 填空、选择题:

(1) 函数 $f(x)$ 在点 x_0 可导(可微)是 $f(x)$ 在点 x_0 连续的________条件,$f(x)$ 在点 x_0 连续是 $f(x)$ 在点 x_0 可导(可微)的________条件(充分、必要、充要);

(2) 若函数 $y=f(x)$ 在点 x_0 可导,则 Δy 与 $f'(x_0)\Delta x$ 相差的是________;

(3) 设 $2y^3+t^3y=1, \dfrac{dt}{dx}=\dfrac{1}{t}$,则$\dfrac{dy}{dx}=$________;

(4) 图 2-14 的(a)—(d)是 4 个函数的图形,(A)—(D)是这 4 个函数的导数的图形,试将两者匹配起来;

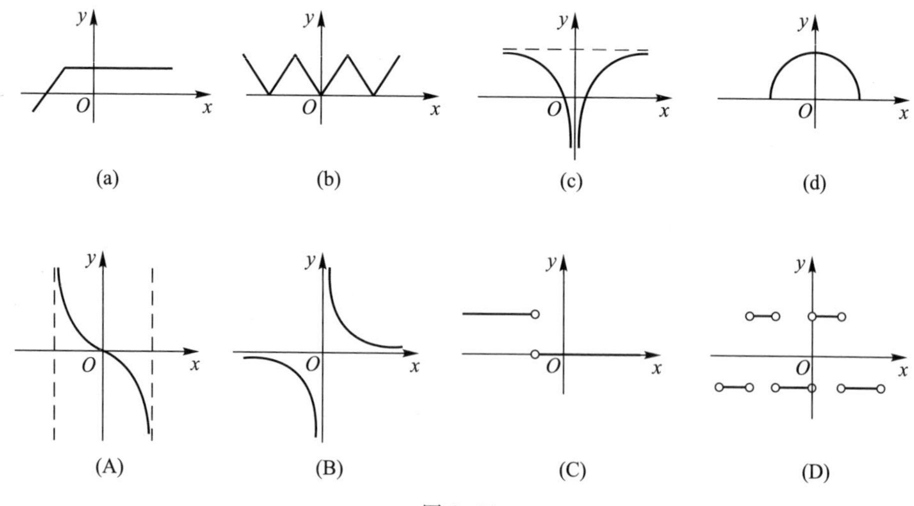

图 2-14

(5) 设 $f'(x_0)$ 存在,则下列 4 个极限中等于 $f'(x_0)$ 的是(　　);

(A) $\lim\limits_{\Delta x\to 0}\dfrac{f(x_0-\Delta x)-f(x_0)}{\Delta x}$　　(B) $\lim\limits_{h\to 0}\dfrac{f(x_0)-f(x_0-h)}{h}$

(C) $\lim\limits_{x\to x_0}\dfrac{f(x_0)-f(x)}{x-x_0}$　　(D) $\lim\limits_{h\to 0}\dfrac{f(x_0+h)-f(x_0-h)}{h}$

(6) 设 $y=f(x)$ 和 $y=g(x)$ 的图形如图 2-15 所示,$u(x)=f[g(x)]$,则 $u'(1)$ 的值为(　　).

(A) $\dfrac{3}{4}$　　(B) $-\dfrac{3}{4}$

(C) $-\dfrac{1}{12}$　　(D) $\dfrac{1}{12}$

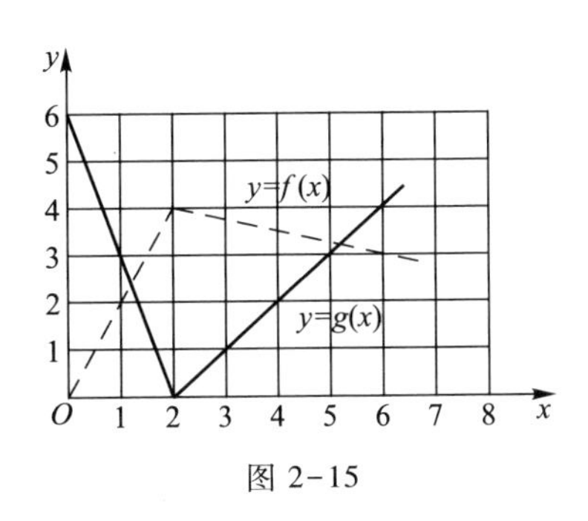

图 2-15

2. 是非题(回答时需说明理由):

(1) 连续的曲线上每一点处都有切线;

(2) 可导函数的图形上每点处都有切线;

(3) 若曲线 $y=f(x)$ 在点 (a,b) 处的切线斜率为 3,则曲线 $y=f^{-1}(x)$ 在点 (b,a) 处的切线斜率为 $\dfrac{1}{3}$;

(4) 若 $y=f(x)$ 可导且 $\lim\limits_{x\to+\infty}f(x)=\infty$,则必有 $\lim\limits_{x\to+\infty}f'(x)=\infty$;

(5) 若 $f'(x)=g'(x)$,则必有 $f(x)=g(x)$.

二、综合练习

1. 用导数的定义讨论下列函数 $f(x)$ 的 $f'(0)$ 是否存在:

(1) $f(x)=|x|^k\quad(k>0)$;　　(2) $f(x)=\begin{cases}\sin x, & \text{当 } x<0,\\ \ln(1+x), & \text{当 } x\geqslant 0.\end{cases}$

2. 设函数 $f(x)$ 可导,$f(0)=0$,$f'(0)=2$.令 $F(x)=f(x)(1+|\sin x|)$,求 $F'(0)$.

3. 用求导法则求下列函数的导数:

(1) $y=\dfrac{\sqrt[3]{x-1}}{\sqrt{x}}$;　　(2) $y=\arctan\dfrac{1+x}{1-x}$;

(3) $y=\ln\tan\frac{x}{2}-\cos x\ln\tan x$;　　(4) $y=\ln(e^x+\sqrt{1+e^{2x}})$.

4. 设函数 $y=y(x)$ 由方程 $e^y+xy=e$ 所确定,求 $y'(0)$ 与 $y''(0)$.

5. 求下列由参数方程所确定的函数的一阶导数$\frac{dy}{dx}$及二阶导数$\frac{d^2y}{dx^2}$:

(1) $\begin{cases}x=a\cos^3\theta,\\y=a\sin^3\theta;\end{cases}$　　(2) $\begin{cases}x=\ln\sqrt{1+t^2},\\y=\arctan t.\end{cases}$

6. 已知函数 $f(x)=\begin{cases}e^x+1, & 当\ x\leqslant 0,\\ax+b, & 当\ x>0\end{cases}$ 在 $x=0$ 处可导,求 a,b.

*7. 一架巡逻直升机在距地面 3 km 的高度以 120 km/h 的常速沿着一条水平笔直的高速公路向前飞行.飞行员观察到迎面驶来一辆汽车,通过雷达测出直升机与汽车间的距离为 5 km,并且此距离以 160 km/h 的速度减少.试求出汽车行进的速度.

8. 证明:星形线 $x^{\frac{2}{3}}+y^{\frac{2}{3}}=a^{\frac{2}{3}}$ 的不过原点的切线被两坐标轴截下的线段的长度为常数.

第三章 中值定理与导数的应用

在第二章里,我们从分析变化率问题出发,引入了导数概念,并讨论了导数的求法.本章中,我们将应用导数来研究函数及曲线的某些性态,并利用这些知识解决一些实际问题.为此,先要介绍微分学的几个中值定理,它们是一元微分学的理论基础.

第一节 中值定理

要利用导数来研究函数的性质,首先就要了解导数值与函数值之间的联系.反映这些联系的是微分学中的几个中值定理.在本节中,我们先讲罗尔(Rolle)定理,然后根据它推出拉格朗日(Lagrange)中值定理和柯西(Cauchy)中值定理.

一、罗尔定理

首先,我们观察图 3-1,其中连续曲线弧 AB 是函数 $y=f(x)$ $(x\in[a,b])$ 的图形.此图形的两个端点的纵坐标相等,即 $f(a)=f(b)$,且除了端点外处处有不垂直于 x 轴的切线.可以发现在曲线弧的最高点或最低点处,曲线有水平的切线.如果记图中 C 点的横坐标为 ξ,那么就有 $f'(\xi)=0$.如果用分析的语言把这个几何现象描述出来,就可得到下面的罗尔定理.为讨论方便,先介绍费马定理.

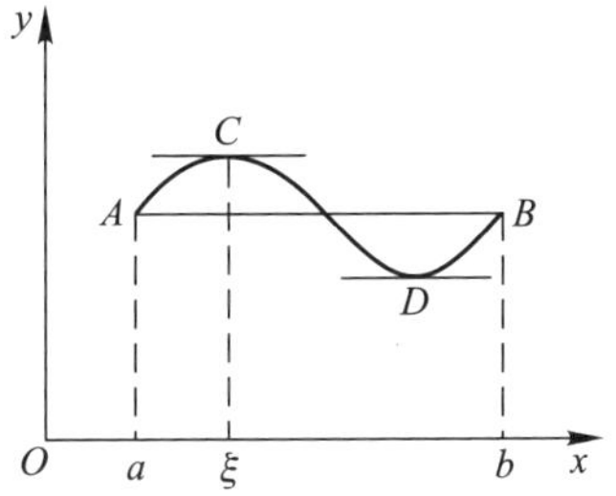

图 3-1

引理(费马定理) 设函数 $f(x)$ 在点 x_0 的某邻域 $U(x_0)$ 内有定义并且在 x_0 处可导,如果对任意的 $x\in U(x_0)$,有

$$f(x)\leqslant f(x_0)\quad(\text{或 } f(x)\geqslant f(x_0)),$$

那么 $f'(x_0)=0$.

证 不妨设 $x\in U(x_0)$ 时,$f(x)\leqslant f(x_0)$(如果 $f(x)\geqslant f(x_0)$,可以完全类似地

证明)，于是，对于 $x_0+\Delta x\in U(x_0)$，有

$$f(x_0+\Delta x)-f(x_0)\leqslant 0,$$

从而当 $\Delta x>0$ 时，

$$\frac{f(x_0+\Delta x)-f(x_0)}{\Delta x}\leqslant 0,$$

当 $\Delta x<0$ 时，

$$\frac{f(x_0+\Delta x)-f(x_0)}{\Delta x}\geqslant 0.$$

由于 $f(x)$ 在 x_0 处可导，故极限

$$\lim_{\Delta x\to 0}\frac{f(x_0+\Delta x)-f(x_0)}{\Delta x}$$

存在，且等于 $f'(x_0)$. 于是

$$\lim_{\Delta x\to 0^+}\frac{f(x_0+\Delta x)-f(x_0)}{\Delta x}=\lim_{\Delta x\to 0^-}\frac{f(x_0+\Delta x)-f(x_0)}{\Delta x}=f'(x_0),$$

由极限的局部保号性，便得到

$$f'(x_0)=\lim_{\Delta x\to 0^+}\frac{f(x_0+\Delta x)-f(x_0)}{\Delta x}\leqslant 0,$$

$$f'(x_0)=\lim_{\Delta x\to 0^-}\frac{f(x_0+\Delta x)-f(x_0)}{\Delta x}\geqslant 0.$$

所以，$f'(x_0)=0$. 证毕.

通常称导数等于零的点为函数的驻点.

罗尔定理 如果函数 $y=f(x)$ 满足

(1) 在闭区间 $[a,b]$ 上连续；

(2) 在开区间 (a,b) 内可导；

(3) 在区间端点处的函数值相等，即 $f(a)=f(b)$，

那么在 (a,b) 内至少有一点 ξ $(a<\xi<b)$，使函数 $y=f(x)$ 在该点的导数等于零，即 $f'(\xi)=0$.

证 由于 $y=f(x)$ 在闭区间 $[a,b]$ 上连续，根据闭区间上连续函数的最大值和最小值定理，$f(x)$ 在闭区间 $[a,b]$ 上必定取得最大值 M 和最小值 m.

情况 1 $M=m$. 这时 $y=f(x)$ 在区间 $[a,b]$ 上必为常数 $y\equiv M$. 于是 $f'(x)\equiv 0$. 因此可以任取一点 $\xi\in(a,b)$，且有 $f'(\xi)=0$.

情况 2 $M>m$. 这时 M 和 m 这两个数中至少有一个不等于 $f(a)$. 不妨设 $M\neq f(a)$（如果设 $m\neq f(a)$，证明完全类似）. 由于 $f(a)=f(b)$，因此 $M\neq f(b)$. 于是存

在$\xi\in(a,b)$,使$f(\xi)=M$.因此存在ξ的某个邻域,使该邻域内的任一点x均满足$f(\xi)\geqslant f(x)$,从而由费马引理可知,$f'(\xi)=0$.定理证毕.

要注意罗尔定理的三个条件对于结论的成立都是重要的.比如函数

$$f(x)=x^{\frac{2}{3}},\quad -8\leqslant x\leqslant 8.$$

这个函数在闭区间$[-8,8]$上连续,且$f(-8)=f(8)=4$.当$x\neq 0$时,$f'(x)=\frac{2}{3}x^{-\frac{1}{3}}$,当$x=0$时,$f'(x)$不存在.因此罗尔定理的条件(1)、(3)满足,而条件(2)不满足.容易看出,这个函数在开区间$(-8,8)$内不存在使导数为零的点(图 3-2).读者可举出不满足罗尔定理的条件(1)或(3)而导致结论不成立的函数的例子.

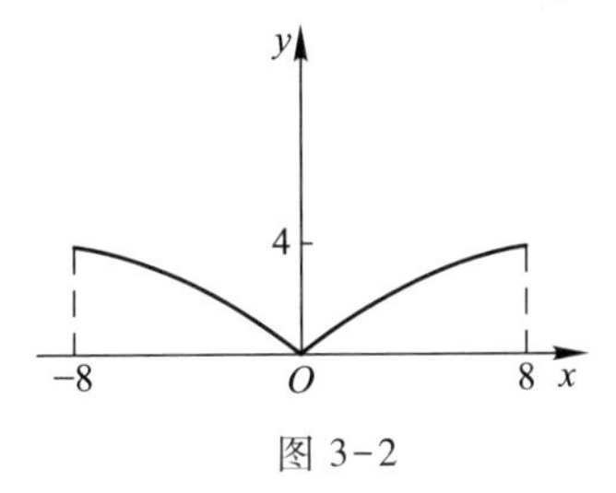

图 3-2

例 1 设函数$y=f(x)$在闭区间$[a,b]$上连续,在开区间(a,b)内可导,且在任一点处的导数都不为零.又$f(a)f(b)<0$.试证:方程$f(x)=0$在开区间(a,b)内有且仅有一个实根.

证 由于$y=f(x)$在闭区间$[a,b]$上连续,且$f(a)f(b)<0$,即$f(a)$与$f(b)$异号,据此,由第一章闭区间上连续函数的零点定理可知,至少存在一点$x_0\in(a,b)$,使$f(x_0)=0$,即方程$f(x)=0$在(a,b)内至少有一个实根x_0.

再证实根仅有一个,用反证法.假设还有$x_1\in(a,b)$,$x_1\neq x_0$,使$f(x_1)=0$.那么由罗尔定理知,必存在一点$\xi\in(x_0,x_1)$(或$\xi\in(x_1,x_0)$)$\subset(a,b)$,使$f'(\xi)=0$,这就与题设导数恒不为零相矛盾.因此方程$f(x)=0$只有一个实根x_0.

罗尔定理

思考题 1 设$f(x)=(x-1)(x-2)(x-3)(x-4)$.问$f'(x)$是几次多项式?已知$n$次多项式至多有$n$个实根,试用这个结论和罗尔定理,在不求出$f'(x)$的情况下,确定方程$f'(x)=0$有几个实根,并指出这些实根所在的区间.

二、拉格朗日中值定理

罗尔定理的条件(3),即$f(a)=f(b)$,很多函数不能满足,这就限制了罗尔定理的应用范围.如果把这个条件取消,但保留其余两个条件,并相应地改变结论,那么就得到微分学中十分重要的拉格朗日中值定理.

拉格朗日中值定理 如果函数$y=f(x)$满足

(1) 在闭区间$[a,b]$上连续;

(2) 在开区间(a,b)内可导,

那么在区间(a,b)内至少有一点$\xi(a<\xi<b)$,使等式

$$f(b)-f(a)=f'(\xi)(b-a) \tag{1}$$

成立.

在证明之前,先看一下定理的几何意义.把(1)式改写为

$$\frac{f(b)-f(a)}{b-a}=f'(\xi).$$

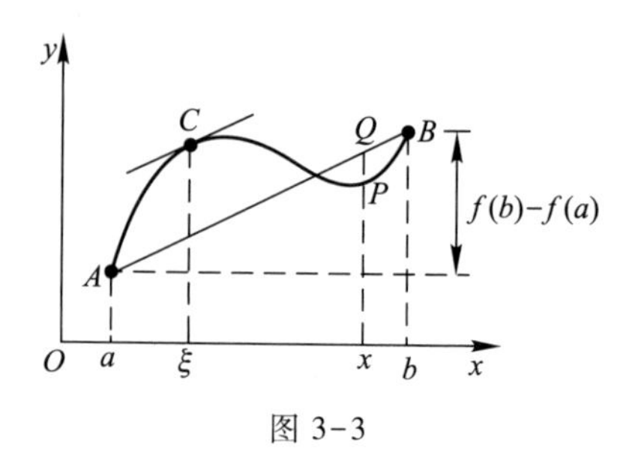

图 3-3

在图 3-3 中,曲线弧$\overset{\frown}{AB}$的方程是$y=f(x)$ $(a\leqslant x\leqslant b)$.由导数的几何意义知,$f'(\xi)$是曲线弧$\overset{\frown}{AB}$在点$C(\xi,f(\xi))$处的切线的斜率,而$\dfrac{f(b)-f(a)}{b-a}$就是弦$AB$的斜率.因此(1)式表示点$C$处的切线平行于弦$AB$.由此可知,拉格朗日中值定理的几何意义就是:如果连续曲线$y=f(x)$的弧$\overset{\frown}{AB}$上除端点外处处具有不垂直于x轴的切线,那么这弧上至少有一点C,该点处的切线平行于弦AB.

从图 3-1 可看到,在罗尔定理中,由于$f(a)=f(b)$,弦AB是平行于x轴的,因此点C处的切线实际上也平行于弦AB.由此可见,拉格朗日中值定理是罗尔定理的推广.

下面再对证明这个定理的方法做一些说明.比较拉格朗日中值定理和罗尔定理的条件、结论,可以看出两个定理有内在联系.但是,我们不能直接应用罗尔定理来证明拉格朗日中值定理的结论,主要困难是这里的$f(x)$不一定满足条件$f(a)=f(b)$.于是我们设想利用$f(x)$来构造一个辅助函数$\varphi(x)$,使$\varphi(x)$满足条件$\varphi(a)=\varphi(b)$,然后对$\varphi(x)$应用罗尔定理,最后再把对$\varphi(x)$证得的结论转化到$f(x)$上去.

下面结合图 3-3 来构造一个符合要求的辅助函数.在图3-3 中,弧$\overset{\frown}{AB}$的方程为$y=f(x)$ $(a\leqslant x\leqslant b)$,弦$AB$的方程是$y=f(a)+\dfrac{f(b)-f(a)}{b-a}(x-a)$ $(a\leqslant x\leqslant b)$.对同一个横坐标$x$,弧$\overset{\frown}{AB}$上的点$P$的纵坐标与弦$AB$上的点$Q$的纵坐标之差为

$$\varphi(x)=f(x)-\left[f(a)+\frac{f(b)-f(a)}{b-a}(x-a)\right].$$

由于弧$\overset{\frown}{AB}$与弦AB在端点$x=a,x=b$处相交,因此$\varphi(a)=\varphi(b)=0$,且容易看出$\varphi(x)$满足罗尔定理的其他两个条件.于是我们就取这个函数$\varphi(x)$为辅助函数.

证 作函数

$$\varphi(x)=f(x)-f(a)-\frac{f(b)-f(a)}{b-a}(x-a),$$

则

$$\varphi(a)=0=\varphi(b),$$

且由定理的条件可知，$\varphi(x)$ 在闭区间 $[a,b]$ 上连续，在开区间 (a,b) 内可导. 于是由罗尔定理，可知在 a,b 之间至少有一点 ξ，使得 $\varphi'(\xi)=0$，即

$$\left[f(x)-f(a)-\frac{f(b)-f(a)}{b-a}(x-a)\right]'\Bigg|_{x=\xi}$$

$$=f'(\xi)-\frac{f(b)-f(a)}{b-a}=0.$$

由此得

$$\frac{f(b)-f(a)}{b-a}=f'(\xi),$$

即

$$f(b)-f(a)=f'(\xi)(b-a).$$

定理证毕.

在以上证明中，我们限定 $a<b$，但实际上，当 $a>b$ 时，公式(1)仍然成立. 因为，这时可在区间 $[b,a]$ 上应用拉格朗日中值定理，得到

$$f(a)-f(b)=f'(\xi)(a-b),$$

等式两端乘 -1，即得

$$f(b)-f(a)=f'(\xi)(b-a),$$

其中 $b<a$，ξ 为 a 与 b 之间的某一点. 这就说明，在以 a,b 为端点的闭区间上，不必辨明哪个是左端点，哪个是右端点，公式(1)均适用. (1)式叫做拉格朗日中值公式.

拉格朗日中值定理在微分学里占有重要地位，因此也称为微分中值定理，它精确地表达了函数在一个区间上的增量与函数在这区间内某点处的导数之间的关系，是很多导数应用的理论基础.

作为拉格朗日中值定理的一个应用，我们来导出以后在积分学中很有用的一个定理. 我们知道，如果函数 $f(x)$ 在某一区间上是常数，那么 $f(x)$ 在该区间上的导数恒为零. 现在来证明它的逆命题也是成立的.

定理　如果 $f(x)$ 在区间 I 内的导数恒为零，那么 $f(x)$ 在区间 I 内是一个常数.

证　在区间 I 内任意取两点 x_1,x_2 $(x_1<x_2)$，则函数 $f(x)$ 在闭区间 $[x_1,x_2]$ 上连续，在开区间 (x_1,x_2) 内可导，应用(1)就得

$$f(x_2)-f(x_1)=(x_2-x_1)f'(\xi)\quad (x_1<\xi<x_2).$$

由假定，$f'(\xi)=0$，所以 $f(x_2)-f(x_1)=0$，即

$$f(x_2)=f(x_1).$$

因为 x_1,x_2 是在 I 内任意取的两点，上面的等式表明：$f(x)$ 在 I 内所有点处的函数值是相等的，这就是说，$f(x)$ 在区间 I 内是一个常数.

例 2 证明：当 $x>0$ 时，$\frac{x}{x+1}<\ln(1+x)<x$.

证 设 $f(t)=\ln(1+t)$. 则 $f(t)$ 在区间 $[0,x]$ 上满足拉格朗日中值定理的条件，所以有

$$f(x)-f(0)=f'(\xi)(x-0)\quad(0<\xi<x).$$

由于 $f(x)=\ln(1+x)$，$f(0)=0$，$f'(\xi)=\frac{1}{1+\xi}$，因此上式即为

$$\ln(1+x)=\frac{x}{1+\xi}\quad(0<\xi<x).$$

又由于 $0<\xi<x$，所以

$$\frac{x}{x+1}<\frac{x}{1+\xi}<x,$$

由此就证得

$$\frac{x}{x+1}<\ln(1+x)<x.$$

在上式中，若令 $x=\frac{1}{n}$，其中 n 为正整数，则得到不等式

$$\frac{1}{n+1}<\ln\left(1+\frac{1}{n}\right)<\frac{1}{n}.$$

为了更好地理解拉格朗日中值公式 $\frac{f(b)-f(a)}{b-a}=f'(\xi)\ (a<\xi<b)$，我们给这个公式一个物理解释.

设 $x=f(t)$ 为质点沿直线运动的位置函数，t 表示时间，x 表示质点在数轴上的位置，$[a,b]$ 为质点运动经历的时间段，则上式左端为质点在该时间段的平均速度，而右端是位置函数 $f(t)$ 在 $t=\xi$ 时刻的导数，因此是质点在时刻 ξ 的瞬时速度 $v(\xi)$. 因而拉格朗日中值公式叙述了这样一个物理学事实：

直线运动的质点在一个时间段上的平均速度必等于它在该时间段内某个时刻的瞬时速度.

举例说，若一辆汽车在某个路段上的平均速度是 80 km/h，则该车必在驶经该路段的某个（或某些）时刻，其速度表真实地记录到 80 km/h 这个读数. 这个事实与我们的实际经验是相符合的.

最后简单地介绍一下柯西中值定理，它是拉格朗日中值定理的推广.

柯西中值定理 如果函数 $f(x)$ 及 $F(x)$ 满足

(1) 在闭区间 $[a,b]$ 上连续；

（2）在开区间(a,b)内可导；

（3）对任意 $x\in(a,b)$，$F'(x)\neq 0$，

那么在(a,b)内至少有一点 $\xi(a<\xi<b)$，使等式

$$\frac{f(b)-f(a)}{F(b)-F(a)}=\frac{f'(\xi)}{F'(\xi)} \tag{2}$$

成立.

证　首先注意到 $F(b)-F(a)\neq 0$.这是由于

$$F(b)-F(a)=(b-a)F'(\eta),$$

其中 $a<\eta<b$，根据假定 $F'(\eta)\neq 0$，又 $b-a\neq 0$，所以

$$F(b)-F(a)\neq 0.$$

引进辅助函数

$$\varphi(x)=f(x)-f(a)-\frac{f(b)-f(a)}{F(b)-F(a)}[F(x)-F(a)].$$

容易验证，$\varphi(x)$满足罗尔定理的条件：$\varphi(b)=\varphi(a)=0$，$\varphi(x)$在闭区间$[a,b]$上连续，在开区间(a,b)内可导.从而根据罗尔定理，可知在 a,b 之间至少存在一点 ξ，使得

$$\varphi'(\xi)=0.$$

由于

$$\varphi'(x)=f'(x)-\frac{f(b)-f(a)}{F(b)-F(a)}F'(x),$$

从而得

$$\frac{f(b)-f(a)}{F(b)-F(a)}=\frac{f'(\xi)}{F'(\xi)}.$$

证毕.

柯西中值定理是拉格朗日中值定理的一个推广.因为如果取 $F(x)=x$，那么 $F(b)-F(a)=b-a$，$F'(x)=1$，因而公式(2)就成为

$$f(b)-f(a)=(b-a)f'(\xi)\quad(a<\xi<b),$$

这就变成拉格朗日中值公式了.

思考题 2　如果在区间 I 内，$f'(x)\equiv g'(x)$，那么 $f(x)$ 和 $g(x)$ 有什么关系？

习题 3-1

1. 对函数 $y=\ln\sin x$ 在区间 $\left[\frac{\pi}{6},\frac{5\pi}{6}\right]$ 上验证罗尔定理的正确性.

2. 证明：不管 b 取何值，方程 $x^3-3x+b=0$ 在区间$[-1,1]$上至多有一个实根.

3. 若函数 $f(x)$ 在 (a,b) 内具有二阶导数，且 $f(x_1)=f(x_2)=f(x_3)$，其中 $a<x_1<x_2<x_3<b$. 证明：在 (x_1,x_3) 内至少有一点 ξ，使得 $f''(\xi)=0$.

4. 设 $f(x)$ 和 $g(x)$ 都在 $[a,b]$ 上连续，在 (a,b) 内可导，且 $f(a)=g(a)$，$f(b)=g(b)$. 证明：在 (a,b) 内至少有一点 c，使 $f'(c)=g'(c)$.

5. 应用导数证明恒等式：

$$\arcsin x+\arccos x=\frac{\pi}{2}\quad(-1\leqslant x\leqslant 1).$$

6. 证明不等式：

$$\frac{x}{1+x^2}<\arctan x<x\quad(x>0).$$

7. 设某段直线公路的限速为 100 km/h. 交警在相距 10 km 的 A，B 两点检测车辆行驶情况. 现测得某车于上午 8:15 经 A 点进入该路段，车速是90 km/h；上午 8:20 该车经 B 点驶离，车速是 95 km/h. 交警由此认定该车超速，进行了处罚. 试问交警的依据是什么？

第二节 洛必达法则

如果当 $x\to a$（或 $x\to\infty$）时，两个函数 $f(x)$ 与 $F(x)$ 都趋于零或都趋于无穷大，那么极限 $\lim\limits_{\substack{x\to a\\(x\to\infty)}}\frac{f(x)}{F(x)}$ 可能存在、也可能不存在. 通常把这种极限叫做未定式，并简记为 $\frac{0}{0}$ 或 $\frac{\infty}{\infty}$. 在第一章中讨论过的重要极限 $\lim\limits_{x\to 0}\frac{\sin x}{x}$ 就是 $\frac{0}{0}$ 型未定式的一个例子. 对于这类极限，即使它存在也不能用“商的极限等于极限之商”这一法则求出来. 下面根据柯西中值定理来导出求这类极限的一种简便的方法.

先讨论 $x\to a$ 时的 $\frac{0}{0}$ 型未定式，关于这种情形有如下的定理：

定理 设

(1) 当 $x\to a$ 时，函数 $f(x)$ 及 $F(x)$ 都趋于零；

(2) 在点 a 的某个去心邻域 $\mathring{U}(a,\delta)$ 内，$f'(x)$ 及 $F'(x)$ 都存在且 $F'(x)\neq 0$；

(3) $\lim\limits_{x\to a}\frac{f'(x)}{F'(x)}$ 存在（或为无穷大），

那么

$$\lim_{x\to a}\frac{f(x)}{F(x)}=\lim_{x\to a}\frac{f'(x)}{F'(x)}.$$

这就是说，$\lim\limits_{x\to a}\dfrac{f'(x)}{F'(x)}$存在时，$\lim\limits_{x\to a}\dfrac{f(x)}{F(x)}$也存在，且两者相等；当$\lim\limits_{x\to a}\dfrac{f'(x)}{F'(x)}$为无穷大时，$\lim\limits_{x\to a}\dfrac{f(x)}{F(x)}$也是无穷大.

这种在一定条件下，通过分子、分母分别求导再求极限来确定未定式的值的方法称为洛必达（L'Hospital）法则.

证　定理的条件没有说明$f(x)$及$F(x)$在点$x=a$的取值情况，为了应用柯西中值定理，我们假定$f(a)=F(a)=0$（因$x\to a$时，$x\neq a$，故这个假定并不影响$\dfrac{f(x)}{F(x)}$当$x\to a$时的极限）．于是由条件（1）和（2）知道，$f(x)$及$F(x)$在点a的邻域$U(a,\delta)$内连续，在去心邻域$\mathring{U}(a,\delta)$内可导且$F'(x)\neq0$.

设$x\in\mathring{U}(a,\delta)$．在以$a$和$x$为端点的闭区间上，$f(x)$和$F(x)$满足柯西中值定理的条件．因此有

$$\frac{f(x)}{F(x)}=\frac{f(x)-f(a)}{F(x)-F(a)}=\frac{f'(\xi)}{F'(\xi)}\quad(\xi\text{ 在 }a\text{ 与 }x\text{ 之间}).$$

令$x\to a$对上式两端取极限，注意到$x\to a$时$\xi\to a$，因此有

$$\lim_{x\to a}\frac{f(x)}{F(x)}=\lim_{\xi\to a}\frac{f'(\xi)}{F'(\xi)}.$$

再由条件（3）可知，

$$\lim_{\xi\to a}\frac{f'(\xi)}{F'(\xi)}=\lim_{x\to a}\frac{f'(x)}{F'(x)},$$

并且当上式右端为无穷大时，左端也为无穷大．证毕.

若$\dfrac{f'(x)}{F'(x)}$当$x\to a$时仍为$\dfrac{0}{0}$型未定式，且这时$f'(x)$，$F'(x)$能满足定理中$f(x)$，$F(x)$所要满足的条件，则可继续再用洛必达法则，即

$$\lim_{x\to a}\frac{f(x)}{F(x)}=\lim_{x\to a}\frac{f'(x)}{F'(x)}=\lim_{x\to a}\frac{f''(x)}{F''(x)},$$

且可依次继续下去

例 1　求$\lim\limits_{x\to 0}\dfrac{\sin ax}{\sin bx}$　$(b\neq0)$.

解 $\lim\limits_{x\to 0}\dfrac{\sin ax}{\sin bx}=\lim\limits_{x\to 0}\dfrac{a\cos ax}{b\cos bx}=\dfrac{a}{b}$.

例 2 求$\lim\limits_{x\to 1}\dfrac{x^3-3x+2}{x^3-x^2-x+1}$.

解 $\lim\limits_{x\to 1}\dfrac{x^3-3x+2}{x^3-x^2-x+1}=\lim\limits_{x\to 1}\dfrac{3x^2-3}{3x^2-2x-1}=\lim\limits_{x\to 1}\dfrac{6x}{6x-2}=\dfrac{3}{2}$.

注意,上式中的$\lim\limits_{x\to 1}\dfrac{6x}{6x-2}$已不是未定式,不能对它应用洛必达法则,否则要导致错误结果.在反复应用洛必达法则的过程中,要特别注意验证每次所求的极限是不是未定式,如果不是未定式,就不能应用洛必达法则.

例 3 求$\lim\limits_{x\to 0}\dfrac{1-\dfrac{\sin x}{x}}{1-\cos x}$.

解 $\lim\limits_{x\to 0}\dfrac{1-\dfrac{\sin x}{x}}{1-\cos x}=\lim\limits_{x\to 0}\dfrac{x-\sin x}{x(1-\cos x)}$.

由于当 $x\to 0$ 时,$1-\cos x\sim\dfrac{x^2}{2}$,因此

$$\lim_{x\to 0}\frac{x-\sin x}{x(1-\cos x)}=\lim_{x\to 0}\frac{x-\sin x}{\dfrac{x^3}{2}}=2\lim_{x\to 0}\frac{1-\cos x}{3x^2}=2\lim_{x\to 0}\frac{\dfrac{x^2}{2}}{3x^2}=\frac{1}{3}.$$

从本例可以看到,在应用洛必达法则求极限的过程中,遇到可以应用等价无穷小的替代和重要极限的时候,应尽量应用以简化运算.

对于 x 的其他变化趋势(如 $x\to\infty$,$x\to x_0^+$,$x\to x_0^-$,$x\to+\infty$ 或$x\to-\infty$)的$\dfrac{0}{0}$型未定式,以及 x 的各种变化趋势下的$\dfrac{\infty}{\infty}$型未定式,也有相应的洛必达法则.下面我们通过例题来加以说明.

例 4 求$\lim\limits_{x\to+\infty}\dfrac{\dfrac{\pi}{2}-\arctan x}{\dfrac{1}{x^2}}$.

解 本题为 $x\to+\infty$ 时的$\dfrac{0}{0}$型未定式.应用洛必达法则可得

$$\lim_{x\to+\infty}\frac{\frac{\pi}{2}-\arctan x}{\frac{1}{x^2}}=\lim_{x\to+\infty}\frac{-\frac{1}{1+x^2}}{-\frac{2}{x^3}}=\lim_{x\to+\infty}\frac{x^3}{2(1+x^2)}=\lim_{x\to+\infty}\frac{x}{2\left(\frac{1}{x^2}+1\right)}=\infty.$$

例 5　求 $\lim\limits_{x\to+\infty}\dfrac{\ln x}{x^n}$（$n$ 为正整数）.

解　本题为 $x\to+\infty$ 时的 $\dfrac{\infty}{\infty}$ 型未定式.应用洛必达法则得

$$\lim_{x\to+\infty}\frac{\ln x}{x^n}=\lim_{x\to+\infty}\frac{\frac{1}{x}}{nx^{n-1}}=\lim_{x\to+\infty}\frac{1}{nx^n}=0.$$

例 6　求 $\lim\limits_{x\to+\infty}\dfrac{x^n}{e^{\lambda x}}$（$\lambda>0,n$ 为正整数）.

解　本题也是 $x\to+\infty$ 时的 $\dfrac{\infty}{\infty}$ 型未定式.

相继应用洛必达法则 n 次，得

$$\lim_{x\to+\infty}\frac{x^n}{e^{\lambda x}}=\lim_{x\to+\infty}\frac{nx^{n-1}}{\lambda e^{\lambda x}}=\lim_{x\to+\infty}\frac{n(n-1)x^{n-2}}{\lambda^2 e^{\lambda x}}=\cdots=\lim_{x\to+\infty}\frac{n!}{\lambda^n e^{\lambda x}}=0.$$

例 5、例 6 的结果值得注意.它们说明，虽然当 $x\to+\infty$ 时，对数函数 $\ln x$、幂函数 x^n 及指数函数 $e^{\lambda x}$ 均趋于无穷大，但它们趋于无穷大的“快慢”程度却不一样，三者相比，指数函数最快，幂函数次之，对数函数最慢.下面表中的数据从数值比较上说明了这个事实.

x	1.0	10.0	100.0	1 000.0
$\ln x$	0.000	2.303	4.605	6.908
x^2	1.000	1.000×10^2	1.000×10^4	1.000×10^6
e^x	2.718	2.203×10^4	2.688×10^{43}	1.970×10^{434}

未定式除了前面讨论的 $\dfrac{0}{0}$ 与 $\dfrac{\infty}{\infty}$ 这两种基本类型外，还有其他三种形式共五个类型的未定式，它们是

乘积形式的未定式 $\lim[f(x)\cdot g(x)]$，其中 $\lim f(x)=0,\lim g(x)=\infty$，简记为 $0\cdot\infty$；

和差形式的未定式 $\lim[f(x)\pm g(x)]$，其中 $\lim f(x)=\infty,\lim g(x)=\infty$，简记为 $\infty\pm\infty$；

幂指函数形式的未定式 $\lim f(x)^{g(x)}$，有下列三个类型：

Ⅰ. $\lim f(x)=1,\lim g(x)=\infty$，简记为 1^{∞}；

（在第一章中讨论过的重要极限 $\lim\limits_{x\to\infty}\left(1+\dfrac{1}{x}\right)^{x}$ 就是 1^{∞} 型未定式的一个例子.）

Ⅱ. $\lim f(x)=0,\lim g(x)=0$，简记为 0^{0}；

Ⅲ. $\lim f(x)=\infty,\lim g(x)=0$，简记为 ∞^{0}.

所有这些类型的未定式都可转化为 $\dfrac{0}{0}$ 或 $\dfrac{\infty}{\infty}$ 这两种基本类型的未定式，进而用洛必达法则求解.下面通过例子来说明.

例 7 求 $\lim\limits_{x\to0^{+}}x^{\mu}\ln x\ (\mu>0)$.

解 这是 $0\cdot\infty$ 型未定式.把 $x^{\mu}\ln x$ 改写为商的形式 $\dfrac{\ln x}{x^{-\mu}}$，于是得到 $x\to0^{+}$ 时的 $\dfrac{\infty}{\infty}$ 型未定式.应用洛必达法则，得

$$\lim_{x\to0^{+}}x^{\mu}\ln x=\lim_{x\to0^{+}}\frac{\ln x}{x^{-\mu}}=\lim_{x\to0^{+}}\frac{\dfrac{1}{x}}{-\mu x^{-\mu-1}}=\lim_{x\to0^{+}}\frac{-x^{\mu}}{\mu}=0.$$

例 8 求 $\lim\limits_{x\to1}\left(\dfrac{x}{x-1}-\dfrac{1}{\ln x}\right)$.

解 这是 $\infty-\infty$ 型未定式，把 $\dfrac{x}{x-1}-\dfrac{1}{\ln x}$ 通分后改写为 $\dfrac{x\ln x-(x-1)}{(x-1)\ln x}$，于是得到 $x\to1$ 时的 $\dfrac{0}{0}$ 型未定式.应用洛必达法则，得

$$\begin{aligned}\lim_{x\to1}\left(\frac{x}{x-1}-\frac{1}{\ln x}\right)&=\lim_{x\to1}\frac{x\ln x-(x-1)}{(x-1)\ln x}=\lim_{x\to1}\frac{\ln x}{\dfrac{x-1}{x}+\ln x}\\&=\lim_{x\to1}\frac{x\ln x}{x-1+x\ln x}=\lim_{x\to1}\frac{1+\ln x}{2+\ln x}=\frac{1}{2}.\end{aligned}$$

例 9 求 $\lim\limits_{x\to+\infty}x^{\frac{1}{x}}$.

解 这是 ∞^{0} 型未定式.通过取对数，把 $x^{\frac{1}{x}}$ 改写为指数函数的形式 $\mathrm{e}^{\frac{\ln x}{x}}$，而指数 $\dfrac{\ln x}{x}$ 是 $x\to+\infty$ 时的 $\dfrac{\infty}{\infty}$ 型未定式.利用例 5 的结果可知

$$\lim_{x\to+\infty}\frac{\ln x}{x}=0.$$

于是

$$\lim_{x\to+\infty} x^{\frac{1}{x}}=\lim_{x\to+\infty}\mathrm{e}^{\frac{\ln x}{x}}=\mathrm{e}^{\lim\limits_{x\to+\infty}\frac{\ln x}{x}}=\mathrm{e}^{0}=1.$$

利用本题的结果，特别地取 $x=n$（正整数），可得 $\lim\limits_{n\to\infty}\sqrt[n]{n}=1$.

例 10 求 $\lim\limits_{x\to0^{+}}(\sin x)^{x}$.

解 这是 0^0 型未定式.与例 9 类似，把 $(\sin x)^{x}$ 改写为 $\mathrm{e}^{x\ln\sin x}$，而指数 $x\ln\sin x$ 是$x\to0^{+}$时的 $0\cdot\infty$ 型未定式.应用洛必达法则，

$$\lim_{x\to0^{+}}x\ln\sin x=\lim_{x\to0^{+}}\frac{\ln\sin x}{\frac{1}{x}}=\lim_{x\to0^{+}}\frac{\frac{\cos x}{\sin x}}{\frac{-1}{x^{2}}}=\lim_{x\to0^{+}}\frac{-x^{2}\cos x}{\sin x}$$

$$=\lim_{x\to0^{+}}\frac{-x^{2}\cos x}{x}=\lim_{x\to0^{+}}(-x\cos x)=0,$$

于是

$$\lim_{x\to0^{+}}(\sin x)^{x}=\lim_{x\to0^{+}}\mathrm{e}^{x\ln\sin x}=\mathrm{e}^{\lim\limits_{x\to0^{+}}x\ln\sin x}=\mathrm{e}^{0}=1.$$

最后我们指出，本节定理给出的是$\frac{0}{0}$型未定式存在极限（或等于∞）的一个充分条件，因此当 $\lim\limits_{\substack{x\to a\\(x\to\infty)}}\frac{f'(x)}{F'(x)}$不存在时（等于无穷大的情况除外），$\lim\limits_{\substack{x\to a\\(x\to\infty)}}\frac{f(x)}{F(x)}$仍可能存在.这时应改用其他方法求极限.具体例子见本节习题的第 2 题.

洛必达法则

思考题 1 什么叫$\frac{0}{0}$和$\frac{\infty}{\infty}$型未定式？此外还有哪些未定式？

习题 3-2

1. 求下列极限：

(1) $\lim\limits_{x\to0}\frac{\ln(1+x)}{x}$；　　(2) $\lim\limits_{x\to0}\frac{\mathrm{e}^{x}-\mathrm{e}^{-x}}{\sin x}$；

(3) $\lim\limits_{x\to\pi}\frac{\sin 3x}{\tan 5x}$；　　(4) $\lim\limits_{x\to a}\frac{x^{m}-a^{m}}{x^{n}-a^{n}}$　$(a\neq0)$；

(5) $\lim\limits_{x\to\frac{\pi}{2}}\dfrac{\ln\sin x}{(\pi-2x)^2}$; (6) $\lim\limits_{x\to+\infty}\dfrac{\ln\left(1+\dfrac{1}{x}\right)}{\operatorname{arccot} x}$;

(7) $\lim\limits_{x\to0^+}\dfrac{\ln\cot x}{\ln x}$; (8) $\lim\limits_{x\to\frac{\pi}{2}}\dfrac{\tan x}{\tan 3x}$;

(9) $\lim\limits_{x\to0} x\cot 2x$; (10) $\lim\limits_{x\to0} x^2 e^{1/x^2}$;

(11) $\lim\limits_{x\to1}\left(\dfrac{2}{x^2-1}-\dfrac{1}{x-1}\right)$; (12) $\lim\limits_{x\to0^+}\left(\dfrac{1}{x}\right)^{\tan x}$.

2. 验证极限$\lim\limits_{x\to0}\dfrac{x^2\sin\dfrac{1}{x}}{\sin x}$存在,但不能用洛必达法则求出.

3. 数论中有一个著名定理:对充分大的正实数 x,小于 x 的素数(只能被 1 和自己整除的正整数)的个数接近于$\dfrac{x}{\ln x}$.试根据这个定理证明:在正整数集中,有无穷多个素数.

第三节 泰勒中值定理

在微分的应用中已经知道,当函数$f(x)$在 x_0 的某邻域内可导时,有近似等式

$$f(x)\approx f(x_0)+f'(x_0)(x-x_0).$$

这就是用一次多项式

$$p_1(x)=f(x_0)+f'(x_0)(x-x_0)$$

近似表达函数$f(x)$,两者之差

$$f(x)-p_1(x)=o(x-x_0)\ (x\to x_0).$$

下面的定理表明,我们可以用一个 n 次多项式 $p_n(x)$ 来近似表达一个函数$f(x)$,使两者之差

$$f(x)-p_n(x)=o[(x-x_0)^n]\quad(x\to x_0).$$

泰勒中值定理 设$f(x)$在含有 x_0 的某个区间(a,b)内具有直到$(n+1)$阶的导数,则对任意 $x\in(a,b)$,下式成立:

$$f(x)=f(x_0)+f'(x_0)(x-x_0)+\frac{f''(x_0)}{2!}(x-x_0)^2+\cdots+\frac{f^{(n)}(x_0)}{n!}(x-x_0)^n+R_n(x),\tag{1}$$

其中

$$R_n(x)=\frac{f^{(n+1)}(\xi)}{(n+1)!}(x-x_0)^{n+1},\tag{2}$$

这里 ξ 是 x_0 与 x 之间的某个值.

证　为了便于读者阅读,我们仅就 $n=1$ 的特殊情形来证明(1)式,即证明:对 (a,b) 内的任意取定的 x,存在介于 x_0 与 x 之间的某数 ξ,使得

$$f(x)=f(x_0)+f'(x_0)(x-x_0)+\frac{f''(\xi)}{2!}(x-x_0)^2.\tag{3}$$

令

$$R(t)=f(t)-f(x_0)-f'(x_0)(t-x_0),\tag{4}$$

则由假设可知,$R(t)$ 在 (a,b) 内也具有一阶和二阶导数,且 $R(x_0)=R'(x_0)=0$.

对两个函数 $R(t)$ 和 $(t-x_0)^2$ 在以 x_0 及 x 为端点的区间上应用柯西中值定理(显然,这两个函数都满足柯西中值定理的条件),得

$$\frac{R(x)}{(x-x_0)^2}=\frac{R(x)-R(x_0)}{(x-x_0)^2-(x_0-x_0)^2}=\frac{R'(\xi_1)}{2(\xi_1-x_0)}\quad(\xi_1\text{ 在 }x_0\text{ 与 }x\text{ 之间}).$$

再对两个函数 $R'(t)$ 与 $2(t-x_0)$ 在以 x_0 及 ξ_1 为端点的区间上应用柯西中值定理(显然,这两个函数也都满足柯西中值定理的条件),得

$$\frac{R'(\xi_1)}{2(\xi_1-x_0)}=\frac{R'(\xi_1)-R'(x_0)}{2(\xi_1-x_0)-2(x_0-x_0)}=\frac{R''(\xi)}{2},$$

其中,ξ 在 x_0 与 ξ_1 之间,从而在 x_0 与 x 之间.

由上面两式即可得

$$R(x)=\frac{R''(\xi)}{2}(x-x_0)^2\quad(\xi\text{ 在 }x_0\text{ 与 }x\text{ 之间}).$$

注意到 $R''(\xi)=f''(\xi)$,则由上式得

$$R(x)=\frac{f''(\xi)}{2}(x-x_0)^2\quad(\xi\text{ 在 }x_0\text{ 与 }x\text{ 之间}),$$

在(4)式中令 $t=x$,并将上式代入,即证得(3)式成立.

对 $n>1$ 的一般情形,可仿照以上过程,连续多次应用柯西中值定理证得结论.

(1)式称为函数 $f(x)$ 的 n 阶泰勒公式,$R_n(x)$ 的表达式(2)式称为拉格朗日型余项.记

$$p_n(x)=f(x_0)+f'(x_0)(x-x_0)+\frac{f''(x_0)}{2!}(x-x_0)^2+\cdots+\frac{f^{(n)}(x_0)}{n!}(x-x_0)^n,$$

$p_n(x)$ 称为 $f(x)$ 在 $x=x_0$ 处的 n 次泰勒多项式.泰勒中值定理表明 $f(x)$ 可用泰勒

多项式 $p_n(x)$ 近似表示，并且给出了近似表示时的误差，即余项 $R_n(x)$ 的表达式(2)式.

根据(2)式，若在(a,b)内 $|f^{(n+1)}(x)|\leqslant M$，则可以估计误差 $|R_n(x)|$ 的大小：

$$|R_n(x)|=\left|\frac{1}{(n+1)!}f^{(n+1)}(\xi)(x-x_0)^{n+1}\right|$$
$$\leqslant\frac{M}{(n+1)!}|x-x_0|^{n+1}. \tag{5}$$

此时 $R_n(x)=o[(x-x_0)^n]$，因此泰勒公式也可写作

$$f(x)=f(x_0)+f'(x_0)(x-x_0)+\frac{f''(x_0)}{2!}(x-x_0)^2+\cdots+$$
$$\frac{f^{(n)}(x_0)}{n!}(x-x_0)^n+o[(x-x_0)^n].$$

上式称为函数 $f(x)$ 带有佩亚诺型余项的 n 阶泰勒公式.

当 $n=0$ 时，泰勒公式(1)成为

$$f(x)=f(x_0)+f'(\xi)(x-x_0),$$

这就是拉格朗日中值公式.而微分的应用中所得的公式

$$f(x)=f(x_0)+f'(x_0)(x-x_0)+o(x-x_0)$$

则是带有佩亚诺型余项的一阶泰勒公式.

在泰勒公式(1)中，如果取 $x_0=0$，则泰勒公式变成较简单的形式，即所谓的麦克劳林(Maclaurin)公式(由于此时 ξ 在 0 与 x 之间，因此通常记 $\xi=\theta x$ $(0<\theta<1)$)

$$f(x)=f(0)+f'(0)x+\frac{f''(0)}{2!}x^2+\cdots+$$
$$\frac{f^{(n)}(0)}{n!}x^n+\frac{f^{(n+1)}(\theta x)}{(n+1)!}x^{n+1}\quad(0<\theta<1). \tag{6}$$

由此得近似公式

$$f(x)\approx f(0)+f'(0)x+\frac{f''(0)}{2!}x^2+\cdots+\frac{f^{(n)}(0)}{n!}x^n,$$

误差估计式(5)相应地变成

$$|R_n(x)|\leqslant\frac{M}{(n+1)!}|x|^{n+1}.$$

例 1 写出函数 $f(x)=\mathrm{e}^x$ 的 n 阶麦克劳林公式.

解　因为

$$f'(x)=f''(x)=\cdots=f^{(n)}(x)=\mathrm{e}^x,$$

所以

$$f(0)=f'(0)=f''(0)=\cdots=f^{(n)}(0)=1,$$

把这些数值代入公式(6),并注意到 $f^{(n+1)}(\theta x)=\mathrm{e}^{\theta x}$,便得

$$\mathrm{e}^x=1+x+\frac{x^2}{2!}+\cdots+\frac{x^n}{n!}+\frac{\mathrm{e}^{\theta x}}{(n+1)!}x^{n+1}\quad(0<\theta<1).$$

由这个公式可得 e^x 用 n 次多项式表达的近似式

$$\mathrm{e}^x\approx 1+x+\frac{x^2}{2!}+\cdots+\frac{x^n}{n!},$$

这时的误差为

$$|R_n(x)|=\frac{\mathrm{e}^{\theta x}}{(n+1)!}|x|^{n+1}\quad(0<\theta<1).$$

若取 $x=1$,则得无理数 e 的近似式为

$$\mathrm{e}\approx 1+1+\frac{1}{2!}+\cdots+\frac{1}{n!},$$

其误差为

$$|R_n(x)|=\frac{\mathrm{e}^{\theta}}{(n+1)!}<\frac{\mathrm{e}}{(n+1)!}.$$

当 $n=10$ 时,可算出 $\mathrm{e}\approx 2.718\,282$,其误差不超过 10^{-6}.

例 2　求 $f(x)=\sin x$ 的 n 阶麦克劳林公式.

解　因为 $f'(x)=\cos x, f''(x)=-\sin x, f'''(x)=-\cos x,$

$$f^{(4)}(x)=\sin x,\quad\cdots,\quad f^{(n)}(x)=\sin\left(x+\frac{n\pi}{2}\right),$$

所以 $f(0)=0, f'(0)=1, f''(0)=0, f'''(0)=-1, f^{(4)}(0)=0,\cdots$,它们顺次循环地取四个数 $0,1,0,-1$,于是按公式(6)得(令 $n=2m$)

$$\sin x=x-\frac{x^3}{3!}+\frac{x^5}{5!}-\cdots+(-1)^{m-1}\frac{x^{2m-1}}{(2m-1)!}+R_{2m}(x),$$

其中

$$R_{2m}(x)=\frac{\sin\left[\theta x+(2m+1)\frac{\pi}{2}\right]}{(2m+1)!}x^{2m+1}$$

$$=\frac{(-1)^m\cos\theta x}{(2m+1)!}x^{2m+1}\quad(0<\theta<1).$$

易知

$$|R_{2m}(x)|\leqslant\frac{|x|^{2m+1}}{(2m+1)!}.$$

若取 $m=1$,则得近似公式

$$\sin x\approx x,$$

这时的误差

$$|R_2(x)|\leqslant\frac{|x|^3}{6}.$$

若 m 取 2 和 3,则分别可得 $\sin x$ 的 3 次和 5 次近似多项式

$$\sin x\approx x-\frac{x^3}{3!}\quad 和\quad \sin x\approx x-\frac{x^3}{3!}+\frac{x^5}{5!},$$

其误差的绝对值分别小于$\frac{|x|^5}{5!}$和$\frac{|x|^7}{7!}$.

正弦函数 $\sin x$ 与它的 n 次近似多项式 $p_n(x)(n=1,3,\cdots,19)$ 的图形都画在图 3-4 中.可以看到,$y=\sin x$ 与它的近似多项式 $p_n(x)$ 的图形随着 n 的增大而变得贴近起来,也就是说误差 $|R_n(x)|$ 随 n 的增大而变小.当 x 离原点较远时,选取次数较高的麦克劳林多项式来近似表示 $\sin x$,精度就较高.

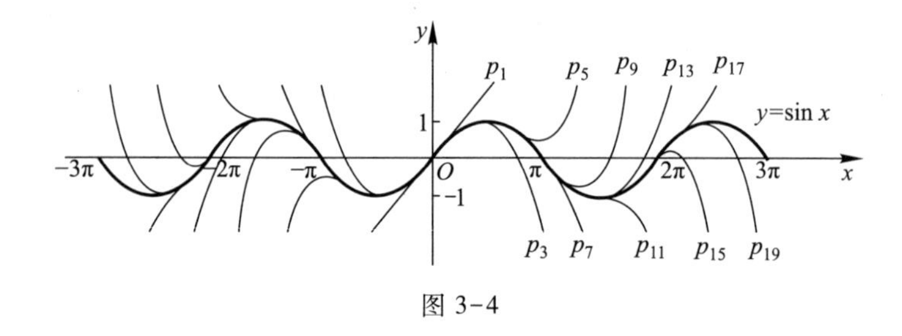

图 3-4

类似地,还可以得到

$$\cos x=1-\frac{x^2}{2!}+\frac{x^4}{4!}+\cdots+\frac{x^{2m}}{(2m)!}+R_{2m+1}(x),$$

其中

$$R_{2m+1}(x)=\frac{\cos[\theta x+(m+1)\pi]}{(2m+2)!}x^{2m+2}\quad(0<\theta<1);$$

$$\frac{1}{1+x}=1-x+x^2-\cdots+(-1)^n x^n+R_n(x),$$

其中

$$R_n(x)=\frac{(-1)^{n+1}}{(1+\theta x)^{n+2}}x^{n+1}\quad(0<\theta<1);$$

$$\ln(1+x)=x-\frac{x^2}{2}+\frac{x^3}{3}-\cdots+(-1)^{n-1}\frac{x^n}{n}+R_n(x),$$

其中

$$R_n(x)=\frac{(-1)^n}{(n+1)(1+\theta x)^{n+1}}x^{n+1}\quad(0<\theta<1).$$

思考题 1 写出 e^x, $\sin x$ 和 $\ln(1+x)$ 的三阶麦克劳林公式.

习题 3-3

1. 设 $p_n(x)$ 为 $f(x)$ 在 x_0 处的 n 次泰勒多项式.证明 $p_n(x)$ 满足:$p_n(x_0)=f(x_0)$, $p_n'(x_0)=f'(x_0)$, $p_n''(x_0)=f''(x_0)$, $\cdots$, $p_n^{(n)}(x_0)=f^{(n)}(x_0)$.

2. 按 $(x-4)$ 的乘幂展开多项式 $x^4-5x^3+x^2-3x+4$.

3. 验证函数 $f(x)=\ln(1+x)$ 的 n 阶麦克劳林公式.

4. 求函数 $y=\tan x$ 的二阶麦克劳林公式.

5. 应用三次泰勒多项式计算下列各数的近似值,并估计误差:

(1) $\sqrt{e}$; (2) $\sin 9°$.

第四节 函数的单调性和曲线的凹凸性

由于中值定理建立了函数在一个区间上的增量与函数在这区间内某点处的导数之间的联系,因此我们就可以利用导数来研究函数值的变化情况,并由此对函数及其图形的某些性态做出判断.本节就来讨论这方面的问题.

一、函数单调性的判定法

第一章中已经介绍了函数在区间上单调的概念.然而直接根据定义来判定函数的单调性,对很多函数来说,是不方便的.下面利用拉格朗日中值定理,导出一个根据导数符号确定函数单调性的判定法,这个法则应用起来是很方便的.

设函数$f(x)$在$[a,b]$上连续，在(a,b)内可导. 在$[a,b]$上任取两点x_1,x_2 ($x_1<x_2$)，应用拉格朗日中值定理，可得

$$f(x_2)-f(x_1)=f'(\xi)(x_2-x_1)\quad (x_1<\xi<x_2). \tag{1}$$

由于在(1)式中，$x_2-x_1>0$，因此，如果在(a,b)内导数$f'(x)$保持正号，即$f'(x)>0$，那么也有$f'(\xi)>0$. 于是

$$f(x_2)-f(x_1)>0,$$

即

$$f(x_1)<f(x_2),$$

也就是函数$f(x)$在$[a,b]$上单调增加. 同理，如果在(a,b)内导数$f'(x)$保持负号，即$f'(x)<0$，那么$f'(\xi)<0$，于是$f(x_2)-f(x_1)<0$，即$f(x_1)>f(x_2)$，也就是函数$f(x)$在$[a,b]$上单调减少.

其实从导数作为函数变化率的实际意义出发，是非常容易理解上述结论的. 导数$f'(x)$保持正号(负号)，说明函数$f(x)$处处有正的(负的)增长率，因而函数$f(x)$必定是单调增加(减少)的.

此外，若$f'(x)$在(a,b)内的某点$x=c$处等于零，而在其余各点处均为正(负)，则$f(x)$在$[a,b]$上仍是单调增加(减少)的. 事实上，由上面的讨论知道，这时函数$f(x)$在区间$[a,c]$和区间$[c,b]$上都是单调增加(减少)的，因此，在整个区间$[a,b]$上仍是单调增加(减少)的. 显然，如果$f'(x)$在(a,b)内等于零的点为有限多个，只要它在其余各点处保持定号，那么$f(x)$在$[a,b]$上仍是单调的.

归纳以上的讨论，可得到下列函数单调性的判别法.

判定法 设函数$y=f(x)$在$[a,b]$上连续，在(a,b)内可导.

(1) 如果在(a,b)内$f'(x)\geqslant 0$ (等号仅在有限多个点处成立)，那么函数$y=f(x)$在$[a,b]$上单调增加；

(2) 如果在(a,b)内$f'(x)\leqslant 0$ (等号仅在有限多个点处成立)，那么函数$y=f(x)$在$[a,b]$上单调减少.

如果把这个判定法中的闭区间换成其他各种区间(包括无穷区间)，那么结论也成立.

例 1 判定函数$y=x-\sin x$在$[-\pi,\pi]$上的单调性.

解 因为所给函数在$[-\pi,\pi]$上连续，在$(-\pi,\pi)$内

$$y'=1-\cos x\geqslant 0,$$

且等号仅在$x=0$处成立，所以由判定法可知，函数$y=x-\sin x$在$[-\pi,\pi]$上单调增加.

例 2 讨论函数 $y=e^x-x-1$ 的单调性.

解 函数 $y=e^x-x-1$ 的定义域为区间 $(-\infty,+\infty)$，在该区间上连续、可导，且

$$y'=e^x-1.$$

因为在 $(-\infty,0)$ 内 $y'<0$，所以函数 $y=e^x-x-1$ 在 $(-\infty,0]$ 上单调减少；因为在 $(0,+\infty)$ 内 $y'>0$，所以函数 $y=e^x-x-1$ 在 $[0,+\infty)$ 上单调增加.

区间 $(-\infty,0]$ 及 $[0,+\infty)$ 叫做函数 $y=e^x-x-1$ 的单调区间. 我们注意到 $x=0$ 是函数 $y=e^x-x-1$ 的单调减少区间 $(-\infty,0]$ 和单调增加区间 $[0,+\infty)$ 的分界点，而该点为函数的驻点.

从例 2 看到，有些函数在所讨论的整个定义区间上不是单调的，但是当我们用函数的驻点来划分区间后，就可以使函数在各个部分区间上单调. 又，若函数在某些点处不可导，则分点还应包括这些导数不存在的点. 综合上述两种情形，有如下的一般性结论：

如果函数 $f(x)$ 在定义区间 I 上连续，除去有限个点外处处可导，那么只要用函数的驻点及 $f'(x)$ 不存在的点来划分区间 I，就能保证 $f(x)$ 在每个部分区间上单调.

例 3 确定函数 $f(x)=2x^3-9x^2+12x-3$ 的单调区间.

解 这个函数在它的定义区间 $(-\infty,+\infty)$ 上连续且可导，

$$f'(x)=6x^2-18x+12=6(x-1)(x-2).$$

解方程 $f'(x)=0$，即解

$$6(x-1)(x-2)=0,$$

得出函数的两个驻点 $x_1=1, x_2=2$. 这两个驻点把 $(-\infty,+\infty)$ 分成三个部分区间 $(-\infty,1]$，$[1,2]$ 及 $[2,+\infty)$，把这三个区间上 $f'(x)$ 的符号列表表示如下：

x	$(-\infty,1)$	$(1,2)$	$(2,+\infty)$
$f'(x)$ 的符号	+	−	+

故 $f(x)$ 在区间 $(-\infty,1]$，$[2,+\infty)$ 上单调增加，在区间 $[1,2]$ 上单调减少. 函数 $y=f(x)$ 的图形如图 3-5 所示.

例 4 确定函数 $y=\sqrt[3]{x^2}$ 的单调区间.

解 这函数在它的定义区间 $(-\infty,+\infty)$ 上连续. 当 $x\neq 0$ 时，这函数的导数为

$$y'=\frac{2}{3\sqrt[3]{x}};$$

当 $x=0$ 时，用导数定义可以推知函数的导数不存在. 在 $(-\infty,+\infty)$ 内，函数不存

在驻点 $x=0$ 把 $(-\infty,+\infty)$ 分成两个部分区间 $(-\infty,0]$ 及 $[0,+\infty)$. 在 $(-\infty,0)$ 内, $y'<0$, 故函数 $y=\sqrt[3]{x^2}$ 在 $(-\infty,0]$ 上单调减少. 在 $(0,+\infty)$ 内, $y'>0$, 故函数 $y=\sqrt[3]{x^2}$ 在 $[0,+\infty)$ 上单调增加. 函数的图形如图 3-6 所示.

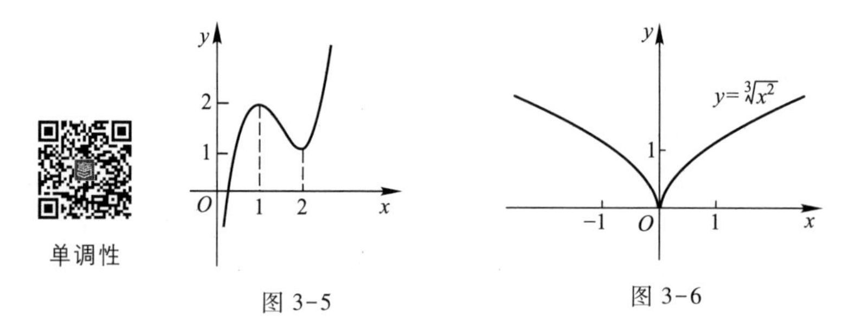

图 3-5

图 3-6

最后, 再举一个利用函数的单调性证明不等式的例子.

例 5 证明: 当 $x>1$ 时, $2\sqrt{x}>3-\dfrac{1}{x}$.

解 令 $\varphi(x)=2\sqrt{x}-\left(3-\dfrac{1}{x}\right)$, 则

$$\varphi'(x)=\frac{1}{\sqrt{x}}-\frac{1}{x^2}=\frac{x\sqrt{x}-1}{x^2}.$$

$\varphi(x)$ 在 $[1,+\infty)$ 上连续, 且当 $x>1$ 时, $\varphi'(x)>0$, 因此在区间 $[1,+\infty)$ 上, $\varphi(x)$ 单调增加.

由于 $\varphi(1)=2\sqrt{1}-(3-1)=0$, 所以当 $x>1$ 时,

$$\varphi(x)>\varphi(1)=0,$$

即

$$2\sqrt{x}-\left(3-\frac{1}{x}\right)>0.$$

于是得到所要证明的不等式

$$2\sqrt{x}>3-\frac{1}{x}\quad(x>1).$$

二、曲线的凹凸性与拐点

在第一目中, 我们研究了函数的单调性. 函数的单调性反映在图形上, 即为曲线的上升或下降. 但是, 曲线在上升或下降的过程中, 还有一个弯曲方向的问

题.例如图3-7中有两条曲线弧 ACB 和 ADB,虽然它们都是上升的,但在上升过程中,它们的弯曲方向却不一样,因而图形显著不同.图形的弯曲方向,在几何上是用曲线的“凹凸性”来描述的.下面我们就来研究曲线的凹凸性及其判别法.

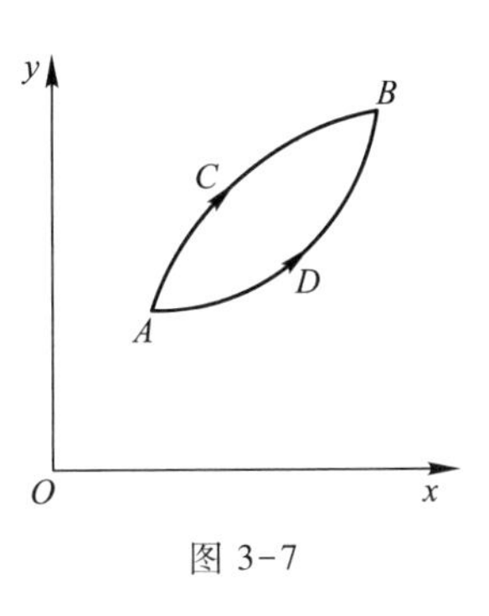

图 3-7

我们观察图 3-8 中的曲线弧 $\widehat{AB}$（设其方程为 $y=f(x)$）,它是向上凹的,其几何特征是:曲线上切线的斜率随着切点横坐标 x 的增大而变大,即 $f'(x)$ 是单调增加函数.

再观察图 3-9 中的曲线弧 $\widehat{MN}$（设其方程为 $y=g(x)$）,它是向上凸的,其几何特征是:曲线上切线的斜率随着切点横坐标的增大而变小,即 $g'(x)$ 是单调减少函数.

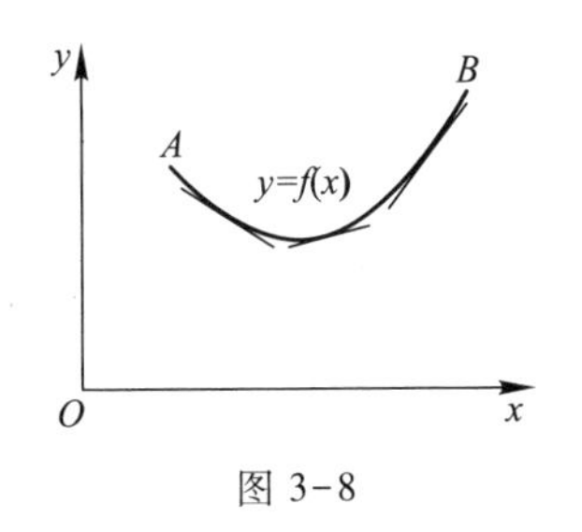

图 3-8

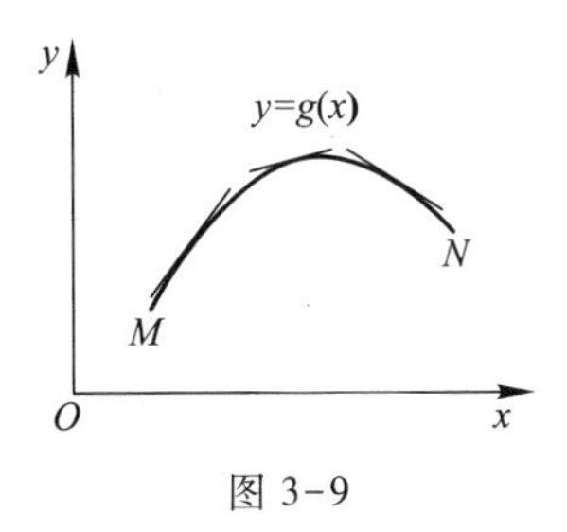

图 3-9

由此我们对曲线弧的凹凸性作如下定义:

定义　设曲线弧 L 的方程为 $y=f(x),x\in[a,b]$,$f(x)$ 在 $[a,b]$ 上连续,且在 (a,b) 内可导.

若 $f'(x)$ 在 (a,b) 内单调增加,则称 L 在 $[a,b]$ 上是(向上)凹的,或称凹弧;

若 $f'(x)$ 在 (a,b) 内单调减少,则称 L 在 $[a,b]$ 上是(向上)凸的,或称凸弧.

如果 $f(x)$ 在 (a,b) 内二阶可导,那么用二阶导数的符号就能确定一阶导数是单调增加还是单调减少,从而得到以下曲线凹凸性的判别法:

曲线凹凸性的判别法　设 $f(x)$ 在 $[a,b]$ 上连续,在 (a,b) 内具有二阶导数,那么

(1) 若在 (a,b) 内 $f''(x)>0$,则曲线弧 $y=f(x)$ 在 $[a,b]$ 上是凹的;

(2) 若在 (a,b) 内 $f''(x)<0$,则曲线弧 $y=f(x)$ 在 $[a,b]$ 上是凸的.

以上定义和判别法虽然是对闭区间 $[a,b]$ 给出的,但适用于任何区间(包括无限区间).

例 6 判定曲线 $y=\ln x$ 的凹凸性.

解 $y=\ln x$ 在它的定义区间 $(0,+\infty)$ 内连续.因为 $y'=\dfrac{1}{x}$ 在 $(0,+\infty)$ 内单调减少,所以由曲线凹凸性的定义可知,曲线 $y=\ln x$ 在 $(0,+\infty)$ 内是凸的.

例 7 讨论下列曲线的凹凸性:

(1) $y=x^3$; (2) $y=\sqrt[3]{x}$.

解 这两个函数均在区间 $(-\infty,+\infty)$ 内连续.

(1) $y'=3x^2, y''=6x$.显然,在 $(-\infty,0)$ 内 $y''<0$,在 $(0,+\infty)$ 内 $y''>0$,故 $y=x^3$ 的图形在 $(-\infty,0]$ 部分是凸的,在 $[0,+\infty)$ 部分是凹的(图 3-10(a)).

(2) 当 $x\neq 0$ 时,$y'=\dfrac{1}{3}\cdot\dfrac{1}{x^{2/3}}, y''=-\dfrac{2}{9}\cdot\dfrac{1}{x^{5/3}}$,在点 $x=0$ 处,$y=\sqrt[3]{x}$ 的二阶导数不存在.而在 $(-\infty,0)$ 内 $y''>0$,在 $(0,+\infty)$ 内 $y''<0$,所以 $y=\sqrt[3]{x}$ 的图形在 $(-\infty,0]$ 部分是凹的,在 $[0,+\infty)$ 部分是凸的(图 3-10(b)).

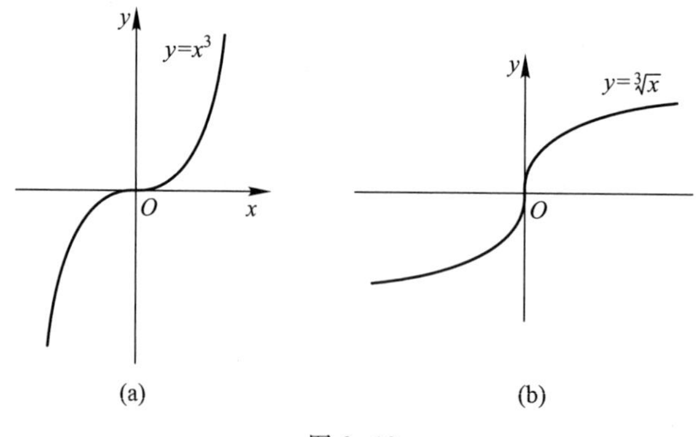

图 3-10

连续曲线上凸弧与凹弧的分界点称为曲线的拐点.如图 3-11 所示.

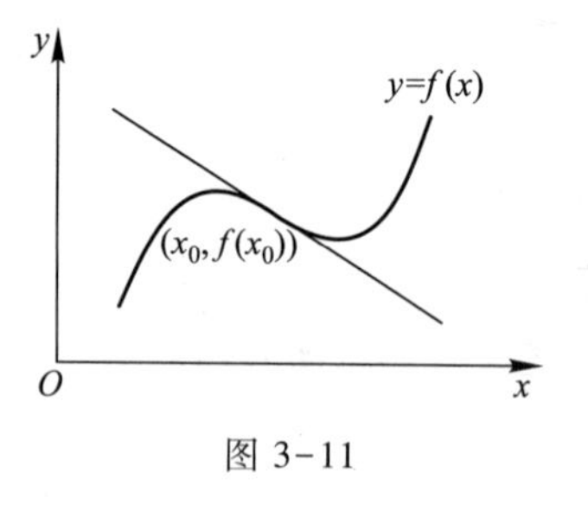

图 3-11

从例 7(1)中可见,点 $(0,0)$ 是曲线 $y=x^3$ 的拐点,此时 $x=0$ 是 y'' 的零点;又从例 7(2)中可见,点 $(0,0)$ 是曲线 $y=\sqrt[3]{x}$ 的拐点,此时 $x=0$ 是 y'' 不存在的点.一般地,我们有以下结论:

如果连续函数 $y=f(x)$ 在区间 I 内除了一些点外均二阶可导,那么只要用使得 $f''(x)=0$ 的点与二阶导数不存在的点把区间 I 划分为若干个部分区间,就可使 $f''(x)$ 在各个部分区间内都保持固定的符号,从而 $y=f(x)$ 的图形在每个区间上的凹凸性保持不变,而这些分点就是曲线上的可能的拐点的横坐标：若分点两侧 $f''(x)$ 符号相反，则分点就是拐点的横坐标，否则就不是.

例 8　求曲线 $y=x^4-2x^3+1$ 的拐点及凹、凸区间.

解　函数 $y=x^4-2x^3+1$ 的定义域为区间 $(-\infty,+\infty)$.

$$y'=4x^3-6x^2,$$

$$y''=12x^2-12x=12x(x-1).$$

令 $y''=0$，解得 $x_1=0,x_2=1$. $x_1=0$ 与 $x_2=1$ 把区间 $(-\infty,+\infty)$ 划分为 $(-\infty,0]$，$[0,1]$ 与 $[1,+\infty)$.

下面列表给出结论：

x 的范围	$(-\infty,0)$	0	$(0,1)$	1	$(1,+\infty)$
y'' 的符号	+	0	−	0	+
曲线的拐点与凹凸性	凹	点 $(0,1)$ 是拐点	凸	点 $(1,0)$ 是拐点	凹

思考题 1　设 $y=3x^4-4x^3+1$. 求函数的单调区间及函数图形上的拐点和凹、凸区间.

思考题 2　(1)“某地房价一年来持续上涨，但涨幅逐月收窄”. 根据这段描述，试画出一年来房价随时间变化的大致图形.

(2) 根据图 3-12，用文字描述房价的变化情况.

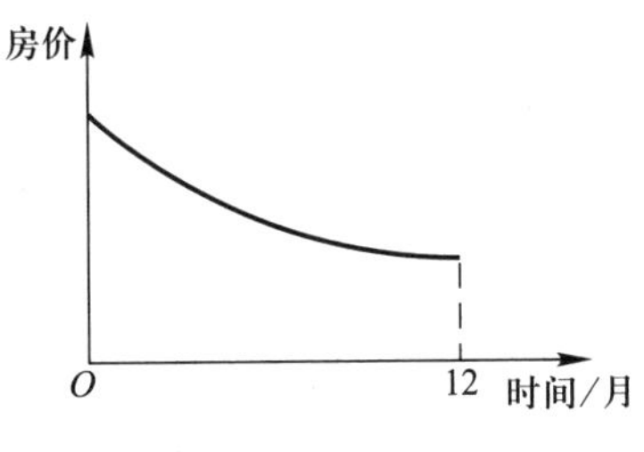

图 3-12

习题 3-4

1. 判定函数 $f(x)=\arctan x-x$ 的单调性.

2. 判定函数 $f(x)=x+\cos x\ (0\leqslant x\leqslant 2\pi)$ 的单调性.

3. 确定下列函数的单调区间：

(1) $y=2x^3-6x^2-18x-7$；

(2) $y=2x+\dfrac{8}{x}\quad(x>0)$.

4. 证明下列不等式：

(1) 当 $x>0$ 时，$1+x\ln(x+\sqrt{1+x^2})>\sqrt{1+x^2}$；

(2) 当 $0<x<\dfrac{\pi}{2}$ 时，$\sin x+\tan x>2x$.

5. 若$f(x)$在区间I上单调增加或减少，则方程$f(x)=0$在I上至多只有一个实根.试用以上结论证明：方程$\sin x=x$只有一个实根.

6. 判断下列曲线的凹凸性：

(1) $y=4x-x^2$； (2) $y=x\arctan x$.

7. 求下列曲线的拐点及凹、凸区间：

(1) $y=x^3-5x^2+3x+5$；

(2) $y=\ln(x^2+1)$.

8. 设水以常速（即单位时间注入的水的体积为常数）注入图 3-13 所示的罐中，直至将水罐注满.画出水位高度随时间变化的函数$y=y(t)$的图形.（不要求精确图形，但应画出曲线的凹凸性并表示出拐点.）

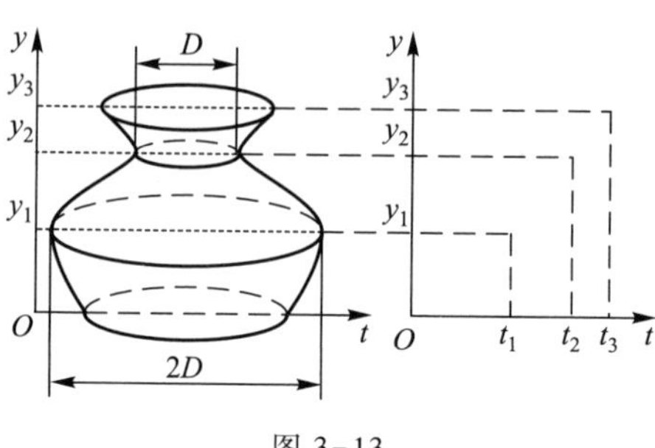

图 3-13

第五节 函数的极值和最大、最小值

在生产活动中，常常遇到这样一类问题：在一定的条件下，怎样使“产品最多”“用料最省”“成本最低”“效率最高”等，这类问题有时可归结为求某一函数的最大值或最小值问题.为此首先介绍函数的极值及其求法.

一、函数的极值

如果连续函数$f(x)$在点x_0的左侧邻近和右侧邻近①的单调性不一样，那么曲线$y=f(x)$在点(x_0,y_0)处就出现“峰”或“谷”.这种点在应用上有重要的意义，值得我们做一般性的讨论.

定义 设函数$f(x)$的定义域为D，若存在x_0的某个邻域$U(x_0)\subset D$，使得对任意$x\in \mathring{U}(x_0)$，都适合不等式$f(x)<f(x_0)$（或$f(x)>f(x_0)$），则称函数在点x_0有极大值$f(x_0)$（或极小值$f(x_0)$），x_0称为极大值点（或极小值点）.极大值、极小值统称为极值，极大值点、极小值点统称为极值点.

① 所谓点x_0的左侧邻近，是指开区间$(x_0-\delta,x_0)$；x_0的右侧邻近，是指开区间$(x_0,x_0+\delta)$，其中δ是一个充分小的正数.

例如,上一节例 3 中的函数

$$f(x)=2x^3-9x^2+12x-3$$

有极大值 $f(1)=2$ 和极小值 $f(2)=1$,点 $x=1$ 和 $x=2$ 是函数 $f(x)$ 的极值点.

函数的极值是一个局部性的概念.如果 $f(x_0)$ 是函数 $f(x)$ 的一个极大值,那只是就 x_0 两侧邻近的一个局部范围来说,$f(x_0)$ 是 $f(x)$ 的一个最大值;如果就 $f(x)$ 的整个定义域来说,$f(x_0)$ 不见得是最大值.关于极小值也类似.

在图 3-14 中,函数 $f(x)$ 在区间 (a,b) 内有两个极大值:$f(x_2)$ 和 $f(x_5)$;有三个极小值:$f(x_1)$,$f(x_4)$ 和 $f(x_6)$,其中极大值 $f(x_2)$ 比极小值 $f(x_6)$ 还小.函数 $f(x)$ 就整个区间 $[a,b]$ 来说,只有一个极小值 $f(x_1)$ 同时也是最小值,而没有一个极大值是最大值.

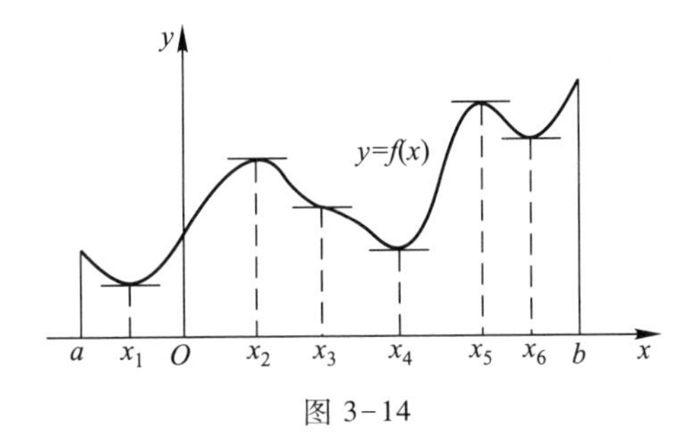

图 3-14

从图 3-14 还可看到,曲线在函数的极值点所对应的那些点处,具有水平切线;反之,曲线上有水平切线的那些点,它们的横坐标却不一定是函数的极值点.例如图 3-14 中点 $(x_3,f(x_3))$ 处,曲线有水平切线,但 $f(x_3)$ 却不是极值.

现在就来讨论函数取得极值的必要条件和充分条件.

定理 1(必要条件)　设函数 $f(x)$ 在点 x_0 处可导,且在 x_0 处取得极值,那么 $f'(x_0)=0$.

证　为确定起见,不妨假定 $f(x_0)$ 是极大值(极小值的情形可类似地证明).根据极大值的定义:存在 $U(x_0)$,使得对任意的 $x\in\mathring{U}(x_0)$,有 $f(x)<f(x_0)$ 成立.于是,由费马定理可得

$$f'(x_0)=0.$$

使导数为零的点即为函数 $f(x)$ 的驻点.因此定理 1 就是说:可导函数 $f(x)$ 的极值点必定是它的驻点.但反过来,函数的驻点却不一定是极值点.例如,$f(x)=x^3$ 的导数 $f'(x)=3x^2$,$x=0$ 是这个函数的驻点,但是 $x=0$ 却不是这函数的极值点.因此,当求出了函数的驻点后,还需要进一步判定求得的驻点是不是极值点,如

果是的话，还要判定函数在该点究竟取得极大值还是极小值.那么可用什么办法来判别呢？下面给出判断极值点的两个充分条件.

定理 2（第一充分条件） 设函数 $f(x)$ 在点 x_0 的某个邻域内可导且 $f'(x_0)=0$.

（1）如果当 x 取 x_0 左侧邻近的值时，$f'(x)$ 恒为正；当 x 取 x_0 右侧邻近的值时，$f'(x)$ 恒为负，那么函数 $f(x)$ 在 x_0 处取得极大值；

（2）如果当 x 取 x_0 左侧邻近的值时，$f'(x)$ 恒为负；当 x 取 x_0 右侧邻近的值时，$f'(x)$ 恒为正，那么函数 $f(x)$ 在 x_0 处取得极小值.

证 就情形（1）来说，根据函数单调性的判定法，函数 $f(x)$ 在 x_0 的左侧邻近是单调增加的，在 x_0 的右侧邻近是单调减少的，因此 $f(x_0)$ 是函数 $f(x)$ 的一个极大值（图 3-15（a））.

类似地可证明情形（2）（图 3-15（b））.

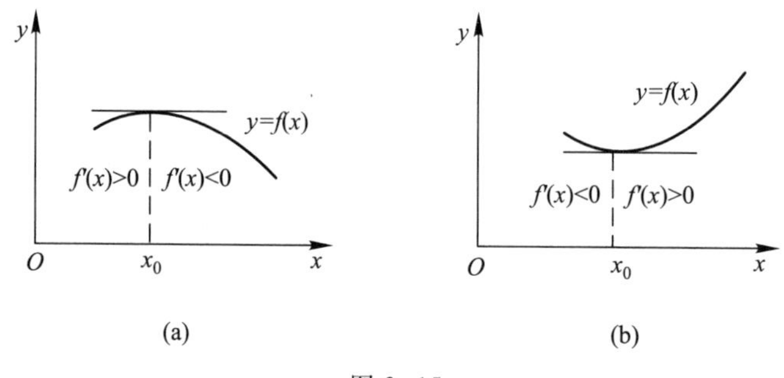

图 3-15

定理 2 也可简单地这样说：当 x 在 x_0 的邻近渐增地经过 x_0 时，如果 $f'(x)$ 的符号由正变负，那么 $f(x)$ 在 x_0 处取得极大值；如果 $f'(x)$ 的符号由负变正，那么 $f(x)$ 在 x_0 处取得极小值.

显然，如果当 x 在 x_0 的邻近渐增地经过 x_0 时，$f'(x)$ 的符号不改变，那么 $f(x)$ 在 x_0 处没有极值（图 3-16）.

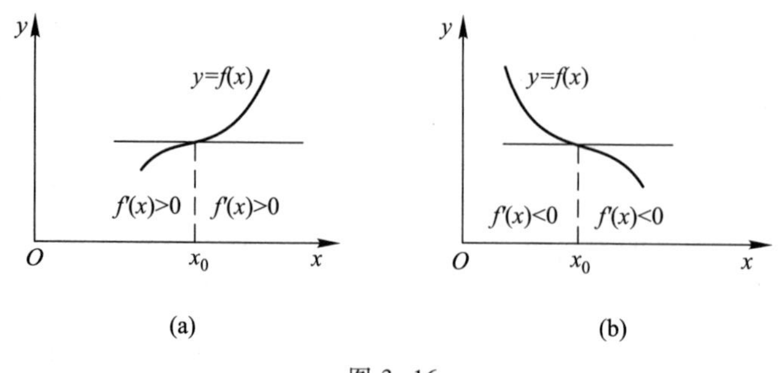

图 3-16

根据上面的两个定理,如果函数 $f(x)$ 在所讨论的区间内可导,我们就可以按下列步骤来求 $f(x)$ 的极值点和极值:

(1) 求出导数 $f'(x)$;

(2) 求出 $f(x)$ 的全部驻点(即求出方程 $f'(x)=0$ 在所讨论的区间内的全部实根);

(3) 考察 $f'(x)$ 在每个驻点左、右邻近的符号,按定理 2 确定该驻点是否是极值点,如果是极值点,进一步判定是极大值点还是极小值点;

(4) 求出各极值点处的函数值,就得可导函数 $f(x)$ 的全部极值.

例 1　求出函数 $f(x)=x^3-3x^2-9x+5$ 的极值.

解　$f'(x)=3x^2-6x-9=3(x+1)(x-3)$,令 $f'(x)=0$,求得驻点 $x_1=-1$,$x_2=3$.

由 $f'(x)=3(x+1)(x-3)$ 来确定 $f'(x)$ 的符号:当 x 在 -1 的左侧邻近时,$f'(x)>0$;当 x 在 -1 的右侧邻近时,$f'(x)<0$.于是按定理 2,函数 $f(x)$ 在 $x=-1$ 处取得极大值.类似地讨论可得出:函数在 $x=3$ 处取得极小值.

由此得到函数的极大值 $f(-1)=10$,极小值 $f(3)=-22$.

当函数 $f(x)$ 在驻点处的二阶导数存在且不为零时,也可用下列定理来判定 $f(x)$ 在驻点处取得极大值还是极小值.

定理 3(第二充分条件)　设函数 $f(x)$ 在点 x_0 处具有二阶导数且 $f'(x_0)=0$,$f''(x_0)\neq 0$,那么

(1) 当 $f''(x_0)<0$ 时,函数 $f(x)$ 在 x_0 处取得极大值;

(2) 当 $f''(x_0)>0$ 时,函数 $f(x)$ 在 x_0 处取得极小值.

证　在情形(1),由于 $f''(x_0)<0$,按二阶导数的定义有

$$f''(x_0)=\lim_{x\to x_0}\frac{f'(x)-f'(x_0)}{x-x_0}<0.$$

根据函数极限的局部保号性(第一章第三节的定理),当 x 在 x_0 的足够小的邻域内且 $x\neq x_0$ 时,

$$\frac{f'(x)-f'(x_0)}{x-x_0}<0.$$

但 $f'(x_0)=0$,所以上式即为

$$\frac{f'(x)}{x-x_0}<0.$$

从而知道,对于这邻域内不同于 x_0 的 x 来说,$f'(x)$ 与 $x-x_0$ 的符号相反.因此,当 $x-x_0<0$ 即 $x<x_0$ 时,$f'(x)>0$;当 $x-x_0>0$ 即 $x>x_0$ 时,$f'(x)<0$.于是根据定理 2 知道,$f(x)$ 在点 x_0 处取得极大值.

类似地可以证明情形(2).

定理 3 表明,如果函数 $f(x)$ 在驻点 x_0 处的二阶导数 $f''(x_0)\neq 0$,那么该驻点一定是极值点,并且可以按二阶导数 $f''(x_0)$ 的符号来判定 $f(x_0)$ 是极大值还是极小值.但如果 $f''(x_0)=0$,定理 3 就不能应用.事实上,当 $f'(x_0)=0$,$f''(x_0)=0$ 时,$f(x)$ 在 x_0 处可能取得极大值,也可能取得极小值,也可能没有极值.例如,$f_1(x)=-x^4$,$f_2(x)=x^4$,$f_3(x)=x^3$ 这三个函数在 $x=0$ 处就分别属于这三种情况.因此,如果函数在驻点处的二阶导数为零(或者不存在),那么还得用一阶导数在驻点左右邻近的符号来判别.

例 2 求函数 $f(x)=(x^2-1)^3+1$ 的极值.

解 $f'(x)=6x(x^2-1)^2$.

令 $f'(x)=0$,求得驻点 $x_1=-1$,$x_2=0$,$x_3=1$.又,

$$f''(x)=6(x^2-1)(5x^2-1).$$

因为

$$f''(0)=6>0,$$

因此 $f(x)$ 在 $x=0$ 处取得极小值,极小值为 $f(0)=0$,由于 $f''(-1)=f''(1)=0$,因此用定理 3 无法判别.下面列表考察一阶导数 $f'(x)$ 在驻点 $x_1=-1$ 及 $x_3=1$ 左右两侧的符号:

x 的范围	$(-\infty,-1)$	$(-1,0)$	$(0,1)$	$(1,+\infty)$
$f'(x)$ 的符号	$-$	$-$	$+$	$+$

由此表可知,$f(x)$ 在 $x=-1$,$x=1$ 处均没有极值(图 3-17).

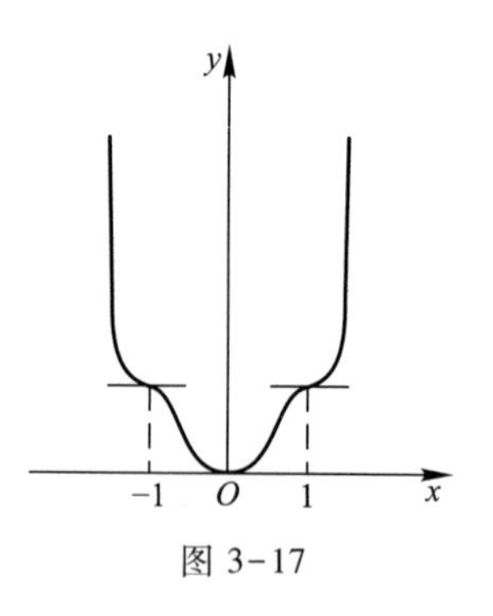

图 3-17

定理 1 表明,可导函数的极值点一定是驻点,因此,要求可导函数的极值点,只需求出全部驻点后,再逐一考察各个驻点是否为极值点就行了.但如果函数在个别点处不可导,那么函数在所论区间内可导的条件就不满足,这时便不能肯定极值点一定是驻点了.事实上,在导数不存在的点处,函数也可能取得极值,下面的例 3 便是这样的例子.

例 3 求函数 $f(x)=1-(x-2)^{\frac{2}{3}}$ 的极值.

解 函数 $f(x)$ 在 $(-\infty,+\infty)$ 内连续.当 $x\neq 2$ 时,

$$f'(x)=-\frac{2}{3\sqrt[3]{x-2}};$$

可见 $f(x)$ 没有驻点，而当 $x=2$ 时，用导数定义可以推知 $f'(x)$ 不存在.

在 $(-\infty,2)$ 内，$f'(x)>0$，函数 $f(x)$ 在 $(-\infty,2]$ 上单调增加；在 $(2,+\infty)$ 内，$f'(x)<0$，函数在 $[2,+\infty)$ 上单调减少. 因此 $f(2)=1$ 是函数 $f(x)$ 的极大值. 函数的图形如图 3-18 所示.

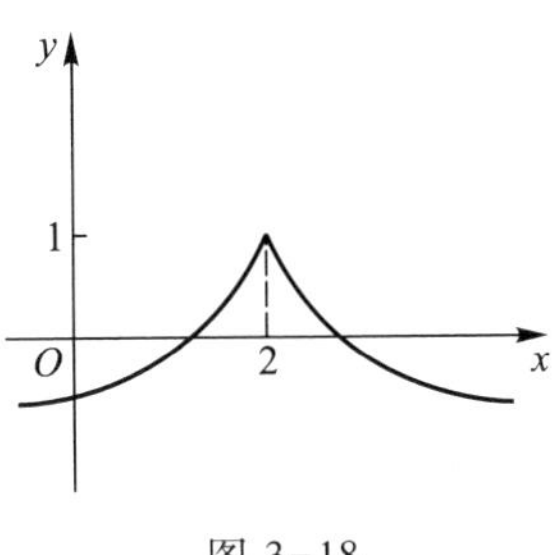

图 3-18

思考题 1　设 $f(x)$ 在 (a,b) 内除个别点外处处可导，那么 $f(x)$ 的“可疑”极值点为哪些点？如何确定这些可疑极值点是否确为极值点？

二、函数的最大、最小值

求一个函数的最大值或最小值，就是要在函数值组成的数集中，找出最大数或最小数. 这时出现了两个问题：一是在数集中是否存在最大数或最小数；二是如果存在最大数或最小数，用什么方法把它们找出来. 为了能利用导数来解决这两个问题，我们要对所讨论的函数加上一定的条件，而这些条件在很多实际问题中是能满足的.

假定函数 $f(x)$ 在闭区间 $[a,b]$ 上连续，在开区间 (a,b) 内可导，且至多在有限个点处导数为零. 我们就在这样的条件下，讨论 $f(x)$ 在 $[a,b]$ 上的最大值和最小值的求法.

首先，由闭区间上连续函数的性质，$f(x)$ 在 $[a,b]$ 上的最大值和最小值一定存在.

其次，在所设的条件下，如果函数的最大值（或最小值）在区间的内部取得，那么，根据费马定理，取得这个最大值（或最小值）的点一定也是函数的驻点. 又 $f(x)$ 的最大值和最小值也可能在区间的端点处取得. 因此，可用如下方法求 $f(x)$ 在 $[a,b]$ 上的最大值和最小值.

设 $f(x)$ 在 (a,b) 内的驻点为 $x_1,x_2,\cdots,x_n$，则比较

$$f(a),\quad f(x_1),\quad \cdots,\quad f(x_n),\quad f(b)$$

的大小，其中最大的便是 $f(x)$ 在 $[a,b]$ 上的最大值，最小的便是 $f(x)$ 在 $[a,b]$ 上的最小值.

例 4　求函数 $y=2x^3+3x^2-12x+14$ 在 $[-3,4]$ 上的最大值与最小值.

解　因

$$f(x)=2x^3+3x^2-12x+14,$$
$$f'(x)=6x^2+6x-12=6(x+2)(x-1).$$

解方程 $f'(x)=0$,得到 $x_1=-2, x_2=1$.由于

$$f(-3)=23,\quad f(-2)=34,\quad f(1)=7,\quad f(4)=142,$$

比较可得 $f(x)$ 在 $x=4$ 处取得它在 $[-3,4]$ 上的最大值 $f(4)=142$,在 $x=1$ 取得它在 $[-3,4]$ 上的最小值 $f(1)=7$.

下面我们讨论几个求最大值、最小值的应用问题.在解决应用问题时,首先要根据问题的具体意义,建立一个函数(通常称为目标函数),并由问题的实际意义确定自变量的变化区间.然后应用上面的方法,求出目标函数在该区间内的最大值或最小值.

例 5 铁路线上 AB 段的距离为 100 km.工厂 C 距 A 处为20 km,AC 垂直于 AB (图 3-19).为了运输需要,要在 AB 线上选定一点 D 向工厂修筑一条公路.已知铁路上每千米货运的运费与公路上每千米货运的运费之比为 3 : 5,为了使货物从供应站 B 运到工厂 C 的运费最省,问 D 点应选在何处?

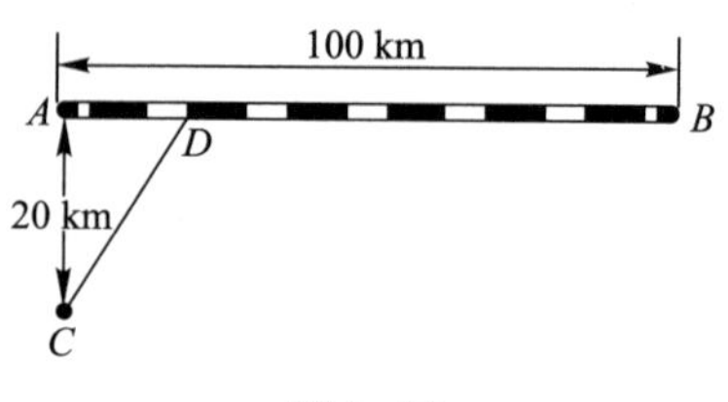

图 3-19

解 设 $AD=x$ km,那么 $DB=100-x$ km,

$$CD=\sqrt{20^2+x^2}=\sqrt{400+x^2}\ (\mathrm{km}).$$

由于铁路上每千米货运的运费与公路上每千米货运的运费之比为 3 : 5,因此我们不妨设铁路上每千米的运费为 $3k$,公路上每千米的运费为 $5k$(k 为某个正数,因它与本题的解无关,所以不必定出).设从 B 点到 C 点需要的总运费为 y,那么

$$y=5k\cdot CD+3k\cdot DB,$$

即得目标函数

$$y=5k\sqrt{400+x^2}+3k(100-x)\quad (0\leqslant x\leqslant 100).$$

现在,问题就归结为:x 在 $[0,100]$ 内取何值时目标函数 y 的值最小.

先求 y 对 x 的导数:

$$y'=k\left(\frac{5x}{\sqrt{400+x^2}}-3\right).$$

解方程 $y'=0$,得 $x=15$ km.由于

$$y\big|_{x=0}=400k,\quad y\big|_{x=15}=380k,\quad y\big|_{x=100}=500k\sqrt{1+\frac{1}{5^2}},$$

其中以 $y\big|_{x=15}=380k$ 为最小,因此,当 $AD=15$ km 时,总运费最省.

在求函数的最大值(或最小值)时,常会遇到这样一种情形,值得注意:$f(x)$在一个区间(有限或无限,开或闭)内可导且只有一个驻点x_0,并且这个驻点同时也是函数$f(x)$的极值点.这时,函数的图形在该区间内将只有一个"峰"或"谷".于是,当$f(x_0)$是极大值时,$f(x_0)$就是$f(x)$在该区间上的最大值(图3-20(a));当$f(x_0)$是极小值时,$f(x_0)$就是$f(x)$在该区间上的最小值(图3-20(b)).

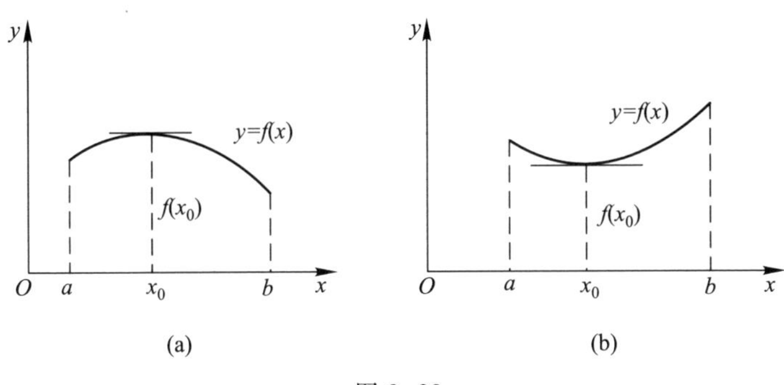

图 3-20

例 6　设x_1和x_2为两个任意正数,其和为定值:$x_1+x_2=a$(a是常数).求乘积$x_1^m\cdot x_2^n$的最大值($m,n>0$).

解　设$f(x)=x^m(a-x)^n$,　$0<x<a$.

按题意,需求$f(x)$在开区间$(0,a)$内的最大值.先求出$f(x)$的导数和驻点.

$$\begin{aligned}f'(x)&=mx^{m-1}(a-x)^n-nx^m(a-x)^{n-1}\\&=x^{m-1}(a-x)^{n-1}[ma-(m+n)x].\end{aligned}$$

令$f'(x)=0$,解得$f(x)$在$(0,a)$内的唯一驻点$x_0=\dfrac{ma}{m+n}$.

由$f'(x)$的表达式可知,当$x\in(0,x_0)$时,$f'(x)>0$;

当$x\in(x_0,a)$时,$f'(x)<0$,

所以$f(x_0)$是$f(x)$在$(0,a)$内的极大值,从而也是$f(x)$在$(0,a)$内的最大值:

$$f(x_0)=f\left(\frac{ma}{m+n}\right)=m^mn^n\left(\frac{a}{m+n}\right)^{m+n}.$$

$m=n=1$的特殊情形就是读者熟知的结果:和为定数的两个正数,当它们相等时其乘积最大.

例 7　设在x轴的上下两侧有两种不同的介质Ⅰ和Ⅱ,一束光线由介质Ⅰ中点A经过两种介质的界面折射后到达介质Ⅱ中点B(图3-21).已知光在介质Ⅰ和介质Ⅱ中传播的速度分别是v_1和v_2,光线在介质中总是沿着耗时最少的路径传播.试确定光线传播的路径.

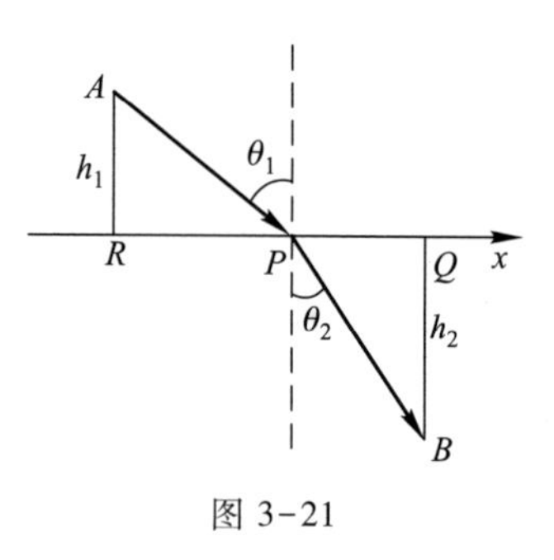

图 3-21

解 设点 A 到 x 轴的垂直距离为 $AR=h_1$,点 B 到 x 轴的垂直距离为 $BQ=h_2$,RQ 的长度为 l.

由于光线总是沿着耗时最少的路径传播,因此光线在同一介质内必沿直线传播.设光线的传播路径与 x 轴的交点为 P,则光线从点 A 到点 B 的传播路径必为折线 APB,下面来确定点 P 的位置.设 $RP=x$,则光线的传播时间为

$$T(x)=\frac{\sqrt{h_1^2+x^2}}{v_1}+\frac{\sqrt{h_2^2+(l-x)^2}}{v_2},\quad x\in[0,l].$$

由于

$$T'(x)=\frac{1}{v_1}\cdot\frac{x}{\sqrt{h_1^2+x^2}}-\frac{1}{v_2}\cdot\frac{l-x}{\sqrt{h_2^2+(l-x)^2}},$$

故 $T'(x)$ 在 $[0,l]$ 上连续,且 $T'(0)<0, T'(l)>0$.由连续函数的零点定理知,$T'(x)$ 在 $(0,l)$ 内至少有一个零点.又由于

$$T''(x)=\frac{1}{v_1}\cdot\frac{h_1^2}{(h_1^2+x^2)^{\frac{3}{2}}}+\frac{1}{v_2}\cdot\frac{h_2^2}{[h_2^2+(l-x)^2]^{\frac{3}{2}}}>0,$$

故 $T'(x)$ 在 $[0,l]$ 上单调增加,因此 $T'(x)$ 在 $(0,l)$ 内的零点是唯一的,即 $T(x)$ 在 $(0,l)$ 内有唯一驻点,设为 x_0.又因 $T''(x_0)>0$,所以 $T(x_0)$ 为 $T(x)$ 在 $(0,l)$ 内的唯一极小值,从而是 $T(x)$ 在 $[0,l]$ 上的最小值.

下面来看 x_0,即点 P 的位置所满足的条件.由于 $T'(x_0)=0$,有

$$\frac{x_0}{v_1\sqrt{h_1^2+x_0^2}}=\frac{l-x_0}{v_2\sqrt{h_2^2+(l-x_0)^2}}.$$

如图 3-21,若以 θ_1 和 θ_2 分别记光线的入射角和折射角,则有

$$\frac{x_0}{\sqrt{h_1^2+x_0^2}}=\sin\theta_1,\quad \frac{l-x_0}{\sqrt{h_2^2+(l-x_0)^2}}=\sin\theta_2,$$

就得到

$$\frac{\sin\theta_1}{v_1}=\frac{\sin\theta_2}{v_2}.$$

这就是光学中著名的折射定律.它给出了当光线从介质Ⅰ中的点 A 沿耗时最少的路径传播到介质Ⅱ中的点 B 时,光线与介质界面的交点 P 应满足的条件.物理学通过实验发现了折射定律,而数学则论证了隐藏在这一定律后面的数量关系:光线是沿着耗时最少的路径传播的,这使人们对折射定律取得了更加深刻的认识.

在很多实际问题中,上述求最大值、最小值的方法还可进一步简化.如果根据问题的性质,可以断定可导函数 $f(x)$ 确有最大值(或最小值),而且该最大值(或最小值)一定在所讨论区间的内部取得,这时,如果函数 $f(x)$ 在该区间内部只有唯一驻点 x_0,那么不必讨论 $f(x_0)$ 是否是极值,就可以断定 $f(x_0)$ 必为所求的最大值(或最小值).

例 8　将一块边长为 a 的正方形铁皮，从每个角截去同样的小方块，然后把四边折起来，做成一个无盖的方盒，为了使这个方盒的体积最大，问应该截去多少？

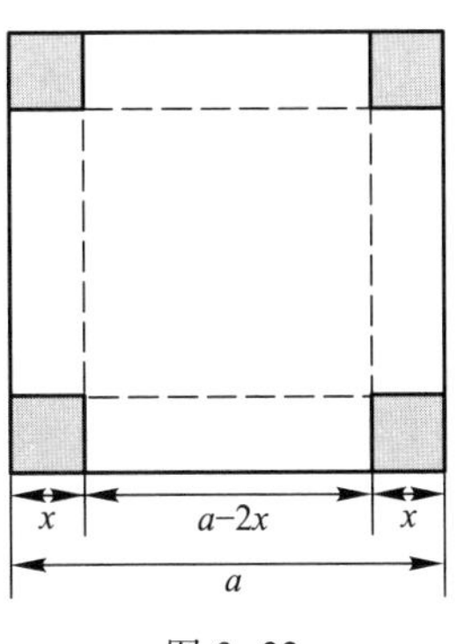

图 3-22

解　如图 3-22，设截去的小方块边长为 x，则所做成的方盒的体积为

$$V=(a-2x)^2x,$$

x 的变化范围是 $\left(0,\frac{a}{2}\right)$，求导得

$$V'=(a-2x)^2-4(a-2x)x$$
$$=(a-2x)(a-6x),$$

解方程 $V'=0$ 得到位于区间 $\left(0,\frac{a}{2}\right)$ 内的唯一的根 $x=\frac{a}{6}$. 由于盒子的最大体积是客观存在的，且必在区间 $\left(0,\frac{a}{2}\right)$ 的内部取得，而函数 $V(x)$ 在 $\left(0,\frac{a}{2}\right)$ 内只有一个驻点 $x=\frac{a}{6}$. 因此可知，当 $x=\frac{a}{6}$ 时，$V(x)$ 取得最大值，即盒子的体积最大.

最小值最大值问题

思考题 2　设 $f(x)=x^3-3x^2-9x+25$. 利用 $f'(x)=3(x+1)(x-3)$ 分别确定 $f(x)$ 在下列三个区间上的最大值和最小值（如果有的话）：

(1) $[0,4]$；　(2) $[-2,4]$；　(3) $(-1,5)$.

习题 3-5

1. 求下列函数的极值：

(1) $y=2x^3-6x^2-18x+7$；　(2) $y=x-\ln(1+x)$；

(3) $y=-x^4+2x^2$；　(4) $y=x+\sqrt{1-x}$；

(5) $y=2-(x-1)^{\frac{2}{3}}$；　(6) $y=\mathrm{e}^x\cos x$；

(7) $y=x^{\frac{1}{x}}$；　(8) $y=x+\tan x$.

2. 设 $f(x)=|x(2-x)|$.

(1) 将 $f(x)$ 写成分段函数的形式；

(2) 求出 $f(x)$ 的驻点和导数不存在的点；

(3) 求出 $f(x)$ 的极小值和极大值.

3. 试问 a 为何值时，函数 $f(x)=a\sin x+\frac{1}{3}\sin 3x$ 在 $x=\frac{\pi}{3}$ 处取得极值？它是极大值还是极小值？并求此极值.

4. 求下列函数的最大值、最小值：

(1) $y=2x^3-3x^2,-1\leqslant x\leqslant 4$;

(2) $y=x+\sqrt{1-x},-5\leqslant x\leqslant 1$.

5. 问函数 $y=x^2-\frac{54}{x}$ $(x<0)$ 在何处取得最小值？并求出最小值.

6. 问函数 $y=\frac{x}{x^2+1}$ $(x\geqslant 0)$ 在何处取得最大值？并求出最大值.

7. 某车间靠墙壁要盖一间面积为 64 m^2 的长方形小屋，而现有存砖只够砌 24 m 长的墙壁，问这些存砖是否足够围成小屋？

8. 要造一圆柱形油罐，体积为 V，问底半径 r 和高 h 等于多少时，才能使表面积最小？这时底直径与高的比是多少？

9. 从一块半径为 R 的圆铁片上挖去一个扇形做成一个漏斗(图 3-23). 问留下的扇形的中心角 φ 取多大时，做成的漏斗的体积最大？

10. 要在海岛 I 与某城市 C 之间铺设一条地下光缆(图 3-24)，经地质勘测后分析测得每千米的铺设成本，在$y>0$的水下区域是 c_1，在 $y<0$ 的地下区域是 c_2. 证明：为使得铺设该光缆的总成本最低，θ_1 和 θ_2 应该满足

$$c_1\sin\theta_1=c_2\sin\theta_2.$$

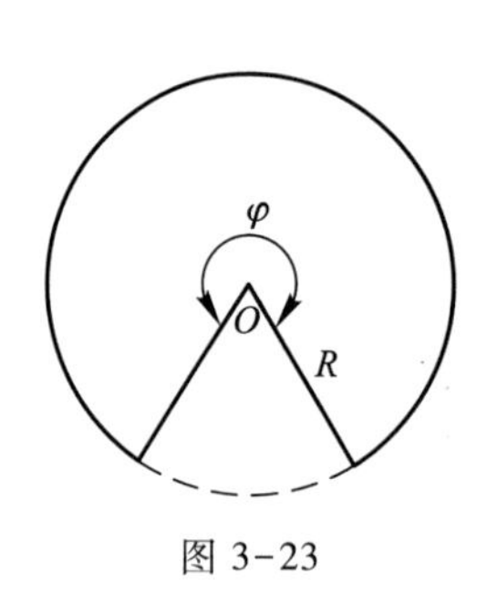

图 3-23

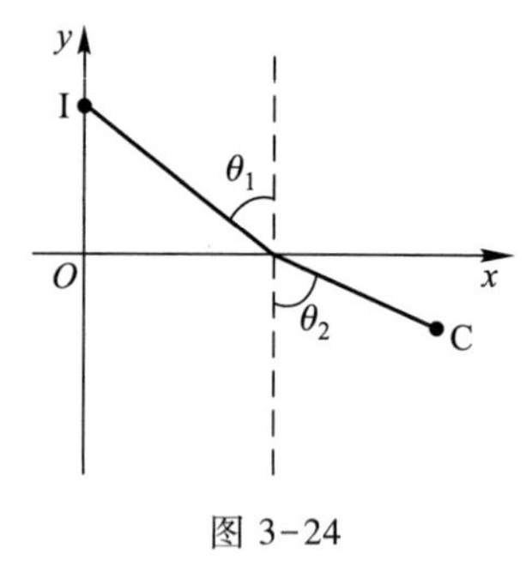

图 3-24

11. 烟囱向其周围地区散落烟尘而污染环境. 已知落在地面某处的烟尘浓度与该处至烟囱距离的平方成反比，而与该烟囱喷出的烟尘量成正比. 现有两座烟囱相距 20 km，其中一座烟囱喷出的烟尘量是另一座的 8 倍，试求出两座烟囱连线上烟尘浓度最小的一个点.

第六节　函数图形的描绘

在用描点法作出函数的图形时，如何恰当选择图形上的点是很重要的.现在利用上面两节学习的微分学的方法，我们可对所描的点加以选择，抓住那些在图形上处于重要位置的点（如"峰""谷"、拐点等），并掌握图形在各个部分区间上的主要性态（如升降、凹凸等），从而只需描出少数的点，就可把函数图形的特性比较准确地描绘出来.

利用导数描绘函数图形的一般步骤如下：

第一步　确定函数 $y=f(x)$ 的定义域及函数的某些特性（如奇偶性、周期性等），求出函数的一阶导数 $f'(x)$ 和二阶导数 $f''(x)$；

第二步　求出一阶导数 $f'(x)$ 和二阶导数 $f''(x)$ 的全部零点，并求出函数 $f(x)$ 的间断点及 $f'(x)$ 和 $f''(x)$ 不存在的点，用这些点将函数的定义域划分成几个部分区间；

第三步　确定在这些部分区间内 $f'(x)$ 和 $f''(x)$ 的符号，并由此确定函数图形的升降和凹凸，极值点和拐点；

第四步　确定函数图形的水平、铅直渐近线以及其他变化趋势；

第五步　算出方程 $f'(x)=0$ 和 $f''(x)=0$ 的根所对应的函数值，定出图形上相应的点；为了把图形描得准确些，有时还需要补充一些点；然后结合第三、四步中得到的结果，联结这些点作出函数 $y=f(x)$ 的图形.

例 1　作出函数 $y=x^3-x^2-x+1$ 的图形.

解　(1) 所给函数 $y=f(x)$ 的定义域为 $(-\infty,+\infty)$，而

$$f'(x)=3x^2-2x-1=(3x+1)(x-1),$$

$$f''(x)=6x-2=2(3x-1).$$

(2) $f'(x)=0$ 的根为 $x=-\frac{1}{3}$ 和 1，$f''(x)=0$ 的根为 $x=\frac{1}{3}$.将点 $x=-\frac{1}{3}$，$x=\frac{1}{3}$，$x=1$ 由小到大排列，依次把定义域 $(-\infty,+\infty)$ 划分成下列四个部分区间：

$$\left(-\infty,-\frac{1}{3}\right],\quad\left[-\frac{1}{3},\ \frac{1}{3}\right],\quad\left[\frac{1}{3},1\right],\quad[1,+\infty).$$

(3) 在 $\left(-\infty,-\frac{1}{3}\right)$ 内，$f'(x)>0$，$f''(x)<0$，所以在 $\left(-\infty,-\frac{1}{3}\right]$ 上曲线弧上升而且是凸的.

在$\left(-\frac{1}{3},\frac{1}{3}\right)$内，$f'(x)<0$，$f''(x)<0$，所以在$\left[-\frac{1}{3},\frac{1}{3}\right]$上曲线弧下降而且是凸的.

同样可以讨论在区间$\left[\frac{1}{3},1\right]$上及在区间$[1,+\infty)$上相应的曲线弧的升降和凹凸.为明了起见，把所得的结果列成下表：

x	$\left(-\infty,-\frac{1}{3}\right)$	$-\frac{1}{3}$	$\left(-\frac{1}{3},\frac{1}{3}\right)$	$\frac{1}{3}$	$\left(\frac{1}{3},1\right)$	1	$(1,+\infty)$
$f'(x)$	+	0	−	−	−	0	+
$f''(x)$	−	−	−	0	+	+	+
$y=f(x)$ 的图形	↗	极大值点	↘	拐点 $\left(\frac{1}{3},f\left(\frac{1}{3}\right)\right)$	↘	极小值点	↗

这里记号↗表示曲线弧上升而且是凸的，↘表示曲线弧下降而且是凸的，↘表示曲线弧下降而且是凹的，↗表示曲线弧上升而且是凹的.

(4) 当$x\to+\infty$时，$y\to+\infty$；当$x\to-\infty$时，$y\to-\infty$；

(5) 算出$x=-\frac{1}{3},\frac{1}{3},1$处的函数值：

$$f\left(-\frac{1}{3}\right)=\frac{32}{27},\quad f\left(\frac{1}{3}\right)=\frac{16}{27},\quad f(1)=0.$$

从而得到函数$y=x^3-x^2-x+1$图形上的三个点：

$$\left(-\frac{1}{3},\frac{32}{27}\right),\quad\left(\frac{1}{3},\frac{16}{27}\right),\quad(1,0).$$

适当补充一些点.例如，计算出

$$f(-1)=0,\quad f(0)=1,\quad f\left(\frac{3}{2}\right)=\frac{5}{8},$$

就可补充描出点$(-1,0)$，点$(0,1)$和点$\left(\frac{3}{2},\frac{5}{8}\right)$.结合(3)中得到的结果，就可以画出$y=x^3-x^2-x+1$的图形(图3-25).

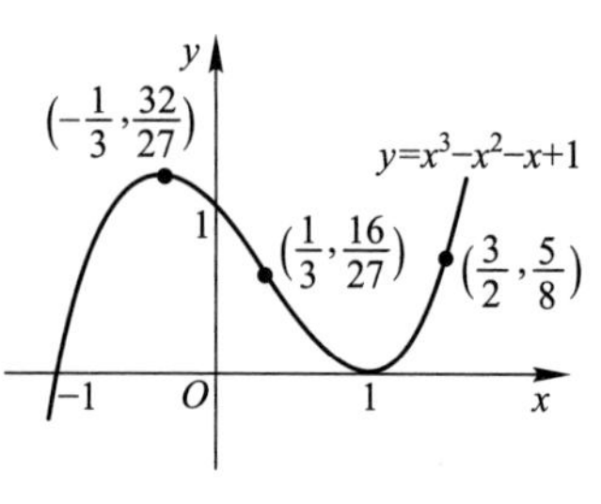

图 3-25

如果所讨论的函数是奇函数或偶函数,那么,描绘函数图形时应该注意利用函数图形的对称性.

例 2 描绘函数 $y=\frac{1}{\sqrt{2\pi}}e^{-\frac{x^2}{2}}$的图形.

解 (1) 所给函数$f(x)=\frac{1}{\sqrt{2\pi}}e^{-\frac{x^2}{2}}$的定义域为$(-\infty,+\infty)$.由于

$$f(-x)=\frac{1}{\sqrt{2\pi}}e^{-\frac{(-x)^2}{2}}=\frac{1}{\sqrt{2\pi}}e^{-\frac{x^2}{2}}=f(x),$$

所以$f(x)$是偶函数,它的图形关于 y 轴对称.因此我们只需讨论该函数在$[0,+\infty)$上的图形.求出

$$f'(x)=\frac{1}{\sqrt{2\pi}}e^{-\frac{x^2}{2}}\cdot(-x)=-\frac{1}{\sqrt{2\pi}}xe^{-\frac{x^2}{2}},$$

$$f''(x)=-\frac{1}{\sqrt{2\pi}}\left[e^{-\frac{x^2}{2}}+xe^{-\frac{x^2}{2}}\cdot(-x)\right]=\frac{1}{\sqrt{2\pi}}e^{-\frac{x^2}{2}}(x^2-1).$$

(2) 在$[0,+\infty)$上,方程$f'(x)=0$的根为$x=0$;方程$f''(x)=0$的根为$x=1$.用点$x=0$和$x=1$把$[0,+\infty)$划分成两个区间$[0,1]$和$[1,+\infty)$.

(3) 在$(0,1)$内,$f'(x)<0$,$f''(x)<0$,所以在$[0,1]$上的曲线弧下降而且是凸的,结合$f'(0)=0$以及图形关于 y 轴对称可知,$x=0$处函数$f(x)$有极大值.

在$(1,+\infty)$内,$f'(x)<0$,$f''(x)>0$,所以在$[1,+\infty)$上的曲线弧下降而且是凹的.

把上述这些结果列成下表:

x	0	$(0,1)$	1	$(1,+\infty)$
$f'(x)$	0	−	−	−
$f''(x)$	−	−	0	+
$y=f(x)$的图形	极大值点	↘	拐点 $(1,f(1))$	↘

(4) 由于$\lim\limits_{x\to+\infty}f(x)=0$,所以图形有一条水平渐近线 $y=0$.

(5) 算出$f(0)=\frac{1}{\sqrt{2\pi}}$,$f(1)=\frac{1}{\sqrt{2\pi e}}$,从而得到函数

$$y=\frac{1}{\sqrt{2\pi}}e^{-\frac{x^2}{2}}$$

的图形上的两点 $M_1\left(0,\dfrac{1}{\sqrt{2\pi}}\right)$ 和 $M_2\left(1,\dfrac{1}{\sqrt{2\pi e}}\right)$.

结合(3)、(4)中讨论的结果,便可画出函数 $y=\dfrac{1}{\sqrt{2\pi}}e^{-\frac{x^2}{2}}$ 在$[0,+\infty)$上的图形.最后再利用图形的对称性,便可得到函数在$(-\infty,+\infty)$上的图形(图 3-26).

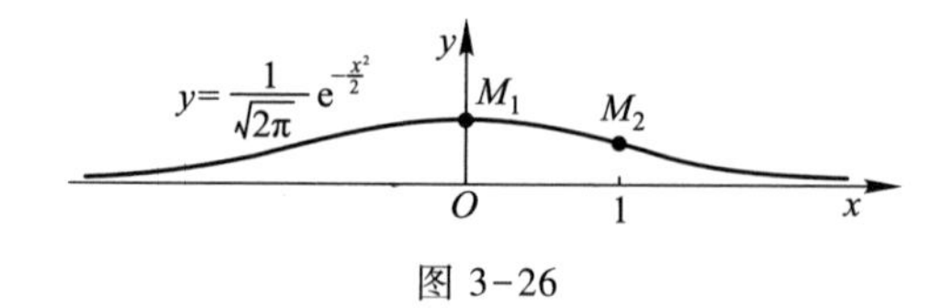

图 3-26

例 3 描绘函数 $y=2+\dfrac{3x}{(x+1)^2}$ 的图形.

解 (1) 所给函数 $y=f(x)$ 的定义域为$(-\infty,-1)$和$(-1,+\infty)$,$x=-1$ 为间断点.

$$f'(x)=\frac{3(1-x)}{(x+1)^3},\quad f''(x)=\frac{6(x-2)}{(x+1)^4},$$

$x=-1$ 时,$f'(x)$和$f''(x)$均不存在.

(2) $f'(x)=0$ 的根为 $x=1$,$f''(x)=0$ 的根为 $x=2$.点 $x=-1$,$x=1$ 和 $x=2$ 把定义域划分成四个部分区间$(-\infty,-1)$,$(-1,1]$,$[1,2]$,$[2,+\infty)$.

(3) 在各部分区间内 $f'(x)$ 及 $f''(x)$ 的符号、相应曲线弧的升降及凹凸,以及极值点和拐点等如下表所示:

x	$(-\infty,-1)$	$(-1,1)$	1	$(1,2)$	2	$(2,+\infty)$
$f'(x)$	−	+	0	−	−	−
$f''(x)$	−	−	−	−	0	+
$y=f(x)$ 的图形	↘	↗	极大值点	↘	拐点 $(2,f(2))$	↘

(4) 由于 $\lim\limits_{x\to\infty}f(x)=2$,$\lim\limits_{x\to-1}f(x)=-\infty$,所以图形有一条水平渐近线 $y=2$ 和一条铅直渐近线 $x=-1$.

(5) 算出 $x=1,2$ 处的函数值:

$$f(1)=\frac{11}{4},\quad f(2)=\frac{8}{3},$$

从而得到图形上的两个点 $M_1\left(1,\frac{11}{4}\right)$，$M_2\left(2,\frac{8}{3}\right)$.

又由于$f(0)=2$，$f\left(-\frac{1}{2}\right)=-4$，$f(-2)=-4$，$f(-4)=\frac{2}{3}$，从而得到图形上的四个点：

$$M_3(0,2),\quad M_4\left(-\frac{1}{2},-4\right),\quad M_5(-2,-4),\quad M_6\left(-4,\frac{2}{3}\right).$$

函数 $y=2+\frac{3x}{(x+1)^2}$的图形如图 3-27 所示.

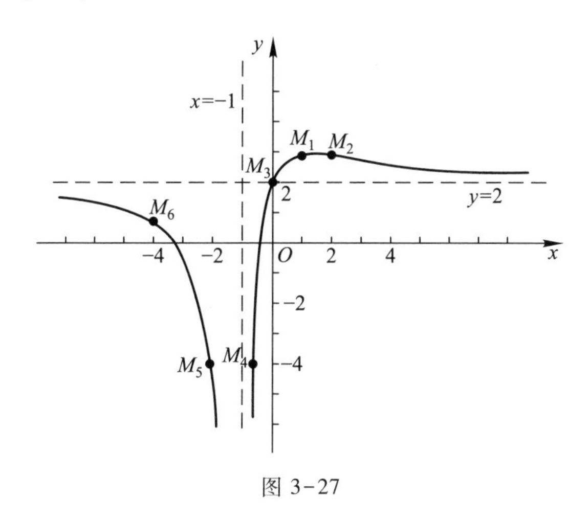

图 3-27

习题 3-6

描绘下列函数的图形：

1. $y=\frac{1}{5}(x^4-6x^2+8x+7)$.

2. $y=\frac{x}{1+x^2}$.

3. $y=\ln(x^2+1)$.

4. $y=\mathrm{e}^{-(x-1)^2}$.

*第七节 曲率

本章第四节讨论了如何利用二阶导数的符号来确定曲线的凹凸性.但是,即使两条曲线弧同为凹弧(或凸弧),它们的“弯曲程度”也可能很不一样.本节将引入“曲率”的概念,用来定量刻画曲线弧的弯曲程度,并导出曲率的计算公式.

一、弧微分

为讨论曲率做准备,我们先介绍弧微分的概念.

设函数 $f(x)$ 在区间 (a,b) 内具有连续导数.在曲线 $y=f(x)$ 上取固定点 $M_0(x_0,y_0)$ 作为度量弧长的基点(图 3-28),并规定依 x 增大的方向作为曲线的正向.对曲线上任一点 $M(x,y)$,规定有向弧段 $\overset{\frown}{M_0M}$ 的值 s(简称为弧 s)如下:s 的绝对值等于这弧段的长度,当有向弧段 $\overset{\frown}{M_0M}$ 的方向与曲线的正向一致时,$s>0$;相反时,$s<0$.显然,弧 s 是 x 的函数 $s=s(x)$,而且 $s(x)$ 是 x 的单调增加函数.下面来求 $s(x)$ 的导数及微分.

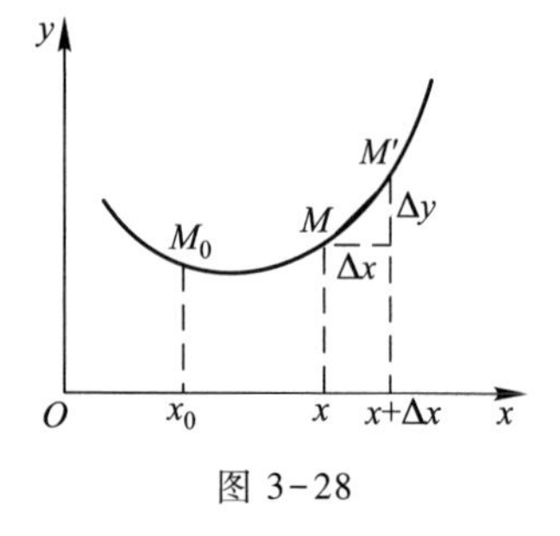

图 3-28

设 $x,x+\Delta x$ 为 (a,b) 内两个邻近的点,它们在曲线 $y=f(x)$ 上的对应点为 M,M'(图 3-28),并设对应于 x 的增量 Δx,弧 s 的增量为 Δs,那么

$$\Delta s=\overset{\frown}{M_0M'}-\overset{\frown}{M_0M}=\overset{\frown}{MM'},$$

上式中,我们就用有向弧段的记号,如 $\overset{\frown}{M_0M'}$,表示该有向弧段的值.于是

$$\left(\frac{\Delta s}{\Delta x}\right)^2=\left(\frac{\overset{\frown}{MM'}}{|MM'|}\right)^2\cdot\frac{|MM'|^2}{(\Delta x)^2}=\left(\frac{\overset{\frown}{MM'}}{|MM'|}\right)^2\cdot\frac{(\Delta x)^2+(\Delta y)^2}{(\Delta x)^2}$$

$$=\left(\frac{\overset{\frown}{MM'}}{|MM'|}\right)^2\cdot\left[1+\left(\frac{\Delta y}{\Delta x}\right)^2\right],$$

$$\frac{\Delta s}{\Delta x}=\pm\sqrt{\left(\frac{\overset{\frown}{MM'}}{|MM'|}\right)^2\cdot\left[1+\left(\frac{\Delta y}{\Delta x}\right)^2\right]}\ .$$

由于 $s=s(x)$ 是 x 的单调增加函数，所以 Δs 与 Δx 同号，即 $\frac{\Delta s}{\Delta x}>0$，从而根号前应取正号.因此有

$$\frac{\Delta s}{\Delta x}=\frac{|\widehat{MM'}|}{|MM'|}\sqrt{1+\left(\frac{\Delta y}{\Delta x}\right)^2},$$

令 $\Delta x\to 0$ 取极限，由于 $\Delta x\to 0$ 时，$M'\to M$，

$$\lim_{M'\to M}\frac{|\widehat{MM'}|}{|MM'|}=1^{①},$$

又

$$\lim_{\Delta x\to 0}\frac{\Delta y}{\Delta x}=y',$$

因此得

$$\frac{\mathrm{d}s}{\mathrm{d}x}=\sqrt{1+y'^2},$$

即

$$\mathrm{d}s=\sqrt{1+y'^2}\,\mathrm{d}x. \tag{1}$$

这就是弧微分公式.

二、曲率及其计算公式

人们直觉地认识到，直线不弯曲，半径较小的圆比半径较大的圆弯曲得厉害些；而其他曲线的不同部分有不同的弯曲程度，例如，抛物线 $y=x^2$ 在顶点附近比远离顶点的部分弯曲得厉害些.下面讨论如何用数量来描述曲线的弯曲程度.

在图 3-29 中我们看到，曲线弧 $\widehat{M_1M_2}$ 的弯曲程度很小，当动点沿这段弧从 M_1 移动到 M_2 时，切线转过的角度（简称转角）$\Delta\alpha_1$ 不大，而曲线弧 $\widehat{M_2M_3}$ 弯曲得比较厉害，转角 $\Delta\alpha_2$ 就比较大.

但是，转角的大小还不能完全反映曲线的弯曲程度.例如，在图 3-30 中我们看到，两段曲线弧 $\widehat{M_1M_2}$ 及 $\widehat{N_1N_2}$ 尽管它们的转角 $\Delta\alpha$ 相同，然而弯曲程度并不相同，曲线弧短的比曲线弧长的弯曲得厉害些.由此可见，曲线弧的弯曲程度还与弧段的长度有关.

---

① 此式说明：当 $M'\to M$ 时，弧长 $|\widehat{MM'}|$ 与弦长 $|MM'|$ 为等价无穷小.此式的证明从略.

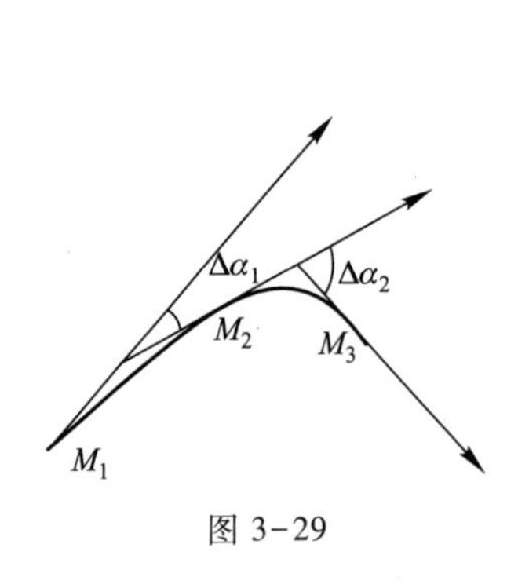

图 3-29

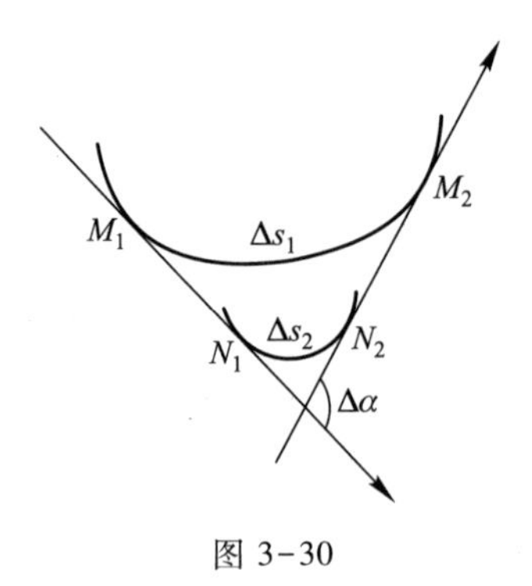

图 3-30

按上面的分析,我们来引入描述曲线弯曲程度的曲率概念.

设曲线 C 上每一点处都有切线,且切线随切点的移动而连续转动(这种曲线称为光滑曲线),在曲线 C 上选定一点 M_0 作为度量弧 s 的基点.设曲线上点 M 对应于弧 s,M 处切线的倾角为 α,曲线上另外一点 M'对应于弧 $s+\Delta s$,M'处切线的倾角为 $\alpha+\Delta\alpha$(图 3-31),那么,弧段 $\widehat{MM'}$的长度为 $|\Delta s|$,当动点从点 M 移动到点 M'时切线转过的角度为 $|\Delta\alpha|$.

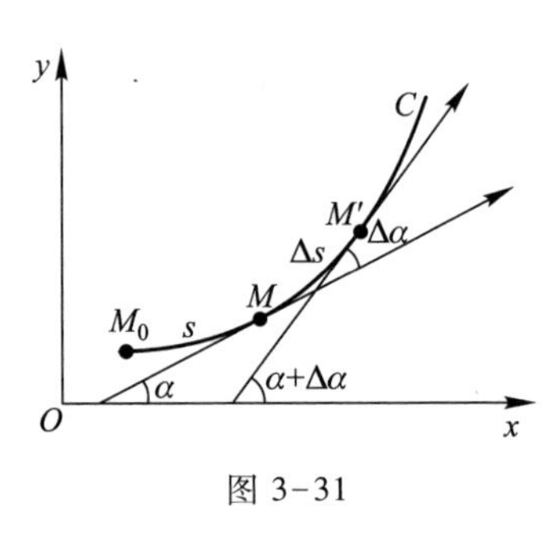

图 3-31

我们用比值$\dfrac{|\Delta\alpha|}{|\Delta s|}$,即单位弧段上切线转角的大小,来表达弧段$\widehat{MM'}$的平均弯曲程度,并把这比值叫做弧段$\widehat{MM'}$的平均曲率,记作$\overline{K}$,即

$$\overline{K}=\frac{|\Delta\alpha|}{|\Delta s|}.$$

类似于从平均速度引进瞬时速度的方法,当 $\Delta s\to 0$ 时(即$M'\to M$ 时),上述平均曲率的极限叫做曲线 C 在点 M 处的曲率,记作 K,即

$$K=\lim_{\Delta s\to 0}\frac{|\Delta\alpha|}{|\Delta s|}.$$

在$\lim\limits_{\Delta s\to 0}\dfrac{\Delta\alpha}{\Delta s}=\dfrac{\mathrm{d}\alpha}{\mathrm{d}s}$存在的条件下,$K$ 可以表示为

$$K=\left|\frac{\mathrm{d}\alpha}{\mathrm{d}s}\right|. \tag{2}$$

现在我们根据(2)式来导出便于实际计算曲率的公式.

设曲线的直角坐标方程是 $y=f(x)$,且 $f(x)$具有二阶导数.因为 $\tan\alpha=y'$,所

以在等式两端关于 x 求导得

$$\sec^2\alpha\frac{\mathrm{d}\alpha}{\mathrm{d}x}=y'',$$

$$\frac{\mathrm{d}\alpha}{\mathrm{d}x}=\frac{y''}{1+\tan^2\alpha}=\frac{y''}{1+y'^2},$$

于是

$$\mathrm{d}\alpha=\frac{y''}{1+y'^2}\mathrm{d}x.$$

又由(1)知道

$$\mathrm{d}s=\sqrt{1+y'^2}\,\mathrm{d}x,$$

从而根据曲率 K 的定义式(2),得

$$K=\frac{|y''|}{(1+y'^2)^{3/2}}.\tag{3}$$

例 1 计算直线 $y=ax+b$ 在任意一点处的曲率.

解 由于 $y'=a,y''=0$,因此根据(3)式即得

$$K=0.$$

这就是说,直线上任意一点处的曲率都等于零,这与我们直觉认识到的“直线不弯曲”一致.

例 2 计算半径为 R 的圆在任意一点处的曲率.

解 半径为 R 的圆可用参数方程表示如下:

$$\begin{cases}x=R\cos t+a,\\ y=R\sin t+b\end{cases}\quad(0\leqslant t<2\pi),$$

其中 a,b 为圆心的坐标.

$$x'(t)=-R\sin t,\quad y'(t)=R\cos t,$$

因此,

$$\frac{\mathrm{d}y}{\mathrm{d}x}=\frac{y'(t)}{x'(t)}=-\cot t,\quad \frac{\mathrm{d}^2y}{\mathrm{d}x^2}=\frac{\mathrm{d}}{\mathrm{d}t}(-\cot t)\Bigg/\frac{\mathrm{d}x}{\mathrm{d}t}=-\frac{1}{R\sin^3t},$$

从而

$$K=\frac{|y''|}{(1+y'^2)^{3/2}}=\frac{1}{R|\sin^3t|(1+\cot^2t)^{3/2}}=\frac{1}{R}.$$

这表明圆上各点处的曲率都等于半径 R 的倒数 $\frac{1}{R}$.这就是说,圆的弯曲程度到处一样,且半径越小曲率越大,即弯曲得越厉害.

例 3　抛物线 $y=ax^2+bx+c$ 上哪一点处的曲率最大？

解　由 $y=ax^2+bx+c$ 得

$$y'=2ax+b,\quad y''=2a,$$

代入公式(3)得

$$K=\frac{|2a|}{[1+(2ax+b)^2]^{3/2}}.$$

这里 K 为正数且分子为常数 $|2a|$，所以只要分母取最小值，K 就取最大值.容易看出，当 $2ax+b=0$，即 $x=-\dfrac{b}{2a}$ 时，K 的分母最小，因而 K 有最大值 $|2a|$.由于 $x=-\dfrac{b}{2a}$ 所对应的点为抛物线的顶点，因此抛物线在顶点处的曲率最大.

在有些实际问题中，$|y'|$ 同 1 比较起来是很小的（有的工程技术书上把这种关系记成 $|y'|\ll 1$），这时可取 $1+y'^2\approx 1$，从而得曲率的近似计算公式

$$K=\frac{|y''|}{(1+y'^2)^{3/2}}\approx|y''|.$$

三、曲率圆与曲率半径

设曲线 $y=f(x)$ 在点 $M(x,y)$ 处的曲率为 $K(K\neq 0)$.在点 M 处的曲线的法线上，在凹的一侧取一点 D，使 $|DM|=\dfrac{1}{K}=\rho$.以 D 为圆心，ρ 为半径作圆（图 3-32），这个圆叫做曲线在点 M 处的曲率圆，曲率圆的圆心 D 叫做曲线在点 M 处的曲率中心，曲率圆的半径 ρ 叫做曲线在点 M 处的曲率半径.

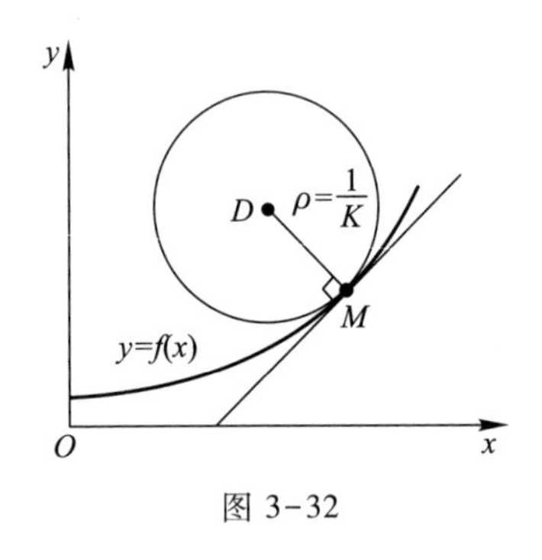

图 3-32

按上述规定可知，曲率圆与曲线在点 M 处有相同的切线和曲率，且在点 M 邻近有相同的凹向.因此，在实际问题中，往往用曲率圆在点 M 邻近的一段圆弧来近似代替曲线弧，以使问题简化.

按上述规定，曲线在点 M 处的曲率 $K\ (K\neq 0)$ 与曲线在点 M 处的曲率半径 ρ 有如下关系：

$$\rho=\frac{1}{K}\quad\text{或}\quad K=\frac{1}{\rho}.$$

这就是说，曲线上一点处的曲率半径与曲线在该点处的曲率互为倒数.

由此可见，当曲线上一点处的曲率半径 ρ 比较大时，曲线在该点处的曲率 K 就比较小，即曲线在该点附近比较平坦；当曲率半径 ρ 比较小时，曲率 K 就比较大，即曲线在该点附近弯曲得较厉害.

例 4　设工件内表面的截线为抛物线 $y=0.4x^2$（图 3-33）. 现在要用砂轮磨削其内表面，问用直径多大的砂轮才比较合适？

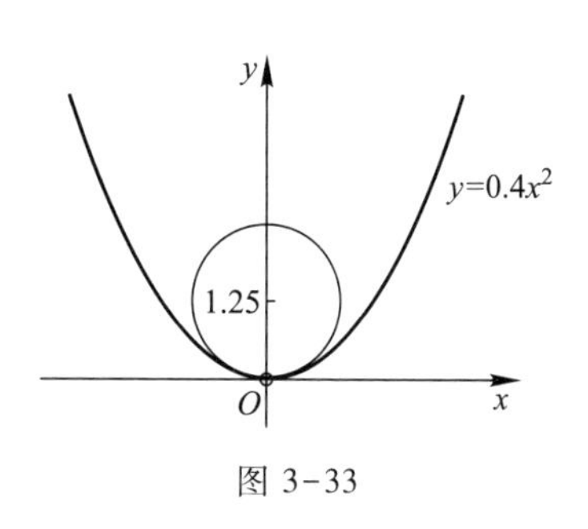

图 3-33

解　为了在磨削时不使砂轮与工件接触处附近的那部分工件磨去太多，砂轮的半径应小于或等于抛物线上各点处曲率半径中的最小值. 由本节例 3 知道，抛物线在其顶点处的曲率最大，也就是说，抛物线在其顶点处的曲率半径最小. 因此，我们先来求出抛物线 $y=0.4x^2$ 在顶点 $O(0,0)$ 处的曲率. 由

$$y'=0.8x,\quad y''=0.8,$$

而有

$$y'\big|_{x=0}=0,\quad y''\big|_{x=0}=0.8.$$

把它们代入公式(3)，得

$$K=0.8.$$

因而求得抛物线顶点处的曲率半径

$$\rho=\frac{1}{K}=1.25.$$

所以选用砂轮的半径不得超过 1.25 单位长，即直径不得超过 2.50 单位长.

对于用砂轮磨削一般工件的内表面时，也有类似的结论，即选用的砂轮的半径不应超过这工件内表面的截线上各点处曲率半径中的最小值.

*习题 3-7

1. 计算曲线 $y=\sin x$ 上点 $\left(\frac{\pi}{2},1\right)$ 处的曲率.
2. 求曲线 $y=\ln(\sec x)$ 在点 (x,y) 处的曲率及曲率半径.
3. 求抛物线 $y=x^2-4x+3$ 在顶点处的曲率及曲率半径.
4. 求曲线 $x=a\cos^2 t, y=a\sin^2 t$ 在 $t=t_0$ 处的曲率.
5. 对数曲线 $y=\ln x$ 上哪一点处的曲率半径最小？求出该点处的曲率半径.

6. 一飞机沿抛物线路径 $y=\dfrac{x^2}{10\ 000}$（y 轴铅直向上，单位为 m）做俯冲飞行. 在坐标原点 O 处飞机的速度为 $v=200$ m/s. 飞行员质量 $G=70$ kg. 求飞机俯冲至最低点即原点 O 处时座椅对飞行员的作用力.

（提示：做曲线运动的物体所受的向心力为 $F=\dfrac{mv^2}{\rho}$，这里 m 为物体的质量，v 为它的速度，ρ 为曲率半径.）

*第八节 方程的近似解

在科学技术问题中，经常遇到求解高次代数方程或其他类型的方程的问题. 要算出这类方程的实根的精确值，往往比较困难，因此就需要寻求方程的近似解.

求方程实根的近似值，可分两步来做.

第一步是确定根的大致范围. 具体地说，就是确定一个区间 $[a,b]$，使所求的实根是位于这个区间内的唯一实根. 这一步工作称为根的隔离，区间 $[a,b]$ 称为所求实根的隔离区间. 由于方程 $f(x)=0$ 的实根在几何上表示曲线 $y=f(x)$ 与 x 轴交点的横坐标，因此为了确定根的隔离区间，可以先较精确地画出 $y=f(x)$ 的图形，然后从图上定出它与 x 轴交点的大概位置. 由于作图和读数的误差，这种做法得不出精确度高的根的近似值，但一般已可以确定出根的隔离区间.

第二步是在根的隔离区间上，确定所求根的初始近似值，接着再逐步改进根的近似值的精确度，以求得精确度高的近似值. 完成这一步工作有很多不同的方法，这里介绍一种比较常用的方法——切线法.

现在假定已经得到了方程 $f(x)=0$ 的实根的两个近似值 a 和 b，并且满足下列条件：

（1） 函数 $f(x)$ 在区间 $[a,b]$ 上连续，且具有二阶导数；

（2） $f(a)$ 与 $f(b)$ 异号，即 $f(a)f(b)<0$；

（3） $f'(x)$ 与 $f''(x)$ 在 $[a,b]$ 上不变号.

由 $f(x)$ 的连续性、$f(a)f(b)<0$ 和 $f'(x)$ 在 $[a,b]$ 上保持定号等条件，可以推得方程 $f(x)=0$ 在 $[a,b]$ 内具有唯一实根 ξ（本章第一节例 1）. 因此 $[a,b]$ 确为根 ξ 的一个隔离区间.

从几何上看，条件（2）表示曲线 $y=f(x)$ 在区间 $[a,b]$ 上的弧 $\widehat{AB}$ 的两个端点

$A(a,f(a))$和$B(b,f(b))$在x轴的上、下两侧；条件(3)说明函数$y=f(x)$是单调的，且弧$\widehat{AB}$的凹向不变.这时弧只有图3-34所示的四种不同的情形.

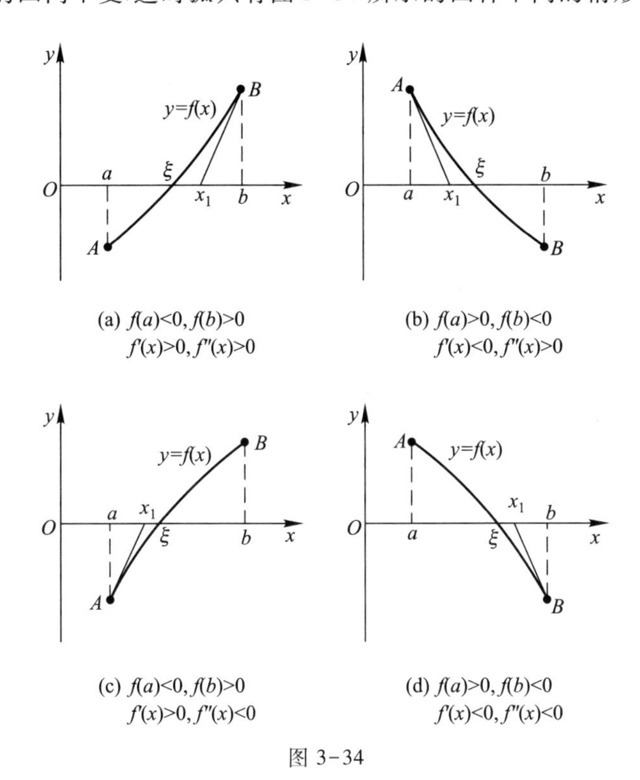

图 3-34

在这样的条件下，就可应用切线法来求出方程的近似根.这种方法是用曲线弧一端的切线来代替曲线弧，从而求出方程实根的近似值.

从图中看出，如果在纵坐标与$f''(x)$同号的那个端点作切线，这切线与x轴的交点的横坐标x_1就比原来的近似值a或b更接近于方程的根ξ①.

我们以情形(c)：$f(a)<0,f(b)>0,f'(x)>0,f''(x)<0$为例进行讨论.

因为$f(a)$与$f''(x)$同号，所以在端点$A(a,f(a))$作切线.这切线的方程为

$$y-f(a)=f'(a)(x-a).$$

令$y=0$，从上式解出x，就得到切线与x轴交点的横坐标为

$$x_1=a-\frac{f(a)}{f'(a)},$$

① 如果把切线作在纵坐标与$f''(x)$异号的那个端点，就不能保证切线与x轴的交点的横坐标x_1比原来的近似值a或b更接近于方程的根ξ.

x_1 比 a 更接近于方程的根 ξ.然后在区间$[x_1,b]$上重复同样的步骤,可得

$$x_2=x_1-\frac{f(x_1)}{f'(x_1)},$$

x_2 比 x_1 更接近于 ξ.若记 $x_0=a$,则有

$$a=x_0<x_1<x_2<\xi.$$

继续重复同样的步骤,则可得到一列单调增加的近似根

$$a=x_0<x_1<\cdots<x_{n-1}<x_n<\xi,$$

相应的迭代公式是

$$x_n=x_{n-1}-\frac{f(x_{n-1})}{f'(x_{n-1})}. \qquad (1)$$

随着 n 的增加,x_n 与 ξ 越来越接近(图 3-35).

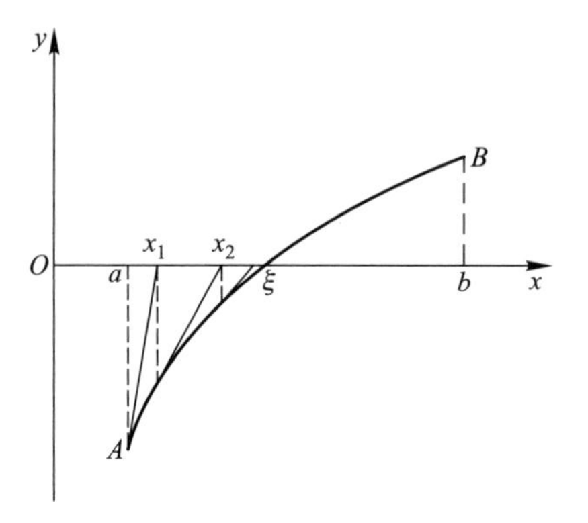

图 3-35

我们指出,迭代公式(1)也适用于其他三种情形.不过在每种情形中,都要注意正确选取初始近似值 x_0.x_0 究竟选 a 还是选 b 不是随意的,应使 x_0 满足 $f(x_0)$ 与 $f''(x)$ 同号的条件.

例 已知方程 $x^3+1.1x^2+0.9x-1.4=0$ 在$(0,1)$内只有一个实根,用切线法求出它的近似值,使误差不超过 0.001.

解 这里 $a=0,b=1$.容易验知$f(1)$与$f''(x)$同号,因此选取$b=1$ 作为根的初始近似值 x_0,依次应用迭代公式(1),得到

$$x_1=1-\frac{f(1)}{f'(1)}\approx 0.738,$$

$$x_2=0.738-\frac{f(0.738)}{f'(0.738)}\approx 0.674,$$

$$x_3=0.674-\frac{f(0.674)}{f'(0.674)}\approx 0.671.$$

容易验证$f(0.671)>0$,而$f(0.670)<0$,所以取 0.671 为根的近似值,它的误差不超过 0.001.这里只经过三次迭代,就求得了所需精确度的根,效果是较理想的.

根据上面的切线法求根的步骤,可以方便地编写出计算方程的近似根的程序,在计算机上加以实现.事实上,现在已有很多现成的求方程近似根的数学软件可供选用,为求解方程提供了快速、简捷的途径.

*习题 3-8

1. 试证明：方程 $x^5+5x+1=0$ 在区间 $(-1,0)$ 内有唯一的实根，并用切线法求这个根的近似值，使误差不超过 0.01.

2. 求方程 $x^3+3x-1=0$ 的近似根，使误差不超过 0.01.

3. 求方程 $x\ln x=1$ 的近似根，使误差不超过 0.01.

第三章复习题

第三章
复习指导

一、概念复习

1. 填空、选择题：

(1) 如果函数 $y=f(x)$ 在闭区间 $[a,b]$ 上连续，在开区间 (a,b) 内可导，当________时，必有 $\xi\in(a,b)$，使得 $f'(\xi)=0$；

(2) 设函数 $y=f(x)$ 在区间 I 内可导，如果 $f'(x)$________，那么 $y=f(x)$ 在 I 内是单调减少的；

(3) 设函数 $y=f(x)$ 在区间 I 内二阶可导，如果 $f''(x)$________，曲线 $y=f(x)$ 在 I 内是凹的；

(4) 设函数 $y=f(x)$ 二阶可导，如果 $f'(x_0)=f''(x_0)+1=0$，那么点 x_0(　　)；

(A) 是极大值点　　(B) 是极小值点

(C) 不是极值点　　(D) 不是驻点

(5) 函数 $f(x)=2x^3-9x^2+12x+1$ 在区间 $[0,2]$ 上的最大值点与最小值点分别是(　　)；

(A) 1 与 0　　(B) 1 与 2　　(C) 2 与 0　　(D) 2 与 1

(6) 设函数 $f(x)=(x^2-3x+2)\sin x$，则方程 $f'(x)=0$ 在 $(0,\pi)$ 内根的个数是(　　).

(A) 0 个　　(B) 至多 1 个　　(C) 2 个　　(D) 至少 3 个

2. 是非题(回答时需说明理由)：

(1) 设函数 $y=f(x)$ 在区间 I 内可导且单调增加，那么对任意 $x\in I$，必有 $f'(x)>0$；

(2) 设函数 $f(x)$ 和 $g(x)$ 均可导，且 $f'(x)<g'(x)$，则 $f(x)<g(x)$；

(3) 如果 x_0 是可导函数 $f(x)$ 的驻点，那么 $f(x_0)$ 可能是极值也可能不是极值；

(4) 设函数 $f(x)$ 和 $g(x)$ 都在 $x=a$ 处取极大值，则 $f(x)g(x)$ 也在 $x=a$ 处取极大值；

(5) 某质点做直线运动，其位置函数是 $s=s(t)$. 若质点的运动速度是单调减少的，则 $s=s(t)$ 的图形是一条凸弧.

二、综合练习

1. 图 3-36 中有三条曲线 a,b,c，其中一条是汽车的位置函数的曲线，另一条是汽车的速度函数的曲线，还有一条是汽车的加速度函数的曲线. 试确定哪条曲线是哪个函数的图形，并说明理由.

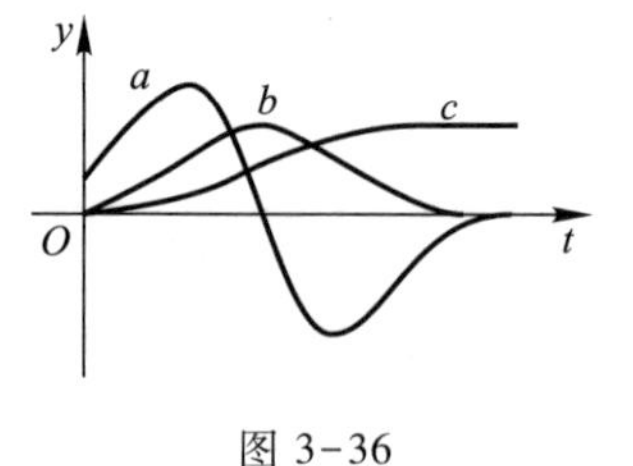

图 3-36

2. 证明:多项式 $f(x)=x^3-3x+a$ 在 $[0,1]$ 上不可能有两个零点,为使 $f(x)$ 在 $[0,1]$ 上存在零点,a 应满足怎样的条件?

3. 设 $\lim\limits_{x\to\infty}f'(x)=k$,常数 $a>0$,用拉格朗日中值定理求 $\lim\limits_{x\to\infty}[f(x+a)-f(x)]$.

4. 设 $a_0+\frac{a_1}{2}+\cdots+\frac{a_n}{n+1}=0$,证明:多项式

$$f(x)=a_0+a_1x+\cdots+a_nx^n$$

在 $(0,1)$ 内至少有一个零点.

5. 设在区间 I 内,$f(x)$ 和 $g(x)$ 满足 $f'(x)=g(x)$,$g'(x)=f(x)$.证明:函数 $f^2(x)-g^2(x)$ 在 I 内为一常数.

6. 设 $f(x)$ 在 $[1,2]$ 上连续,在 $(1,2)$ 内二阶可导且 $f''(x)<0$.$f(x)$ 在 $(1,2)$ 内四个点处的函数值如下表所示:

x	1.1	1.2	1.3	1.4
$f(x)$	4.18	4.38	4.56	4.73

证明:$1.8<f'(1.2)<2.0$.

7. 求下列极限:

(1) $\lim\limits_{x\to0}\left[\frac{1}{\ln(1+x)}-\frac{1}{x}\right]$; (2) $\lim\limits_{x\to0}\frac{\tan x-\sin x}{x^3}$.

8. 证明下列不等式:

(1) 当 $0<x_1<x_2<\frac{\pi}{2}$ 时,$\frac{\tan x_2}{x_2}>\frac{\tan x_1}{x_1}$;

(2) 当 $x>0$ 时,$(1+x)\ln(1+x)>\arctan x$.

9. 设函数 $f(x)=x^{\frac{1}{x}}(x>0)$,求 $f(x)$ 的最大值,并由此确定数列 $1,\sqrt{2},\sqrt[3]{3},\cdots,\sqrt[n]{n},\cdots$ 的最大项.

10. 甲、乙两地相距 s km,汽车从甲地匀速地行驶到乙地,已知汽车每小时的运输成本(以元为单位)由可变部分与固定部分组成:可变部分与速度(单位为 km/h)的平方成正比,比例系数为 b;固定部分为 a 元.试问为使全程运输成本最小,汽车应以多大速度行驶?

11. 一房地产公司有 50 套公寓要出租.当月租金定为 1 000 元时,公寓会全部租出去.当月租金每增加 50 元时,就会多一套公寓租不出去,而租出去的公寓每月需花费 100 元的维修费.试问房租定为多少可获得最大收入?

第四章 不定积分

在第二章中，我们讨论了如何求一个函数的导函数的问题，本章要讨论它的反问题，即求一个可导函数，使它的导函数等于已知函数.例如，当质点做直线运动时，如果已知它的位置函数$s(t)$，那么，通过求导，便可求得速度函数 $v(t)=s'(t)$；反过来，如果已知它的速度函数 $v(t)$，如何求它的位置函数 $s(t)$呢？这便是本章所要讨论的问题.

本章先给出原函数和不定积分的概念，介绍它们的性质，进而讨论求不定积分的方法.求不定积分是积分学的基本问题之一.

第一节 不定积分的概念与性质

一、原函数与不定积分的概念

定义 若在区间 I 上，可导函数 $F(x)$的导函数为$f(x)$，即当 $x\in I$ 时，

$$F'(x)=f(x) \quad \text{或} \quad \mathrm{d}F(x)=f(x)\,\mathrm{d}x,$$

则称 $F(x)$为$f(x)$在区间 I 上的原函数.

例如，因在区间$(-\infty,+\infty)$内$(\sin x)'=\cos x$，故 $\sin x$ 是$\cos x$在$(-\infty,+\infty)$内的原函数.

又如，当 $x>1$ 时，$[\ln(x^2-1)]'=\dfrac{2x}{x^2-1}$，故 $\ln(x^2-1)$是$\dfrac{2x}{x^2-1}$在区间$(1,+\infty)$内的原函数.

关于原函数，我们要说明三点：一是原函数的存在性，即具备什么条件的函数必有原函数？二是原函数的个数，即如果某函数有原函数，那么它有多少个原函数？三是原函数之间的关系，即某函数如果有多个原函数，那么这些原函数之间有什么联系？

1. 首先给出原函数的存在条件，它的证明将在第五章第二节中给出：

原函数存在定理 如果函数 $f(x)$在区间 I 内连续，那么在区间 I 内必定存在可导函数 $F(x)$，使得对每一个 $x\in I$，都有

$$F'(x)=f(x),$$

即连续函数必定存在原函数.

我们已经知道初等函数在其定义区间内连续,因此每个初等函数在其定义域内的任一区间内都有原函数.

2. 如果函数 $f(x)$ 在区间 I 内有原函数 $F(x)$,那么对于任意常数 C,由于对任意的 $x\in I$,有 $[F(x)+C]'=F'(x)=f(x)$,所以 $F(x)+C$ 也是 $f(x)$ 在 I 内的原函数.这说明如果函数 $f(x)$ 在 I 内有原函数,那么它在 I 内就有无限多个原函数.

3. 设 $F(x)$ 和 $\Phi(x)$ 为函数 $f(x)$ 在区间 I 内的两个原函数,那么对任意的 $x\in I$,

$$[\Phi(x)-F(x)]'=\Phi'(x)-F'(x)=f(x)-f(x)=0,$$

由于导数恒为零的函数必为常数(见第三章第一节),因而 $\Phi(x)-F(x)=C_0$,即 $\Phi(x)=F(x)+C_0$ (C_0 是某个常数).这说明 $f(x)$ 的任何两个原函数之间只差一个常数.

由此可见,当 C 是任意常数时,表达式

$$F(x)+C$$

就可以表示 $f(x)$ 的任意一个原函数.

由以上说明,我们引进下述定义.

定义 在区间 I 上,函数 $f(x)$ 的带有任意常数项的原函数称为 $f(x)$ 在区间 I 上的不定积分,记作

$$\int f(x)\,\mathrm{d}x.$$

其中记号 $\int$(拉长的 S)称为积分号,$f(x)$ 称为被积函数,$f(x)\,\mathrm{d}x$ 称为被积表达式,x 称为积分变量.

按此定义及前面的说明可知,如果 $F(x)$ 是 $f(x)$ 在区间 I 上的一个原函数,那么在 I 上有

$$\int f(x)\,\mathrm{d}x=F(x)+C. \tag{1}$$

由此可知,求一个函数的不定积分实际上只需求出它的一个原函数,再加上任意常数即得.

例 1 求 $\int\sqrt{x}\,\mathrm{d}x$.

解 因为 $\left(\dfrac{2}{3}x^{\frac{3}{2}}\right)'=x^{\frac{1}{2}}=\sqrt{x}$,所以

$$\int\sqrt{x}\,\mathrm{d}x=\frac{2}{3}x^{\frac{3}{2}}+C.$$

例 2　求 $\int \frac{\mathrm{d}x}{\sqrt{1-x^2}}$.

解　因为 $(\arcsin x)' = \frac{1}{\sqrt{1-x^2}}$,所以

$$\int \frac{1}{\sqrt{1-x^2}}\mathrm{d}x = \arcsin x + C.$$

例 3　求 $\int \frac{1}{x}\mathrm{d}x$.

解　当 $x>0$ 时,因为 $(\ln x)' = \frac{1}{x}$,所以 $\ln x$ 是 $\frac{1}{x}$ 在 $(0,+\infty)$ 内的一个原函数,即在 $(0,+\infty)$ 内,

$$\int \frac{1}{x}\mathrm{d}x = \ln x + C.$$

当 $x<0$ 时,因为 $[\ln(-x)]' = \frac{1}{-x}\cdot(-1) = \frac{1}{x}$,所以 $\ln(-x)$ 是 $\frac{1}{x}$ 在 $(-\infty,0)$ 内的一个原函数,即在 $(-\infty,0)$ 内,

$$\int \frac{1}{x}\mathrm{d}x = \ln(-x) + C.$$

将以上两个结果合起来,可得到 $\frac{1}{x}$ 在 $(-\infty,0)$ 和 $(0,+\infty)$ 两个不同区间内的原函数的统一表达式

$$\int \frac{1}{x}\mathrm{d}x = \ln|x| + C.$$

例 4　设曲线通过点 $(1,2)$,且其上任一点处的切线斜率等于这点横坐标的两倍,求此曲线的方程.

解　设所求曲线的方程为 $y=f(x)$,按题设,曲线上任一点 (x,y) 处的切线斜率为

$$\frac{\mathrm{d}y}{\mathrm{d}x} = 2x,$$

即 $f(x)$ 是 $2x$ 的一个原函数.$2x$ 的任意一个原函数为

$$\int 2x\mathrm{d}x = x^2 + C,$$

故必有某个常数 C 使 $f(x) = x^2 + C$,即曲线方程为 $y = x^2 + C$.因所求曲线通过点 $(1,2)$,故

$$2 = 1 + C,$$

$C=1$,于是所求曲线的方程为

$$y=x^2+1.$$

原函数的图形称为被积函数的积分曲线.本例即是求函数 $2x$ 的通过点(1,2)的那条积分曲线.显然,这条积分曲线可由另一条积分曲线(例如 $y=x^2$)沿 y 轴方向平移而得(图 4-1).

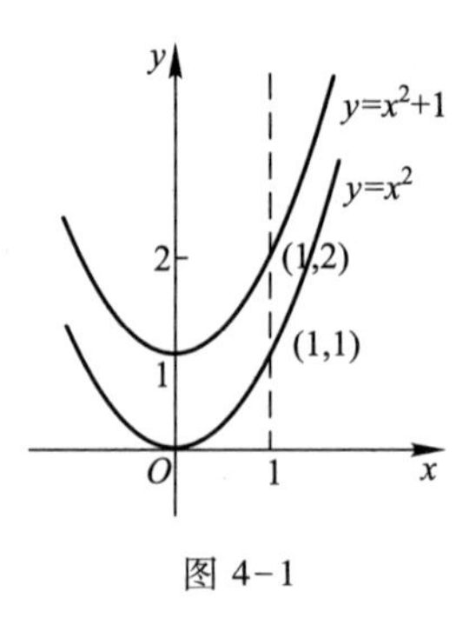

图 4-1

例 5 以初速 v_0 将质点铅直上抛,不计阻力,求它的运动规律(即质点的位置关于时间 t 的函数关系).

解 为表示质点的位置,取坐标系如下:把质点所在的铅直线取作坐标轴,方向朝上,轴与地面的交点取作坐标原点.设运动开始时刻为 $t=0$,当 $t=0$ 时质点所在位置的坐标为 x_0,在时刻 t 时坐标为 x,$x=x(t)$ 便是要求的函数.

按导数的物理意义知道,

$$\frac{\mathrm{d}x}{\mathrm{d}t}=v(t)$$

即为在时刻 t 时质点的向上运动速度(如 $v(t)<0$,那么运动方向实际朝下).又知

$$\frac{\mathrm{d}^2x}{\mathrm{d}t^2}=\frac{\mathrm{d}v}{\mathrm{d}t}=a(t)$$

即为在时刻 t 时质点的向上运动的加速度.按题意,有 $a(t)=-g$,即

$$\frac{\mathrm{d}v}{\mathrm{d}t}=-g \quad 或 \quad \frac{\mathrm{d}^2x}{\mathrm{d}t^2}=-g.$$

先求 $v(t)$.由 $\frac{\mathrm{d}v}{\mathrm{d}t}=-g$,得

$$v(t)=\int(-g)\mathrm{d}t=-gt+C_1.$$

由 $t=0$ 时 $v=v_0$,得 $C_1=v_0$.于是

$$v(t)=-gt+v_0.$$

再求 $x(t)$.由 $\frac{\mathrm{d}x}{\mathrm{d}t}=v(t)$,得

$$x=\int v(t)\mathrm{d}t=\int(-gt+v_0)\mathrm{d}t.$$

由于 $\left(-\frac{1}{2}gt^2+v_0t\right)'=-gt+v_0$,所以

$$x=-\frac{1}{2}gt^2+v_0t+C_2.$$

由 $t=0$ 时 $x=x_0$，得 $C_2=x_0$. 于是所求运动规律为

$$x=-\frac{1}{2}gt^2+v_0t+x_0,\quad t\in[0,T],$$

其中 T 为质点落地的时刻. 这函数的图形如图 4-2 所示.

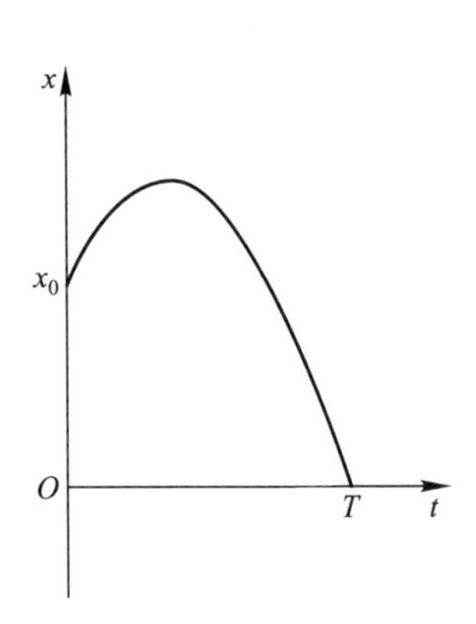

图 4-2

从不定积分的定义，我们可以得到下述关系：

由于 $\int f(x)\mathrm{d}x$ 表示 $f(x)$ 的任意一个原函数，所以

$$\frac{\mathrm{d}}{\mathrm{d}x}\left[\int f(x)\mathrm{d}x\right]=f(x),$$

又由于 $f(x)$ 是 $f'(x)$ 的一个原函数，所以

$$\int f'(x)\mathrm{d}x=f(x)+C.$$

由此可见，如果不计任意常数，求导运算与求不定积分的运算是互逆的.

思考题 1　若 xe^x 是 $f(x)$ 的一个原函数，则 $\int f(x)\mathrm{d}x=$________.

思考题 2　在下列四个函数中，(　　)为 $x\sin x$ 的导函数，(　　)为 $x\sin x$ 的原函数.

(A) $x\cos x+\sin x$　　(B) $x\sin x+1$

(C) $-x\cos x+\sin x$　　(D) $x\sin x+\cos x$

二、基本积分表

由原函数的定义，很自然地我们可以从导数公式得到相应的积分公式.

例如，因为 $\left(\frac{1}{\mu+1}x^{\mu+1}\right)'=x^{\mu}$，所以 $\frac{1}{\mu+1}x^{\mu+1}$ 是 x^{μ} 的一个原函数，于是

$$\int x^{\mu}\mathrm{d}x=\frac{1}{\mu+1}x^{\mu+1}+C\quad(\mu\neq-1).$$

类似地可以得到其他积分公式. 下面我们把一些基本的积分公式列成一个表，通常称为基本积分表.

① $\int 0\mathrm{d}x=C$,

② $\int x^{\mu}\mathrm{d}x=\frac{1}{\mu+1}x^{\mu+1}+C\quad(\mu\neq-1)$,

③ $\int \frac{1}{x}\mathrm{d}x=\ln|x|+C$,

④ $\int \frac{1}{1+x^2}\mathrm{d}x=\arctan x+C$,

⑤ $\int \frac{1}{\sqrt{1-x^2}}\mathrm{d}x=\arcsin x+C$,

⑥ $\int \sin x\mathrm{d}x=-\cos x+C$,

⑦ $\int \cos x\mathrm{d}x=\sin x+C$,

⑧ $\int \frac{1}{\cos^2 x}\mathrm{d}x=\int \sec^2 x\mathrm{d}x=\tan x+C$,

⑨ $\int \frac{1}{\sin^2 x}\mathrm{d}x=\int \csc^2 x\mathrm{d}x=-\cot x+C$,

⑩ $\int \tan x\sec x\mathrm{d}x=\sec x+C$,

⑪ $\int \cot x\csc x\mathrm{d}x=-\csc x+C$,

⑫ $\int \mathrm{e}^x\mathrm{d}x=\mathrm{e}^x+C$,

⑬ $\int a^x\mathrm{d}x=\frac{1}{\ln a}a^x+C \quad (a>0,a\neq 1)$.

以上所列的基本积分公式,是求不定积分的基础,必须熟记.在应用这些公式时,有时需要对被积函数作适当的变形.请看下面两个例子.

例 6 求 $\int \frac{1}{x\sqrt[3]{x}}\mathrm{d}x$.

解 把被积函数化成 x^{μ} 的形式,应用公式②,便得

$$\int \frac{1}{x\sqrt[3]{x}}\mathrm{d}x=\int x^{-\frac{4}{3}}\mathrm{d}x=\frac{1}{-\frac{4}{3}+1}x^{-\frac{4}{3}+1}+C=-3x^{-\frac{1}{3}}+C.$$

例 7 求 $\int 2^x\mathrm{e}^x\mathrm{d}x$.

解 因为 $2^x\mathrm{e}^x=(2\mathrm{e})^x$,把 2e 看作 a,应用公式⑬,便得

$$\int 2^x\mathrm{e}^x\mathrm{d}x=\int (2\mathrm{e})^x\mathrm{d}x=\frac{1}{\ln(2\mathrm{e})}(2\mathrm{e})^x+C=\frac{1}{1+\ln 2}2^x\mathrm{e}^x+C.$$

三、不定积分的性质

由不定积分的定义，可得如下性质：

性质 1　两个函数之和的不定积分等于这两个函数的不定积分之和，即

$$\int[f(x)+g(x)]\mathrm{d}x=\int f(x)\mathrm{d}x+\int g(x)\mathrm{d}x. \tag{2}$$

证　我们要证(2)式右端是 $f(x)+g(x)$ 的不定积分，为此，将(2)式右端对 x 求导，得

$$\left[\int f(x)\mathrm{d}x+\int g(x)\mathrm{d}x\right]'=\left[\int f(x)\mathrm{d}x\right]'+\left[\int g(x)\mathrm{d}x\right]'$$

$$=f(x)+g(x),$$

这表示(2)式右端是 $f(x)+g(x)$ 的原函数. 又(2)式右端有两个积分记号，形式上含有两个任意常数，由于任意常数之和仍为任意常数，故实际上含一个任意常数. 因此(2)式右端是 $f(x)+g(x)$ 的不定积分. (2)式有时也称为分项积分公式.

性质 1 显然可推广到有限多个函数.

类似地可以证明不定积分的如下性质：

性质 2　求不定积分时，被积函数中不为零的常数因子可以提到积分号外面来，即

$$\int kf(x)\mathrm{d}x=k\int f(x)\mathrm{d}x \quad (k \text{ 是常数，且 } k\neq 0).$$

利用基本积分表及不定积分的性质，我们可以求出一些简单的不定积分.

例 8　求 $\int(\mathrm{e}^x-3\cos x)\mathrm{d}x$.

解　$\int(\mathrm{e}^x-3\cos x)\mathrm{d}x=\int \mathrm{e}^x\mathrm{d}x-3\int\cos x\mathrm{d}x$

$$=\mathrm{e}^x-3\sin x+C.$$

说明两点：1. 分项积分后，按理每个积分都有一个任意常数，但由于任意常数的和仍为任意常数，所以只要写出一个任意常数即可.

2. 检验结果是否正确，只要将结果求导，看它的导数是否等于被积函数. 就例 8 而言，

$$(\mathrm{e}^x-3\sin x+C)'=\mathrm{e}^x-3\cos x,$$

所以结果是正确的.

例 9　求 $\int\frac{(x-2)^2}{\sqrt{x}}\mathrm{d}x$.

解 $\int \frac{(x-2)^2}{\sqrt{x}}dx = \int (x^{\frac{3}{2}}-4x^{\frac{1}{2}}+4x^{-\frac{1}{2}})dx$

$$= \int x^{\frac{3}{2}}dx+\int (-4)x^{\frac{1}{2}}dx+\int 4x^{-\frac{1}{2}}dx$$

$$= \int x^{\frac{3}{2}}dx-4\int x^{\frac{1}{2}}dx+4\int x^{-\frac{1}{2}}dx$$

$$=\frac{2}{5}x^{\frac{5}{2}}-4\cdot\frac{2}{3}x^{\frac{3}{2}}+4\cdot 2x^{\frac{1}{2}}+C$$

$$=\left(\frac{2}{5}x^2-\frac{8}{3}x+8\right)\sqrt{x}+C.$$

例 10 求 $\int \frac{x^4}{1+x^2}dx$.

解 基本积分表中没有这种类型的积分,需要把被积函数变形,化为表中所列类型,然后再分项积分:

$$\int \frac{x^4}{1+x^2}dx = \int \frac{x^4-1+1}{1+x^2}dx = \int \frac{(x^2-1)(x^2+1)+1}{1+x^2}dx$$

$$= \int \left(x^2-1+\frac{1}{1+x^2}\right)dx$$

$$= \int x^2dx-\int dx+\int \frac{1}{1+x^2}dx$$

$$=\frac{1}{3}x^3-x+\arctan x+C.$$

例 11 求 $\int \tan^2 x dx$.

解 先利用三角恒等式把被积函数变形,有

$$\int \tan^2 x dx = \int (\sec^2 x-1)dx = \tan x-x+C.$$

例 12 求 $\int \frac{1}{\sin^2 x\cos^2 x}dx$.

解 $\int \frac{1}{\sin^2 x\cos^2 x}dx = \int \frac{\sin^2 x+\cos^2 x}{\sin^2 x\cos^2 x}dx$

$$= \int \left(\frac{1}{\cos^2 x}+\frac{1}{\sin^2 x}\right)dx$$

$$=\tan x-\cot x+C.$$

思考题 3 如果曲线 $y=f(x)$ 过原点,且任一点 $(x,f(x))$ 处的切线斜率为 $5x^2-2\sin x$,试求该曲线方程.

习题 4-1

1. 求下列不定积分：

(1) $\int \frac{dx}{x^2}$；

(2) $\int \frac{dx}{x^2\sqrt{x}}$；

(3) $\int \frac{dh}{\sqrt{2gh}}$ (g 是常数)；

(4) $\int \frac{\sqrt{1+x^2}}{\sqrt{1-x^4}}dx$；

(5) $\int (x^2+1)^2 dx$；

(6) $\int \frac{1+x}{\sqrt{x}}dx$；

(7) $\int \frac{(x+1)(x-2)}{x^2}dx$；

(8) $\int \left(1-\frac{1}{x^2}\right)\sqrt{x\sqrt{x}}\,dx$；

(9) $\int \frac{x^2}{1+x^2}dx$；

(10) $\int \frac{3x^4+3x^2+1}{x^2+1}dx$；

(11) $\int \left(\frac{3}{1+x^2}-\frac{2}{\sqrt{1-x^2}}\right)dx$；

(12) $\int (3^x)^3 dx$；

(13) $\int e^x\left(1-\frac{e^{-x}}{\sqrt{x}}\right)dx$；

(14) $\int 3^{-x}(2\cdot 3^x-3\cdot 2^x)dx$；

(15) $\int \frac{\sin 2x}{\cos x}dx$；

(16) $\int \sec x(\sec x-\tan x)dx$；

(17) $\int \cos^2\frac{x}{2}dx$；

(18) $\int \frac{dx}{1+\cos 2x}$；

(19) $\int \frac{\cos 2x}{\cos x-\sin x}dx$；

(20) $\int \frac{\cos 2x}{\cos^2 x\sin^2 x}dx$.

2. 一曲线通过点$(e^2,3)$，且在任一点处的切线斜率等于该点横坐标的倒数，求该曲线的方程.

3. 一物体由静止开始做直线运动，经 t s 后的速度为 $3t$ m/s，问：

(1) 经 4 s 后物体离开出发点的距离是多少？

(2) 物体与出发点的距离为 120 m 时经过了多少时间？

4. 证明：函数 $\arcsin(2x-1)$，$\arccos(1-2x)$，$2\arcsin\sqrt{x}$ 及 $2\arctan\sqrt{\frac{x}{1-x}}$ 都是 $\frac{1}{\sqrt{x(1-x)}}$ 的原函数.

第二节 换元积分法

利用基本积分表及不定积分的性质所能计算的不定积分是很有限的,因此有必要寻找其他的求不定积分的方法.因为求不定积分与求导数互为逆运算,本节我们将在复合函数求导公式的基础上,利用中间变量代换,得到求复合函数的不定积分的方法,称为换元积分法.按照选取中间变量的不同方式通常将换元法分为两类,下面分别进行介绍.

一、第一类换元法

设 $F(u)$ 为 $f(u)$ 的原函数,即

$$F'(u)=f(u),\quad \int f(u)\,\mathrm{d}u=F(u)+C.$$

如果 u 是另一变量 x 的函数 $u=\varphi(x)$,且 $\varphi(x)$ 可微,那么,根据复合函数求导法,有

$$\frac{\mathrm{d}}{\mathrm{d}x}F[\varphi(x)]=f[\varphi(x)]\varphi'(x),$$

从而根据不定积分的定义得

$$\int f[\varphi(x)]\varphi'(x)\,\mathrm{d}x=F[\varphi(x)]+C=\left[\int f(u)\,\mathrm{d}u\right]_{u=\varphi(x)}.$$

于是有下述定理:

定理 1 设 $f(u)$ 具有原函数,$u=\varphi(x)$ 可导,则有换元公式

$$\int f[\varphi(x)]\varphi'(x)\,\mathrm{d}x=\left[\int f(u)\,\mathrm{d}u\right]_{u=\varphi(x)}. \tag{1}$$

由定理 1 可知,虽然 $\int f[\varphi(x)]\varphi'(x)\,\mathrm{d}x$ 是一个整体的记号,但被积表达式中的 $\mathrm{d}x$ 也可看作变量 x 的微分一样来使用,据此可采用以下的记法:

$$\int f[\varphi(x)]\varphi'(x)\,\mathrm{d}x=\int f[\varphi(x)]\,\mathrm{d}[\varphi(x)],$$

$$\int F'(u)\,\mathrm{d}u=\int \mathrm{d}[F(u)]=F(u)+C.$$

如何应用公式(1) 来求不定积分?当求不定积分 $\int g(x)\,\mathrm{d}x$ 时,如果被积函数 $g(x)$ 可以写成两个因子之积的形式,其中一个是复合函数 $f[\varphi(x)]$,而另一

个恰是 $\varphi(x)$ 的导数 $\varphi'(x)$，那么

$$\int g(x)\mathrm{d}x = \int f[\varphi(x)]\varphi'(x)\mathrm{d}x = \int f[\varphi(x)]\mathrm{d}[\varphi(x)]$$

$$= \left[\int f(u)\mathrm{d}u\right]_{u=\varphi(x)}.$$

这样就把 $g(x)$ 的积分转化为 $f(u)$ 的积分，如果能求得 $f(u)$ 的原函数，那么也就得到了 $g(x)$ 的原函数.由于在积分过程中，先要从被积表达式中凑出一个微分因子 $\mathrm{d}[\varphi(x)]=\varphi'(x)\mathrm{d}x$，故第一类换元法通常也称为凑微分法.

例 1　求 $\int 2\cos 2x\mathrm{d}x$.

解　被积函数中，因子 $\cos 2x$ 是 $\cos u$ 与 $u=2x$ 的复合函数，常数因子 2 恰好是中间变量 u 的导数.因此按公式(1)，有

$$\int 2\cos 2x\mathrm{d}x = \int \cos 2x\cdot(2x)'\mathrm{d}x = \int \cos u\mathrm{d}u = \sin u + C,$$

再以 $u=2x$ 代入，即得

$$\int 2\cos 2x\mathrm{d}x = \sin 2x + C.$$

例 2　求 $\int \frac{1}{3+2x}\mathrm{d}x$.

解　被积函数 $\frac{1}{3+2x}$ 是 $\frac{1}{u}$ 与 $u=3+2x$ 的复合函数，这里缺少 $\frac{\mathrm{d}u}{\mathrm{d}x}=2$ 这样一个因子，但由于 $\frac{\mathrm{d}u}{\mathrm{d}x}$ 是个常数，故可改变被积函数的系数凑出 2 这个因子：

$$\frac{1}{3+2x} = \frac{1}{2}\cdot\frac{1}{3+2x}\cdot 2 = \frac{1}{2}\cdot\frac{1}{3+2x}(3+2x)',$$

从而令 $u=3+2x$，便有

$$\int \frac{1}{3+2x}\mathrm{d}x = \int \frac{1}{2}\cdot\frac{1}{3+2x}(3+2x)'\mathrm{d}x = \frac{1}{2}\int \frac{1}{3+2x}\mathrm{d}(3+2x)$$

$$= \frac{1}{2}\int \frac{1}{u}\mathrm{d}u = \frac{1}{2}\ln|u| + C = \frac{1}{2}\ln|3+2x| + C.$$

一般地，对于积分 $\int f(ax+b)\mathrm{d}x\,(a\neq 0)$，总可作变换 $u=ax+b$，把它化为

$$\int f(ax+b)\mathrm{d}x = \int \frac{1}{a}f(ax+b)\mathrm{d}(ax+b)$$

$$= \frac{1}{a}\left[\int f(u)\mathrm{d}u\right]_{u=ax+b}.$$

例 3 求 $\int \frac{x^2}{(x+1)^3}\mathrm{d}x$.

解 令 $u=x+1$，则 $x=u-1$，$\mathrm{d}x=\mathrm{d}u$. 于是

$$\begin{aligned}\int \frac{x^2}{(x+1)^3}\mathrm{d}x &= \int \frac{(u-1)^2}{u^3}\mathrm{d}u = \int (u^2-2u+1)u^{-3}\mathrm{d}u \\ &= \int (u^{-1}-2u^{-2}+u^{-3})\mathrm{d}u \\ &= \ln|u|+2u^{-1}-\frac{1}{2}u^{-2}+C \\ &= \ln|x+1|+\frac{2}{x+1}-\frac{1}{2(x+1)^2}+C.\end{aligned}$$

例 4 求 $\int 2x\mathrm{e}^{x^2}\mathrm{d}x$.

解 被积函数是两个因子之积. 一个因子 e^{x^2} 是 e^u 与 $u=x^2$ 的复合函数，而另一个因子 $2x$ 恰好是中间变量 $u=x^2$ 的导数，于是有

$$\int 2x\mathrm{e}^{x^2}\mathrm{d}x = \int \mathrm{e}^{x^2}\mathrm{d}(x^2) = \int \mathrm{e}^u\mathrm{d}u = \mathrm{e}^u+C = \mathrm{e}^{x^2}+C.$$

在求复合函数的导数时，我们常不写出中间变量. 同样地，在熟悉不定积分的换元法后，也可不写出中间变量.

例 5 求 $\int \frac{1}{a^2+x^2}\mathrm{d}x\ (a\neq 0)$.

解 $\int \frac{1}{a^2+x^2}\mathrm{d}x = \frac{1}{a^2}\int \frac{1}{1+\left(\frac{x}{a}\right)^2}\mathrm{d}x = \frac{1}{a}\int \frac{1}{1+\left(\frac{x}{a}\right)^2}\mathrm{d}\left(\frac{x}{a}\right) = \frac{1}{a}\arctan\frac{x}{a}+C.$

这里实际上作了变量代换 $u=\frac{x}{a}$，并在求出积分 $\frac{1}{a}\int \frac{\mathrm{d}u}{1+u^2}$ 后，代回了原积分变量，只是没写出来而已.

例 6 求 $\int \frac{1}{x^2}\sec^2\frac{1}{x}\mathrm{d}x$.

解

$$\begin{aligned}\int \frac{1}{x^2}\sec^2\frac{1}{x}\mathrm{d}x &= -\int \sec^2\frac{1}{x}\cdot\left(-\frac{1}{x^2}\right)\mathrm{d}x \\ &= -\int \sec^2\frac{1}{x}\mathrm{d}\left(\frac{1}{x}\right) \\ &= -\tan\frac{1}{x}+C.\end{aligned}$$

例 7　求 $\int \frac{dx}{x(1+2\ln x)}$.

解　$$\int \frac{dx}{x(1+2\ln x)}=\int \frac{d(\ln x)}{1+2\ln x}=\frac{1}{2}\int \frac{d(1+2\ln x)}{1+2\ln x}$$
$$=\frac{1}{2}\ln|1+2\ln x|+C.$$

例 8　求 $\int \sin^3 x\cos^2 x dx$.

解　$$\int \sin^3 x\cos^2 x dx=\int \sin^2 x\cos^2 x\cdot \sin x dx$$
$$=\int (1-\cos^2 x)\cos^2 x\cdot(-1)d(\cos x)$$
$$=\int (\cos^4 x-\cos^2 x)d(\cos x)$$
$$=\frac{1}{5}\cos^5 x-\frac{1}{3}\cos^3 x+C.$$

例 9　求 $\int \sin^2 x\cos^2 x dx$.

解　利用倍角公式,有

$$\int \sin^2 x\cos^2 x dx=\int \frac{1}{4}\sin^2 2x dx$$
$$=\frac{1}{4}\int \frac{1-\cos 4x}{2}dx$$
$$=\frac{1}{8}\int dx-\frac{1}{32}\int \cos 4x d(4x)$$
$$=\frac{x}{8}-\frac{1}{32}\sin 4x+C.$$

一般地,对于形如 $\int \sin^m x\cos^n x dx(m,n\in \mathbf{N})$ 的积分,可仿照例 8 和例 9 的方法处理.

例 10　求 $\int \tan x dx$.

解　$$\int \tan x dx=\int \frac{\sin x}{\cos x}dx=\int \frac{-1}{\cos x}d(\cos x)$$
$$=-\ln|\cos x|+C.$$

类似可求得

$$\int \cot x dx=\ln|\sin x|+C.$$

例 11 求 $\int \sec x\mathrm{d}x$.

解
$$\begin{aligned}\int \sec x\mathrm{d}x &= \int \frac{1}{\cos x}\mathrm{d}x = \int \frac{\cos x}{\cos^2 x}\mathrm{d}x = \int \frac{\mathrm{d}(\sin x)}{1-\sin^2 x}\\ &= \frac{1}{2}\int \left(\frac{1}{1+\sin x}+\frac{1}{1-\sin x}\right)\mathrm{d}(\sin x)\\ &= \frac{1}{2}\left[\int \frac{\mathrm{d}(1+\sin x)}{1+\sin x}-\int \frac{\mathrm{d}(1-\sin x)}{1-\sin x}\right]\\ &= \frac{1}{2}(\ln|1+\sin x|-\ln|1-\sin x|)+C\\ &= \frac{1}{2}\ln\left|\frac{1+\sin x}{1-\sin x}\right|+C=\frac{1}{2}\ln\frac{(1+\sin x)^2}{\cos^2 x}+C\\ &= \ln\left|\frac{1+\sin x}{\cos x}\right|+C=\ln|\sec x+\tan x|+C.\end{aligned}$$

类似可求得

$$\int \csc x\mathrm{d}x=\ln|\csc x-\cot x|+C.$$

例 12 求 $\int \tan^2 x\sec^4 x\mathrm{d}x$.

解
$$\begin{aligned}\int \tan^2 x\sec^4 x\mathrm{d}x &= \int \tan^2 x\sec^2 x\cdot\sec^2 x\mathrm{d}x\\ &= \int \tan^2 x(1+\tan^2 x)\mathrm{d}(\tan x)\\ &= \int (\tan^2 x+\tan^4 x)\mathrm{d}(\tan x)\\ &= \frac{1}{3}\tan^3 x+\frac{1}{5}\tan^5 x+C.\end{aligned}$$

例 13 求 $\int \sin 3x\cos 4x\mathrm{d}x$.

解 可通过三角函数的积化和差,将被积函数化作两项之和,再分项积分.因为

$$\sin 3x\cos 4x=\frac{1}{2}[\sin(3+4)x+\sin(3-4)x],$$

所以

$$\begin{aligned}\int \sin 3x\cos 4x\mathrm{d}x &= \frac{1}{2}\int [\sin 7x+\sin(-x)]\mathrm{d}x\\ &= \frac{1}{2}\left(\int \sin 7x\mathrm{d}x-\int \sin x\mathrm{d}x\right)\end{aligned}$$

$$=\frac{1}{2}\left[\frac{1}{7}\int \sin 7x\mathrm{d}(7x)+\cos x\right]$$

$$=\frac{1}{2}\cos x-\frac{1}{14}\cos 7x+C.$$

例 14　求 $\int \frac{1-x}{\sqrt{9-4x^2}}\mathrm{d}x$.

解　由于

$$\int \frac{1-x}{\sqrt{9-4x^2}}\mathrm{d}x=\int \frac{1}{\sqrt{9-4x^2}}\mathrm{d}x-\int \frac{x}{\sqrt{9-4x^2}}\mathrm{d}x,$$

而

$$\int \frac{1}{\sqrt{9-4x^2}}\mathrm{d}x=\int \frac{\mathrm{d}x}{3\sqrt{1-\left(\frac{2}{3}x\right)^2}}=\frac{1}{3}\int \frac{\frac{3}{2}\mathrm{d}\left(\frac{2}{3}x\right)}{\sqrt{1-\left(\frac{2}{3}x\right)^2}}$$

$$=\frac{1}{2}\arcsin\left(\frac{2}{3}x\right)+C_1,$$

$$\int \frac{x}{\sqrt{9-4x^2}}\mathrm{d}x=\int \frac{\frac{1}{2}\mathrm{d}(x^2)}{\sqrt{9-4x^2}}=\frac{1}{2}\int \frac{-\frac{1}{4}\mathrm{d}(9-4x^2)}{\sqrt{9-4x^2}}$$

$$=-\frac{1}{8}\cdot 2\sqrt{9-4x^2}+C_2,$$

因此

$$\int \frac{1-x}{\sqrt{9-4x^2}}\mathrm{d}x=\frac{1}{2}\arcsin\left(\frac{2}{3}x\right)+\frac{1}{4}\sqrt{9-4x^2}+C.$$

例 15　求 $\int \frac{\mathrm{d}x}{x^2+2x+3}$.

解　分母是个二次质因式，先配方，再求积分.

$$\int \frac{\mathrm{d}x}{x^2+2x+3}=\int \frac{\mathrm{d}x}{2+(x+1)^2}=\frac{1}{2}\int \frac{\mathrm{d}x}{1+\left(\frac{x+1}{\sqrt{2}}\right)^2}$$

$$=\frac{\sqrt{2}}{2}\int \frac{\mathrm{d}\left(\frac{x+1}{\sqrt{2}}\right)}{1+\left(\frac{x+1}{\sqrt{2}}\right)^2}=\frac{\sqrt{2}}{2}\arctan\frac{x+1}{\sqrt{2}}+C.$$

通过上面所举的例子可以看到，利用换元积分公式（1）求不定积分，需要一定的技巧，关键是要在被积表达式中观察出适用的复合函数并凑出相应的微分因子，进而进行变量代换，这方面无一般途径可循，但熟记一些微分公式，例如

$$x\mathrm{d}x=\frac{1}{2}\mathrm{d}(x^2),\quad \frac{1}{x}\mathrm{d}x=\mathrm{d}(\ln x),\quad \frac{1}{x^2}\mathrm{d}x=-\mathrm{d}\left(\frac{1}{x}\right),$$

$$\frac{1}{\sqrt{x}}\mathrm{d}x=2\mathrm{d}(\sqrt{x}),\quad \mathrm{e}^x\mathrm{d}x=\mathrm{d}(\mathrm{e}^x),\quad -\sin x\mathrm{d}x=\mathrm{d}(\cos x),$$

等等，是有帮助的.

思考题 1 在下表的空格中填上正确答案：

给定的不定积分	换元公式	变换后的不定积分	最后结果
$\int x^2(1+x^3)^{20}\mathrm{d}x$	$u=$________	$\frac{1}{3}\int u^{20}\mathrm{d}u$	
$\int \sin^2 2x\cos 2x\mathrm{d}x$	$u=$________	$\frac{1}{2}\int u^2\mathrm{d}u$	
$\int \frac{\mathrm{d}x}{x\sqrt{1-\ln^2 x}}$	$u=\ln x$		
$\int \frac{\mathrm{d}x}{\sqrt{x}(1+x)}$	$u=\sqrt{x}$		

二、第二类换元法

第一类换元法是通过变量代换 $u=\varphi(x)$，将积分

$$\int f[\varphi(x)]\varphi'(x)\mathrm{d}x$$

化为 $\int f(u)\mathrm{d}u$. 第二类换元法则相反，它是通过变量代换 $x=\psi(t)$ 将积分 $\int f(x)\mathrm{d}x$ 化为 $\int f[\psi(t)]\psi'(t)\mathrm{d}t$. 在求出后一个积分后，再以 $x=\psi(t)$ 的反函数 $t=\psi^{-1}(x)$ 代回去. 这样，换元公式可表达为

$$\int f(x)\mathrm{d}x=\left[\int f[\psi(t)]\psi'(t)\mathrm{d}t\right]_{t=\psi^{-1}(x)}.$$

为保证上式成立，除被积函数应存在原函数外，还应有反函数 $t=\psi^{-1}(x)$ 存在的条件. 我们给出下面的定理.

定理 2 设 $f(x)$ 连续，又 $x=\psi(t)$ 的导数 $\psi'(t)$ 也连续，且 $\psi'(t)\neq 0$，则有换元公式

$$\int f(x)\mathrm{d}x=\left[\int f[\psi(t)]\psi'(t)\mathrm{d}t\right]_{t=\psi^{-1}(x)},\tag{2}$$

其中 $t=\psi^{-1}(x)$ 为 $x=\psi(t)$ 的反函数.

证 因 $\psi'(t)$ 连续且不为零,故 $\psi'(t)$ 不变号,于是函数 $x=\psi(t)$ 单调,从而它的反函数 $t=\psi^{-1}(x)$ 存在,并有

$$\frac{\mathrm{d}t}{\mathrm{d}x}=\frac{1}{\psi'(t)}.$$

因 $f(x)$,$\psi(t)$,$\psi'(t)$ 均连续,所以 $f[\psi(t)]\psi'(t)$ 连续,从而它的原函数存在,设为 $\Phi(t)$,即 $\Phi'(t)=f[\psi(t)]\psi'(t)$,于是

$$\left[\int f[\psi(t)]\psi'(t)\mathrm{d}t\right]_{t=\psi^{-1}(x)}=[\Phi(t)+C]_{t=\psi^{-1}(x)}$$
$$=\Phi[\psi^{-1}(x)]+C,$$

又

$$\frac{\mathrm{d}}{\mathrm{d}x}\Phi[\psi^{-1}(x)]=\Phi'(t)\frac{\mathrm{d}t}{\mathrm{d}x}=f[\psi(t)]\psi'(t)\cdot\frac{1}{\psi'(t)}$$
$$=f[\psi(t)]=f(x),$$

上式表明,(2)式右端是 $f(x)$ 的原函数,故公式(2)成立.

第二类换元法中最常用的是所谓的三角代换法,可用来消去被积函数中几种特殊的二次根式,如以下几个例子所示.

例 16 求 $\int\sqrt{a^2-x^2}\,\mathrm{d}x\ (a>0)$.

解 求这个积分的困难在于有根式 $\sqrt{a^2-x^2}$,我们利用三角公式 $\sin^2 t+\cos^2 t=1$ 来化去这个根式.

设 $x=a\sin t\left(-\frac{\pi}{2}<t<\frac{\pi}{2}\right)$,则反函数 $t=\arcsin\frac{x}{a}$.而

$$\sqrt{a^2-x^2}=\sqrt{a^2-a^2\sin^2 t}=a\cos t,\quad \mathrm{d}x=a\cos t\mathrm{d}t,$$

于是,所求积分化为

$$\int\sqrt{a^2-x^2}\,\mathrm{d}x=\int a\cos t\cdot a\cos t\mathrm{d}t=a^2\int\cos^2 t\mathrm{d}t$$
$$=\frac{a^2}{2}\int(1+\cos 2t)\mathrm{d}t=\frac{a^2}{2}\left(t+\frac{1}{2}\sin 2t\right)+C$$
$$=\frac{a^2}{2}(t+\sin t\cos t)+C,$$

用 $t=\arcsin\frac{x}{a}$ 代入,则 $\sin t=\frac{x}{a}$,$\cos t=\frac{1}{a}\sqrt{a^2-x^2}$,于是

$$\int\sqrt{a^2-x^2}\,\mathrm{d}x=\frac{a^2}{2}\arcsin\frac{x}{a}+\frac{x}{2}\sqrt{a^2-x^2}+C.$$

例 17 求 $\int \frac{\mathrm{d}x}{\sqrt{a^2+x^2}}\ (a>0)$.

解 和上例类似,我们可以用三角公式

$$1+\tan^2 t=\sec^2 t$$

来化去根式 $\sqrt{a^2+x^2}$.

设 $x=a\tan t\left(-\frac{\pi}{2}<t<\frac{\pi}{2}\right)$,则 $t=\arctan\frac{x}{a}$,而

$$\sqrt{a^2+x^2}=\sqrt{a^2+a^2\tan^2 t}=a\sec t,\quad \mathrm{d}x=a\sec^2 t\mathrm{d}t,$$

于是

$$\int\frac{\mathrm{d}x}{\sqrt{a^2+x^2}}=\int\frac{a\sec^2 t}{a\sec t}\mathrm{d}t=\int\sec t\mathrm{d}t.$$

利用例 11 的结果,得

$$\int\frac{\mathrm{d}x}{\sqrt{a^2+x^2}}=\ln|\sec t+\tan t|+C.$$

为了把 $\sec t$ 换成 x 的函数,我们可以根据 $\tan t=\frac{x}{a}$ 作辅助三角形(图 4-3),即得 $\sec t=\frac{\sqrt{a^2+x^2}}{a}$.因此,

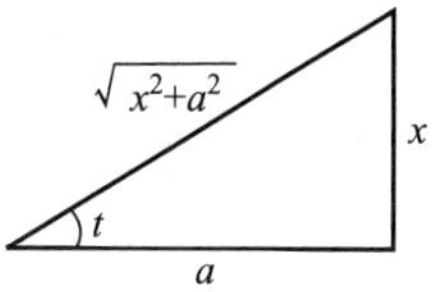

$$\int\frac{\mathrm{d}x}{\sqrt{a^2+x^2}}=\ln\left|\frac{\sqrt{a^2+x^2}}{a}+\frac{x}{a}\right|+C$$

$$=\ln(x+\sqrt{a^2+x^2})+C_1,$$

图 4-3

其中 $C_1=C-\ln a$.

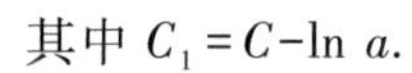

例 18 求 $\int\frac{\mathrm{d}x}{\sqrt{x^2-a^2}}\ (a>0)$.

解 被积函数的定义域为 $(-\infty,-a)$ 及 $(a,+\infty)$,先求在 $(a,+\infty)$ 内的不定积分.

和上面两例类似,我们可以利用三角公式

$$\sec^2 t-1=\tan^2 t$$

来化去根式 $\sqrt{x^2-a^2}$.

设 $x=a\sec t\left(0<t<\frac{\pi}{2}\right)$,则 $t=\arccos\frac{a}{x}$,而

$$\sqrt{x^2-a^2}=\sqrt{a^2\sec^2 t-a^2}=a\tan t,\quad \mathrm{d}x=a\sec t\tan t\mathrm{d}t,$$

于是

$$\int \frac{\mathrm{d}x}{\sqrt{x^2-a^2}}=\int \frac{a\sec t\tan t}{a\tan t}\mathrm{d}t=\int \sec t\mathrm{d}t$$

$$=\ln|\sec t+\tan t|+C.$$

为了把 $\tan t$ 换成 x 的函数，我们根据 $\sec t=\frac{x}{a}$ 作辅助三角形(图 4-4)，即得 $\tan t=\frac{\sqrt{x^2-a^2}}{a}$，从而

$$\int \frac{\mathrm{d}x}{\sqrt{x^2-a^2}}=\ln\left|\frac{x}{a}+\frac{\sqrt{x^2-a^2}}{a}\right|+C$$

$$=\ln\left|x+\sqrt{x^2-a^2}\right|+C_1,$$

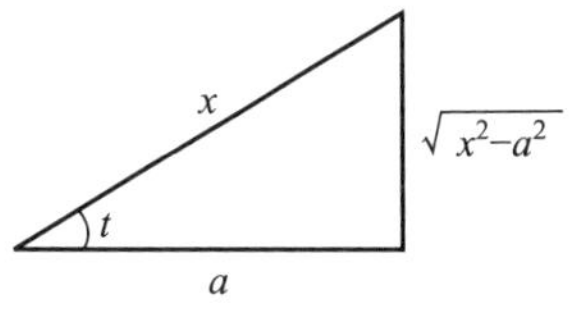

图 4-4

其中 $C_1=C-\ln a$.容易验证上述结果在$(-\infty,-a)$内也成立.

从以上诸例可见,当被积函数中含有$\sqrt{a^2-x^2}$,$\sqrt{a^2+x^2}$或$\sqrt{x^2-a^2}$时,可通过三角代换消去根号,以求得不定积分.但在应用时应视具体情况灵活处理.如,求$\int \frac{x}{\sqrt{2-x^2}}\mathrm{d}x$,$\int \frac{\mathrm{d}x}{\sqrt{5-2x^2}}$等不定积分时,运用凑微分法显然简单得多.

三角代换 $x=a\tan t$ 不仅能消去根式$\sqrt{x^2+a^2}$,对于求解含$(x^2+a^2)^{-k}$ $(k\in\mathbf{Z}^+)$的不定积分也是很有效的.

例 19 求 $\int \frac{1}{(x^2+1)^2}\mathrm{d}x$.

解 令 $x=\tan t\left(-\frac{\pi}{2}<t<\frac{\pi}{2}\right)$，则 $x^2+1=\sec^2 t$,$\mathrm{d}x=\sec^2 t\mathrm{d}t$. 于是

换元积分法

$$\int \frac{1}{(x^2+1)^2}\mathrm{d}x=\int \frac{1}{\sec^4 t}\cdot \sec^2 t\mathrm{d}t=\int \cos^2 t\mathrm{d}t$$

$$=\frac{1}{2}\int(1+\cos 2t)\mathrm{d}t=\frac{1}{2}\left(t+\frac{1}{2}\sin 2t\right)+C$$

$$=\frac{1}{2}(t+\sin t\cos t)+C$$

$$=\frac{1}{2}\left(\arctan x+\frac{x}{x^2+1}\right)+C.$$

三角函数的积分

在本节的例题中,有几个结果通常也当作公式使用.我们把它们添加到第一节的基本积分表中(其中常数 $a>0$).

三角代换法

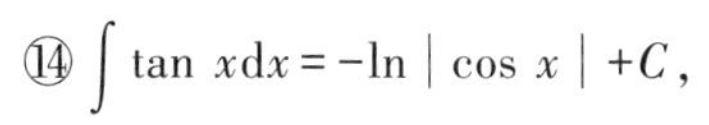

⑭ $\int \tan x\mathrm{d}x=-\ln|\cos x|+C$,

⑮ $\int \cot x\mathrm{d}x=\ln|\sin x|+C$,

⑯ $\int \sec x\mathrm{d}x=\ln|\sec x+\tan x|+C$,

⑰ $\int \csc x\mathrm{d}x=\ln|\csc x-\cot x|+C$,

⑱ $\int \frac{\mathrm{d}x}{a^2+x^2}=\frac{1}{a}\arctan\frac{x}{a}+C$,

⑲ $\int \frac{\mathrm{d}x}{\sqrt{a^2-x^2}}=\arcsin\frac{x}{a}+C$,

⑳ $\int \frac{\mathrm{d}x}{\sqrt{x^2+a^2}}=\ln(x+\sqrt{x^2+a^2})+C$,

㉑ $\int \frac{\mathrm{d}x}{\sqrt{x^2-a^2}}=\ln\left|x+\sqrt{x^2-a^2}\right|+C$.

例如，$\int \frac{\mathrm{d}x}{\sqrt{4x^2+9}}=\frac{1}{2}\int \frac{\mathrm{d}(2x)}{\sqrt{(2x)^2+3^2}}$，利用公式⑳就可直接得到

$$\int \frac{\mathrm{d}x}{\sqrt{4x^2+9}}=\frac{1}{2}\ln(2x+\sqrt{4x^2+9})+C.$$

思考题 2 试分别用凑微分法和三角代换法求 $\int \frac{x}{\sqrt{a^2-x^2}}\mathrm{d}x\ (a>0)$.

习题 4-2

1. 在下列各式等号的右端加上适当的系数，使等式成立$\left(\text{例如:}\mathrm{d}x=\frac{1}{4}\mathrm{d}(4x+7)\right)$：

(1) $\mathrm{d}x=\quad\mathrm{d}(ax)\ (a\neq0)$；

(2) $\mathrm{d}x=\quad\mathrm{d}(7x-3)$；

(3) $x\mathrm{d}x=\quad\mathrm{d}(x^2)$；

(4) $x\mathrm{d}x=\quad\mathrm{d}(5x^2)$；

(5) $x\mathrm{d}x=\quad\mathrm{d}(1-x^2)$；

(6) $x^3\mathrm{d}x=\quad\mathrm{d}(3x^4-2)$；

(7) $\mathrm{e}^{2x}\mathrm{d}x=\quad\mathrm{d}(\mathrm{e}^{2x})$；

(8) $\mathrm{e}^{-\frac{x}{2}}\mathrm{d}x=\quad\mathrm{d}(1+\mathrm{e}^{-\frac{x}{2}})$；

(9) $\sin\frac{3}{2}x\mathrm{d}x=\quad\mathrm{d}\left(\cos\frac{3}{2}x\right)$；

(10) $\frac{\mathrm{d}x}{x}=\quad\mathrm{d}(5\ln x)$；

(11) $\frac{\mathrm{d}x}{x}=\quad\mathrm{d}(3-5\ln x)$；

(12) $\frac{\mathrm{d}x}{1+9x^2}=\quad\mathrm{d}(\arctan 3x)$；

(13) $\dfrac{dx}{\sqrt{1-x^2}}=$ 　　$d(1-\arcsin x)$；(14) $\dfrac{xdx}{\sqrt{1-x^2}}=$ 　　$d(\sqrt{1-x^2})$.

2. 求下列不定积分(其中 a,ω,φ 均为常数)：

(1) $\int e^{5x}dx$；　　(2) $\int (3-2x)^{100}dx$；

(3) $\int \dfrac{dx}{1-2x}$；　　(4) $\int \dfrac{dx}{\sqrt[3]{2-3x}}$；

(5) $\int \cos^2 3tdt$；　　(6) $\int \dfrac{\sin\sqrt{t}}{\sqrt{t}}dt$；

(7) $\int 2^{1-2x}dx$；　　(8) $\int \tan^{10}x\sec^2 xdx$；

(9) $\int \dfrac{dx}{\sin x\cos x}$；　　(10) $\int \dfrac{dx}{e^x+e^{-x}}$；

(11) $\int x\cos(x^2)dx$；　　(12) $\int \dfrac{x}{\sqrt{2-3x^2}}dx$；

(13) $\int \dfrac{x}{1+2x^4}dx$；　　(14) $\int \cos^2(\omega t+\varphi)\sin(\omega t+\varphi)dt(\omega\neq 0)$；

(15) $\int \dfrac{\sin x}{\cos^3 x}dx$；　　(16) $\int \dfrac{2x-1}{\sqrt{1-x^2}}dx$；

(17) $\int \cos^3 xdx$；　　(18) $\int \dfrac{\sin x+\cos x}{\sqrt[3]{\sin x-\cos x}}dx$；

(19) $\int x(1-x)^{99}dx$；　　(20) $\int \sin 2x\cos 3xdx$；

(21) $\int \sin 5x\sin 7xdx$；　　(22) $\int \tan^3 x\sec xdx$；

(23) $\int \dfrac{\arctan\sqrt{x}}{\sqrt{x}(1+x)}dx$；　　(24) $\int \dfrac{dx}{x\ln x\ln\ln x}$；

(25) $\int \tan\sqrt{1+x^2}\ \dfrac{x}{\sqrt{1+x^2}}dx$；　　(26) $\int \dfrac{\sin x\cos x}{1+\sin^4 x}dx$；

(27) $\int \dfrac{\sqrt{x^2-9}}{x}dx$；　　(28) $\int \dfrac{dx}{\sqrt{(a^2-x^2)^3}}\ (a>0)$；

(29) $\int \dfrac{dx}{x^2\sqrt{x^2+1}}$；　　(30) $\int \dfrac{x^2}{(1+x^2)^2}dx$.

第三节 分部积分法

前面在复合函数求导公式的基础上,得到了换元积分法;现在利用两个函数乘积的导数公式,来推导另一种求不定积分的基本方法——分部积分法.

设函数 $u=u(x)$ 及 $v=v(x)$ 具有连续导数.那么这两个函数乘积的导数公式为

$$(uv)'=u'v+uv',$$

移项,得

$$uv'=(uv)'-u'v.$$

对上式两边求不定积分,得

$$\int uv'\mathrm{d}x=uv-\int u'v\mathrm{d}x. \tag{1}$$

公式(1)称为分部积分公式.如果求 $\int uv'\mathrm{d}x$ 有困难,而求 $\int u'v\mathrm{d}x$ 比较容易,分部积分公式就能发挥作用.

下面通过例子来说明如何运用这个重要公式.

例 1 求 $\int x\cos x\mathrm{d}x$.

解 换元积分法不适用于本例.现在试用分部积分法来求它.由于被积函数 $x\cos x$ 是两个函数的乘积,选其中一个为 u,那么另一个即为 v'.

选取 $u=x,v'=\cos x$,则 $u'=1,v=\sin x$,代入分部积分公式(1),得

$$\int x\cos x\mathrm{d}x=x\sin x-\int \sin x\mathrm{d}x,$$

而 $\int \sin x\mathrm{d}x$ 容易积出,于是

$$\int x\cos x\mathrm{d}x=x\sin x+\cos x+C.$$

如果选 $u=\cos x,v'=x$,那么 $u'=-\sin x,v=\frac{1}{2}x^2$,代入公式(1),得

$$\int x\cos x\mathrm{d}x=\frac{x^2}{2}\cos x+\int\frac{x^2}{2}\sin x\mathrm{d}x,$$

上式右端的积分比原积分更不容易求出.按这种方法选取 u 和 v' 是不恰当的.

由此可见,使用分部积分公式的关键是正确选择 u 和 v'.选择 u 和 v' 时,一般原则是:(i) v 要容易求出;(ii) $\int vu'\mathrm{d}x$ 要比 $\int uv'\mathrm{d}x$ 容易求得.假如被积函数是

两类基本初等函数的乘积,那么经验告诉我们,在很多情况下可采用如下的规则:

选择 u 和 v' 时,可按照反三角函数、对数函数、幂函数、三角函数、指数函数的顺序(简记为“反、对、幂、三、指”),把排在前面的那类函数选作 u,而把排在后面的那类函数选作 v'.

例 2　求 $\int xe^x dx$.

解　设 $u=x, v'=e^x$,则 $u'=1, v=e^x$.于是

$$\int xe^x dx = xe^x - \int e^x dx = xe^x - e^x + C = (x-1)e^x + C.$$

例 3　求 $\int x^2 e^x dx$.

解　设 $u=x^2, v'=e^x$,则 $u'=2x, v=e^x$,于是

$$\int x^2 e^x dx = x^2 e^x - \int 2xe^x dx,$$

再作一次分部积分,就得

$$\begin{aligned}\int x^2 e^x dx &= x^2 e^x - \int 2x(e^x)' dx = x^2 e^x - \left(2xe^x - \int e^x \cdot 2dx\right) \\ &= x^2 e^x - 2xe^x + 2e^x + C = (x^2 - 2x + 2)e^x + C.\end{aligned}$$

在公式(1)中,如果记 $v'dx = dv, u'dx = du$,那么公式(1)就变成如下更便于记忆的形式:

$$\int u dv = uv - \int v du. \tag{2}$$

在使用分部积分法时,可以不必按部就班地写出 u 和 v 的表达式而直接按(2)式写出求解过程.比如例 3 的求解过程可以写作

$$\begin{aligned}\int x^2 e^x dx &= \int x^2 d(e^x) = x^2 e^x - \int e^x \cdot 2x dx = x^2 e^x - \int 2x d(e^x) \\ &= x^2 e^x - \left(2xe^x - \int e^x \cdot 2dx\right) = (x^2 - 2x + 2)e^x + C.\end{aligned}$$

例 4　求 $\int x\ln x dx$.

解　设 $u = \ln x, dv = xdx = d\left(\frac{x^2}{2}\right)$,于是

$$\begin{aligned}\int x\ln x dx &= \int \ln x d\left(\frac{x^2}{2}\right) = \frac{x^2}{2}\ln x - \int \frac{1}{2}x^2 d(\ln x) \\ &= \frac{1}{2}x^2 \ln x - \frac{1}{2}\int x^2 \cdot \frac{1}{x} dx = \frac{1}{2}x^2 \ln x - \frac{1}{4}x^2 + C.\end{aligned}$$

例 5　求 $\int \arccos x dx$.

解 设 $u=\arccos x, \mathrm{d}v=\mathrm{d}x$,于是

$$\begin{aligned}\int \arccos x\mathrm{d}x &= x\arccos x-\int x\mathrm{d}(\arccos x)\\ &= x\arccos x+\int \frac{x}{\sqrt{1-x^2}}\mathrm{d}x\\ &= x\arccos x-\sqrt{1-x^2}+C.\end{aligned}$$

例 6 求 $\int x\arctan x\mathrm{d}x$.

解
$$\begin{aligned}\int x\arctan x\mathrm{d}x &= \frac{1}{2}\int \arctan x\mathrm{d}(x^2)\\ &= \frac{1}{2}x^2\arctan x-\frac{1}{2}\int x^2\mathrm{d}(\arctan x)\\ &= \frac{1}{2}x^2\arctan x-\frac{1}{2}\int \frac{x^2}{1+x^2}\mathrm{d}x\\ &= \frac{1}{2}x^2\arctan x-\frac{1}{2}\int \left(1-\frac{1}{1+x^2}\right)\mathrm{d}x\\ &= \frac{1}{2}x^2\arctan x-\frac{1}{2}(x-\arctan x)+C\\ &= \frac{1}{2}(x^2+1)\arctan x-\frac{1}{2}x+C.\end{aligned}$$

下面两个例子中使用的方法也是较典型的.

例 7 求 $\int \mathrm{e}^x\sin x\mathrm{d}x$.

解 $\int \mathrm{e}^x\sin x\mathrm{d}x=\int \sin x\mathrm{d}(\mathrm{e}^x)=\mathrm{e}^x\sin x-\int \mathrm{e}^x\cos x\mathrm{d}x$,

上式最后一个积分与原积分是同一个类型的.对它再用一次分部积分法,有

$$\begin{aligned}\int \mathrm{e}^x\sin x\mathrm{d}x &= \mathrm{e}^x\sin x-\int \cos x\mathrm{d}(\mathrm{e}^x)\\ &= \mathrm{e}^x\sin x-\left(\mathrm{e}^x\cos x+\int \mathrm{e}^x\sin x\mathrm{d}x\right)\\ &= \mathrm{e}^x(\sin x-\cos x)-\int \mathrm{e}^x\sin x\mathrm{d}x,\end{aligned}$$

右端的不定积分与原积分相同,把它移到左端与原积分合并,再两端同除以 2,便得

$$\int \mathrm{e}^x\sin x\mathrm{d}x=\frac{1}{2}\mathrm{e}^x(\sin x-\cos x)+C.$$

因上式右端已不包含积分项，所以必须加上任意常数 C.

例 8 求 $\int \sec^3 x\mathrm{d}x$.

解
$$\begin{aligned}\int \sec^3 x\mathrm{d}x &= \int \sec x\cdot\sec^2 x\mathrm{d}x=\int \sec x\mathrm{d}(\tan x)\\ &=\sec x\tan x-\int \tan x\cdot\sec x\tan x\mathrm{d}x\\ &=\sec x\tan x-\int \sec x(\sec^2 x-1)\mathrm{d}x\\ &=\sec x\tan x-\int \sec^3 x\mathrm{d}x+\int \sec x\mathrm{d}x\\ &=\sec x\tan x+\ln|\sec x+\tan x|-\int \sec^3 x\mathrm{d}x,\end{aligned}$$

移项,再两端同除以 2,便得

$$\int \sec^3 x\mathrm{d}x=\frac{1}{2}\sec x\tan x+\frac{1}{2}\ln|\sec x+\tan x|+C.$$

在积分过程中,往往要兼用换元法与分部积分法,如下例所示.

分部积分法

例 9 求 $\int \mathrm{e}^{\sqrt{x}}\mathrm{d}x$.

解 我们首先想到要去掉根号,为此,令 $\sqrt{x}=t, x=t^2$,则

$$\int \mathrm{e}^{\sqrt{x}}\mathrm{d}x=\int \mathrm{e}^t\cdot 2t\mathrm{d}t=2\int t\mathrm{e}^t\mathrm{d}t,$$

此时再用分部积分法.利用例 2 的结果,并用 $t=\sqrt{x}$ 代回,便得

$$\int \mathrm{e}^{\sqrt{x}}\mathrm{d}x=2\int t\mathrm{e}^t\mathrm{d}t=2(t-1)\mathrm{e}^t+C=2(\sqrt{x}-1)\mathrm{e}^{\sqrt{x}}+C.$$

思考题 1 试求(1) $\int (x^2+x+1)\mathrm{e}^x\mathrm{d}x$;(2) $\int \arctan x\mathrm{d}x$.

思考题 2 试求 $\int \sin\sqrt{2x-1}\,\mathrm{d}x$.

习题 4-3

求下列不定积分:

1. $\int x\sin x\mathrm{d}x$.
2. $\int x^2\cos x\mathrm{d}x$.
3. $\int x\mathrm{e}^{-x}\mathrm{d}x$.
4. $\int x^2\ln x\mathrm{d}x$.

5. $\int x\ln(x^2+1)\,\mathrm{d}x$.

6. $\int \arcsin x\,\mathrm{d}x$.

7. $\int \frac{\ln x}{\sqrt{x}}\mathrm{d}x$.

8. $\int x\cos\frac{x}{2}\mathrm{d}x$.

9. $\int x\tan^2 x\,\mathrm{d}x$.

10. $\int \ln^2 x\,\mathrm{d}x$.

11. $\int x\sin x\cos x\,\mathrm{d}x$.

12. $\int x\cos^2 x\,\mathrm{d}x$.

13. $\int \mathrm{e}^{-x}\sin 2x\,\mathrm{d}x$.

14. $\int \cos(\ln x)\,\mathrm{d}x$.

15. $\int \frac{\ln\cos x}{\cos^2 x}\mathrm{d}x$.

16. $\int \ln(x+\sqrt{1+x^2})\,\mathrm{d}x$.

17. $\int \mathrm{e}^{\sqrt[3]{x}}\mathrm{d}x$.

18. $\int \sin\sqrt{2x+1}\,\mathrm{d}x$.

第四节 有理函数的不定积分

前面已经介绍了求不定积分的两个基本方法——换元积分法和分部积分法，本节简要地介绍有理函数的不定积分及可化为有理函数的不定积分.

两个多项式的商$\frac{P(x)}{Q(x)}$称为有理函数，又称有理分式.我们总假定分子多项式 $P(x)$ 与分母多项式 $Q(x)$ 之间是没有公因式的.当分子多项式 $P(x)$ 的次数小于分母多项式 $Q(x)$ 的次数时，称这有理函数是真分式，否则称假分式.

利用多项式的除法，总可以将一个假分式化成一个多项式与一个真分式之和的形式.例如

$$\frac{2x^4+x^3+2x^2+x}{x^3+1}=2x+1+\frac{2x^2-x-1}{x^3+1}.$$

对于真分式$\frac{P(x)}{Q(x)}$，如果分母可分解为两个多项式的乘积

$$Q(x)=Q_1(x)Q_2(x),$$

且 $Q_1(x)$ 与 $Q_2(x)$ 没有公因式，那么它可拆分成两个真分式之和：

$$\frac{P(x)}{Q(x)}=\frac{P_1(x)}{Q_1(x)}+\frac{P_2(x)}{Q_2(x)}.$$

上述步骤称为把真分式化成部分分式之和.如果 $Q_1(x)$ 或 $Q_2(x)$ 还能再分解成两个没有公因式的多项式的乘积，那么就可再分拆成更简单的部分分式.最后，有

理函数的分解式中只出现多项式、$\dfrac{P_1(x)}{(x-a)^k}$、$\dfrac{P_2(x)}{(x^2+px+q)^l}$三类函数（这里$p^2-4q<0$，$P_1(x)$为小于$k$次的多项式，$P_2(x)$为小于$2l$次的多项式）．多项式的不定积分容易求得，后两类真分式的不定积分可参看第二节例3和例19.

下面举几个求真分式的不定积分的例子.

例1 求$\displaystyle\int\frac{2x^2-x-1}{x^3+1}\mathrm{d}x$.

解 将分式的分母分解因式得$x^3+1=(x+1)(x^2-x+1)$.设

$$\frac{2x^2-x-1}{x^3+1}=\frac{2x^2-x-1}{(x+1)(x^2-x+1)}=\frac{A}{x+1}+\frac{Bx+C}{x^2-x+1},$$

将上式右端通分，两端的分子应相等，即

$$\begin{aligned}2x^2-x-1&=A(x^2-x+1)+(Bx+C)(x+1)\\&=(A+B)x^2+(B+C-A)x+(A+C),\end{aligned}$$

因为这是恒等式，两端x的同次幂的系数应相等，故有

$$\begin{cases}A+B=2,\\B+C-A=-1,\\A+C=-1.\end{cases}$$

解得$A=\dfrac{2}{3}$，$B=\dfrac{4}{3}$，$C=-\dfrac{5}{3}$.从而有

$$\frac{2x^2-x-1}{x^3+1}=\frac{2}{3(x+1)}+\frac{4x-5}{3(x^2-x+1)}.$$

于是所求积分

$$\begin{aligned}&\int\frac{2x^2-x-1}{x^3+1}\mathrm{d}x\\&=\int\frac{2}{3(x+1)}\mathrm{d}x+\int\frac{4x-5}{3(x^2-x+1)}\mathrm{d}x\\&=\frac{2}{3}\ln|x+1|+\int\frac{2(2x-1)-3}{3(x^2-x+1)}\mathrm{d}x\\&=\frac{2}{3}\ln|x+1|+\frac{2}{3}\int\frac{\mathrm{d}(x^2-x+1)}{x^2-x+1}-\int\frac{\mathrm{d}x}{x^2-x+1}\\&=\frac{2}{3}\ln|x+1|+\frac{2}{3}\ln(x^2-x+1)-\int\frac{\mathrm{d}x}{\frac{3}{4}+\left(x-\frac{1}{2}\right)^2}\\&=\frac{2}{3}\ln|x^3+1|-\frac{2}{\sqrt{3}}\arctan\frac{2x-1}{\sqrt{3}}+C.\end{aligned}$$

例 2 求 $\int \frac{x^2+1}{(x^2-1)(x+1)}\mathrm{d}x$.

解 因被积函数分母的两个因式 x^2-1 与 $x+1$ 有公因式，故需再分解成 $Q(x)=(x^2-1)(x+1)=(x-1)(x+1)^2$. 设

$$\frac{x^2+1}{(x-1)(x+1)^2}=\frac{A}{x-1}+\frac{Bx+C}{(x+1)^2},$$

将上式右端通分，由两端的分子恒等得

$$\begin{aligned} x^2+1 &= A(x+1)^2+(Bx+C)(x-1) \\ &= (A+B)x^2+(2A-B+C)x+A-C, \end{aligned}$$

比较两端 x 的同次幂的系数，得

$$\begin{cases} A+B=1, \\ 2A-B+C=0, \\ A-C=1, \end{cases}$$

解得

$$A=\frac{1}{2}, \quad B=\frac{1}{2}, \quad C=-\frac{1}{2}.$$

于是

$$\begin{aligned} &\int \frac{x^2+1}{(x^2-1)(x+1)}\mathrm{d}x \\ =&\int \frac{x^2+1}{(x-1)(x+1)^2}\mathrm{d}x=\int \frac{1}{2}\left[\frac{1}{x-1}+\frac{x-1}{(x+1)^2}\right]\mathrm{d}x \\ =&\frac{1}{2}\left[\ln|x-1|+\int \frac{x+1-2}{(x+1)^2}\mathrm{d}x\right] \\ =&\frac{1}{2}\left(\ln|x-1|+\ln|x+1|+\frac{2}{x+1}\right)+C \\ =&\frac{1}{2}\ln|x^2-1|+\frac{1}{x+1}+C. \end{aligned}$$

对于被积函数中含有如 $\sqrt[n]{ax+b}$，$\sqrt[n]{\frac{ax+b}{cx+d}}$ 等简单根式的不定积分，可通过适当的变量代换，消去根式而将被积函数化为有理函数.

例 3 求 $\int \frac{\sqrt{x-1}}{x}\mathrm{d}x$.

解 令 $u=\sqrt{x-1}$，则 $x=u^2+1$，$\mathrm{d}x=2u\mathrm{d}u$，从而

$$\begin{aligned}\int \frac{\sqrt{x-1}}{x}\mathrm{d}x &= \int \frac{u}{u^2+1}\cdot 2u\mathrm{d}u = 2\int \frac{u^2}{u^2+1}\mathrm{d}u\\ &=2\int\left(1-\frac{1}{1+u^2}\right)\mathrm{d}u = 2(u-\arctan u)+C\\ &=2(\sqrt{x-1}-\arctan\sqrt{x-1})+C.\end{aligned}$$

例 4 求 $\int \frac{1}{x}\sqrt{\frac{1+x}{x}}\mathrm{d}x$.

解 令 $t=\sqrt{\frac{1+x}{x}}$,则 $x=\frac{1}{t^2-1}$,$\mathrm{d}x=-\frac{2t\mathrm{d}t}{(t^2-1)^2}$,从而

$$\begin{aligned}\int \frac{1}{x}\sqrt{\frac{1+x}{x}}\mathrm{d}x &= \int (t^2-1)\cdot t\cdot\frac{-2t}{(t^2-1)^2}\mathrm{d}t = -2\int\frac{t^2}{t^2-1}\mathrm{d}t\\ &=-2\int\left(1+\frac{1}{t^2-1}\right)\mathrm{d}t = -2t-\ln\left|\frac{t-1}{t+1}\right|+C\\ &=-2\sqrt{\frac{1+x}{x}}-\ln\left|x\left(\sqrt{\frac{1+x}{x}}-1\right)^2\right|+C.\end{aligned}$$

如果被积函数是由三角函数 $\sin x$,$\cos x$ 及常数经过有限次四则运算所构成的函数,那么通过作变换 $u=\tan\frac{x}{2}$,也可将原积分化为关于 u 的有理函数的积分.因为此时由三角公式可得到

$$\sin x=\frac{2\tan\frac{x}{2}}{1+\tan^2\frac{x}{2}}=\frac{2u}{1+u^2},\quad \cos x=\frac{1-\tan^2\frac{x}{2}}{1+\tan^2\frac{x}{2}}=\frac{1-u^2}{1+u^2},$$

并且 $\mathrm{d}u=\frac{1}{2}\sec^2\frac{x}{2}\mathrm{d}x=\frac{1}{2}\left(1+\tan^2\frac{x}{2}\right)\mathrm{d}x$,即

$$\mathrm{d}x=\frac{2}{1+u^2}\mathrm{d}u.$$

将上面三式代入积分表达式,就可得关于 u 的有理函数的积分.但是,在多数情况下,施行这种变换后将导致积分运算比较繁复,故不应把这种变换作为首选方法.下面举一例说明.

例 5 求不定积分 $\int\frac{\mathrm{d}x}{\sin x+\cos x}$.

解 作变换 $u=\tan\frac{x}{2}$,则 $\sin x=\frac{2u}{1+u^2}$,$\cos x=\frac{1-u^2}{1+u^2}$,$\mathrm{d}x=\frac{2}{1+u^2}\mathrm{d}u$,于是得

$$\begin{aligned}\int\frac{\mathrm{d}x}{\sin x+\cos x} &= \int\frac{2}{1+2u-u^2}\mathrm{d}u = 2\int\frac{\mathrm{d}u}{2-(u-1)^2}\\ &=\frac{\sqrt{2}}{2}\int\left[\frac{1}{u-(1-\sqrt{2})}-\frac{1}{u-(1+\sqrt{2})}\right]\mathrm{d}u\end{aligned}$$

$$=\frac{\sqrt{2}}{2}\ln\left|\frac{u-(1-\sqrt{2})}{u-(1+\sqrt{2})}\right|+C$$

$$=\frac{\sqrt{2}}{2}\ln\left|\frac{\tan\frac{x}{2}-1+\sqrt{2}}{\tan\frac{x}{2}-1-\sqrt{2}}\right|+C.$$

这一不定积分也可采用下面较简便的方法来求：

$$\int\frac{\mathrm{d}x}{\sin x+\cos x}=\frac{\sqrt{2}}{2}\int\frac{\mathrm{d}x}{\frac{\sqrt{2}}{2}\sin x+\frac{\sqrt{2}}{2}\cos x}=\frac{\sqrt{2}}{2}\int\frac{\mathrm{d}x}{\cos\left(x-\frac{\pi}{4}\right)}$$

$$=\frac{\sqrt{2}}{2}\int\sec\left(x-\frac{\pi}{4}\right)\mathrm{d}\left(x-\frac{\pi}{4}\right)$$

$$=\frac{\sqrt{2}}{2}\ln\left|\sec\left(x-\frac{\pi}{4}\right)+\tan\left(x-\frac{\pi}{4}\right)\right|+C.$$

思考题 1 试求(1) $\int\frac{x^3-1}{x(x+1)}\mathrm{d}x$；(2) $\int\frac{x+2}{x^2+2x+2}\mathrm{d}x$.

思考题 2 试求 $\int\frac{x}{\sqrt[3]{x+1}}\mathrm{d}x$.

从本章第一节开始，我们介绍了多种积分方法，其中换元积分法与分部积分法是两种最基本的积分方法.各种积分方法的作用，本质上都是通过变换被积表达式，逐步简化积分，使之最终能套用积分表中的已知公式.积分法具有很大的灵活性，且同一积分往往有多种方法可求得结果，而运算的难易又常与方法的选择有关.因此应多做练习，在熟悉各种积分法的前提下，分析比较，以期用最简单的方法求得积分.

我们还要指出：对初等函数来说，在其定义区间内，它的原函数一定存在，但不一定是初等函数.如

$$\int e^{-x^2}\mathrm{d}x,\quad\int\frac{\sin x}{x}\mathrm{d}x,\quad\int\frac{\mathrm{d}x}{\ln x},\quad\int\frac{\mathrm{d}x}{\sqrt{1+x^4}},$$

等等，就都不是初等函数.

习题 4-4

求下列不定积分：

1. $\int\frac{x^3}{9+x^2}\mathrm{d}x$.

2. $\int\frac{x^2+1}{(x+1)^2(x-1)}\mathrm{d}x$.

3. $\int \frac{dx}{x(x^2+1)}$.

4. $\int \frac{x}{x^2+2x+2}dx$.

5. $\int \frac{dx}{3+\cos x}$.

6. $\int \frac{dx}{1+\sin x+\cos x}$.

7. $\int \frac{dx}{x\sqrt{2x+1}}$.

8. $\int \frac{\sqrt{x+1}-1}{\sqrt{x+1}+1}dx$.

9. $\int \frac{dx}{\sqrt{x}+\sqrt[4]{x}}$.

10. $\int \frac{1}{x-2}\sqrt{\frac{x-1}{2-x}}dx$.

第四章复习题

第四章
复习指导

一、概念复习

1. 填空题:

(1) 设曲线 C_1 和 C_2 是函数 $f(x)$ 的两条不同的积分曲线,则此两曲线的位置关系是________;

(2) 设 e^{x^2} 是 $f(x)$ 的一个原函数,则 $\int f(\sin x)\cdot\cos x dx=$________;

(3) 设 $\int f(x)e^{\frac{1}{x}}dx=e^{\frac{1}{x}}+C$, 则 $f(x)=$________;

(4) $\int\left(\frac{1}{\cos^2 x}-1\right)dx=$________, $\int\left(\frac{1}{\cos^2 x}-1\right)d(\cos x)=$________;

(5) 设 $f(x)$ 在 $(-\infty,+\infty)$ 内连续,则 $d\left[\int f(x)dx\right]=$________;

(6) 考虑命题:若 $f(x)$ 连续且为偶函数,则 $f(x)$ 的原函数必是奇函数.举一个反例说明此命题是假命题________.

2. 选择题:

(1) 设 $f(x)$ 在区间 I 内连续,则 $f(x)$ 在 I 内(　　);

(A) 必存在导函数　　(B) 必存在原函数

(C) 必有界　　(D) 必有极值

(2) 下列各对函数中,是同一个函数的原函数的是(　　);

(A) $\arctan x$ 和 $\operatorname{arccot} x$　　(B) $\sin^2 x$ 和 $\cos^2 x$

(C) $(e^x+e^{-x})^2$ 和 $e^{2x}+e^{-2x}$　　(D) $\frac{2^x}{\ln 2}$ 和 $2^x+\ln 2$

(3) 若 $F(x)$ 是 $f(x)$ 的一个原函数,C 为常数,则下列函数中仍是 $f(x)$ 的原函数的是(　　);

(A) $F(Cx)$　　(B) $F(x+C)$

(C) $CF(x)$　　(D) $F(x)+C$

(4) 设 $f(x)$ 和 $g(x)$ 均为区间 I 内的可导函数,则在 I 内,下列结论中正确的是(　　).

(A) 若 $f(x)=g(x)$,则 $f'(x)=g'(x)$

(B) 若 $f'(x)=g'(x)$,则 $f(x)=g(x)$

(C) 若 $f(x)>g(x)$,则 $f'(x)>g'(x)$

(D) 若 $f'(x)>g'(x)$,则 $f(x)>g(x)$

二、综合练习

1. 求下列不定积分:

(1) $\int\frac{3x^2+2}{x^2(x^2+1)}dx$;　　(2) $\int\frac{x^2}{\sqrt{1+x^6}}dx$;

(3) $\int\frac{\cos x}{\sqrt{2+\cos 2x}}dx$;　　(4) $\int\frac{dx}{\sin^2 x+2\cos^2 x}$;

(5) $\int\frac{1}{1+e^x}dx$;　　(6) $\int\frac{\ln x}{x\sqrt{1+\ln x}}dx$;

(7) $\int\frac{dx}{x^2\sqrt{a^2-x^2}}(a>0)$;　　(8) $\int\frac{dx}{\sqrt{x^2-2x+5}}$;

(9) $\int\frac{2x+3}{\sqrt{-x^2+6x-8}}dx$;　　(10) $\int\frac{x}{\sin^2 x}dx$;

(11) $\int\tan x\sec^4 x dx$;　　(12) $\int\frac{x\arctan x}{\sqrt{1+x^2}}dx$;

(13) $\int x^3\sqrt{4-x^2}dx$;　　(14) $\int\frac{x}{\sqrt[3]{1-3x}}dx$;

(15) $\int\sqrt{\frac{a+x}{a-x}}dx(a>0)$;　　(16) $\int\frac{\ln x}{x^2}dx$;

(17) $\int\frac{4x+3}{(x-2)^2}dx$;　　(18) $\int\frac{x^{11}}{x^8+3x^4+2}dx$;

(19) $\int\frac{\sqrt[3]{x}}{x(\sqrt{x}+\sqrt[3]{x})}dx$;　　(20) $\int\frac{dx}{(1+e^x)^2}$.

2. 已知 $\sec^2 x$ 是 $f(x)$ 的一个原函数,求:

(1) $\int xf'(x)dx$;　　(2) $\int xf(x)dx$.

3. 设 $f'(\sin^2 x)=\cos 2x+\tan^2 x$,求 $f(x)(0<x<1)$.

4. 设 $f(x)$ 的原函数 $F(x)$ 恒正,且 $F(0)=1$,$f(x)F(x)=x$,求 $f(x)$.

5. 函数 $f(x)$ 的导函数 $f'(x)$ 的图形是一条二次抛物线,开口向上,且与 x 轴交于 $x=0$ 和 $x=2$ 处.若 $f(x)$ 的极大值为 4,极小值为 0,求 $f(x)$.

第五章
定积分及其应用

定积分是积分学的又一个重要概念.自然科学与生产实践中的许多问题,如平面图形的面积、曲线的弧长、水压力、变力所做的功等都可以归结为定积分问题.本章将从两个实际问题中引出定积分的概念,然后讨论定积分的性质及计算方法,最后介绍定积分的应用.

第一节 定积分的概念与性质

一、定积分问题举例

1. 曲边梯形的面积

设 $y=f(x)$ 在区间 $[a,b]$ 上非负、连续.由直线 $x=a,x=b,y=0$ 及曲线 $y=f(x)$ 所围成的图形(如图 5-1)称为曲边梯形,其中曲线弧称为曲边,x 轴上对应区间 $[a,b]$ 的线段称为底边.

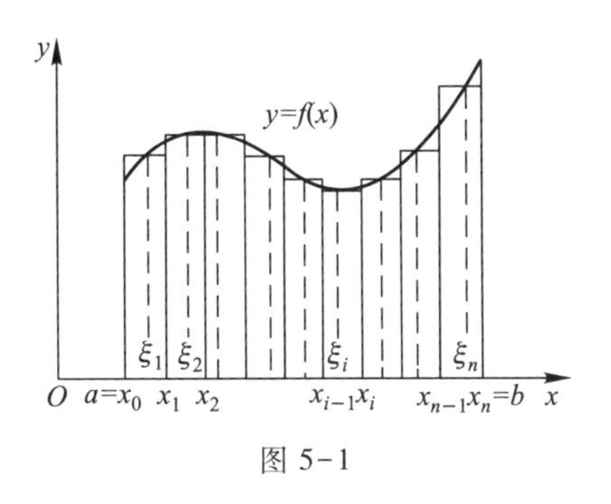

图 5-1

我们知道,矩形的面积可按公式

$$\text{矩形面积}=\text{高}\times\text{底}$$

来定义和计算.而曲边梯形在底边上各点处的高 $f(x)$ 在区间 $[a,b]$ 上是变动的,故它的面积不能直接按上述公式来定义和计算.然而,由于曲边梯形的高 $f(x)$ 在区间 $[a,b]$ 上是连续变化的,因此在一个很小的区间上它的变化很小,近似于不变.于是,如果把区间 $[a,b]$ 划分为许多小区间,在每个小区间上用其中某一点处的高来近似代替同一个小区间上的窄曲边梯形的变高,那么,每个窄曲边梯形就可近似地看成这样得到的窄矩形.我们就以所有这些窄矩形面积之和作为曲边梯形面积的近似值,并把区间 $[a,b]$ 无限细分下去,使每个小区间的长度都趋于零,这时所有窄矩形面积之和的极限就可定义为曲边梯形的面积.这个定义同时也给出了计算曲边梯形面积的方法,现详述于下:

在区间$[a,b]$中任意插入 $n-1$ 个分点

$$a=x_0<x_1<x_2<\cdots<x_{n-1}<x_n=b,$$

把$[a,b]$分成 n 个小区间

$$[x_0,x_1],[x_1,x_2],\cdots,[x_{n-1},x_n],$$

它们的长度依次为

$$\Delta x_1=x_1-x_0,\quad \Delta x_2=x_2-x_1,\cdots,\quad \Delta x_n=x_n-x_{n-1}.$$

经过每一个分点作平行于 y 轴的直线段,把曲边梯形分成 n 个窄曲边梯形.在每个小区间$[x_{i-1},x_i]$上任取一点 ξ_i,以$[x_{i-1},x_i]$为底、$f(\xi_i)$为高的窄矩形近似替代第 i 个窄曲边梯形$(i=1,2,\cdots,n)$,把这样得到的 n 个窄矩形面积之和作为所求曲边梯形面积 A 的近似值,即

$$A\approx f(\xi_1)\Delta x_1+f(\xi_2)\Delta x_2+\cdots+f(\xi_n)\Delta x_n=\sum_{i=1}^{n}f(\xi_i)\Delta x_i.$$

为了保证所有小区间的长度都无限缩小,我们要求小区间长度中的最大值趋于零,如记 $\lambda=\max\{\Delta x_1,\Delta x_2,\cdots,\Delta x_n\}$,则上述条件可表达为 $\lambda\to0$.当 $\lambda\to0$ 时(这时分段数 n 无限增多,即 $n\to\infty$),取上述和式的极限,便得曲边梯形的面积

$$A=\lim_{\lambda\to0}\sum_{i=1}^{n}f(\xi_i)\Delta x_i.$$

2. 变速直线运动的路程

设某物体做直线运动,已知速度 $v=v(t)$ 是时间区间$[T_1,T_2]$上 t 的连续函数,且 $v(t)\geqslant0$,计算在这段时间内物体所经过的路程 s.

我们知道,对于匀速直线运动,有公式

路程=速度×时间.

但是,在现在的问题中,速度不是常量而是随时间变化的变量,因此,所求路程 s 不能直接按匀速直线运动的路程公式来计算.然而,物体运动的速度函数 $v=v(t)$ 是连续变化的,在很短一段时间内,速度的变化很小,近似于匀速.因此,如果把时间区间分小,在小段时间内,以匀速运动代替变速运动,那么,就可算出部分路程的近似值;再求和,得到整个路程的近似值;最后,通过对时间区间无限细分的极限过程,这时所有部分路程的近似值之和的极限,就是所求变速直线运动的路程的精确值.

具体计算步骤如下:

在时间区间$[T_1,T_2]$内任意插入 $n-1$ 个分点

$$T_1=t_0<t_1<t_2<\cdots<t_{n-1}<t_n=T_2,$$

把$[T_1,T_2]$分成 n 个小段

$$[t_0,t_1],\ [t_1,t_2],\ \cdots,\ [t_{n-1},\ t_n],$$

各小段时间的长依次为

$$\Delta t_1=t_1-t_0,\quad \Delta t_2=t_2-t_1,\ \cdots,\quad \Delta t_n=t_n-t_{n-1}.$$

相应地,在各小段时间内物体经过的路程依次为

$$\Delta s_1,\ \Delta s_2,\ \cdots,\ \Delta s_n.$$

在小段时间$[t_{i-1},t_i]$上任取一个时刻τ_i $(t_{i-1}\leqslant\tau_i\leqslant t_i)$,以$\tau_i$时的速度$v(\tau_i)$来代替$[t_{i-1},t_i]$上各个时刻的速度,得到部分路程$\Delta s_i$的近似值,即

$$\Delta s_i\approx v(\tau_i)\Delta t_i\quad(i=1,2,\cdots,n).$$

于是这n段部分路程的近似值之和就是所求变速直线运动路程s的近似值,即

$$s\approx v(\tau_1)\Delta t_1+v(\tau_2)\Delta t_2+\cdots+v(\tau_n)\Delta t_n=\sum_{i=1}^{n}v(\tau_i)\Delta t_i.$$

记$\lambda=\max\{\Delta t_1,\Delta t_2,\cdots,\Delta t_n\}$,当$\lambda\to 0$时,取上式右端和式的极限,即得变速直线运动的路程

$$s=\lim_{\lambda\to 0}\sum_{i=1}^{n}v(\tau_i)\Delta t_i.$$

二、定积分的定义

上面两个例子中所要计算的量的实际意义虽然不同,但它们都由一个函数及其自变量的一个变化区间所决定,如:

曲边梯形的面积由它的高度$y=f(x)$及其底边上的点x的变化区间$[a,b]$所决定;

变速直线运动的路程由速度$v=v(t)$及时间t的变化区间$[T_1,T_2]$所决定.

并且计算这些量的方法与步骤也都是相同的,它们都归结为具有相同结构的一种特定和的极限,如

$$\text{面积}\quad A=\lim_{\lambda\to 0}\sum_{i=1}^{n}f(\xi_i)\Delta x_i,$$

$$\text{路程}\quad s=\lim_{\lambda\to 0}\sum_{i=1}^{n}v(\tau_i)\Delta t_i.$$

一般地,对于定义在闭区间$[a,b]$上的函数$f(x)$,在$[a,b]$内插入$n-1$个分点

$$a=x_0<x_1<x_2<\cdots<x_n=b,\tag{1}$$

把$[a,b]$分成n个小区间

$$[x_0,x_1],[x_1,x_2],\cdots,[x_{n-1},x_n],$$

各个小区间的长度依次为

$$\Delta x_1=x_1-x_0,\quad \Delta x_2=x_2-x_1,\cdots,\quad \Delta x_n=x_n-x_{n-1},$$

在每个小区间$[x_{i-1},x_i]$上任取一点ξ_i，作函数值$f(\xi_i)$与小区间长度Δx_i的乘积$f(\xi_i)\Delta x_i(i=1,2,\cdots,n)$，并作出和

$$\sum_{i=1}^{n} f(\xi_i)\Delta x_i, \tag{2}$$

称和式(2)为**函数$f(x)$在区间$[a,b]$上的(黎曼)积分和**，显然积分和依赖于区间$[a,b]$的分法和点ξ_i的选取.

定义 设函数$f(x)$在闭区间$[a,b]$上有界.对于区间$[a,b]$的任意分法，以及小区间$[x_{i-1},x_i]$上的任意选取的点ξ_i，如果当各个小区间的长度中的最大值λ趋于零时，使得由(2)式所定义的积分和$\sum\limits_{i=1}^{n} f(\xi_i)\Delta x_i$的极限总存在，且与区间$[a,b]$的分法和点$\xi_i$的取法无关，那么称**函数$f(x)$在$[a,b]$上可积**，这个极限称为**函数$f(x)$在$[a,b]$上的定积分**(简称**积分**)，记作$\int_a^b f(x)\mathrm{d}x$，即

$$\int_a^b f(x)\mathrm{d}x=\lim_{\lambda\to 0}\sum_{i=1}^{n} f(\xi_i)\Delta x_i. \tag{3}$$

其中$f(x)$叫做被积函数，$f(x)\mathrm{d}x$叫做被积表达式，x叫做积分变量，a叫做积分下限，b叫做积分上限，$[a,b]$叫做积分区间.

注意，当和$\sum\limits_{i=1}^{n} f(\xi_i)\Delta x_i$的极限存在时，其极限$I$仅与被积函数$f(x)$及积分区间$[a,b]$有关.如果既不改变被积函数，也不改变积分区间$[a,b]$，而只把积分变量$x$改写成其他字母，例如$t$或$u$，那么，这时和的极限$I$不变，也就是定积分的值不变，即

$$\int_a^b f(x)\mathrm{d}x=\int_a^b f(t)\mathrm{d}t=\int_a^b f(u)\mathrm{d}u.$$

也就是说，定积分的值只与被积函数及积分区间有关，而与积分变量的记号无关.

利用定积分的定义，前面所讨论的两个实际问题可以分别表述如下：

曲线$y=f(x)$ $(f(x)\geqslant 0)$，x轴及两直线$x=a$，$x=b$所围成的曲边梯形的面积A等于函数$f(x)$在区间$[a,b]$上的定积分，即

$$A=\int_a^b f(x)\mathrm{d}x.$$

物体以变速$v=v(t)$ $(v(t)\geqslant 0)$做直线运动，从时刻$t=T_1$到时刻$t=T_2$，这物体所经过的路程s等于函数$v(t)$在区间$[T_1,T_2]$上的定积分，即

$$s=\int_{T_1}^{T_2} v(t)\mathrm{d}t.$$

对于定积分，自然有这样一个重要问题：函数$f(x)$在$[a,b]$上满足怎样的条件一定可积？这里不加证明地给出以下两个充分条件：

定理 1 设$f(x)$在区间$[a,b]$上连续,则$f(x)$在$[a,b]$上可积.

定理 2 设$f(x)$在区间$[a,b]$上有界,且只有有限个间断点,则$f(x)$在$[a,b]$上可积.

下面讨论定积分的几何意义.如果函数$f(x)\geqslant 0$,且在$[a,b]$上连续,由前面的讨论知道,定积分$\int_a^b f(x)\mathrm{d}x$在几何上表示由曲线$y=f(x)$,直线$x=a,x=b$与x轴所围成的曲边梯形的面积.

如果在$[a,b]$上$f(x)\leqslant 0$,那么曲边梯形位于x轴的下方,这时,第i个窄曲边梯形在ξ_i处的高等于$-f(\xi_i)$ $(i=1,2,\cdots,n)$.于是曲边梯形的面积等于$\lim\limits_{\lambda\to 0}\sum\limits_{i=1}^{n}[-f(\xi_i)]\Delta x_i=-\lim\limits_{\lambda\to 0}\sum\limits_{i=1}^{n}f(\xi_i)\Delta x_i=-\int_a^b f(x)\mathrm{d}x$.因此$\int_a^b f(x)\mathrm{d}x$表示由曲线$y=f(x)$,直线$x=a,x=b$与$x$轴所围成的曲边梯形的面积的负值.

如果在$[a,b]$上$f(x)$的值有正有负,那么由x轴、曲线$y=f(x)$及直线$x=a,x=b$所围成的图形既有在x轴上方的部分,又有在x轴下方的部分(如图 5-2 所示),此时,定积分$\int_a^b f(x)\mathrm{d}x$表示在x轴上方的图形面积减去在x轴下方的图形面积所得之差.

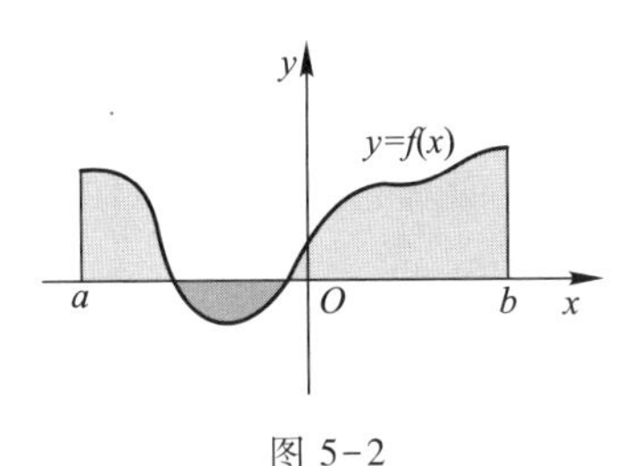

图 5-2

下面举一个根据定积分定义计算积分值的例子.

例 应用定义计算定积分$\int_0^1 x^2\mathrm{d}x$.

解 因为被积函数$f(x)=x^2$在积分区间$[0,1]$上连续,而连续函数是可积的,所以定积分的值与区间$[0,1]$的分法及点ξ_i的取法无关,因此为了便于计算,不妨把区间$[0,1]$分成n等份,这样,每个小区间$[x_{i-1},x_i]$的长度为$\Delta x_i=\dfrac{1}{n}$,分点为$x_i=\dfrac{i}{n}$.此外,不妨把ξ_i取在小区间$[x_{i-1},x_i]$的右端点,即$\xi_i=x_i$.于是,得到积分和

$$\begin{aligned}\sum_{i=1}^{n}f(\xi_i)\Delta x_i&=\sum_{i=1}^{n}\xi_i^2\Delta x_i=\sum_{i=1}^{n}x_i^2\Delta x_i\\&=\sum_{i=1}^{n}\left(\frac{i}{n}\right)^2\cdot\frac{1}{n}=\frac{1}{n^3}\sum_{i=1}^{n}i^2\\&=\frac{1}{n^3}(1^2+2^2+\cdots+n^2)\end{aligned}$$

$$=\frac{1}{n^3}\frac{n(n+1)(2n+1)}{6}\text{ ①}$$

$$=\frac{1}{6}\left(1+\frac{1}{n}\right)\left(2+\frac{1}{n}\right).$$

当 $\lambda\to0$ 即 $n\to\infty$ 时，上式两端取极限.由定积分的定义，即得所要计算的积分值为

$$\int_0^1 x^2\mathrm{d}x=\lim_{\lambda\to0}\sum_{i=1}^n \xi_i^2\Delta x_i$$

$$=\lim_{n\to\infty}\frac{1}{6}\left(1+\frac{1}{n}\right)\left(2+\frac{1}{n}\right)=\frac{1}{3}.$$

思考题 1 如果一细杆位于 x 轴上原点与 $x=l$ 之间，其线密度为 $\rho(x)$，试把其质量用定积分表示出来.

思考题 2 试根据定积分的几何意义确定积分区间 $[a,b]$，使定积分 $\int_a^b (x-1)(2-x)\mathrm{d}x$ 为最大.

三、定积分的近似计算

从上例的计算过程中可以看到：对于任一确定的正整数 n，积分和

$$\sum_{i=1}^n f(\xi_i)\Delta x_i=\frac{1}{6}\left(1+\frac{1}{n}\right)\left(2+\frac{1}{n}\right)$$

都是 $\int_0^1 x^2\mathrm{d}x$ 的近似值.当 n 取不同值时，可得到 $\int_0^1 x^2\mathrm{d}x$ 精度不同的近似值.一般说来，n 取得越大，近似程度越好.

---

① 利用恒等式 $(n+1)^3=n^3+3n^2+3n+1$，得

$$\begin{cases}(n+1)^3-n^3=3n^2+3n+1,\\ n^3-(n-1)^3=3(n-1)^2+3(n-1)+1,\\ \cdots\cdots\cdots\cdots\\ 3^3-2^3=3\cdot2^2+3\cdot2+1,\\ 2^3-1^3=3\cdot1^2+3\cdot1+1.\end{cases}$$

把这 n 个等式两端分别相加，得

$$(n+1)^3-1=3(1^2+2^2+\cdots+n^2)+3(1+2+\cdots+n)+n.$$

由于 $1+2+\cdots+n=\frac{1}{2}n(n+1)$，代入上式，得

$$n^3+3n^2+3n=3(1^2+2^2+\cdots+n^2)+\frac{3}{2}n(n+1)+n.$$

整理后，得

$$1^2+2^2+\cdots+n^2=\frac{1}{6}n(n+1)(2n+1).$$

下面就一般情形，讨论定积分 $\int_a^b f(x)\mathrm{d}x$ 的近似计算问题.设 $f(x)$ 在 $[a,b]$ 上连续，这时定积分 $\int_a^b f(x)\mathrm{d}x$ 存在.如同上例，采取把区间 $[a,b]$ 等分的分法，即用分点 $a=x_0,x_1,x_2,\cdots,x_n=b$ 将区间 $[a,b]$ 分成 n 个长度相等的小区间，每个小区间的长为

$$\Delta x=\frac{b-a}{n},$$

在小区间 $[x_{i-1},x_i]$ 上，取 $\xi_i=x_{i-1}$，应有

$$\int_a^b f(x)\mathrm{d}x=\lim_{n\to\infty}\frac{b-a}{n}\sum_{i=1}^{n}f(x_{i-1}).$$

从而对于任一确定的正整数 n，有

$$\int_a^b f(x)\mathrm{d}x\approx\frac{b-a}{n}\sum_{i=1}^{n}f(x_{i-1}).$$

记 $f(x_i)=y_i\ (i=0,1,2,\cdots,n)$.上式可记作

$$\int_a^b f(x)\mathrm{d}x\approx\frac{b-a}{n}(y_0+y_1+\cdots+y_{n-1}). \tag{4}$$

若取 $\xi_i=x_i$，则可得近似公式

$$\int_a^b f(x)\mathrm{d}x\approx\frac{b-a}{n}(y_1+y_2+\cdots+y_n). \tag{5}$$

以上求定积分近似值的方法称为矩形法.公式(4)、(5)称为矩形法公式.

如图 5-3 所示：矩形法的几何意义是用窄矩形的面积作为窄曲边梯形的面积的近似值.整体上以台阶形的面积作为曲边梯形面积的近似值.

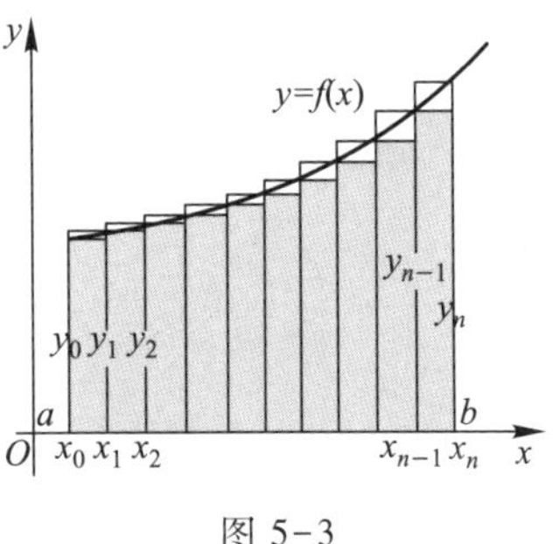

图 5-3

求定积分近似值的方法，常用的还有梯形法和抛物线法（又称辛普森（Simpson）法），简单介绍如下：

和矩形法一样，将区间 $[a,b]$ n 等分.设 $f(x_i)=y_i$，曲线 $y=f(x)$ 上的点 (x_i,y_i) 记作 $M_i\ (i=0,1,2,\cdots,n)$.

梯形法的原理是：将曲线 $y=f(x)$ 上的小弧段 $\overset{\frown}{M_{i-1}M_i}$ 用直线段 $\overline{M_{i-1}M_i}$ 代替，也就是把窄曲边梯形用窄梯形代替（图 5-4(a)），由此得到定积分的近似值为

$$\int_a^b f(x)\mathrm{d}x\approx\frac{b-a}{n}\left(\frac{y_0+y_1}{2}+\frac{y_1+y_2}{2}+\cdots+\frac{y_{n-1}+y_n}{2}\right)$$

$$=\frac{b-a}{n}\left(\frac{y_0+y_n}{2}+y_1+y_2+\cdots+y_{n-1}\right).\tag{6}$$

显然,梯形法公式(6)所得近似值就是矩形法公式(4)和(5)所得两个近似值的平均值.

抛物线法的原理是:将曲线 $y=f(x)$ 上的两个小弧段 $\overparen{M_{i-1}M_i}$ 和 $\overparen{M_iM_{i+1}}$ 合起来,用过 M_{i-1},M_i,M_{i+1} 三点的抛物线 $y=px^2+qx+r$ 代替(图 5-4(b)).经推导可知,以此抛物线弧段为曲边、以$[x_{i-1},x_{i+1}]$为底的曲边梯形面积为

$$\frac{1}{6}(y_{i-1}+4y_i+y_{i+1})\cdot 2\Delta x=\frac{b-a}{3n}(y_{i-1}+4y_i+y_{i+1}).$$

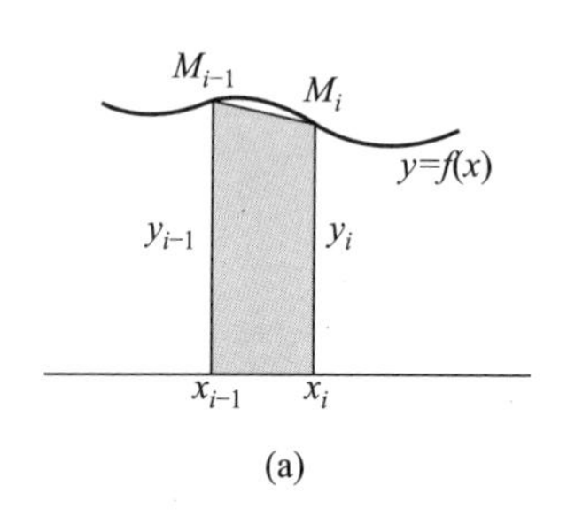

(a)

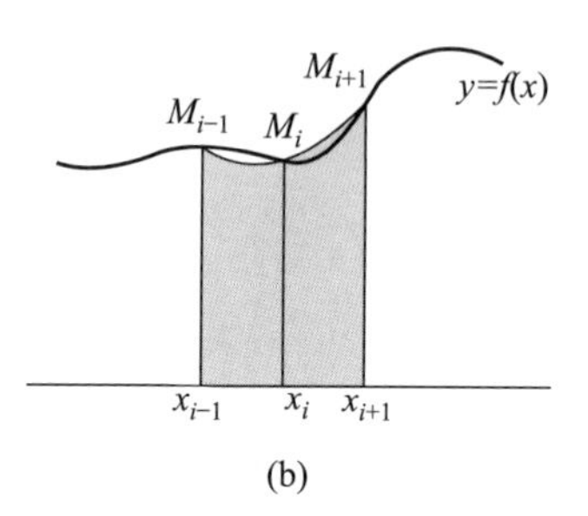

(b)

图 5-4

取 n 为偶数,得到定积分的近似值为

$$\begin{aligned}\int_a^b f(x)\,\mathrm{d}x &\approx\frac{b-a}{3n}[(y_0+4y_1+y_2)+(y_2+4y_3+y_4)+\cdots+\\&\quad(y_{n-2}+4y_{n-1}+y_n)]\\&=\frac{b-a}{3n}[y_0+y_n+4(y_1+y_3+\cdots+y_{n-1})+\\&\quad 2(y_2+y_4+\cdots+y_{n-2})].\end{aligned}\tag{7}$$

以上三种求定积分近似值的方法,比较起来,抛物线法的精确度较高,因此,实用上常采用抛物线法.随着计算机应用的普及,定积分的近似计算更为方便,现在已有很多现成的数学软件可用于定积分的近似计算.

四、定积分的性质

按照$f(x)$在区间$[a,b]$上的定积分 $\int_a^b f(x)\,\mathrm{d}x$ 的定义,积分下限 a 必须小于积分上限 b. 但是为了方便定积分的计算和应用,先对定积分做以下两点补充规定:

（1）当 $a=b$ 时，$\int_a^b f(x)\mathrm{d}x=0$；

（2）当 $a>b$ 时，$\int_a^b f(x)\mathrm{d}x=-\int_b^a f(x)\mathrm{d}x$.

下面讨论定积分的性质.下列各性质中积分上、下限的大小，如不特别指明，均不加限制，并假定各性质中所列出的定积分都是存在的.

性质 1　函数的和(差)的定积分等于它们的定积分的和(差)，即

$$\int_a^b [f(x)\pm g(x)]\mathrm{d}x=\int_a^b f(x)\mathrm{d}x\pm\int_a^b g(x)\mathrm{d}x.$$

证

$$\begin{aligned}\int_a^b [f(x)\pm g(x)]\mathrm{d}x&=\lim_{\lambda\to 0}\sum_{i=1}^n [f(\xi_i)\pm g(\xi_i)]\Delta x_i\\&=\lim_{\lambda\to 0}\sum_{i=1}^n f(\xi_i)\Delta x_i\pm\lim_{\lambda\to 0}\sum_{i=1}^n g(\xi_i)\Delta x_i\\&=\int_a^b f(x)\mathrm{d}x\pm\int_a^b g(x)\mathrm{d}x.\end{aligned}$$

性质 1 对于任意有限个函数都是成立的.

类似地，可以证明：

性质 2　被积函数的常数因子可以提到积分号外面，即

$$\int_a^b kf(x)\mathrm{d}x=k\int_a^b f(x)\mathrm{d}x\quad(k\text{ 是常数}).$$

性质 3　若将积分区间分成两部分，则在整个区间上的定积分等于这两部分区间上定积分之和，即设 $a<c<b$，则

$$\int_a^b f(x)\mathrm{d}x=\int_a^c f(x)\mathrm{d}x+\int_c^b f(x)\mathrm{d}x.$$

证　因为函数 $f(x)$ 在区间 $[a,b]$ 上可积，所以不论把 $[a,b]$ 怎样分，积分和的极限总是不变的.因此，在分区间时，可以使 c 永远是个分点.那么，$[a,b]$ 上的积分和等于 $[a,c]$ 上的积分和加 $[c,b]$ 上的积分和，记为

$$\sum_{[a,b]} f(\xi_i)\Delta x_i=\sum_{[a,c]} f(\xi_i)\Delta x_i+\sum_{[c,b]} f(\xi_i)\Delta x_i.$$

令 $\lambda\to 0$，上式两端同时取极限，即得

$$\int_a^b f(x)\mathrm{d}x=\int_a^c f(x)\mathrm{d}x+\int_c^b f(x)\mathrm{d}x.$$

这个性质称为定积分对于积分区间具有可加性.

按定积分的补充规定，不论 a,b,c 的相对位置如何，总有等式

$$\int_a^b f(x)\mathrm{d}x=\int_a^c f(x)\mathrm{d}x+\int_c^b f(x)\mathrm{d}x$$

成立.例如当 $a<b<c$ 时，由于

$$\int_a^c f(x)\mathrm{d}x=\int_a^b f(x)\mathrm{d}x+\int_b^c f(x)\mathrm{d}x,$$

于是得

$$\begin{aligned}\int_a^b f(x)\mathrm{d}x&=\int_a^c f(x)\mathrm{d}x-\int_b^c f(x)\mathrm{d}x\\&=\int_a^c f(x)\mathrm{d}x+\int_c^b f(x)\mathrm{d}x.\end{aligned}$$

性质 4 若在区间 $[a,b]$ 上 $f(x)\equiv 1$，则

$$\int_a^b 1\cdot\mathrm{d}x=\int_a^b \mathrm{d}x=b-a.$$

这个性质请读者自己证明.

性质 5 若在区间 $[a,b]$ 上 $f(x)\geqslant 0$，则

$$\int_a^b f(x)\mathrm{d}x\geqslant 0\quad(a<b).$$

证 因为 $f(x)\geqslant 0$，所以 $f(\xi_i)\geqslant 0\ (i=1,2,\cdots,n)$. 又由于 $\Delta x_i>0\ (i=1,2,\cdots,n)$，因此

$$\sum_{i=1}^{n} f(\xi_i)\Delta x_i\geqslant 0,$$

令 $\lambda=\max\{\Delta x_1,\Delta x_2,\cdots,\Delta x_n\}\to 0$，便得要证的不等式.

推论 1 若在区间 $[a,b]$ 上 $f(x)\leqslant g(x)$，则

$$\int_a^b f(x)\mathrm{d}x\leqslant\int_a^b g(x)\mathrm{d}x\quad(a<b).$$

证 令 $F(x)=g(x)-f(x)$，则 $F(x)\geqslant 0$，再利用性质 1 及性质 5，便得要证的不等式.

推论 2 $\left|\int_a^b f(x)\mathrm{d}x\right|\leqslant\int_a^b |f(x)|\mathrm{d}x\quad(a<b).$

证 因为

$$-|f(x)|\leqslant f(x)\leqslant |f(x)|,$$

所以由推论 1 及性质 2 可得

$$-\int_a^b |f(x)|\mathrm{d}x\leqslant\int_a^b f(x)\mathrm{d}x\leqslant\int_a^b |f(x)|\mathrm{d}x,$$

即

$$\left|\int_a^b f(x)\mathrm{d}x\right|\leqslant\int_a^b |f(x)|\mathrm{d}x.$$

性质 6 设 M 及 m 分别是函数 $f(x)$ 在区间 $[a,b]$ 上的最大值及最小值，则

$$m(b-a)\leqslant\int_a^b f(x)\mathrm{d}x\leqslant M(b-a).$$

证　因为 $m\leqslant f(x)\leqslant M$,所以由性质 5 得

$$\int_a^b m\,\mathrm{d}x\leqslant\int_a^b f(x)\,\mathrm{d}x\leqslant\int_a^b M\,\mathrm{d}x.$$

再由性质 2 及性质 4,即得所要证的不等式.

这个性质说明,由被积函数在积分区间上的最大值及最小值,可以估计积分值的范围.例如定积分 $\int_0^2 \mathrm{e}^{x^2}\mathrm{d}x$,它的被积函数 $f(x)=\mathrm{e}^{x^2}$ 在 $[0,2]$ 上单调增加,于是有最小值 $m=\mathrm{e}^0=1$,最大值 $M=\mathrm{e}^4$.由性质 6 得

$$\mathrm{e}^0(2-0)\leqslant\int_0^2 \mathrm{e}^{x^2}\mathrm{d}x\leqslant \mathrm{e}^4(2-0),$$

即

$$2\leqslant\int_0^2 \mathrm{e}^{x^2}\mathrm{d}x\leqslant 2\mathrm{e}^4.$$

性质 7(定积分中值定理)　若函数 $f(x)$ 在区间 $[a,b]$ 上连续,则在 $[a,b]$ 上至少存在一点 ξ,使下式成立:

$$\int_a^b f(x)\,\mathrm{d}x=f(\xi)(b-a)\quad(a\leqslant\xi\leqslant b).$$

这个公式叫做积分中值公式.

证　把性质 6 中的不等式各除以 $b-a$,得

$$m\leqslant\frac{1}{b-a}\int_a^b f(x)\,\mathrm{d}x\leqslant M.$$

这表明,确定的数值 $\frac{1}{b-a}\int_a^b f(x)\,\mathrm{d}x$ 介于函数 $f(x)$ 的最小值 m 及最大值 M 之间.根据闭区间上连续函数的介值定理,在 $[a,b]$ 上至少存在着一点 ξ,使得函数 $f(x)$ 在点 ξ 处的值与这个确定的数值相等,即

$$\frac{1}{b-a}\int_a^b f(x)\,\mathrm{d}x=f(\xi)\quad(a\leqslant\xi\leqslant b).$$

两端各乘 $b-a$,即得

$$\int_a^b f(x)\,\mathrm{d}x=f(\xi)(b-a).$$

中值公式的几何解释是:在区间 $[a,b]$ 上至少存在一点 ξ,使得以区间 $[a,b]$ 为底边、以曲线 $y=f(x)$ 为曲边的曲边梯形的面积等于同一底边而高为 $f(\xi)$ 的矩形的面积(图 5-5).

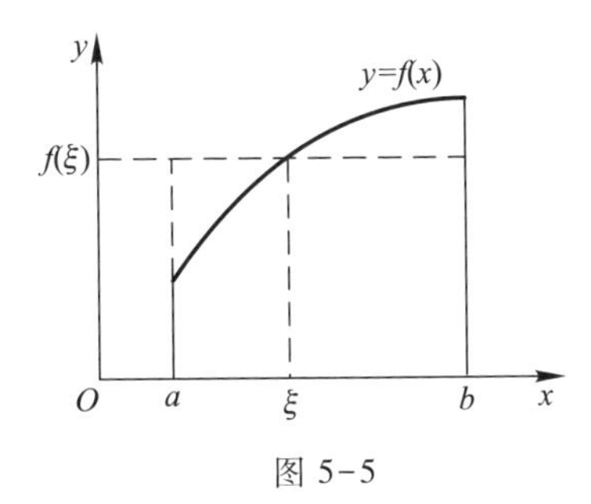

图 5-5

显然,当 $b<a$ 时,积分中值公式

$$\int_a^b f(x)\,\mathrm{d}x=f(\xi)(b-a) \quad (b\leqslant\xi\leqslant a)$$

也是成立的.

设$f(x)$在$[a,b]$上连续,把数值

$$\frac{1}{b-a}\int_a^b f(x)\,\mathrm{d}x$$

称为函数$f(x)$在区间$[a,b]$上的平均值.由此,积分中值定理的结论可重述为:在$[a,b]$上至少存在一点ξ,使该点处的函数值$f(\xi)$等于$f(x)$在$[a,b]$上的平均值,如图5-5,$f(\xi)$可看作图中曲边梯形的平均高度.又如,物体以变速$v(t)$做直线运动,在时间区间$[T_1,T_2]$上经过的路程为$\int_{T_1}^{T_2} v(t)\,\mathrm{d}t$,因此有

$$v(\xi)=\frac{1}{T_2-T_1}\int_{T_1}^{T_2} v(t)\,\mathrm{d}t \quad (\xi\in[T_1,T_2]).$$

定积分性质

这就是说运动物体在$[T_1,T_2]$这段时间内的平均速度必等于$[T_1,T_2]$上某一时刻ξ的瞬时速度.这个结论,我们在微分中值定理处已指出过了.

思考题3　已知函数$f(x)=x^2+k$,如果$\int_0^1 f(x)\,\mathrm{d}x=\frac{4}{3}$,求$k$.

习题5-1

1. 利用定积分定义计算由曲线$y=\mathrm{e}^x$,直线$x=1$以及x轴和y轴所围成的图形的面积.

2. 利用定积分的几何意义,说明下列等式成立:

(1) $\int_0^1 2x\,\mathrm{d}x=1$;　　(2) $\int_0^R \sqrt{R^2-x^2}\,\mathrm{d}x=\frac{\pi R^2}{4}$;

(3) $\int_{-\pi}^{\pi} \sin x\,\mathrm{d}x=0$;　　(4) $\int_{-\frac{\pi}{2}}^{\frac{\pi}{2}} \cos x\,\mathrm{d}x=2\int_0^{\frac{\pi}{2}} \cos x\,\mathrm{d}x$.

3. 已知物体以$v(t)=3t+5$ m/s做直线运动,试用定积分表示物体在$T_1=1$ s到$T_2=3$ s期间所经过的路程s.并利用定积分的几何意义求出s的值.

4. 根据定积分的性质,比较下列各对积分的大小:

(1) $\int_0^1 x^2\,\mathrm{d}x$与$\int_0^1 x^3\,\mathrm{d}x$;　　(2) $\int_3^4 \ln x\,\mathrm{d}x$与$\int_3^4 \ln^2 x\,\mathrm{d}x$;

(3) $\int_0^{\frac{\pi}{2}} \sin^4 x\mathrm{d}x$ 与 $\int_0^{\frac{\pi}{2}} \sin^2 x\mathrm{d}x$；　　(4) $\int_0^1 \mathrm{e}^x\mathrm{d}x$ 与 $\int_0^1 (1+x)\mathrm{d}x$.

5. 估计下列各积分的值：

(1) $\int_1^4 (x^2+1)\mathrm{d}x$；　　(2) $\int_{\frac{\pi}{4}}^{\frac{5\pi}{4}} (1+\sin^2 x)\mathrm{d}x$；

(3) $\int_{-1}^2 \mathrm{e}^{-x^2}\mathrm{d}x$；　　(4) $\int_{\frac{\pi}{6}}^{\frac{\pi}{2}} \frac{\sin x}{x}\mathrm{d}x$.

6. 设两辆汽车从静止开始加速沿直线路径前进.图 5-6 中给出的两条曲线 $a=a_1(t)$ 和 $a=a_2(t)$ 分别是两车的加速度曲线.那么位于这两条曲线和直线 $t=T$ $(T>0)$ 之间的图形的面积 A 所表示的物理意义是什么？

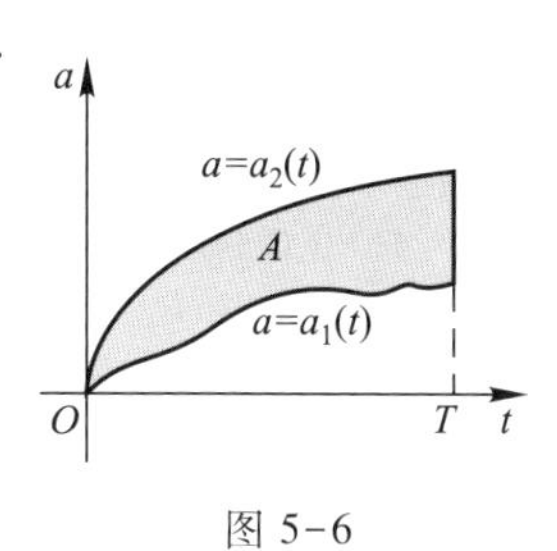

图 5-6

第二节　微积分基本公式

在第一节中，我们举过应用定积分定义计算积分值的例子.从该例子可以看到，被积函数虽然是简单的二次函数 $f(x)=x^2$，但直接按定义来计算它的定积分已经不是很容易的事.如果被积函数是其他复杂些的函数，其困难就更大了.因此，必须寻求计算定积分的新方法.

下面我们先从实际问题中寻找解决问题的线索.为此，对变速直线运动中遇到的位置函数 $s(t)$ 及速度函数 $v(t)$ 之间的联系做进一步的研究.

一、变速直线运动中位置函数与速度函数之间的联系

有一物体沿一直线运动.在这直线上取定原点、正方向及长度单位，使它成一数轴.设时刻 t 时物体所在位置为 $s(t)$，速度为 $v(t)$.（为了讨论方便起见，假设 $v(t)\geqslant 0$.）

从第一节知道：物体在时间区间 $[T_1, T_2]$ 内经过的路程可以用速度函数 $v(t)$ 在 $[T_1, T_2]$ 上的定积分

$$\int_{T_1}^{T_2} v(t)\mathrm{d}t$$

来表达；另一方面，这段路程又可以通过位置函数 $s(t)$ 在区间 $[T_1, T_2]$ 上的增量

$$s(T_2)-s(T_1)$$

来表达.由此可见,位置函数 $s(t)$ 与速度函数 $v(t)$ 之间有如下关系:

$$\int_{T_1}^{T_2} v(t)\,\mathrm{d}t = s(T_2) - s(T_1). \tag{1}$$

因为 $s'(t)=v(t)$,即位置函数 $s(t)$ 是速度函数 $v(t)$ 的原函数,所以关系式(1)表示:速度函数 $v(t)$ 在区间 $[T_1,T_2]$ 上的定积分等于 $v(t)$ 的原函数 $s(t)$ 在区间 $[T_1,T_2]$ 上的增量.

上述从变速直线运动的路程这个特殊问题中得出来的关系,在一定条件下具有普遍性.事实上,我们将在第三目中证明:如果函数 $f(x)$ 在区间 $[a,b]$ 上连续,那么 $f(x)$ 在区间 $[a,b]$ 上的定积分就等于 $f(x)$ 的原函数在区间 $[a,b]$ 上的增量.

二、积分上限的函数及其导数

设函数 $f(x)$ 在区间 $[a,b]$ 上连续,并且设 x 为 $[a,b]$ 上的一点.现在来考察 $f(x)$ 在部分区间 $[a,x]$ 上的定积分

$$\int_a^x f(x)\,\mathrm{d}x.$$

首先,由于 $f(x)$ 在 $[a,x]$ 上仍旧连续,因此这个定积分存在.这个定积分中的 x 既表示定积分的上限,又表示积分变量.因为定积分与积分变量的记法无关,所以为了明确起见,可以把积分变量改用其他符号,例如用 t 表示,于是这个定积分可以写成

$$\int_a^x f(t)\,\mathrm{d}t.$$

若上限 x 在区间 $[a,b]$ 上任意变动,则对于每一个取定的 x 值,定积分有一个对应值,所以它在 $[a,b]$ 上定义了一个函数,记作 $\Phi(x)$:

$$\Phi(x) = \int_a^x f(t)\,\mathrm{d}t \quad (a \leqslant x \leqslant b).$$

这个函数通常称为积分上限的函数或变上限定积分,它具有下面定理 1 所阐明的重要性质.

定理 1 若函数 $f(x)$ 在区间 $[a,b]$ 上连续,则积分上限的函数

$$\Phi(x) = \int_a^x f(t)\,\mathrm{d}t$$

在 $[a,b]$ 上具有导数,并且它的导数

$$\Phi'(x) = \frac{\mathrm{d}}{\mathrm{d}x}\int_a^x f(t)\,\mathrm{d}t = f(x) \quad (a \leqslant x \leqslant b). \tag{2}$$

证 当上限由 x 变到 $x+\Delta x$ 时,$\Phi(x)$(图 5-7)在 $x+\Delta x$ 处的函数值为

$$\Phi(x+\Delta x)=\int_a^{x+\Delta x} f(t)\,\mathrm{d}t.$$

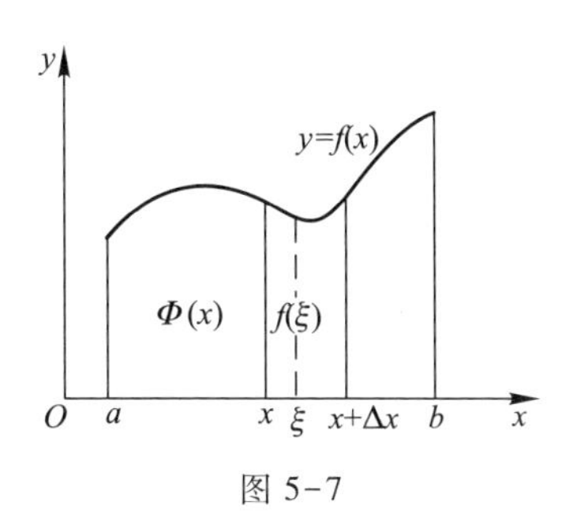

图 5-7

由此得函数的增量

$$\begin{aligned}\Delta\Phi &=\Phi(x+\Delta x)-\Phi(x)=\int_a^{x+\Delta x} f(t)\,\mathrm{d}t-\int_a^x f(t)\,\mathrm{d}t\\ &=\int_a^x f(t)\,\mathrm{d}t+\int_x^{x+\Delta x} f(t)\,\mathrm{d}t-\int_a^x f(t)\,\mathrm{d}t\\ &=\int_x^{x+\Delta x} f(t)\,\mathrm{d}t.\end{aligned}$$

应用积分中值定理,即有等式

$$\Delta\Phi=f(\xi)\Delta x,$$

这里,ξ 在 x 与 $x+\Delta x$ 之间.上式两端除以 Δx,得

$$\frac{\Delta\Phi}{\Delta x}=f(\xi).$$

由于假设 $f(x)$ 在 $[a,b]$ 上连续,而 $\Delta x\to 0$ 时,$\xi\to x$,因此

$$\lim_{\Delta x\to 0}\frac{\Delta\Phi}{\Delta x}=\lim_{\Delta x\to 0} f(\xi)=f(x),$$

即

$$\Phi'(x)=f(x).$$

如果 x 为端点 a 或 b 时,上述极限中的 Δx 分别改为 $\Delta x\to 0^+$ 或 $\Delta x\to 0^-$,从而极限分别等于 $f(a)$ 或 $f(b)$.于是定理得证.

这个定理指出了一个重要结论:连续函数 $f(x)$ 的积分上限的函数 $\Phi(x)$ 可导,而且其导数就是 $f(x)$ 本身.也就是说,$\Phi(x)$ 是连续函数 $f(x)$ 的一个原函数.因此,定理 1 也可叙述成如下的原函数的存在定理:

定理 2 若函数 $f(x)$ 在区间 $[a,b]$ 上连续,则函数

$$\Phi(x)=\int_a^x f(t)\,\mathrm{d}t \tag{3}$$

是 $f(x)$ 在区间 $[a,b]$ 上的一个原函数.

这个定理的重要意义是:一方面肯定了连续函数的原函数是存在的,另一方面揭示了定积分与原函数之间的联系,从而就有可能通过原函数来计算定积分.

思考题 1 试利用定积分几何意义写出函数 $\Phi(x)=\int_0^x t\,\mathrm{d}t$ 的表达式,并求 $\Phi'(x)$.

思考题 2 试讨论函数 $\Phi(x)=\int_0^{-x}\ln(1+t^2)\,\mathrm{d}t$ 在 $(-\infty,+\infty)$ 上的单调性.

三、牛顿-莱布尼茨公式

现在我们根据定理 2 来证明一个重要定理，它给出了用原函数计算定积分的公式.

定理 3 若函数 $F(x)$ 是连续函数 $f(x)$ 在区间 $[a,b]$ 上的一个原函数，则

$$\int_a^b f(x)\,\mathrm{d}x=F(b)-F(a). \tag{4}$$

证 由于函数 $F(x)$ 是连续函数 $f(x)$ 的一个原函数，又根据定理 2 知道，积分上限的函数

$$\Phi(x)=\int_a^x f(t)\,\mathrm{d}t$$

也是 $f(x)$ 的一个原函数.于是这两个原函数的差 $F(x)-\Phi(x)$ 在 $[a,b]$ 上必定是一个常数 C，即

$$F(x)-\Phi(x)=C \quad (a\leqslant x\leqslant b). \tag{5}$$

当 $x=a$ 时，上式也应该成立，即

$$F(a)-\Phi(a)=C.$$

而 $\Phi(a)=0$，所以

$$C=F(a).$$

代入式(5)，得

$$\Phi(x)=F(x)-F(a),$$

即

$$\int_a^x f(t)\,\mathrm{d}t=F(x)-F(a).$$

令 $x=b$，再把积分变量 t 改写成 x，就得到所要证明的公式(4).

为方便起见，以后把 $F(b)-F(a)$ 记成 $[F(x)]_a^b$，于是公式(4)又可写成

$$\int_a^b f(x)\,\mathrm{d}x=[F(x)]_a^b.$$

公式(4)叫做牛顿(Newton)-莱布尼茨(Leibniz)公式，也叫做微积分基本公式，这个公式说明：一个连续函数在区间 $[a,b]$ 上的定积分等于它的任意一个原函数在区间 $[a,b]$ 上的增量，这就为定积分的计算提供了一个有效而简便的方法.

下面举几个应用公式(4)来计算定积分的简单例子.

例 1　计算定积分 $\int_0^1 x^2 \mathrm{d}x$.

解　由于$\frac{x^3}{3}$是 x^2 的一个原函数,所以按牛顿-莱布尼茨公式,有

$$\int_0^1 x^2 \mathrm{d}x = \left[\frac{x^3}{3}\right]_0^1 = \frac{1^3}{3} - \frac{0^3}{3} = \frac{1}{3}.$$

所得结果与第一节中用定积分定义计算的结果完全一致,但运算变得非常简便.

例 2　$\int_{-1}^{\sqrt{3}} \frac{\mathrm{d}x}{1+x^2}$.

解　由于 $\arctan x$ 是$\frac{1}{1+x^2}$的一个原函数,所以

$$\int_{-1}^{\sqrt{3}} \frac{\mathrm{d}x}{1+x^2} = [\arctan x]_{-1}^{\sqrt{3}} = \arctan\sqrt{3} - \arctan(-1)$$

$$= \frac{\pi}{3} - \left(-\frac{\pi}{4}\right) = \frac{7}{12}\pi.$$

例 3　计算 $\int_{-2}^{-1} \frac{\mathrm{d}x}{x}$.

解　由于在$[-2,-1]$上$\frac{1}{x}$的一个原函数为 $\ln(-x)$,所以

$$\int_{-2}^{-1} \frac{\mathrm{d}x}{x} = [\ln(-x)]_{-2}^{-1} = \ln 1 - \ln 2 = -\ln 2.$$

例 4　计算正弦曲线 $y=\sin x$ 在$[0,\pi]$上与 x 轴所围成的平面图形的面积.

解　由定积分的几何意义,所求面积

$$A = \int_0^{\pi} \sin x \mathrm{d}x.$$

由于$-\cos x$ 是 $\sin x$ 的一个原函数,所以

$$A = \int_0^{\pi} \sin x \mathrm{d}x = [-\cos x]_0^{\pi} = -(-1) - (-1) = 2.$$

例 5　汽车以 36 km/h 的速度直行,到某处需要减速停车.设汽车以等加速度 $a=-5\ \mathrm{m/s^2}$ 刹车.问从开始刹车到停车,汽车走了多少距离?

解　首先要算出从开始刹车到停车经过的时间.设开始刹车的时刻为 $t=0$,此时汽车速度

$$v_0 = 36\ \mathrm{km/h} = \frac{36\times 1\ 000}{3\ 600}\ \mathrm{m/s} = 10\ \mathrm{m/s}.$$

刹车后汽车减速行驶,其速度为

$$v(t)=v_0+at=10-5t(\mathrm{m/s}).$$

当汽车停住时,速度 $v(t)=0$,故从

$$v(t)=10-5t=0$$

解得

$$t=\frac{10}{5}=2(\mathrm{s}).$$

于是在这段时间内,汽车所走过的距离为

$$s=\int_0^2 v(t)\,\mathrm{d}t=\int_0^2(10-5t)\,\mathrm{d}t=\left[10t-\frac{5t^2}{2}\right]_0^2=10(\mathrm{m}),$$

即在刹车后,汽车需走过 10 m 才能停住.

下面举两个应用公式(2)的例子.

例 6 求 $\lim\limits_{x\to 0}\dfrac{x-\int_0^x \cos t^2\,\mathrm{d}t}{x^5}$.

解 易知这是个 $\dfrac{0}{0}$ 型的未定式,可利用洛必达法则来计算. 而由公式(2)可得

$$\frac{\mathrm{d}}{\mathrm{d}x}\int_0^x \cos t^2\,\mathrm{d}t=\cos x^2,$$

于是

$$\lim_{x\to 0}\frac{x-\int_0^x \cos t^2\,\mathrm{d}t}{x^5}=\lim_{x\to 0}\frac{1-\cos x^2}{5x^4}=\lim_{x\to 0}\frac{\frac{x^4}{2}}{5x^4}=\frac{1}{10}.$$

例 7 试讨论函数 $f(x)=\int_0^{x^2}\mathrm{e}^{-t^2}\mathrm{d}t$ 在 $(-\infty,+\infty)$ 上的单调性.

解 函数 $f(x)$ 可看成积分上限的函数 $\int_0^u \mathrm{e}^{-t^2}\mathrm{d}t$ 与 $u=x^2$ 的复合函数,由公式(2)可得 $\dfrac{\mathrm{d}}{\mathrm{d}u}\int_0^u \mathrm{e}^{-t^2}\mathrm{d}t=\mathrm{e}^{-u^2}$,再由复合函数求导法则得

积分上限的函数

$$f'(x)=\frac{\mathrm{d}}{\mathrm{d}x}\int_0^{x^2}\mathrm{e}^{-t^2}\mathrm{d}t=\frac{\mathrm{d}}{\mathrm{d}u}\int_0^u \mathrm{e}^{-t^2}\mathrm{d}t\cdot\frac{\mathrm{d}u}{\mathrm{d}x}=\mathrm{e}^{-u^2}\cdot 2x=2x\mathrm{e}^{-x^4},$$

令 $f'(x)=0$ 得唯一驻点 $x=0$.

当 $x<0$ 时 $f'(x)<0$;当 $x>0$ 时 $f'(x)>0$. 因此函数 $f(x)$ 在 $(-\infty,0]$ 上单调减少,在 $[0,+\infty)$ 上单调增加.

积分上限的函数的导数

思考题 3 试利用牛顿-莱布尼茨公式计算下列定积分:

(1) $\int_1^2 x^2\sqrt{x}\,\mathrm{d}x$; (2) $\int_0^2 \mathrm{e}^{-x}\mathrm{d}x$; (3) $\int_0^{\frac{\pi}{6}}\sec^2(2x)\,\mathrm{d}x$.

习题 5-2

1. 求下列函数的导数：

(1) $y=\int_0^x e^{t^2-t}dt$；　(2) $y=\int_0^{\sqrt{x}}\cos(t^2+1)dt$；

(3) $y=\int_{x^2}^5 \frac{\sin t}{t}dt$；　(4) $y=\int_{2x}^{x^2}\sqrt{1+t^3}dt$.

2. 求由 $\int_0^y e^t dt+\int_0^x \cos t dt=0$ 所确定的隐函数 y 对 x 的导数 $\frac{dy}{dx}$.

3. 计算下列定积分：

(1) $\int_1^2\left(x^2+\frac{1}{x^2}\right)dx$；　(2) $\int_4^9\sqrt{x}(1+\sqrt{x})dx$；

(3) $\int_{-\frac{1}{2}}^{\frac{1}{2}}\frac{1}{\sqrt{1-x^2}}dx$；　(4) $\int_0^{\sqrt{3}a}\frac{1}{a^2+x^2}dx$；

(5) $\int_{-1}^0\frac{3x^4+3x^2+1}{x^2+1}dx$；　(6) $\int_{-e-1}^{-2}\frac{1}{1+x}dx$；

(7) $\int_0^{\frac{\pi}{2}}2\sin^2\frac{x}{2}dx$；　(8) $\int_0^{2\pi}|\sin x|dx$；

(9) $\int_0^3\sqrt{(2-x)^2}dx$；

(10) 设 $f(x)=\begin{cases}x+1, & \text{当 } x\leqslant 1,\\ \frac{1}{2}x^2, & \text{当 } x>1,\end{cases}$ 求 $\int_0^2 f(x)dx$.

4. 求下列极限：

(1) $\lim\limits_{x\to 0}\frac{\int_0^x \sin t^2 dt}{x^3}$；　(2) $\lim\limits_{x\to 1}\frac{\int_1^x e^{t^2}dt}{\ln x}$；

(3) $\lim\limits_{x\to 0}\frac{\int_x^0 \ln(1+t)dt}{x^2}$；　(4) $\lim\limits_{x\to 0}\frac{\int_0^{x^3} t^{\frac{2}{3}}dt}{\int_0^x t(t-\sin t)dt}$.

5. 设 $f(x)$ 在 $[a,b]$ 上连续，且 $f(x)>0$，

$$F(x)=\int_a^x f(t)dt+\int_b^x\frac{1}{f(t)}dt,\quad x\in[a,b].$$

证明：方程 $F(x)=0$ 在区间 $[a,b]$ 上有且仅有一个根.

第三节 定积分的换元积分法与分部积分法

牛顿-莱布尼茨公式表明:计算连续函数$f(x)$的定积分$\int_a^b f(x)\mathrm{d}x$的有效、简便的方法是把它转化为求$f(x)$的原函数在区间$[a,b]$上的增量.这说明连续函数的定积分计算与不定积分计算有着密切的联系.在不定积分的计算中有换元积分法与分部积分法,因此在一定的条件下,我们也可以在定积分的计算中应用换元积分法与分部积分法.

一、定积分的换元积分法

由不定积分第一类换元法可知,当$\varphi(x)$具有连续导数时,若$F(t)$为$f(t)$的一个原函数,则

$$\int f[\varphi(x)]\varphi'(x)\mathrm{d}x=\int f[\varphi(x)]\mathrm{d}[\varphi(x)]=F[\varphi(x)]+C,$$

此时,当$f(t)$连续时,由牛顿-莱布尼茨公式,得

$$\int_a^b f[\varphi(x)]\varphi'(x)\mathrm{d}x=F[\varphi(b)]-F[\varphi(a)].$$

另一方面,若记$\alpha=\varphi(a)$,$\beta=\varphi(b)$,则由牛顿-莱布尼茨公式又可得

$$\int_\alpha^\beta f(t)\mathrm{d}t=F(\beta)-F(\alpha),$$

由于上面两式的右端相等,故左端必相等,于是得如下的定积分换元公式:

$$\int_a^b f[\varphi(x)]\varphi'(x)\mathrm{d}x=\int_\alpha^\beta f(t)\mathrm{d}t, \tag{1}$$

其中$\alpha=\varphi(a)$,$\beta=\varphi(b)$.

公式(1)表明,用$\varphi(x)=t$把原来的积分变量x换成新变量t时,原来的积分限要换成新变量t的积分限,然后计算新的定积分.

例 1 计算$\int_0^{\frac{\pi}{2}}\cos^5 x\sin x\mathrm{d}x$.

解 设$t=\cos x$,则$\mathrm{d}t=-\sin x\mathrm{d}x$,且当$x=0$时,$t=1$;当$x=\dfrac{\pi}{2}$时,$t=0$.于是

$$\int_0^{\frac{\pi}{2}}\cos^5 x\sin x\mathrm{d}x=\int_1^0 t^5(-1)\mathrm{d}t=\int_0^1 t^5\mathrm{d}t=\left[\frac{1}{6}t^6\right]_0^1=\frac{1}{6}.$$

在本例的解法中,如果我们不明显地写出新变量t,那么,定积分的上下限就

不要改变.现在用这种记法写出计算过程如下：

$$\int_0^{\frac{\pi}{2}} \cos^5 x\sin x\mathrm{d}x = -\int_0^{\frac{\pi}{2}} \cos^5 x\mathrm{d}(\cos x)$$

$$= -\left[\frac{\cos^6 x}{6}\right]_0^{\frac{\pi}{2}} = -\left(0-\frac{1}{6}\right) = \frac{1}{6}.$$

例 2　计算 $\int_0^R h\sqrt{R^2-h^2}\,\mathrm{d}h$.

解　由于 $h\mathrm{d}h = \frac{1}{2}\mathrm{d}(h^2) = -\frac{1}{2}\mathrm{d}(R^2-h^2)$，所以

$$\int_0^R h\sqrt{R^2-h^2}\,\mathrm{d}h = -\frac{1}{2}\int_0^R \sqrt{R^2-h^2}\,\mathrm{d}(R^2-h^2)$$

$$= -\frac{1}{2}\cdot\frac{2}{3}\left[(R^2-h^2)^{\frac{3}{2}}\right]_0^R$$

$$= -\frac{1}{3}(0-R^3) = \frac{R^3}{3}.$$

例 3　计算 $\int_0^{\pi} \sqrt{\sin^3 x-\sin^5 x}\,\mathrm{d}x$.

解　由于

$$\sqrt{\sin^3 x-\sin^5 x} = \sqrt{\sin^3 x(1-\sin^2 x)} = \sin^{\frac{3}{2}} x\,|\cos x|,$$

在 $\left[0,\frac{\pi}{2}\right]$ 上，$|\cos x| = \cos x$；在 $\left[\frac{\pi}{2},\pi\right]$ 上，$|\cos x| = -\cos x$，所以

$$\int_0^{\pi} \sqrt{\sin^3 x-\sin^5 x}\,\mathrm{d}x$$

$$= \int_0^{\frac{\pi}{2}} \sin^{\frac{3}{2}} x\cos x\mathrm{d}x + \int_{\frac{\pi}{2}}^{\pi} \sin^{\frac{3}{2}} x(-\cos x)\mathrm{d}x$$

$$= \int_0^{\frac{\pi}{2}} \sin^{\frac{3}{2}} x\mathrm{d}(\sin x) - \int_{\frac{\pi}{2}}^{\pi} \sin^{\frac{3}{2}} x\mathrm{d}(\sin x)$$

$$= \left[\frac{2}{5}\sin^{\frac{5}{2}} x\right]_0^{\frac{\pi}{2}} - \left[\frac{2}{5}\sin^{\frac{5}{2}} x\right]_{\frac{\pi}{2}}^{\pi}$$

$$= \frac{2}{5} - \left(-\frac{2}{5}\right) = \frac{4}{5}.$$

注意，如果忽略 $\cos x$ 在 $\left[\frac{\pi}{2},\pi\right]$ 上非正，而按

$$\sqrt{\sin^3 x-\sin^5 x} = \sin^{\frac{3}{2}} x\cos x$$

计算,将导致错误结果.

把公式(1)反过来用,即用变换 $t=\varphi(x)$ 把公式(1)的右端化为左端,即得与不定积分第二类换元法相应的定积分换元公式

$$\int_{\alpha}^{\beta} f(t)\,\mathrm{d}t=\int_{a}^{b} f[\varphi(x)]\varphi'(x)\,\mathrm{d}x.$$

如果把记号 α,β,t 依次与 a,b,x 交换,也就是,当 $x=\varphi(t)$ 时,有

$$\int_{a}^{b} f(x)\,\mathrm{d}x=\int_{\alpha}^{\beta} f[\varphi(t)]\varphi'(t)\,\mathrm{d}t, \tag{2}$$

其中 $\varphi(\alpha)=a,\varphi(\beta)=b$.

公式(2)表明,用变换 $x=\varphi(t)$ 把原来的积分变量换成新变量 t 时,原来的积分限 a,b 也要换成新变量 t 的相应的积分限 α,β.求出 $f[\varphi(t)]\varphi'(t)$ 的原函数 $\Phi(t)$ 后,不必像计算不定积分那样要把 $\Phi(t)$ 变换成原来变量 x 的函数,而只需计算 $\Phi(\beta)-\Phi(\alpha)$.

例 4 计算 $\int_{0}^{a}\sqrt{a^{2}-x^{2}}\,\mathrm{d}x \quad (a>0)$.

解 设 $x=a\sin t$,则 $\mathrm{d}x=a\cos t\mathrm{d}t$,且当 $x=0$ 时,取 $t=0$;当 $x=a$ 时,取 $t=\frac{\pi}{2}$.于是

$$\int_{0}^{a}\sqrt{a^{2}-x^{2}}\,\mathrm{d}x=\int_{0}^{\frac{\pi}{2}} a\cos t\cdot a\cos t\mathrm{d}t=\frac{a^{2}}{2}\int_{0}^{\frac{\pi}{2}}(1+\cos 2t)\,\mathrm{d}t$$

$$=\frac{a^{2}}{2}\left[t+\frac{\sin 2t}{2}\right]_{0}^{\frac{\pi}{2}}=\frac{\pi a^{2}}{4}.$$

由定积分的几何意义知,此定积分表示半径为 a 的圆在第一象限部分的面积,确为$\frac{\pi a^{2}}{4}$.

例 5 计算 $\int_{0}^{4}\frac{x+2}{\sqrt{2x+1}}\mathrm{d}x$.

解 设$\sqrt{2x+1}=t$,则 $x=\frac{t^{2}-1}{2}$,$\mathrm{d}x=t\mathrm{d}t$,且当 $x=0$ 时,$t=1$;当 $x=4$ 时,$t=3$.于是

定积分的换元积分法

$$\int_{0}^{4}\frac{x+2}{\sqrt{2x+1}}\mathrm{d}x=\int_{1}^{3}\frac{\frac{t^{2}-1}{2}+2}{t}t\mathrm{d}t=\frac{1}{2}\int_{1}^{3}(t^{2}+3)\,\mathrm{d}t$$

$$=\frac{1}{2}\left[\frac{t^{3}}{3}+3t\right]_{1}^{3}=\frac{1}{2}\left[\left(\frac{27}{3}+9\right)-\left(\frac{1}{3}+3\right)\right]$$

$$=\frac{22}{3}.$$

思考题 1 试给出下列定积分的恰当的换元公式,并求出相应的定积分值:

(1) $\int_0^{\pi}\sin(4x+1)\mathrm{d}x$;　　(2) $\int_0^1\frac{x}{(1+x^2)^2}\mathrm{d}x$;

(3) $\int_0^1\frac{\mathrm{e}^x}{1+\mathrm{e}^x}\mathrm{d}x$;　　(4) $\int_0^1\sqrt{1+\sqrt{x}}\,\mathrm{d}x$.

例 6 试证:

(1) 若 $f(x)$ 在 $[-a,a]$ 上连续且为偶函数,则

$$\int_{-a}^{a}f(x)\mathrm{d}x=2\int_0^a f(x)\mathrm{d}x;$$

(2) 若 $f(x)$ 在 $[-a,a]$ 上连续且为奇函数,则

$$\int_{-a}^{a}f(x)\mathrm{d}x=0.$$

证 因为

$$\int_{-a}^{a}f(x)\mathrm{d}x=\int_{-a}^{0}f(x)\mathrm{d}x+\int_0^a f(x)\mathrm{d}x,$$

对积分 $\int_{-a}^{0}f(x)\mathrm{d}x$ 作代换 $x=-t$,则得

$$\int_{-a}^{0}f(x)\mathrm{d}x=-\int_a^0 f(-t)\mathrm{d}t=\int_0^a f(-t)\mathrm{d}t=\int_0^a f(-x)\mathrm{d}x.$$

于是

$$\begin{aligned}\int_{-a}^{a}f(x)\mathrm{d}x&=\int_0^a f(-x)\mathrm{d}x+\int_0^a f(x)\mathrm{d}x\\&=\int_0^a[f(-x)+f(x)]\mathrm{d}x.\end{aligned}$$

(1) 若 $f(x)$ 为偶函数,即 $f(-x)=f(x)$,则

$$f(x)+f(-x)=2f(x),$$

从而

$$\int_{-a}^{a}f(x)\mathrm{d}x=2\int_0^a f(x)\mathrm{d}x.$$

(2) 若 $f(x)$ 为奇函数,即 $f(-x)=-f(x)$,则

$$f(x)+f(-x)=0,$$

从而

$$\int_{-a}^{a}f(x)\mathrm{d}x=0.$$

利用例 6 的结论,常可简化偶函数、奇函数在对称于原点的区间上的定积分的计算.例如,利用上述结论,可得

$$\begin{aligned}\int_{-1}^{1}\frac{|x|+x^2\tan x}{1+x^4}\mathrm{d}x&=2\int_0^1\frac{x}{1+x^4}\mathrm{d}x=\int_0^1\frac{\mathrm{d}(x^2)}{1+(x^2)^2}\\&=[\arctan x^2]_0^1=\frac{\pi}{4}.\end{aligned}$$

例 7 试证：

$$\int_0^{\frac{\pi}{2}} \cos^n x\mathrm{d}x = \int_0^{\frac{\pi}{2}} \sin^n x\mathrm{d}x.$$

证 设 $x=\frac{\pi}{2}-t$，则 $t=\frac{\pi}{2}-x$，$\mathrm{d}x=-\mathrm{d}t$，且当 $x=0$ 时，$t=\frac{\pi}{2}$；当 $x=\frac{\pi}{2}$时，$t=0$. 于是

$$\int_0^{\frac{\pi}{2}} \cos^n x\mathrm{d}x = \int_{\frac{\pi}{2}}^0 \cos^n\left(\frac{\pi}{2}-t\right)\mathrm{d}\left(\frac{\pi}{2}-t\right)$$

$$= -\int_{\frac{\pi}{2}}^0 \sin^n t\mathrm{d}t = \int_0^{\frac{\pi}{2}} \sin^n t\mathrm{d}t = \int_0^{\frac{\pi}{2}} \sin^n x\mathrm{d}x.$$

思考题 2 试利用例 6 的结论，计算 $\int_{-1}^1 \frac{x^5+2x^4+6x^3+2x^2+x+1}{x^2+1}\mathrm{d}x$.

思考题 3 试利用例 7 的结论，计算 $\int_0^{\frac{\pi}{2}} \sin^2 x\mathrm{d}x$.

二、定积分的分部积分法

设函数 $u(x)$，$v(x)$ 在区间 $[a,b]$ 上具有连续导数，则

$$[u(x)v(x)]'=u'(x)v(x)+u(x)v'(x),$$

即

$$u(x)v'(x)=[u(x)v(x)]'-u'(x)v(x),$$

从而

$$\int_a^b u(x)v'(x)\mathrm{d}x = \int_a^b [u(x)v(x)]'\mathrm{d}x - \int_a^b u'(x)v(x)\mathrm{d}x$$

$$=[u(x)v(x)]_a^b - \int_a^b u'(x)v(x)\mathrm{d}x,$$

或简记为

$$\int_a^b u(x)\mathrm{d}v(x)=[u(x)v(x)]_a^b-\int_a^b v(x)\mathrm{d}u(x).$$

这就是定积分的分部积分公式.

注意，在使用定积分的分部积分法时，关键仍然是如何恰当选择 $u(x)$ 和 $v(x)$，选取的方法与不定积分的分部积分法是一样的(参见第四章第三节例 1 后的说明).

例 8 计算 $\int_0^{\frac{1}{2}} \arcsin x\mathrm{d}x$.

解 设 $u=\arcsin x$，$\mathrm{d}v=\mathrm{d}x$，则

$$\mathrm{d}u=\frac{\mathrm{d}x}{\sqrt{1-x^2}},\quad v=x.$$

于是

$$\int_0^{\frac{1}{2}}\arcsin x\mathrm{d}x=[x\arcsin x]_0^{\frac{1}{2}}-\int_0^{\frac{1}{2}}\frac{x\mathrm{d}x}{\sqrt{1-x^2}}$$

$$=\frac{1}{2}\cdot\frac{\pi}{6}+\frac{1}{2}\int_0^{\frac{1}{2}}(1-x^2)^{-\frac{1}{2}}\mathrm{d}(1-x^2)$$

$$=\frac{\pi}{12}+[\sqrt{1-x^2}]_0^{\frac{1}{2}}=\frac{\pi}{12}+\frac{\sqrt{3}}{2}-1.$$

此例中,用了分部积分法后又应用了换元积分法.

例 9　计算 $\int_0^{\frac{\pi^2}{4}}\sin\sqrt{x}\,\mathrm{d}x$.

解　先用换元法.令 $\sqrt{x}=t$,则 $x=t^2$, $\mathrm{d}x=2t\mathrm{d}t$,且当 $x=0$ 时, $t=0$;当 $x=\frac{\pi^2}{4}$时, $t=\frac{\pi}{2}$.于是

$$\int_0^{\frac{\pi^2}{4}}\sin\sqrt{x}\,\mathrm{d}x=2\int_0^{\frac{\pi}{2}}t\sin t\mathrm{d}t.$$

再用分部积分法计算上式右端的积分.因为

$$\int_0^{\frac{\pi}{2}}t\sin t\mathrm{d}t=-\int_0^{\frac{\pi}{2}}t\mathrm{d}(\cos t)=-\left\{[t\cos t]_0^{\frac{\pi}{2}}-\int_0^{\frac{\pi}{2}}\cos t\mathrm{d}t\right\}$$

$$=0+[\sin t]_0^{\frac{\pi}{2}}=1,$$

所以

$$\int_0^{\frac{\pi^2}{4}}\sin\sqrt{x}\,\mathrm{d}x=2.$$

例 10　证明定积分公式:

$$I_n=\int_0^{\frac{\pi}{2}}\sin^n x\mathrm{d}x$$

$$=\begin{cases}\dfrac{n-1}{n}\cdot\dfrac{n-3}{n-2}\cdot\cdots\cdot\dfrac{3}{4}\cdot\dfrac{1}{2}\cdot\dfrac{\pi}{2}, & n\text{ 为正偶数},\\[2ex]\dfrac{n-1}{n}\cdot\dfrac{n-3}{n-2}\cdot\cdots\cdot\dfrac{4}{5}\cdot\dfrac{2}{3}, & n\text{ 为大于 1 的正奇数}.\end{cases}$$

解　因为 $I_n=\int_0^{\frac{\pi}{2}}\sin^n x\mathrm{d}x=\int_0^{\frac{\pi}{2}}\sin^{n-1}x(\sin x)\mathrm{d}x$

$$=\int_0^{\frac{\pi}{2}}\sin^{n-1}x\mathrm{d}(-\cos x),$$

于是当 $n>1$ 时，由分部积分公式，得

$$\begin{aligned}I_n&=\left[-\cos x\sin^{n-1}x\right]_0^{\frac{\pi}{2}}+(n-1)\int_0^{\frac{\pi}{2}}\sin^{n-2}x\cos^2 x\mathrm{d}x\\&=0+(n-1)\int_0^{\frac{\pi}{2}}\sin^{n-2}x(1-\sin^2 x)\mathrm{d}x\\&=(n-1)\int_0^{\frac{\pi}{2}}\sin^{n-2}x\mathrm{d}x-(n-1)\int_0^{\frac{\pi}{2}}\sin^{n}x\mathrm{d}x\\&=(n-1)I_{n-2}-(n-1)I_n,\end{aligned}$$

由此得

$$I_n=\frac{n-1}{n}I_{n-2}\quad(n>1).$$

这是一个计算 I_n 的递推公式.

若把 n 换成 $n-2$，则得

$$I_{n-2}=\frac{n-3}{n-2}I_{n-4}.$$

依次进行下去，直到 I_n 的下标递减到 0 或 1 为止. 于是

$$\left.\begin{aligned}I_{2m}&=\frac{2m-1}{2m}\cdot\frac{2m-3}{2m-2}\cdot\cdots\cdot\frac{3}{4}\cdot\frac{1}{2}I_0,\\I_{2m+1}&=\frac{2m}{2m+1}\cdot\frac{2m-2}{2m-1}\cdot\cdots\cdot\frac{4}{5}\cdot\frac{2}{3}I_1\end{aligned}\right.\quad(m=1,2,\cdots).$$

而

$$I_0=\int_0^{\frac{\pi}{2}}\mathrm{d}x=\frac{\pi}{2},\quad I_1=\int_0^{\frac{\pi}{2}}\sin x\mathrm{d}x=\left[-\cos x\right]_0^{\frac{\pi}{2}}=1,$$

所以

$$\begin{aligned}I_{2m}&=\int_0^{\frac{\pi}{2}}\sin^{2m}x\mathrm{d}x=\frac{2m-1}{2m}\cdot\frac{2m-3}{2m-2}\cdot\cdots\cdot\frac{3}{4}\cdot\frac{1}{2}\cdot\frac{\pi}{2},\\I_{2m+1}&=\int_0^{\frac{\pi}{2}}\sin^{2m+1}x\mathrm{d}x=\frac{2m}{2m+1}\cdot\frac{2m-2}{2m-1}\cdot\cdots\cdot\frac{4}{5}\cdot\frac{2}{3}\end{aligned}\quad(m=1,2,\cdots).$$

公式得证.

定积分的
分部积分法

由例 7 知 $\int_0^{\frac{\pi}{2}}\cos^n x\mathrm{d}x$ 与 $\int_0^{\frac{\pi}{2}}\sin^n x\mathrm{d}x$ 有相同的结果.

思考题 4 计算(1) $\int_0^1(x+2)\mathrm{e}^{2x}\mathrm{d}x$；(2) $\int_1^{\mathrm{e}}x\ln x\mathrm{d}x$.

思考题 5 利用例 10 的结论，计算(1) $\int_0^{\frac{\pi}{2}}\sin^8 x\mathrm{d}x$；(2) $\int_0^{\frac{\pi}{2}}\cos^9 x\mathrm{d}x$.

习题 5-3

1. 计算下列定积分：

(1) $\int_{\frac{\pi}{3}}^{\pi}\sin\left(x+\frac{\pi}{3}\right)\mathrm{d}x$；

(2) $\int_{-2}^{1}\frac{\mathrm{d}x}{(11+5x)^{3}}$；

(3) $\int_{0}^{\frac{\pi}{2}}\sin\varphi\cos^{3}\varphi\mathrm{d}\varphi$；

(4) $\int_{\frac{\pi}{6}}^{\frac{\pi}{2}}\cos^{2}u\mathrm{d}u$；

(5) $\int_{1}^{\sqrt{3}}\frac{1}{x^{2}\sqrt{1+x^{2}}}\mathrm{d}x$；

(6) $\int_{0}^{a}x^{2}\sqrt{a^{2}-x^{2}}\mathrm{d}x\ (a>0)$；

(7) $\int_{-1}^{1}\frac{x\mathrm{d}x}{\sqrt{5-4x}}$；

(8) $\int_{1}^{4}\frac{\mathrm{d}x}{1+\sqrt{x}}$；

(9) $\int_{0}^{\sqrt{2}a}\frac{x}{\sqrt{3a^{2}-x^{2}}}\mathrm{d}x\ (a>0)$；

(10) $\int_{0}^{1}t\mathrm{e}^{-\frac{t^{2}}{2}}\mathrm{d}t$；

(11) $\int_{1}^{\mathrm{e}}\frac{\ln^{4}x}{x}\mathrm{d}x$；

(12) $\int_{-2}^{0}\frac{\mathrm{d}x}{x^{2}+2x+2}$；

(13) $\int_{0}^{1}\frac{\mathrm{d}x}{\mathrm{e}^{x}+\mathrm{e}^{-x}}$；

(14) $\int_{0}^{\frac{1}{2}}\frac{\mathrm{d}x}{(x-1)(x-2)}$；

(15) $\int_{-\frac{\pi}{2}}^{\frac{\pi}{2}}\sqrt{\cos x-\cos^{3}x}\,\mathrm{d}x$；

(16) $\int_{0}^{\pi}\sqrt{1+\cos 2x}\,\mathrm{d}x$.

2. 计算下列定积分：

(1) $\int_{0}^{1}x\mathrm{e}^{-x}\mathrm{d}x$；

(2) $\int_{0}^{\frac{\pi}{2}}x^{2}\cos x\mathrm{d}x$；

(3) $\int_{0}^{1}x\arctan x\mathrm{d}x$；

(4) $\int_{1}^{4}\frac{\ln x}{\sqrt{x}}\mathrm{d}x$；

(5) $\int_{\frac{\pi}{4}}^{\frac{\pi}{3}}\frac{x}{\sin^{2}x}\mathrm{d}x$；

(6) $\int_{0}^{\frac{\pi}{2}}\mathrm{e}^{2x}\cos x\mathrm{d}x$；

(7) $\int_{\frac{1}{\mathrm{e}}}^{\mathrm{e}}|\ln x|\mathrm{d}x$；

(8) $\int_{0}^{\frac{\pi}{4}}\cos^{8}2x\mathrm{d}x$.

3. 利用函数的奇偶性计算下列积分：

(1) $\int_{-\pi}^{\pi}x^{4}\sin x\mathrm{d}x$；

(2) $\int_{-\frac{1}{2}}^{\frac{1}{2}}\frac{(\arcsin x)^{2}}{\sqrt{1-x^{2}}}\mathrm{d}x$；

(3) $\int_{-1}^{1}\frac{2+\sin x}{1+x^{2}}\mathrm{d}x$；

(4) $\int_{-2}^{3}x\sqrt{|x|}\,\mathrm{d}x$.

4. 设$f(x)$在$[a,b]$上连续，且$\int_a^b f(x)\mathrm{d}x=1$.求$\int_a^b f(a+b-x)\mathrm{d}x$.

5. 证明：$\int_0^1 x^m(1-x)^n\mathrm{d}x=\int_0^1 x^n(1-x)^m\mathrm{d}x$.

6. 设$f(x)$是以l为周期的连续函数，证明：

$$\int_a^{a+l} f(x)\mathrm{d}x=\int_0^l f(x)\mathrm{d}x,$$

即$\int_a^{a+l} f(x)\mathrm{d}x$的值与$a$无关.

第四节 定积分在几何上的应用

定积分的应用十分广泛，本节和下一节着重介绍定积分在几何和物理上的应用.这两节中不仅导出一些几何量、物理量的计算公式，更重要的是介绍导出这些公式的方法，即把所求的量归结为某个定积分的分析方法.为此先介绍一种简化的定积分分析方法，称为元素法，这是工程技术上常用的方法.

一、定积分的元素法

在定积分的应用中，经常采用所谓“元素法”.为了说明这种方法，我们回顾一下第一节中讨论过的曲边梯形的面积问题.

设$f(x)$是区间$[a,b]$上的连续函数，且$f(x)\geqslant 0$，求以曲线$y=f(x)$为顶边，底为$[a,b]$的曲边梯形的面积A.把这个面积A表示为定积分$\int_a^b f(x)\mathrm{d}x$的步骤是

(1) 用任意$n-1$个分点

$$a=x_0<x_1<x_2<\cdots<x_{n-1}<x_n=b$$

将区间$[a,b]$分割成n个小区间，相应地得到n个窄曲边梯形，设第i个窄曲边梯形的面积为ΔA_i，于是曲边梯形的面积A为

$$A=\sum_{i=1}^{n}\Delta A_i \text{①};$$

① 面积A的这种性质称为面积A对区间$[a,b]$具有可加性.

（2）计算 ΔA_i 的近似值

$$\Delta A_i \approx f(\xi_i)\Delta x_i \quad (x_{i-1} \leqslant \xi_i \leqslant x_i);$$

（3）求和，得 A 的近似值

$$A \approx \sum_{i=1}^{n} f(\xi_i)\Delta x_i;$$

（4）取极限，得

$$A = \lim_{\lambda \to 0} \sum_{i=1}^{n} f(\xi_i)\Delta x_i = \int_a^b f(x)\,\mathrm{d}x.$$

而在这四个步骤中，关键的是第二步，这一步是确定 ΔA_i 的近似值.有了它，再求和、取极限，从而求得 A 的精确值.而这个 ΔA_i 是所求量在第 i 个小区间 $[x_{i-1},x_i]$ 上的部分量，也就是说，关键是求出所求量在第 i 个小区间上的部分量的近似值.为简便起见，省略下标 i，并把此小区间记作 $[x,x+\mathrm{d}x]$，用 ΔA 表示该小区间上的窄曲边梯形的面积，取 $[x,x+\mathrm{d}x]$ 的左端点 x 为 ξ，以点 x 处的函数值 $f(x)$ 为高、$\mathrm{d}x$ 为底的矩形的面积 $f(x)\,\mathrm{d}x$ 为 ΔA 的近似值（图 5-8 的阴影部分），即

$$\Delta A \approx f(x)\,\mathrm{d}x.$$

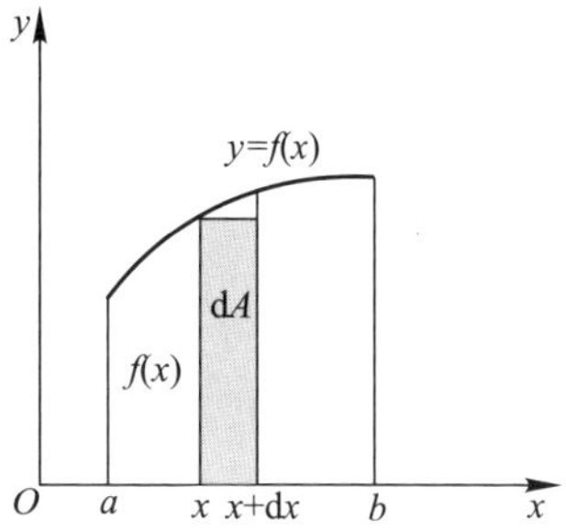

上式右端 $f(x)\,\mathrm{d}x$ 就叫做面积元素，记为 $\mathrm{d}A = f(x)\,\mathrm{d}x$.于是

图 5-8

$$A = \int_a^b f(x)\,\mathrm{d}x.$$

一般地，若所求量 U 是一个与变量 x 的变化区间 $[a,b]$ 有关的量，且关于区间 $[a,b]$ 具有可加性，考察在 $[a,b]$ 中的任意一个小区间 $[x,x+\mathrm{d}x]$ 上相应的部分量 ΔU，如果 ΔU 有形如 $f(x)\,\mathrm{d}x$ 的近似表达式（其中 $f(x)$ 为 $[a,b]$ 上的连续函数 f 在点 x 处的值，$\mathrm{d}x$ 为小区间的长度），那么就把 $f(x)\,\mathrm{d}x$ 称为量 U 的元素，并记作 $\mathrm{d}U$①，即

$$\mathrm{d}U = f(x)\,\mathrm{d}x,$$

然后以它为被积表达式在 $[a,b]$ 上作积分，就得到所求量 U 的积分表达式

$$U = \int_a^b f(x)\,\mathrm{d}x.$$

上述得出 U 的积分表达式的方法叫做元素法，下面应用这种方法来讨论一些几何和物理中的问题.

① 这里 ΔU 与 $\mathrm{d}U$ 相差一个比 $\mathrm{d}x$ 高阶的无穷小.

二、平面图形的面积

1. 直角坐标情形

设曲边形由两条曲线 $y=f_1(x)$, $y=f_2(x)$（其中 $f_1(x)$, $f_2(x)$ 在 $[a,b]$ 上连续，且 $f_2(x)\geqslant f_1(x)$）及直线 $x=a$, $x=b$ 所围成（图 5-9），我们来求它的面积 A.

取 x 为积分变量，它的变化区间为 $[a,b]$. 设想把 $[a,b]$ 分成若干个小区间，并把其中的代表性小区间记作 $[x,x+\mathrm{d}x]$. 与这个小区间相对应的窄曲边形的面积 ΔA 近似等于高为 $f_2(x)-f_1(x)$，底为 $\mathrm{d}x$ 的窄矩形的面积 $[f_2(x)-f_1(x)]\mathrm{d}x$，从而得面积元素 $\mathrm{d}A$，即

$$\mathrm{d}A=[f_2(x)-f_1(x)]\mathrm{d}x.$$

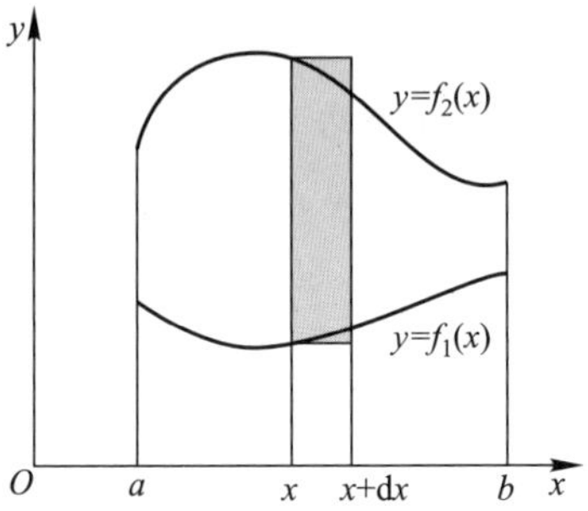

于是

$$A=\int_a^b [f_2(x)-f_1(x)]\mathrm{d}x.$$

图 5-9

下面计算几个具体图形的面积.

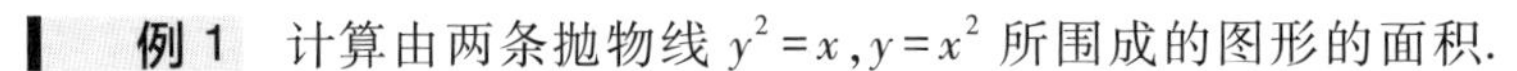

例 1 计算由两条抛物线 $y^2=x$, $y=x^2$ 所围成的图形的面积.

解 这两条抛物线所围成的图形如图 5-10 所示. 为了具体确定图形所在的范围，先求出这两条抛物线的交点，通过解方程组

$$\begin{cases} y^2=x, \\ y=x^2 \end{cases}$$

得交点为 $(0,0)$ 及 $(1,1)$，从而知道图形介于直线 $x=0$ 与 $x=1$ 之间. 图形可以看成是介于两条曲线 $y=x^2$ 与 $y=\sqrt{x}$ 及直线 $x=0$, $x=1$ 之间的曲边形. 所以它的面积

$$\begin{aligned} A &= \int_0^1 (\sqrt{x}-x^2)\mathrm{d}x \\ &= \left[\frac{2}{3}x^{\frac{3}{2}}-\frac{1}{3}x^3\right]_0^1 \\ &= \frac{1}{3}. \end{aligned}$$

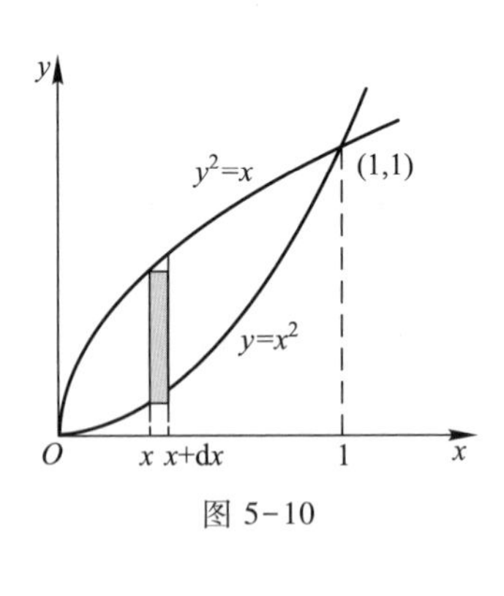

图 5-10

例 2 计算抛物线 $y^2=2x$ 与直线 $y=x-4$ 所围成的图形的面积.

解 这个图形如图 5-11(a) 所示. 求出抛物线与直线的交点为 $(2,-2)$ 与 $(8,4)$.

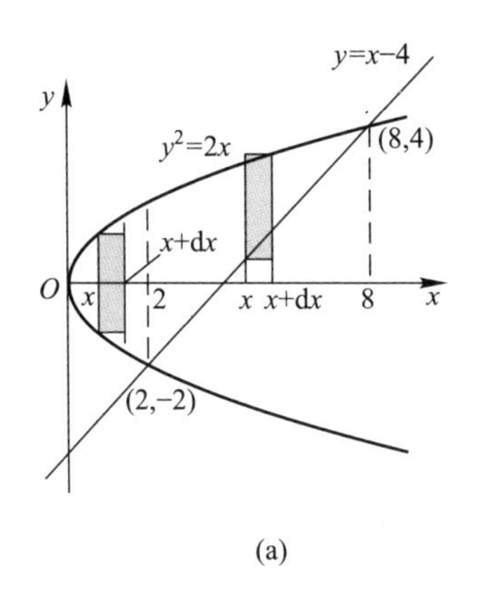

(a)

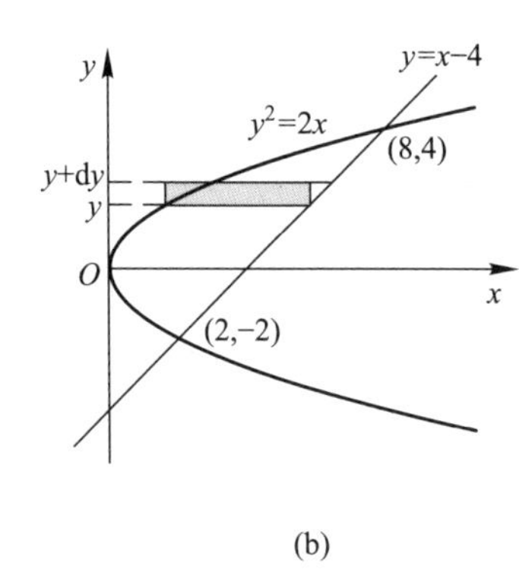

(b)

图 5-11

从图 5-11(a)可知,当 x 在区间[0,2]上变化时,面积元素为

$$dA=[\sqrt{2x}-(-\sqrt{2x})]dx,$$

当 x 在区间[2,8]上变化时,面积元素为

$$dA=[\sqrt{2x}-(x-4)]dx.$$

从而得所求面积为

$$\begin{aligned}A&=\int_0^2[\sqrt{2x}-(-\sqrt{2x})]dx+\int_2^8[\sqrt{2x}-(x-4)]dx\\&=\int_0^2 2\sqrt{2x}\,dx+\int_2^8(\sqrt{2x}-x+4)dx\\&=\left[2\sqrt{2}\left(\frac{2}{3}x^{\frac{3}{2}}\right)\right]_0^2+\left[\sqrt{2}\left(\frac{2}{3}x^{\frac{3}{2}}\right)-\frac{x^2}{2}+4x\right]_2^8=18.\end{aligned}$$

如果选取纵坐标 y 为积分变量(如图 5-11(b)所示),它的变化区间为[-2,4],在[-2,4]上任取一小区间[$y,y+dy$],对应的窄曲边形的面积近似等于高为 dy,底为 $(y+4)-\frac{1}{2}y^2$ 的窄矩形的面积,从而得到面积元素

$$dA=\left[(y+4)-\frac{1}{2}y^2\right]dy,$$

于是得所求面积为

$$A=\int_{-2}^4\left[(y+4)-\frac{1}{2}y^2\right]dy=\left[\frac{y^2}{2}+4y-\frac{y^3}{6}\right]_{-2}^4=18.$$

从这个例子可以看到,积分变量选得适当,就可以使计算简单.

例 3 求椭圆 $\frac{x^2}{a^2}+\frac{y^2}{b^2}=1$ 所围图形的面积(简称椭圆的面积).

解 这椭圆关于两坐标轴都对称(图 5-12),所以椭圆的面积

$$A=4A_1,$$

其中 A_1 为该椭圆在第一象限部分的面积,而在第一象限内椭圆方程为 $y=\frac{b}{a}\sqrt{a^2-x^2}$. A_1 的面积元素为 $\mathrm{d}A_1=\frac{b}{a}\sqrt{a^2-x^2}\,\mathrm{d}x$,于是

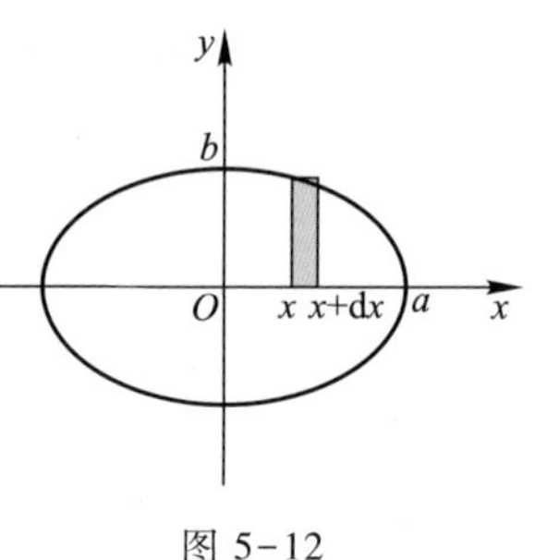

图 5-12

$$A=4A_1=4\frac{b}{a}\int_0^a\sqrt{a^2-x^2}\,\mathrm{d}x.$$

应用定积分换元法,令 $x=a\sin t$,则 $\mathrm{d}x=a\cos t\mathrm{d}t$. 当 $x=0$ 时,取 $t=0$;当 $x=a$ 时,取 $t=\frac{\pi}{2}$. 所以

$$\begin{aligned}A&=\frac{4b}{a}\int_0^{\frac{\pi}{2}}a\cos t\cdot a\cos t\mathrm{d}t=4ab\int_0^{\frac{\pi}{2}}\cos^2 t\mathrm{d}t\\&=4ab\cdot\frac{1}{2}\cdot\frac{\pi}{2}=\pi ab.\end{aligned}$$

当 $a=b$ 时,就得到圆面积的公式 $A=\pi a^2$.

平面图形的面积(直角坐标系)

2. 极坐标情形

当某些平面图形的边界曲线以极坐标方程给出时,可以考虑直接用极坐标来计算这些平面图形的面积.

设由曲线 $\rho=\rho(\varphi)$ ($\rho(\varphi)$ 在 $[\alpha,\beta]$ 上连续)与射线 $\varphi=\alpha,\varphi=\beta$ 围成一图形(称为曲边扇形. 如图 5-13). 我们来求其面积.

由于当 φ 在 $[\alpha,\beta]$ 上变动时,极径 $\rho=\rho(\varphi)$ 也随之变动,因此不能直接利用圆扇形的面积公式 $A=\frac{1}{2}R^2\varphi$ 来计算曲边扇形的面积. 取极角 φ 为积分变量,它的变化区间为 $[\alpha,\beta]$,在 $[\alpha,\beta]$ 上任取一小区间 $[\varphi,\varphi+\mathrm{d}\varphi]$,对应的窄曲边扇形的面积近似等于半径为 $\rho(\varphi)$,中心角为 $\mathrm{d}\varphi$ 的圆扇形的面积,从而得到曲边扇形的面积元素

$$\mathrm{d}A=\frac{1}{2}[\rho(\varphi)]^2\mathrm{d}\varphi.$$

以 $\frac{1}{2}[\rho(\varphi)]^2\mathrm{d}\varphi$ 为被积表达式,在闭区间 $[\alpha,\beta]$ 上作定积分,便得所求曲边扇形的面积

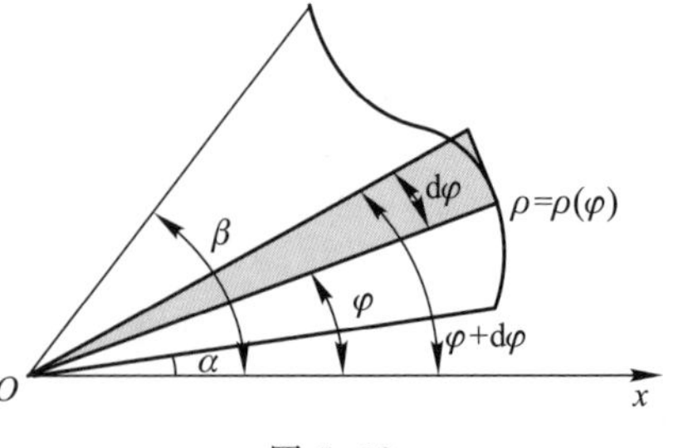

图 5-13

$$A=\int_{\alpha}^{\beta}\frac{1}{2}[\rho(\varphi)]^2\mathrm{d}\varphi.$$

例 4　计算阿基米德螺线 $\rho=a\varphi$ $(0\leqslant\varphi\leqslant2\pi)$ 的一段弧与极轴所围图形的面积.

解　所围图形如图 5-14(a)所示,按照极坐标下曲边扇形的面积计算公式,此图形的面积为

$$A=\int_0^{2\pi}\frac{1}{2}(a\varphi)^2\mathrm{d}\varphi=\left[\frac{a^2\varphi^3}{6}\right]_0^{2\pi}=\frac{4}{3}\pi^3a^2.$$

这一面积值恰好等于半径为 $2\pi a$ 的圆面积的三分之一.早在两千多年前,阿基米德就已知道了这个结果,他在《论螺线》一文中说:"旋转第一圈时所产生的螺线与始线所围的面积是'第一圆'面积的三分之一."更一般地,容易验证:阿基米德螺线 $\rho=a\varphi$ 位于 $0\leqslant\varphi\leqslant\varphi_0\leqslant2\pi$ 的一段与射线 $\varphi=\varphi_0$ 所围图形(图 5-14(b))的面积恰好等于半径为 $a\varphi_0$,顶角为 φ_0 的圆扇形面积的三分之一.

平面图形的面积(极坐标系)

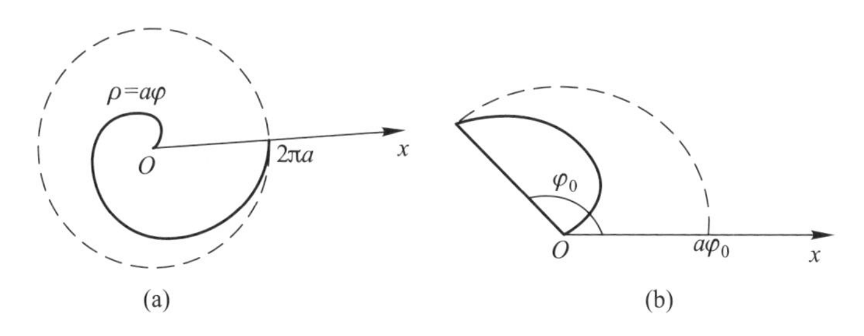

图 5-14

思考题 1　试画出下列曲线所围成的图形,并计算它们的面积:

(1) $y=x,y=x^2$;

(2) $y=\dfrac{1}{x},y=1,y=2,x=0.$

思考题 2　在极坐标中的曲线 $\rho=\rho_1(\varphi)$, $\rho=\rho_2(\varphi)$ 及 $\varphi=\alpha,\varphi=\beta$ 所围成的图形如图 5-15,其中 $0\leqslant\rho_1(\varphi)\leqslant\rho_2(\varphi)$, $0\leqslant\alpha<\beta\leqslant2\pi$,试用定积分表示该图形的面积.

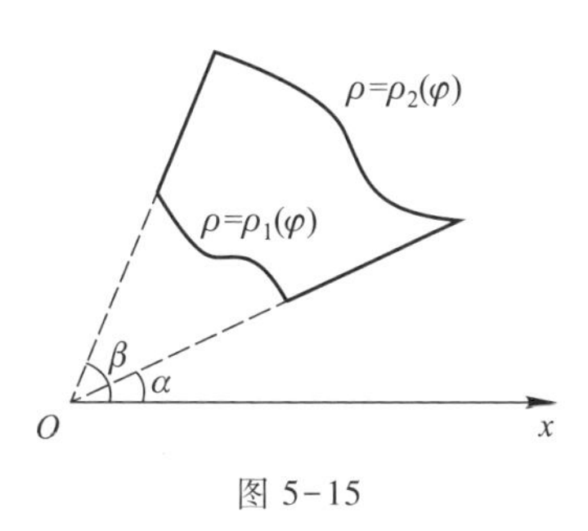

图 5-15

三、体积

一般立体的体积计算将在以后的重积分中讨论.有两种比较特殊的立体的体积可以利用定积分来计算.

1. 旋转体的体积

平面图形绕着它所在平面内的一条直线旋转一周所成的立体称为旋转体.这条直线称为旋转轴.下面求曲边梯形 $0\leqslant y\leqslant f(x)$, $a\leqslant x\leqslant b$（其中 $f(x)$ 在 $[a,b]$ 上连续）绕 x 轴旋转一周所成的旋转体体积(图 5-16).

取 x 为积分变量,它的变化区间为 $[a,b]$.在 $[a,b]$ 上任取一小区间 $[x,x+\mathrm{d}x]$,相应的窄曲边梯形绕 x 轴旋转而成的薄片的体积近似于以 $f(x)$ 为底半径, $\mathrm{d}x$ 为高的扁圆柱体的体积(图 5-16),从而得到体积元素

$$\mathrm{d}V=\pi[f(x)]^2\mathrm{d}x.$$

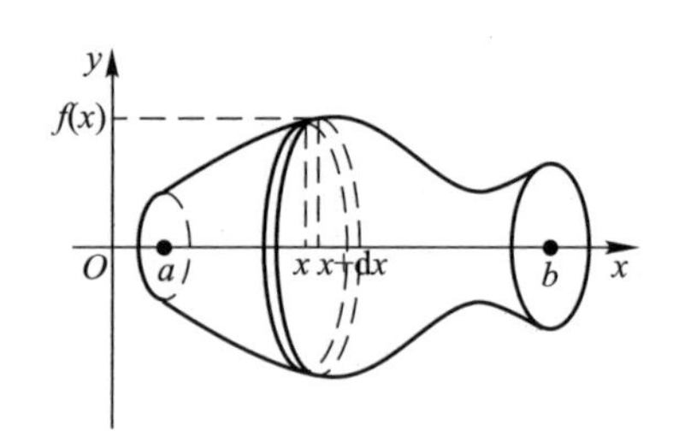

图 5-16

以 $\pi[f(x)]^2\mathrm{d}x$ 为被积表达式,在闭区间 $[a,b]$ 上作定积分,便得到所求旋转体的体积

$$V=\int_a^b \pi[f(x)]^2\mathrm{d}x.$$

例 5 计算由椭圆 $\dfrac{x^2}{a^2}+\dfrac{y^2}{b^2}=1$ 围成的图形绕 x 轴旋转一周所成的旋转体(称为旋转椭球体)的体积.

解 这个旋转椭球体可以看作是由上半椭圆 $y=\dfrac{b}{a}\sqrt{a^2-x^2}$ 与 x 轴围成的图形绕 x 轴旋转一周而成的立体,所以它的体积

$$V=\int_{-a}^{a}\pi\left[\frac{b}{a}\sqrt{a^2-x^2}\right]^2\mathrm{d}x=\frac{\pi b^2}{a^2}\int_{-a}^{a}(a^2-x^2)\mathrm{d}x$$
$$=\frac{\pi b^2}{a^2}\left[a^2x-\frac{1}{3}x^3\right]_{-a}^{a}=\frac{4}{3}\pi ab^2.$$

当 $a=b$ 时,旋转椭球体就成为半径为 a 的球体,它的体积为 $\dfrac{4}{3}\pi a^3$.

用类似的方法可以推出:由曲边梯形 $0\leqslant x\leqslant\varphi(y)$, $c\leqslant y\leqslant d$ 绕 y 轴旋转一周所成的旋转体的体积为

$$V=\int_c^d \pi[\varphi(y)]^2\mathrm{d}y.$$

例 6 计算 $y=x(2-x)$ 与 x 轴围成的图形分别绕 x 轴、y 轴旋转所成的旋转体的体积.

解 题设图形如图 5-17 阴影所示.这个图形绕 x 轴旋转一周所成的旋转体的体积为

$$V_x=\int_0^2\pi[x(2-x)]^2\mathrm{d}x=\pi\int_0^2(4x^2-4x^3+x^4)\mathrm{d}x$$

$$=\pi\left[\frac{4}{3}x^3-x^4+\frac{1}{5}x^5\right]_0^2=\frac{16}{15}\pi.$$

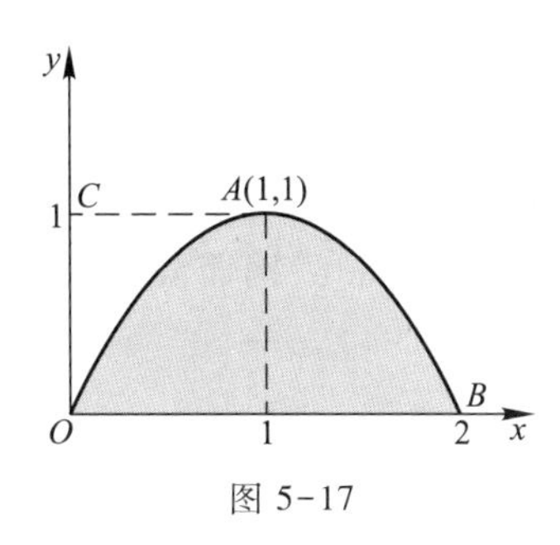

图 5-17

这个图形绕 y 轴旋转所得旋转体的体积可看作平面图形 $OCAB$ 和 OCA 分别绕 y 轴旋转所得旋转体的体积之差，由 $y=x(2-x)=1-(x-1)^2$，解得 $x=1\pm\sqrt{1-y}$，即弧段 OA 和 AB 的方程分别为

$$x=1-\sqrt{1-y} \text{ 和 } x=1+\sqrt{1-y},$$

于是所求体积为

$$V_y=\int_0^1\pi(1+\sqrt{1-y})^2\mathrm{d}y-\int_0^1\pi(1-\sqrt{1-y})^2\mathrm{d}y$$

$$=4\pi\int_0^1\sqrt{1-y}\,\mathrm{d}y=4\pi\left[-\frac{2}{3}(1-y)^{\frac{3}{2}}\right]_0^1=\frac{8}{3}\pi.$$

2. 平行截面面积为已知的立体的体积

从计算旋转体体积的过程中可以看出：如果一个立体不是旋转体，但却知道该立体上垂直于一定轴的各个截面的面积，那么这个立体的体积也可以用定积分来计算.

如图 5-18 所示，取上述定轴为 x 轴，并设该立体在过点 $x=a, x=b$ 且垂直于 x 轴的两个平面之间. 以 $A(x)$ 表示过点 x 且垂直于 x 轴的截面面积，并假定 $A(x)$ 在 $[a,b]$ 上连续. 这时，取 x 为积分变量，它的变化区间为 $[a,b]$. 立体中相应于 $[a,b]$ 上的任一小区间 $[x,x+\mathrm{d}x]$ 的一薄片的体积近似于底面积为 $A(x)$、高为 $\mathrm{d}x$ 的扁柱体的体积，从而得体积元素

$$\mathrm{d}V=A(x)\mathrm{d}x.$$

以 $A(x)\mathrm{d}x$ 为被积表达式，在闭区间 $[a,b]$ 上作定积分，便得到

$$V=\int_a^b A(x)\mathrm{d}x.$$

例 7 一平面经过半径为 R 的圆柱体的底圆中心，并与底圆交成角 α（图 5-19）. 计算这平面截圆柱体所得立体的体积.

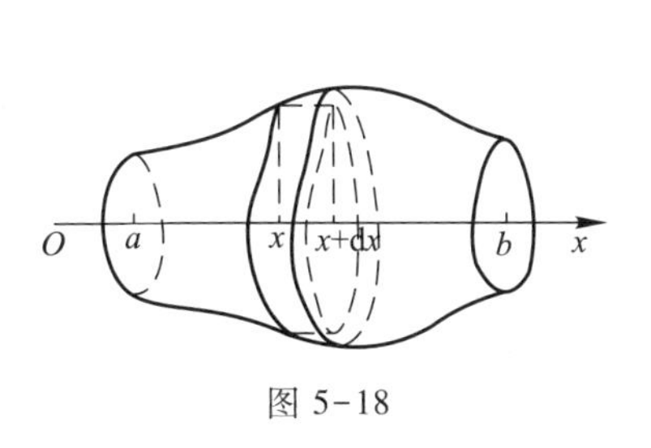

图 5-18

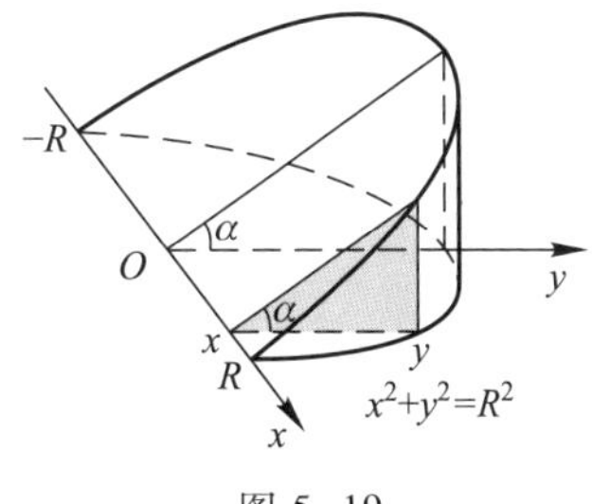

图 5-19

解 取这平面与圆柱体的底面交线为 x 轴,底面上过圆中心、且垂直于 x 轴的直线为 y 轴.那么,底圆的方程为 $x^2+y^2=R^2$.立体中过 x 轴上点 x 且垂直于 x 轴的截面是一个直角三角形,它的两条直角边的长度分别为 y 及 $y\tan\alpha$,即 $\sqrt{R^2-x^2}$ 及 $\sqrt{R^2-x^2}\tan\alpha$,因而截面面积为

$$A(x)=\frac{1}{2}(R^2-x^2)\tan\alpha.$$

立体的体积

于是所求立体的体积为

$$V=\int_{-R}^{R}\frac{1}{2}(R^2-x^2)\tan\alpha\mathrm{d}x$$
$$=\frac{1}{2}\tan\alpha\left[R^2x-\frac{1}{3}x^3\right]_{-R}^{R}=\frac{2}{3}R^3\tan\alpha.$$

思考题 3 设立体 Ω 由 $y=\sqrt{\sin x}$ $(0\leqslant x\leqslant\pi)$ 和 x 轴所围成的平面图形绕 x 轴旋转而成,则对任一 $x\in[0,\pi]$,垂直于 x 轴的平面截立体 Ω 所得截面的面积 $A(x)=$________,立体 Ω 的体积 V 的定积分表达式为________,$V=$________.

四、平面曲线的弧长

1. 直角坐标情形

设曲线弧由直角坐标方程

$$y=f(x)\quad(a\leqslant x\leqslant b)$$

给出,其中 $f(x)$ 在 $[a,b]$ 上具有一阶连续导数.现在用元素法来计算这曲线弧的长度.

取横坐标 x 为积分变量,它的变化区间为 $[a,b]$,曲线 $y=f(x)$ 对应于 $[a,b]$ 上任一小区间 $[x,x+\mathrm{d}x]$ 的一段弧的长度 Δs 可以用该曲线在点 $(x,f(x))$ 处的切线上相应的一小段的长度来近似代替(图 5-20).而这相应切线段的长度为

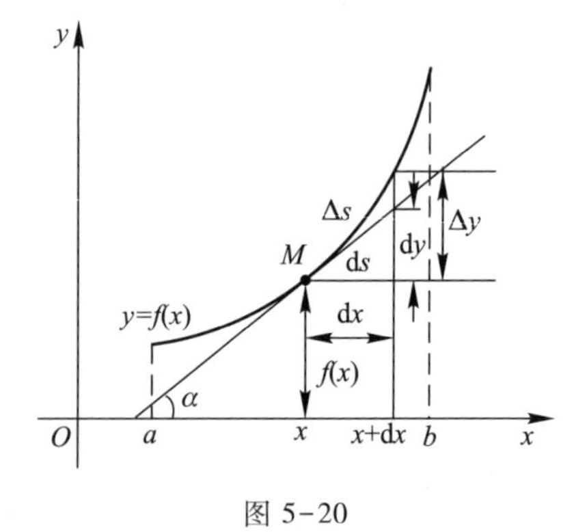

图 5-20

$$\sqrt{(\mathrm{d}x)^2+(\mathrm{d}y)^2}=\sqrt{1+y'^2}\,\mathrm{d}x,$$

从而得弧长元素

$$\mathrm{d}s=\sqrt{1+y'^2}\,\mathrm{d}x.$$

以 $\sqrt{1+y'^2}\,\mathrm{d}x$ 为被积表达式,在闭区间 $[a,b]$ 上作定积分,便得所求的弧长为

$$s=\int_a^b \sqrt{1+y'^2}\,\mathrm{d}x.$$

可以注意到,用作被积表达式的弧长元素$\sqrt{1+y'^2}\,\mathrm{d}x$即为第三章第七节中所得的弧微分.

例 8　计算曲线 $y=\frac{2}{3}x^{\frac{3}{2}}$ 上相应于 x 从 a 到 b 的一段弧(图 5-21)的长度($b>a\geqslant 0$).

解　$y'=x^{\frac{1}{2}}$,从而弧长元素

$$\mathrm{d}s=\sqrt{1+(x^{\frac{1}{2}})^2}\,\mathrm{d}x=\sqrt{1+x}\,\mathrm{d}x.$$

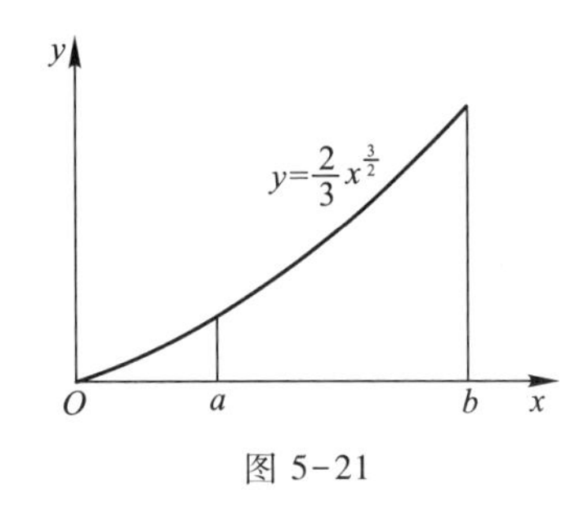

图 5-21

因此所求弧长为

$$s=\int_a^b\sqrt{1+x}\,\mathrm{d}x=\left[\frac{2}{3}(1+x)^{\frac{3}{2}}\right]_a^b=\frac{2}{3}\left[(1+b)^{\frac{3}{2}}-(1+a)^{\frac{3}{2}}\right].$$

2. 参数方程情形

设曲线弧由参数方程

$$\begin{cases}x=\varphi(t),\\ y=\psi(t)\end{cases}\quad(\alpha\leqslant t\leqslant\beta)$$

给出,其中 $\varphi(t)$,$\psi(t)$在$[\alpha,\beta]$上具有连续导数.现在来计算这曲线弧的长度.

取参数 t 为积分变量,它的变化区间为$[\alpha,\beta]$.相应于$[\alpha,\beta]$上任一小区间$[t,t+\mathrm{d}t]$的小弧段的长度的近似值,即弧长元素为

$$\mathrm{d}s=\sqrt{(\mathrm{d}x)^2+(\mathrm{d}y)^2}=\sqrt{\varphi'^2(t)(\mathrm{d}t)^2+\psi'^2(t)(\mathrm{d}t)^2}=\sqrt{\varphi'^2(t)+\psi'^2(t)}\,\mathrm{d}t.$$

于是所求弧长为

$$s=\int_\alpha^\beta\sqrt{\varphi'^2(t)+\psi'^2(t)}\,\mathrm{d}t.$$

例 9　计算摆线(图 5-22)

$$\begin{cases}x=a(\theta-\sin\theta),\\ y=a(1-\cos\theta)\end{cases}$$

的一拱($0\leqslant\theta\leqslant 2\pi$)的长度(其中 $a>0$).

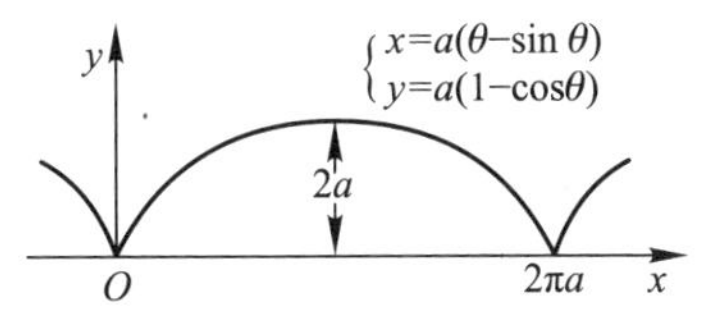

图 5-22

解　取参数 θ 为积分变量,弧长元素为

$$ds=\sqrt{a^2(1-\cos\theta)^2+a^2(\sin\theta)^2}\,d\theta$$

$$=a\sqrt{2(1-\cos\theta)}\,d\theta=2a\sin\frac{\theta}{2}d\theta\quad(0\leqslant\theta\leqslant2\pi),$$

从而得所求弧长

$$s=\int_0^{2\pi}2a\sin\frac{\theta}{2}d\theta=2a\left[-2\cos\frac{\theta}{2}\right]_0^{2\pi}=8a.$$

3. 极坐标情形

设曲线弧由极坐标方程

$$\rho=\rho(\varphi)\quad(\alpha\leqslant\varphi\leqslant\beta)$$

给出,其中 $\rho(\varphi)$ 在 $[\alpha,\beta]$ 上具有连续导数.现在来计算这曲线弧的长度.

由直角坐标与极坐标的关系可得

$$\begin{cases}x=\rho(\varphi)\cos\varphi,\\y=\rho(\varphi)\sin\varphi\end{cases}\quad(\alpha\leqslant\varphi\leqslant\beta).$$

这就是以极角 φ 为参数的曲线弧的参数方程.于是,弧长元素为

$$ds=\sqrt{x'^2(\varphi)+y'^2(\varphi)}\,d\varphi=\sqrt{\rho^2(\varphi)+\rho'^2(\varphi)}\,d\varphi,$$

从而所求弧长为

$$s=\int_\alpha^\beta\sqrt{\rho^2(\varphi)+\rho'^2(\varphi)}\,d\varphi.$$

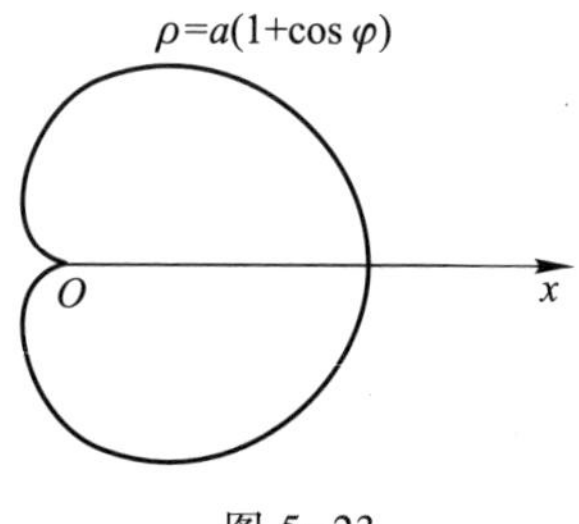

图 5-23

例 10 计算心形线 $\rho=a(1+\cos\varphi)(a>0)$ 的弧长(图 5-23).

解 由于心形线对称于 x 轴,因此只要计算在 x 轴上方的半条曲线的长再乘 2.取 φ 为积分变量,它的变化区间为 $[0,\pi]$,弧长元素为

$$ds=\sqrt{\rho^2(\varphi)+\rho'^2(\varphi)}\,d\varphi=\sqrt{a^2(1+\cos\varphi)^2+a^2(-\sin\varphi)^2}\,d\varphi$$

$$=a\sqrt{2(1+\cos\varphi)}\,d\varphi=2a\cos\frac{\varphi}{2}d\varphi\quad(0\leqslant\varphi\leqslant\pi),$$

于是所求弧长

$$s=2\int_0^{\pi}2a\cos\frac{\varphi}{2}d\varphi=4a\left[2\sin\frac{\varphi}{2}\right]_0^{\pi}=8a.$$

平面曲线的弧长

思考题 4 曲线 $y=\ln(1-x^2)$ 的弧长元素 $ds=$________,曲线上相应于 $0\leqslant x\leqslant\frac{1}{2}$ 的一段弧的长度 $s=$________.

习题 5-4

1. 求图 5-24 中有阴影部分的面积：

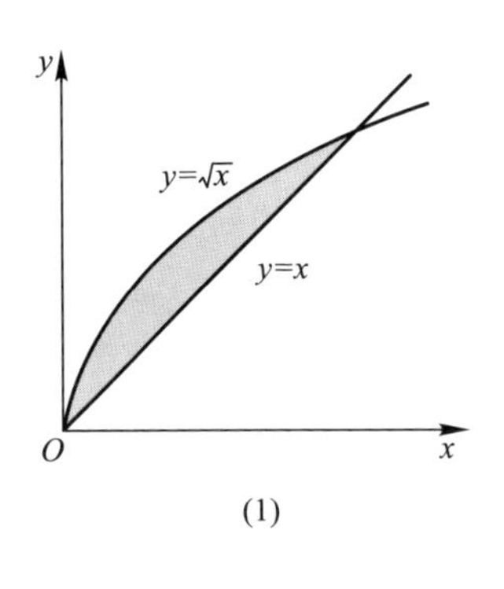

(1)

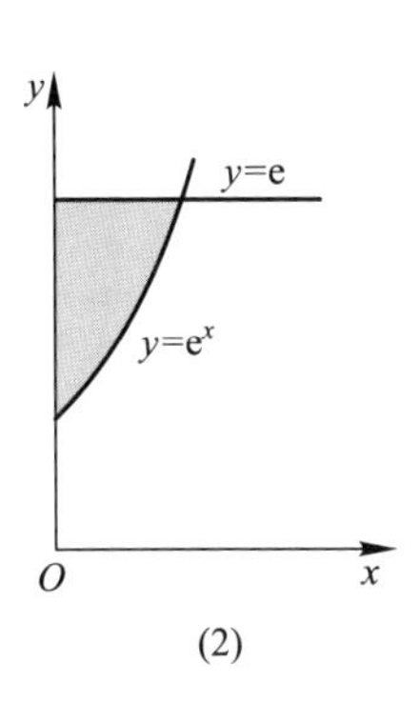

(2)

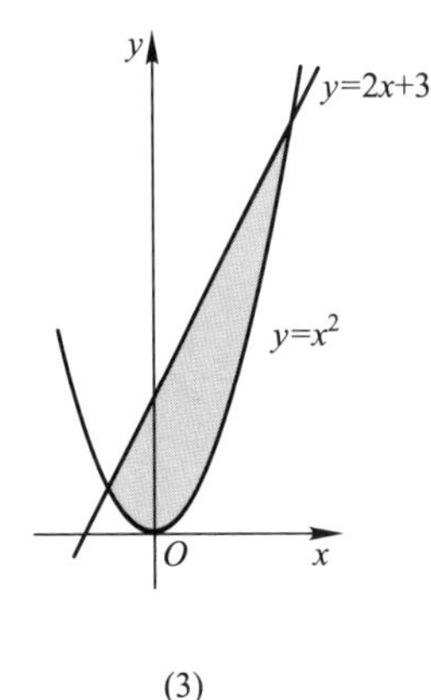

(3)

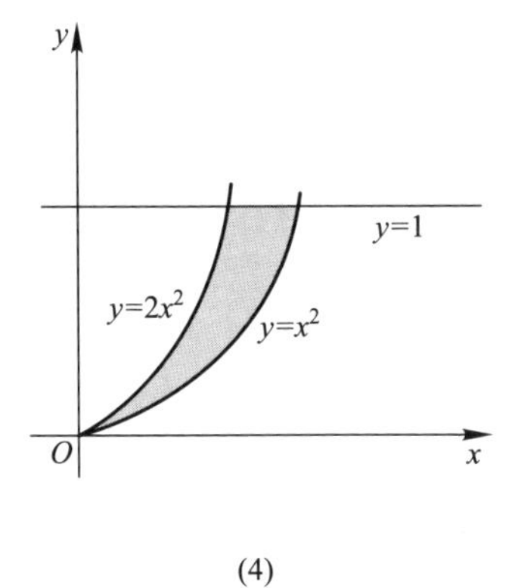

(4)

图 5-24

2. 求由下列各曲线所围成的图形的面积：

（1）$y=\frac{1}{2}x^2$ 与 $x^2+y^2=8$（两部分都要计算）；

（2）$y=\frac{1}{x}$ 与直线 $y=x, x=2$；

（3）$y=\ln x, y$ 轴与直线 $y=\ln a, y=\ln b\ (b>a>0)$；

（4）$y=x^2$ 与直线 $y=2x$；

（5）$y=\sin x, y=\cos x$ 围成界于 $0\leqslant x\leqslant\frac{\pi}{2}$ 部分的图形；

（6）$y=3-2x-x^2$ 与 x 轴.

3. 求抛物线 $y=-x^2+4x-3$ 及其在点 $(0,-3)$ 和 $(3,0)$ 处的切线所围成的图形的面积.

4. 求抛物线 $y^2=2px$ 及其在点 $\left(\dfrac{p}{2},p\right)$ 处的法线所围成的图形的面积.

5. 求由下列各曲线所围成的图形的面积(图见附录Ⅱ)(其中 $a>0$):

(1) $\rho=a(1-\cos\varphi)$;　　(2) $\rho^2=a^2\cos 2\varphi$.

6. 设 $S_1(t)$ 是曲线 $\sqrt{y}=x$ 与直线 $x=0$ 及 $y=t$ $(0<t<1)$ 所围图形的面积, $S_2(t)$ 是曲线 $\sqrt{y}=x$ 与直线 $x=1$ 及 $y=t$ $(0<t<1)$ 所围图形的面积.试求 t 为何值时, $S_1(t)+S_2(t)$ 最小? 最小值是多少?

7. 求下列已知曲线所围成的图形按指定的轴旋转所产生的旋转体的体积:

(1) $y^2=4ax$ $(a>0)$ 及 $x=x_0$ $(x_0>0)$,绕 x 轴;

(2) $y=x^2, x=y^2$,绕 y 轴;

(3) $x^2+(y-5)^2=16$,绕 x 轴.

8. 由曲线 $y=x^3$,直线 $x=2, y=0$ 所围成的图形,分别绕 x 轴及 y 轴旋转.计算所得的两个旋转体的体积.

9. 用积分方法证明:球缺(如图5-25)的体积为

$$V=\pi H^2\left(R-\frac{H}{3}\right).$$

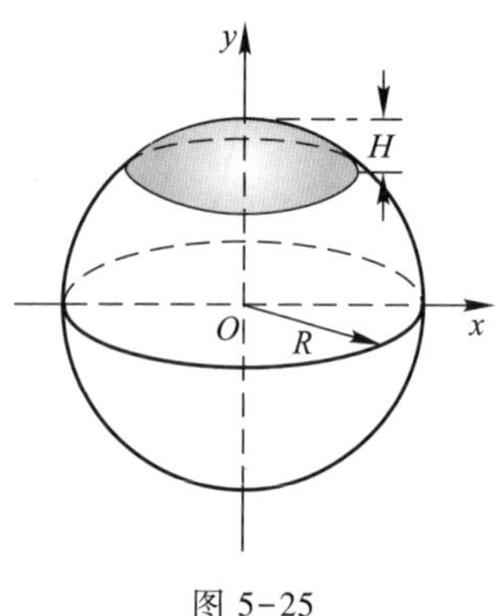

图 5-25

10. 计算以半径为 R 的圆为底,以平行于底且长度等于该圆直径的线段为顶,高为 h 的正劈锥体(图 5-26)的体积.

11. 计算底面是半径为 R 的圆,而垂直于底面上一条固定直径的所有截面都是等边三角形的立体(图 5-27)的体积.

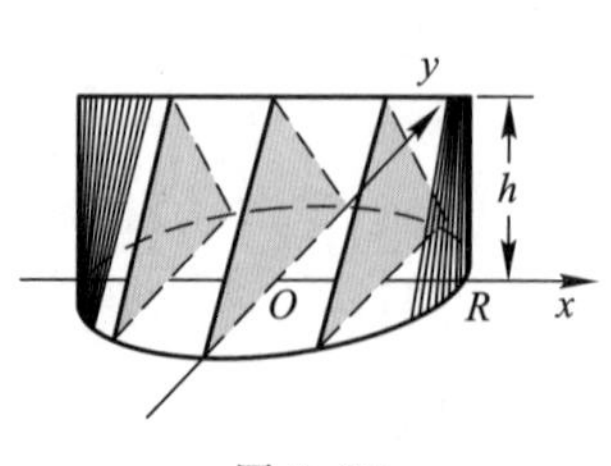

图 5-26

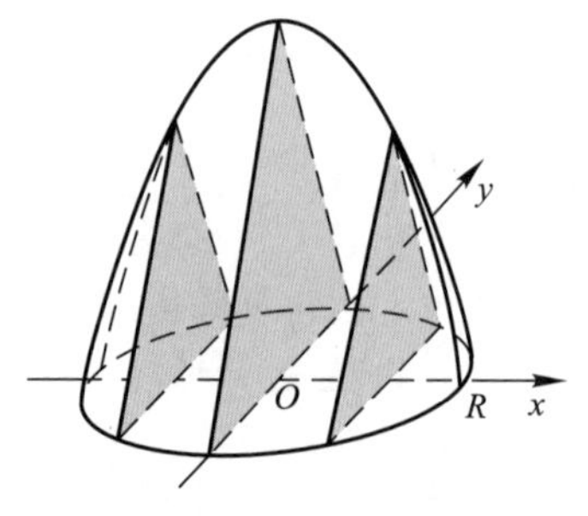

图 5-27

12. 计算下列各弧长：

(1) 半立方抛物线 $y^2=\frac{2}{3}(x-1)^3$ 被抛物线 $y^2=\frac{x}{3}$ 截得的一段弧；

(2) 对数螺线 $\rho=e^{2\varphi}$ 上 $\varphi=0$ 到 $\varphi=2\pi$ 的一段弧；

(3) 阿基米德螺线 $\rho=2\varphi$ 上 $\varphi=0$ 到 $\varphi=2\pi$ 的一段弧.

13. 在摆线 $x=a(t-\sin t)$, $y=a(1-\cos t)$ $(a>0)$ 上求分摆线第一拱成 1 : 3 的点的坐标.

第五节　定积分在物理上的应用

一、变力沿直线所做的功

从物理学知道，如果物体在做直线运动的过程中有一个恒力 F 作用在这物体上，且力的方向与物体运动方向一致，那么，在物体移动了距离 s 时，力 F 对物体所做的功为

$$W=Fs.$$

如果物体在运动过程中所受到的力是变化的，这就是变力对物体做功的问题.下面通过具体例子说明如何计算变力所做的功.

例 1　将一个质量为 m 的物体从地面铅直送到高度为 h 的高空处，问克服地球引力要做多少功？

解　取 r 轴铅直向上，地球中心为坐标原点.当物体位于坐标为 r 的点处时，所受地球引力为 $F(r)=\frac{GmM}{r^2}$，其中 G 为万有引力系数，M 为地球的质量.设地球半径为 R，由于 $F(R)=mg$，即 $\frac{GmM}{R^2}=mg$，故 $GM=gR^2$，因此 $F(r)=\frac{mgR^2}{r^2}$.

取 r 为积分变量，其变化区间是 $[R,R+h]$.在 $[R,R+h]$ 上任取一小区间 $[r,r+dr]$，当物体从 r 上升到 $r+dr$ 时，克服地球引力需做的功近似于

$$dW=F(r)dr=\frac{mgR^2}{r^2}dr,$$

这就是功元素.于是所求的功为

$$W=\int_R^{R+h}\frac{mgR^2}{r^2}dr=mgR^2\left[-\frac{1}{r}\right]_R^{R+h}$$

$$=mgR^2\left(\frac{1}{R}-\frac{1}{R+h}\right)=\frac{mgRh}{R+h}.$$

对上式取极限 $h\to+\infty$，就得到 $W_\infty=mgR$.这说明若要发射一枚质量为 m 的火箭，并使其脱离地球的引力到无穷远处，则至少要做功 $W_\infty=mgR$，因此必须使火箭的初始动能 $\frac{1}{2}mv_0^2\geqslant W_\infty$，即

$$\frac{1}{2}mv_0^2\geqslant mgR,$$

得到

$$v_0\geqslant\sqrt{2gR}\approx 11.2(\mathrm{km/s}),$$

这个速度称为第二宇宙速度.

例 2 底面积为 S 的圆柱形容器中盛有一定量的气体.在等温条件下，由于气体的膨胀，把容器中一个面积为 S 的活塞从点 a 处推移到点 b 处(图 5-28)，计算在移动过程中，气体压力所做的功.

解 取坐标系如图 5-28 所示.活塞的位置可以用坐标 x 来表示.由物理学知道，一定量的气体在等温条件下，压强 p 与体积 V 的乘积是常数 k，即

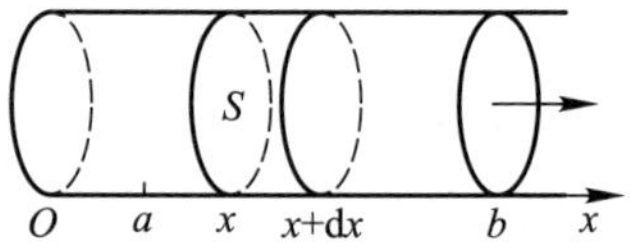

图 5-28

$$pV=k\quad 或\quad p=\frac{k}{V}.$$

因为 $V=xS$，所以

$$p=\frac{k}{xS}.$$

于是，作用在活塞上的力

$$F=pS=\frac{k}{xS}S=\frac{k}{x}.$$

在气体膨胀过程中，体积 V 是变化的，位置 x 也是变化的，所以作用在活塞上的力也是变化的.

取 x 为积分变量，它的变化区间为 $[a,b]$.设 $[x,x+\mathrm{d}x]$ 为 $[a,b]$ 上任一小区间.当活塞从 x 移动到 $x+\mathrm{d}x$ 时，变力 F 所做的功近似于 $\frac{k}{x}\mathrm{d}x$，即功元素为

$$\mathrm{d}W=\frac{k}{x}\mathrm{d}x.$$

于是所求的功为

$$W=\int_a^b \frac{k}{x}\mathrm{d}x=k[\ln x]_a^b=k\ln\frac{b}{a}.$$

下面再举一个计算功的例子,它虽不是变力做功的问题,但也可用定积分来计算.

例 3 一圆柱形的贮水桶高为 5 m,底圆半径为 3 m,桶内盛满了水,试问要把桶内的水全部吸出需要做多少功?

解 选取坐标系如图 5-29 所示.取深度 x(单位为 m)为积分变量,它的变化区间为$[0,5]$,相应于$[0,5]$上任一小区间$[x,x+\mathrm{d}x]$的一薄层水的高度为 $\mathrm{d}x$(m),体积为 $\mathrm{d}V=9\pi\mathrm{d}x$($\mathrm{m}^3$).若记水的密度为 ρ,则这薄层水所受重力为 $\rho g\mathrm{d}V$(N).因此,把这薄层水吸出桶外需做的功近似地为

$$\mathrm{d}W=9\pi\rho gx\mathrm{d}x\ (\mathrm{J}),$$

此即功元素.于是所求的功为

$$W=\int_0^5 9\pi\rho gx\mathrm{d}x=9\pi\rho g\left[\frac{x^2}{2}\right]_0^5$$

$$=9\pi\rho g\cdot\frac{25}{2}\approx 3\ 462\ (\mathrm{kJ}).$$

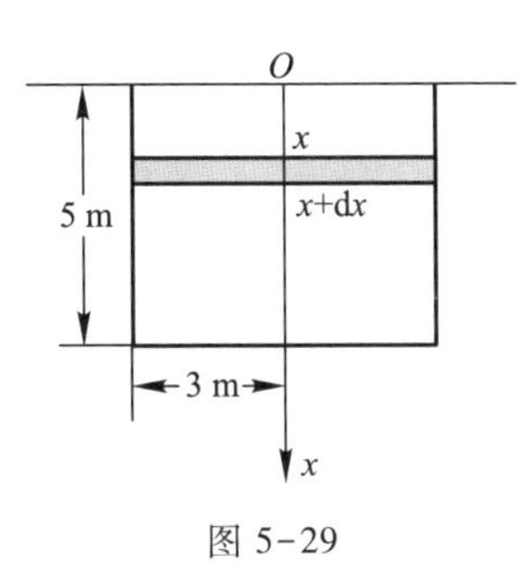

图 5-29

二、水压力

从物理学知道,在水深 h 处的压强为 $p=\rho gh$,这里 ρ 是水的密度,g 是重力加速度.如果有一面积为 A 的平板,水平地放置在水深为 h 处,那么,平板一侧所受的水压力为

$$F=p\cdot A.$$

如果平板垂直放置在水中,那么,由于不同水深处的压强 p 不相同,平板一侧所受的水压力就不能直接用上述方法计算.下面举例说明它的计算方法.

例 4 某水库的闸门形状为等腰梯形,它的两条底边各长 10 m 和 6 m,高为 20 m,较长的底边与水面相齐.计算闸门的一侧所受的水压力.

解 如图 5-30,以闸门的长底边的中点为原点且铅直向下作 x 轴,以闸门的长底边为 y 轴建立坐标系,这样,梯形闸门的一腰 AB 的方程为

$$y=3-\frac{1}{10}(x-20)=5-\frac{x}{10}.$$

取 x 为积分变量，它的变化范围为 $[0,20]$. 在 $[0,20]$ 上任取一个小区间 $[x,x+\mathrm{d}x]$，闸门上相应于该小区间的窄条各点处所受到水的压强近似于 $\rho g x$ N/m^2. 这窄条的长近似为 $2y=2\left(5-\dfrac{x}{10}\right)=10-\dfrac{x}{5}$(m)，高度为 $\mathrm{d}x$(m)，因而这一窄条的一侧所受的水压力近似为

$$\mathrm{d}F=\rho g x\left(10-\frac{x}{5}\right)\mathrm{d}x\,(\mathrm{N}),$$

这就是压力元素. 于是所求的压力为

$$F=\int_0^{20}\rho g x\left(10-\frac{x}{5}\right)\mathrm{d}x=\rho g\left[5x^2-\frac{x^3}{15}\right]_0^{20}$$

$$=\rho g\left(2\ 000-\frac{1\ 600}{3}\right)\approx 14\ 373\,(\mathrm{kN}).$$

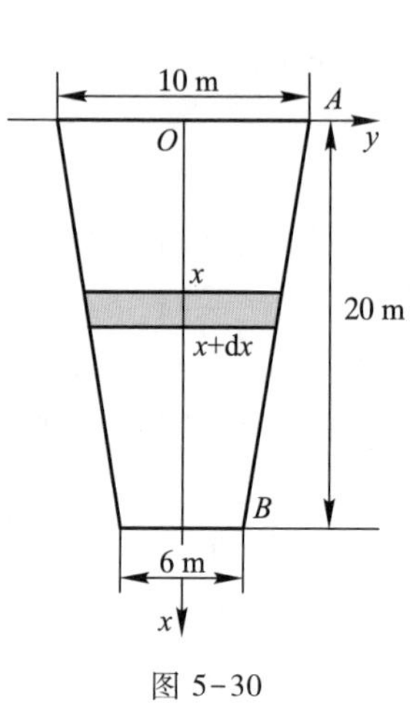

图 5-30

三、引力

由万有引力定律知道：两个质量分别为 m_1 和 m_2，相距为 r 的质点间的引力为

$$F=\frac{Gm_1m_2}{r^2}\quad (G\text{ 为万有引力常数}).$$

要计算一细杆对一质点的引力，由于细杆上各点与质点的距离是变化的，所以就不能直接用上面的公式计算，下面我们来讨论它的计算方法.

例 5　设有一长为 l、质量为 M 的均匀细杆，另有一质量为 m 的质点 A 和杆在一条直线上，它到杆的近端的距离为 a，计算此细杆对质点 A 的引力.

解　选取坐标系如图 5-31 所示，以 x 为积分变量，它的变化区间为 $[0,l]$，在杆上任取一小区间 $[x,x+\mathrm{d}x]$，此段杆长为 $\mathrm{d}x$，质量为 $\dfrac{M}{l}\mathrm{d}x$. 由于 $\mathrm{d}x$ 很小，这一小段杆可以近似地看作是一个质点，它与质点 A 间的距离为 $x+a$，根据万有引力定律，这一小段细杆对质点的引力的近似值，即引力元素为

$$\mathrm{d}F=\frac{Gm\dfrac{M}{l}\mathrm{d}x}{(x+a)^2}.$$

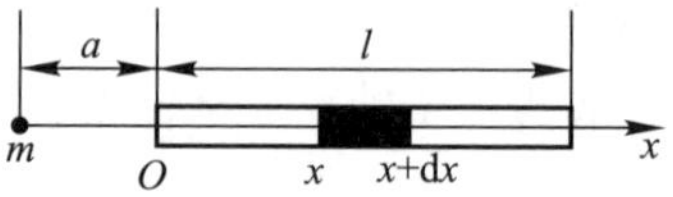

图 5-31

于是所求的引力为

$$F=\int_0^l \frac{Gm\frac{M}{l}}{(x+a)^2}\mathrm{d}x=\frac{GmM}{l}\int_0^l \frac{1}{(x+a)^2}\mathrm{d}x$$

$$=\frac{GmM}{l}\left[-\frac{1}{x+a}\right]_0^l=\frac{GmM}{l}\cdot\frac{l}{a(l+a)}=\frac{GmM}{a(l+a)}.$$

思考题 1　一个带电量为 $+q$ 的点电荷 Q 位于坐标轴的原点,由物理学可知,与点电荷 Q 相距为 r 的单位正电荷 R 受到 Q 的排斥力的大小为 $F=k\frac{q}{r^2}$.

(1) R 从 r 移动到 $r+\mathrm{d}r$ 时,Q 所做功的元素 $\mathrm{d}W=$________;

(2) R 从 a 移动到 b 时,Q 所做功的积分表达式为 $W=$________.

习题 5-5

1. 由实验知道,弹簧在拉伸过程中,需要的力 F(单位:N)与伸长量 s(单位:cm)成正比,即

$$F=ks\quad(k\text{ 是比例常数}).$$

如果把弹簧由原长拉伸 6 cm,计算所做的功.

2. 直径为 20 cm、高为 80 cm 的圆柱体内充满压强为 10 N/cm^2 的蒸气,设温度保持不变,要使蒸气体积缩小一半,问需要做多少功?

3. 一物体按规律 $x=ct^3$ 做直线运动,介质的阻力与速度的平方成正比.计算物体由 $x=0$ 移至 $x=a$ 时,克服介质阻力所做的功.

4. 设一圆锥形贮水池,深 15 m,口径 20 m,盛满水,今以泵将水吸尽,问要做多少功?

5. 有一闸门,它的形状和尺寸如图 5-32 所示,水面超过闸门顶 2 m.求闸门上所受的水压力.

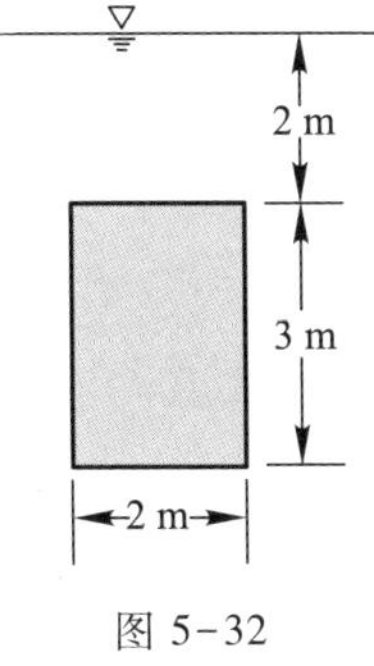

图 5-32

6. 有一铅直放置的矩形闸门,它的顶端与水面相齐,一条对角线将闸门分成两个三角形区域.试证:其中一个三角形区域上所受的水压力是另一个三角形区域上所受水压力的 2 倍.

7. 两根匀质细棒 AB,CD 位于同一直线 L 上,其长度依次为 $l_1=2$ 及 $l_2=1$,其线密度依次为 $\rho_1=1$ 及 $\rho_2=2$,两棒的相邻两端点 B,C 间的距离为 3.现有一质量为 m 的质点 P 在直线 L 上,位于 B,C 两点之间,问质点 P 应放在何处,恰使两棒对它的引力的大小相等?

第六节 反常积分

在一些实际问题中，还常遇到积分区间为无穷区间，或者被积函数在积分区间上具有无穷间断点的积分. 它们已经不属于前面所说的定积分，因此对定积分作如下两种推广，从而形成了反常积分的概念.

一、无穷限的反常积分

在上一节的例 1，我们求得了发射火箭到无穷远处所做的功为

$$W_{\infty}=\lim_{h\to+\infty}\frac{mghR}{R+h}=mgR.$$

这里计算 W_{∞} 的算式 $\lim\limits_{h\to+\infty}\int_R^{R+h}\frac{mgR^2}{r^2}\mathrm{d}r$，可看作是函数$\frac{mgR^2}{r^2}$在无穷区间 $[R,+\infty)$ 上的一种“积分”. 下面来对这个算式进行一般性的讨论.

设函数 $f(x)$ 在区间 $[a,+\infty)$ 上连续，任取 $t>a$，算式

$$\lim_{t\to+\infty}\int_a^t f(x)\mathrm{d}x \tag{1}$$

称为函数 $f(x)$ 在无穷区间 $[a,+\infty)$ 上的反常积分，记为 $\int_a^{+\infty}f(x)\mathrm{d}x$，即

$$\int_a^{+\infty}f(x)\mathrm{d}x=\lim_{t\to+\infty}\int_a^t f(x)\mathrm{d}x.$$

类似地，设函数 $f(x)$ 在区间 $(-\infty,b]$ 上连续，任取 $t<b$，算式

$$\lim_{t\to-\infty}\int_t^b f(x)\mathrm{d}x \tag{2}$$

称为函数 $f(x)$ 在无穷区间 $(-\infty,b]$ 上的反常积分，记为 $\int_{-\infty}^b f(x)\mathrm{d}x$，即

$$\int_{-\infty}^b f(x)\mathrm{d}x=\lim_{t\to-\infty}\int_t^b f(x)\mathrm{d}x.$$

设函数 $f(x)$ 在区间 $(-\infty,+\infty)$ 上连续，反常积分 $\int_{-\infty}^0 f(x)\mathrm{d}x$ 与反常积分 $\int_0^{+\infty}f(x)\mathrm{d}x$ 之和称为函数 $f(x)$ 在无穷区间 $(-\infty,+\infty)$ 上的反常积分，记为 $\int_{-\infty}^{+\infty}f(x)\mathrm{d}x$，即

$$\int_{-\infty}^{+\infty}f(x)\mathrm{d}x=\int_{-\infty}^0 f(x)\mathrm{d}x+\int_0^{+\infty}f(x)\mathrm{d}x.$$

定义 (1) 设函数$f(x)$在区间$[a,+\infty)$上连续,如果极限(1)存在,那么称反常积分$\int_a^{+\infty} f(x)\mathrm{d}x$收敛,并称此极限为该反常积分的值;如果极限(1)不存在,那么称反常积分$\int_a^{+\infty} f(x)\mathrm{d}x$发散.

(2) 设函数$f(x)$在区间$(-\infty,b]$上连续,如果极限(2)存在,那么称反常积分$\int_{-\infty}^{b} f(x)\mathrm{d}x$收敛,并称此极限为该反常积分的值;如果极限(2)不存在,那么称反常积分$\int_{-\infty}^{b} f(x)\mathrm{d}x$发散.

(3) 设函数$f(x)$在区间$(-\infty,+\infty)$上连续,反常积分$\int_{-\infty}^{0} f(x)\mathrm{d}x$与反常积分$\int_0^{+\infty} f(x)\mathrm{d}x$均收敛,那么称反常积分$\int_{-\infty}^{+\infty} f(x)\mathrm{d}x$收敛,并称反常积分$\int_{-\infty}^{0} f(x)\mathrm{d}x$与反常积分$\int_0^{+\infty} f(x)\mathrm{d}x$之和为反常积分$\int_{-\infty}^{+\infty} f(x)\mathrm{d}x$的值,否则称反常积分$\int_{-\infty}^{+\infty} f(x)\mathrm{d}x$发散.

上述反常积分统称为无穷限的反常积分.

根据上述定义,发射火箭到无穷远处所做的功为函数$\frac{mgR^2}{r^2}$在$[R,+\infty)$上的反常积分

$$W_\infty=\int_R^{+\infty}\frac{mgR^2}{r^2}\mathrm{d}r=\lim_{t\to+\infty}\int_R^{t}\frac{mgR^2}{r^2}\mathrm{d}r=\lim_{t\to+\infty}\left[-\frac{mgR^2}{r}\right]_R^t$$

$$=-\lim_{t\to+\infty}\frac{mgR^2}{t}+mgR=mgR.$$

例 1 计算反常积分$\int_0^{+\infty}\mathrm{e}^{-x}\mathrm{d}x$.

解 $$\int_0^{+\infty}\mathrm{e}^{-x}\mathrm{d}x=\lim_{t\to+\infty}\int_0^{t}\mathrm{e}^{-x}\mathrm{d}x=\lim_{t\to+\infty}[-\mathrm{e}^{-x}]_0^t$$

$$=\lim_{t\to+\infty}(-\mathrm{e}^{-t}+1)=1.$$

例 2 证明:反常积分$\int_1^{+\infty}\frac{1}{x^p}\mathrm{d}x$当$p>1$时收敛,当$p\leqslant 1$时发散.

解 当$p=1$时,$\int_1^{+\infty}\frac{1}{x^p}\mathrm{d}x=\int_1^{+\infty}\frac{1}{x}\mathrm{d}x=[\ln x]_1^{+\infty}$①$=+\infty$;

---

① 为方便计,一般把$\lim\limits_{t\to+\infty}[F(x)]_a^t$记为$[F(x)]_a^{+\infty}$.

当 $p\neq 1$ 时，

$$\int_{1}^{+\infty}\frac{1}{x^{p}}\mathrm{d}x=\left[\frac{x^{1-p}}{1-p}\right]_{1}^{+\infty}=\begin{cases}+\infty, & p<1,\\ \dfrac{1}{p-1}, & p>1.\end{cases}$$

因此，当 $p>1$ 时，这个反常积分收敛，其值为 $\frac{1}{p-1}$；当 $p\leqslant 1$ 时，这个反常积分发散.

例 3 计算反常积分 $\int_{-\infty}^{+\infty}\frac{\mathrm{d}x}{1+x^{2}}$.

解

$$\begin{aligned}\int_{-\infty}^{+\infty}\frac{1}{1+x^{2}}\mathrm{d}x &= \int_{-\infty}^{0}\frac{1}{1+x^{2}}\mathrm{d}x+\int_{0}^{+\infty}\frac{1}{1+x^{2}}\mathrm{d}x\\ &=[\arctan x]_{-\infty}^{0}+[\arctan x]_{0}^{+\infty}\\ &=0-\left(-\frac{\pi}{2}\right)+\left(\frac{\pi}{2}-0\right)=\pi.\end{aligned}$$

对这个反常积分的几何意义说明如下：如图 5-33，当 $u\to-\infty$，$t\to+\infty$ 时，阴影部分向左、右无限延伸，其面积趋于极限 π. 简单地说，曲线 $y=\frac{1}{1+x^{2}}$ 与 x 轴之间的图形具有面积 π.

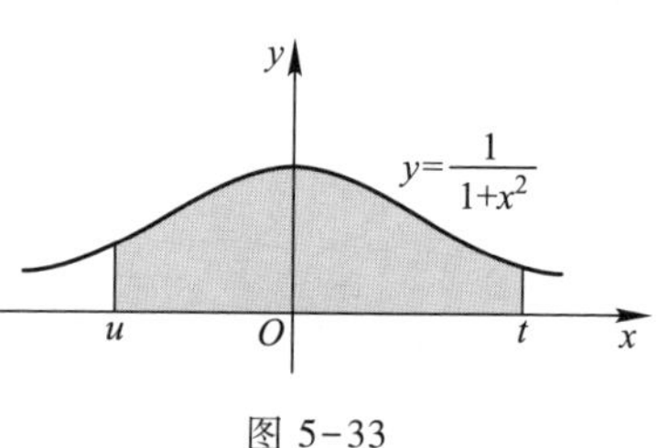

图 5-33

例 4 计算反常积分 $\int_{0}^{+\infty}t\mathrm{e}^{-pt}\mathrm{d}t$（$p$ 是常数，且 $p>0$）.

解

$$\begin{aligned}\int t\mathrm{e}^{-pt}\mathrm{d}t &=-\frac{1}{p}\int t\mathrm{d}(\mathrm{e}^{-pt})=-\frac{1}{p}\left(t\mathrm{e}^{-pt}-\int \mathrm{e}^{-pt}\mathrm{d}t\right)\\ &=-\frac{1}{p}\left(t\mathrm{e}^{-pt}+\frac{1}{p}\mathrm{e}^{-pt}\right)+C=-\frac{pt+1}{p^{2}}\mathrm{e}^{-pt}+C,\end{aligned}$$

因此

$$\int_{0}^{+\infty}t\mathrm{e}^{-pt}\mathrm{d}t=\left[-\frac{pt+1}{p^{2}}\mathrm{e}^{-pt}\right]_{0}^{+\infty}=-\lim_{t\to+\infty}\frac{pt+1}{p^{2}\mathrm{e}^{pt}}+\frac{1}{p^{2}}=\frac{1}{p^{2}}.$$

二、被积函数具有无穷间断点的反常积分

设函数 $f(x)$ 在区间 $(a,b]$ 上连续，而 $\lim\limits_{x\to a^{+}}f(x)=\infty$，任取 $t>a$，算式

$$\lim_{t\to a^{+}}\int_{t}^{b}f(x)\mathrm{d}x \tag{3}$$

称为函数 $f(x)$ 在区间 $(a,b]$ 上的反常积分，仍然记为 $\int_{a}^{b}f(x)\mathrm{d}x$，即

$$\int_a^b f(x)\,\mathrm{d}x=\lim_{t\to a^+}\int_t^b f(x)\,\mathrm{d}x.$$

类似地,设函数 $f(x)$ 在区间 $[a,b)$ 上连续,而 $\lim\limits_{x\to b^-}f(x)=\infty$,任取 $t<b$,算式

$$\lim_{t\to b^-}\int_a^t f(a)\,\mathrm{d}x \tag{4}$$

称为函数 $f(x)$ 在区间 $[a,b)$ 上的反常积分,记为 $\int_a^b f(x)\,\mathrm{d}x$,即

$$\int_a^b f(x)\,\mathrm{d}x=\lim_{t\to b^-}\int_a^t f(x)\,\mathrm{d}x.$$

设函数 $f(x)$ 在区间 $[a,b]$ 上除点 c $(a<c<b)$ 外连续,而 $\lim\limits_{x\to c}f(x)=\infty$,反常积分 $\int_a^c f(x)\,\mathrm{d}x$ 与反常积分 $\int_c^b f(x)\,\mathrm{d}x$ 之和称为函数 $f(x)$ 在区间 $[a,b]$ 上的反常积分,记为 $\int_a^b f(x)\,\mathrm{d}x$,即

$$\int_a^b f(x)\,\mathrm{d}x=\int_a^c f(x)\,\mathrm{d}x+\int_c^b f(x)\,\mathrm{d}x.$$

定义 (1) 设函数 $f(x)$ 在区间 $(a,b]$ 上连续,而 $\lim\limits_{x\to a^+}f(x)=\infty$,如果极限(3)存在,那么称反常积分 $\int_a^b f(x)\,\mathrm{d}x$ 收敛,并称此极限为该反常积分的值;如果极限(3)不存在,那么称反常积分 $\int_a^b f(x)\,\mathrm{d}x$ 发散.

(2) 设函数 $f(x)$ 在区间 $[a,b)$ 上连续,而 $\lim\limits_{x\to b^-}f(x)=\infty$,如果极限(4)存在,那么称反常积分 $\int_a^b f(x)\,\mathrm{d}x$ 收敛,并称此极限为该反常积分的值;如果极限(4)不存在,那么称反常积分 $\int_a^b f(x)\,\mathrm{d}x$ 发散.

(3) 设函数 $f(x)$ 在区间 $[a,b]$ 上除点 $c(a<c<b)$ 外连续,而 $\lim\limits_{x\to c}f(x)=\infty$,反常积分 $\int_a^c f(x)\,\mathrm{d}x$ 与反常积分 $\int_c^b f(x)\,\mathrm{d}x$ 均收敛,那么称反常积分 $\int_a^b f(x)\,\mathrm{d}x$ 收敛,并称反常积分 $\int_a^c f(x)\,\mathrm{d}x$ 与反常积分 $\int_c^b f(x)\,\mathrm{d}x$ 之和为反常积分 $\int_a^b f(x)\,\mathrm{d}x$ 的值,否则称反常积分 $\int_a^b f(x)\,\mathrm{d}x$ 发散.

例 5 求反常积分 $\int_0^a \dfrac{\mathrm{d}x}{\sqrt{a^2-x^2}}$ $(a>0)$.

解 因为 $\lim\limits_{x\to a^-}\dfrac{1}{\sqrt{a^2-x^2}}=\infty$,所以 $x=a$ 是被积函数的一个无穷间断点,于是

$$\int_0^a \frac{\mathrm{d}x}{\sqrt{a^2-x^2}}=\left[\arcsin\frac{x}{a}\right]_0^a ① =\lim_{x\to a^-}\arcsin\frac{x}{a}-\arcsin 0$$

$$=\arcsin 1=\frac{\pi}{2}.$$

这个反常积分在几何上表示位于曲线 $y=\frac{1}{\sqrt{a^2-x^2}}$ 之下，x 轴之上，直线 $x=0$ 与 $x=a$ 之间的图形面积(图 5-34).

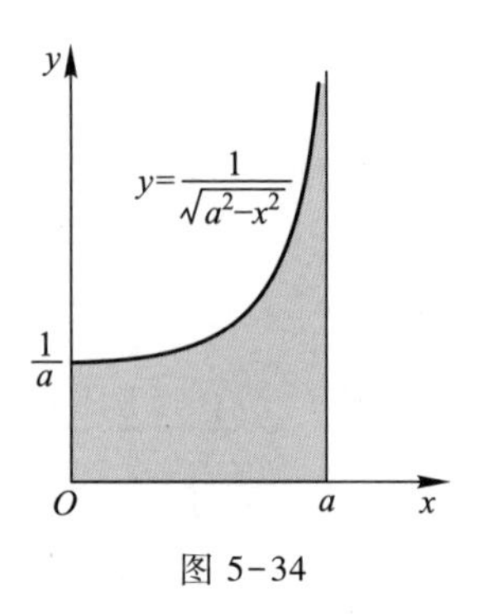

图 5-34

例 6 讨论反常积分 $\int_{-1}^{1}\frac{1}{x^2}\mathrm{d}x$ 的收敛性.

解 因为被积函数 $f(x)=\frac{1}{x^2}$ 在 $[-1,1]$ 上除点 $x=0$ 外连续，且 $\lim\limits_{x\to 0}\frac{1}{x^2}=\infty$，所以 $x=0$ 是被积函数的无穷间断点.

由于

$$\int_0^1 \frac{1}{x^2}\mathrm{d}x=\left[-\frac{1}{x}\right]_0^1=-\left(1-\lim_{x\to 0^+}\frac{1}{x}\right)=+\infty,$$

所以反常积分 $\int_0^1\frac{1}{x^2}\mathrm{d}x$ 发散，从而反常积分 $\int_{-1}^1\frac{1}{x^2}\mathrm{d}x$ 发散.

注意，如果疏忽了 $x=0$ 是被积函数的无穷间断点，就会得出以下的错误结果：

$$\int_{-1}^1 \frac{1}{x^2}\mathrm{d}x=\left[-\frac{1}{x}\right]_{-1}^1=-1-1=-2.$$

例 7 证明：反常积分 $\int_a^b \frac{1}{(x-a)^q}\mathrm{d}x\ (b>a)$ 当 $0<q<1$ 时收敛，当 $q\geqslant 1$ 时发散.

证 当 $q>0$ 时，因为 $\lim\limits_{x\to a^+}\frac{1}{(x-a)^q}=\infty$，故 $x=a$ 是被积函数的无穷间断点.

当 $q=1$ 时，

$$\int_a^b \frac{\mathrm{d}x}{(x-a)^q}=\int_a^b\frac{\mathrm{d}x}{x-a}=\left[\ln(x-a)\right]_a^b$$

$$=\ln(b-a)-\lim_{x\to a^+}\ln(x-a)=+\infty.$$

当 $q\neq 1$ 时，

---

① 为方便计，一般把 $\lim\limits_{t\to b^-}[F(x)]_a^t$ 记作 $[F(x)]_a^b$，以下类似情形也用相应记号.

$$\int_a^b \frac{dx}{(x-a)^q}=\left[\frac{(x-a)^{1-q}}{1-q}\right]_a^b$$

$$=\frac{(b-a)^{1-q}}{1-q}-\lim_{x\to a^+}\frac{(x-a)^{1-q}}{1-q}$$

$$=\begin{cases}\dfrac{(b-a)^{1-q}}{1-q}, & q<1,\\ +\infty, & q>1.\end{cases}$$

因此,当 $0<q<1$ 时,这个反常积分收敛,其值为$\dfrac{(b-a)^{1-q}}{1-q}$;当 $q\geqslant 1$ 时,这个反常积分发散.

计算反常积分时,也可像计算定积分一样,施行换元积分法或分部积分法.

例 8 求反常积分 $\displaystyle\int_0^{+\infty}\frac{dx}{(x^2+1)^{\frac{3}{2}}}$.

解 令 $x=\tan t\left(-\dfrac{\pi}{2}<t<\dfrac{\pi}{2}\right)$,则当 $x=0$ 时,$t=0$;当$x\to+\infty$ 时,$t\to\dfrac{\pi}{2}$.于是

$$\int_0^{+\infty}\frac{dx}{(x^2+1)^{\frac{3}{2}}}=\int_0^{\frac{\pi}{2}}\frac{\sec^2 t dt}{\sec^3 t}=\int_0^{\frac{\pi}{2}}\cos t dt=1.$$

思考题 1 因为$\dfrac{x}{\sqrt{1+x^2}}$在$(-\infty,+\infty)$上是奇函数,所以$\displaystyle\int_{-\infty}^{+\infty}\frac{x}{\sqrt{1+x^2}}dx=0$.这个结论对吗?

思考题 2 求下列反常积分:(1) $\displaystyle\int_0^{+\infty}\frac{1}{(x+1)^2}dx$;(2) $\displaystyle\int_0^1\frac{1}{\sqrt{1-x}}dx$.

思考题 3 试写出上半圆周 $y=\sqrt{1-x^2}$ 的周长的积分表达式,以及它与 x 轴所围成的半圆的面积的积分表达式,证明:

$$\int_{-1}^1\frac{1}{\sqrt{1-x^2}}dx=2\int_{-1}^1\sqrt{1-x^2}\,dx.$$

习题 5-6

1. 判别下列各反常积分的收敛性.如果收敛,计算反常积分的值:

(1) $\displaystyle\int_1^{+\infty}\frac{1}{x^4}dx$;　　(2) $\displaystyle\int_1^{+\infty}\frac{1}{\sqrt{x}}dx$;

(3) $\displaystyle\int_0^{+\infty}xe^{-x^2}dx$;　　(4) $\displaystyle\int_{-\infty}^{+\infty}\frac{dx}{x^2+2x+2}$;

(5) $\int_1^2 \frac{x}{\sqrt{x-1}}\mathrm{d}x$; (6) $\int_0^1 \ln x\mathrm{d}x$;

(7) $\int_0^2 \frac{\mathrm{d}x}{x^2-4x+3}$; (8) $\int_1^{\mathrm{e}} \frac{\mathrm{d}x}{x\sqrt{1-\ln^2 x}}$.

2. 已知反常积分 $I_n=\int_0^{+\infty} x^n \mathrm{e}^{-x}\mathrm{d}x(n\in\mathbf{N}_+)$ 收敛,证明:$I_n=nI_{n-1}$,并求 I_n.

3. 求界于曲线 $y=\mathrm{e}^x$ 与它的一条通过原点的切线以及 x 轴之间的图形的面积.

第五章复习题

第五章
复习指导

一、概念复习

1. 填空题:

(1) 函数 $f(x)$ 在 $[a,b]$ 上有界是 $f(x)$ 在 $[a,b]$ 上可积的________条件(充分、必要、充要);

(2) 函数 $f(x)$ 在 $[a,b]$ 上连续是 $f(x)$ 在 $[a,b]$ 上可积的________条件(充分、必要、充要);

(3) 当 $f(x)$ 在 $(-\infty,+\infty)$ 内连续时,反常积分 $\int_{-\infty}^0 f(x)\mathrm{d}x$ 和 $\int_0^{+\infty} f(x)\mathrm{d}x$ 均收敛是反常积分 $\int_{-\infty}^{+\infty} f(x)\mathrm{d}x$ 收敛的________条件(充分、必要、充要);

(4) $\int_0^2 \sqrt{x^2-2x+1}\,\mathrm{d}x=$________;

(5) 设 $\int_1^x f(t)\mathrm{d}t=x^2+\ln x-1$,则 $f(x)=$________.

2. 选择题:

(1) 设 $f(x)$ 连续且 $I=\int_1^{st} f(tx)\mathrm{d}x$,则 I 的值(   );

(A) 依赖于 s,t (B) 仅依赖于 x

(C) 仅依赖于 t (D) 仅依赖于 s

(2) $\int_{-\frac{\pi}{4}}^{\frac{\pi}{4}} \cos^6 2x\mathrm{d}x=$(   );

(A) $2\cdot\frac{5}{6}\cdot\frac{3}{4}\cdot\frac{1}{2}$ (B) $2\cdot\frac{5}{6}\cdot\frac{3}{4}\cdot\frac{1}{2}\cdot\frac{\pi}{2}$

(C) $\frac{5}{6}\cdot\frac{3}{4}\cdot\frac{1}{2}$ (D) $\frac{5}{6}\cdot\frac{3}{4}\cdot\frac{1}{2}\cdot\frac{\pi}{2}$

(3) 设函数 $y=f(x)$ 具有三阶连续导数,其图形如图 5-35 所示,那么下列四个积分中,值小于零的积分是(   );

(A) $\int_{-1}^{2} f(x)\mathrm{d}x$　　(B) $\int_{-1}^{2} f'(x)\mathrm{d}x$

(C) $\int_{-1}^{2} f''(x)\mathrm{d}x$　　(D) $\int_{-1}^{2} f'''(x)\mathrm{d}x$

(4) 设 $G(x)=\int_0^x f(t)\mathrm{d}t$，其中 $f(x)$ 在区间 $[0,5]$ 上连续，$y=f(x)$ 的图形如图 5-36 所示，则在区间 $(0,5)$ 内，以下结论中正确的是(　　).

(A) $G(x)$ 有 2 个极值点，曲线 $y=G(x)$ 上有 4 个拐点

(B) $G(x)$ 有 4 个极值点，曲线 $y=G(x)$ 上有 2 个拐点

(C) $G(x)$ 有 3 个极值点，曲线 $y=G(x)$ 上有 4 个拐点

(D) $G(x)$ 有 4 个极值点，曲线 $y=G(x)$ 上有 3 个拐点

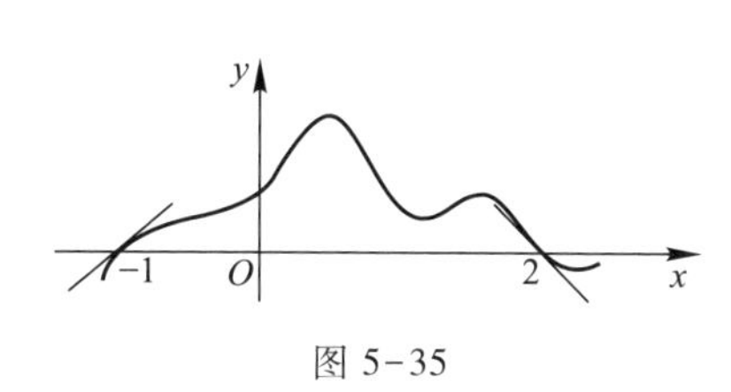

图 5-35

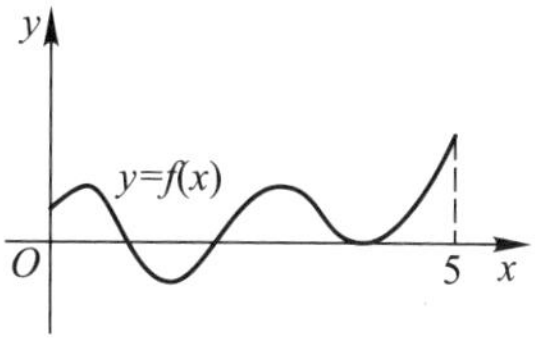

图 5-36

二、综合练习

1. 计算下列定积分：

(1) $\int_{\frac{1}{\sqrt{2}}}^{1} \frac{\sqrt{1-x^2}}{x^2}\mathrm{d}x$；　　(2) $\int_{-2}^{-\sqrt{2}} \frac{\mathrm{d}x}{x\sqrt{x^2-1}}$；

(3) $\int_0^1 x\arctan\sqrt{x}\,\mathrm{d}x$；　　(4) $\int_0^{16} \frac{1}{\sqrt{x+9}-\sqrt{x}}\mathrm{d}x$；

(5) $\int_{-\frac{\pi}{4}}^{\frac{\pi}{4}} \frac{x}{1+\cos x}\mathrm{d}x$；

(6) 设 $f(x)=\begin{cases} \dfrac{1}{1+x^2}, & \text{当 } x\leqslant 0, \\ \dfrac{1}{1+x}, & \text{当 } x>0, \end{cases}$ 求 $\int_{-1}^{1} f(x)\mathrm{d}x$.

2. 利用适当方法，简化下列积分，并求出积分值：

(1) $\int_{-\frac{\pi}{2}}^{\frac{\pi}{2}} (x^4-x+1)\sin x\mathrm{d}x$；

(2) $\int_0^2 x^4\sqrt{4-x^2}\,\mathrm{d}x$；

(3) $\int_0^{100\pi} \sqrt{1-\cos 2x}\,\mathrm{d}x$（利用习题 5-3 第 6 题的结论）.

3. 设

$$F(x)=\begin{cases}\dfrac{\int_0^x tf(t)\,\mathrm{d}t}{x^3}, & \text{当 } x\neq 0,\\ A, & \text{当 } x=0,\end{cases}$$

其中 $f(x)$ 具有连续导数,且 $f(0)=0$.求 A 的值,使 $F(x)$ 在 $x=0$ 处连续.

4. 设 $f(x)=\int_1^{x^2}\frac{\sin t}{t}\mathrm{d}t$,求 $\int_0^1 xf(x)\,\mathrm{d}x$.

5. 设 n 为正整数,证明:$\int_0^{\pi}\sin^n x\mathrm{d}x=2\int_0^{\frac{\pi}{2}}\sin^n x\mathrm{d}x$,并进而计算 $\int_0^{\pi}\sin^5 x\mathrm{d}x$.

6. 利用极坐标计算两圆 $x^2+y^2=3x$ 与 $x^2+y^2=\sqrt{3}y$ 的公共部分的面积.

7. 过原点作抛物线 $y=x^2+4$ 的切线,切线与抛物线所围图形为 D.求 D 绕 x 轴旋转所成立体的体积.

8. 一容器的侧壁由抛物线 $y=x^2$ 绕 y 轴旋转而成,容器高为 H m.容器内盛水,水面位于 $\frac{H}{2}$ m 处.问把水全部抽出,至少需做多少功?(水的密度为 1 000 kg/m^3.)

9. 有一半径为 R 的半圆形薄板铅直地沉入水中.直径边在上且与水面相齐,要使薄板上所受压力增加一倍,薄板应铅直下降多少?

10. 设函数 $f(x)$ 在 $(-\infty,+\infty)$ 内连续,证明:

(1) 若 $f(x)$ 为奇函数,则 $\int_0^x f(t)\,\mathrm{d}t$ 为偶函数;

(2) 若 $f(x)$ 为偶函数,则 $\int_0^x f(t)\,\mathrm{d}t$ 为奇函数.

第六章 微分方程

函数是客观事物的内部联系在数量方面的反映,利用函数关系又可以对客观事物的规律性进行研究,因此寻求变量之间的函数关系,在实践中具有重要意义.在许多问题中,往往不能直接找出所需要的函数关系,但是根据问题所提供的情况,有时可以列出所要找的函数的导数所满足的关系式.这样的关系式就是所谓的微分方程.微分方程建立以后,对它进行研究,找出未知函数来,这就是解微分方程.本章主要介绍微分方程的一些基本概念和几种较简单的微分方程的解法.

第一节 微分方程的基本概念

我们在第四章第一节中介绍过下面两个例子:

例 1 一曲线通过点(1,2),且在该曲线上任意点 $M(x,y)$ 处的切线斜率为 $2x$,求这曲线的方程.

解 设所求曲线方程为 $y=y(x)$,按题意,未知函数 $y(x)$ 应满足关系式

$$\frac{\mathrm{d}y}{\mathrm{d}x}=2x. \tag{1}$$

此外,$y(x)$ 还应满足下列条件:

$$x=1 \text{ 时 } y=2. \tag{2}$$

(1)式表示,未知函数 $y(x)$ 是 $2x$ 的原函数,故得

$$y=\int 2x\mathrm{d}x=x^2+C. \tag{3}$$

把条件(2)代入(3)式,得

$$2=1+C,\quad C=1.$$

把 $C=1$ 代入(3)式,即得所求的曲线方程为

$$y=x^2+1. \tag{4}$$

例 2 以初速 v_0 将质点铅直上抛,不计阻力,求质点的运动规律.

解 如图 6-1 取坐标系.设运动开始时($t=0$)质点位于 x_0,在时刻 t 质点位于 x.变量 x 与 t 之间的函数关系 $x=x(t)$ 就是要找的运动规律.

由导数的物理意义可知，物体在时刻 t 时的加速度为 $\frac{d^2x}{dt^2}$，由牛顿第二定律可知

$$m\frac{d^2x}{dt^2}=-mg,$$

即

$$\frac{d^2x}{dt^2}=-g. \tag{5}$$

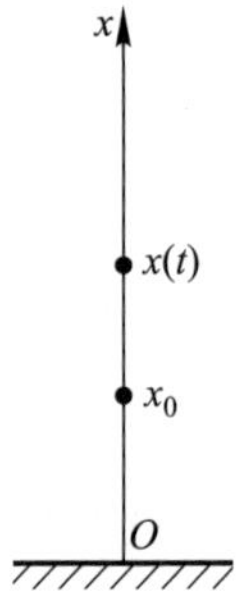

x
x(t)
x_0
O

图 6-1

此外，$x(t)$ 还应满足下列条件：

$$t=0 \text{ 时 } x=x_0,\frac{dx}{dt}=v_0. \tag{6}$$

把(5)式两端对 t 积分一次，得

$$\frac{dx}{dt}=-gt+C_1, \tag{7}$$

再积分一次，得

$$x=-\frac{1}{2}gt^2+C_1t+C_2. \tag{8}$$

把条件(6)代入(7)和(8)式，得 $C_1=v_0,C_2=x_0$，于是有

$$x=-\frac{1}{2}gt^2+v_0t+x_0. \tag{9}$$

这两个例子中，关系式(1)和(5)都含有未知函数的导数，它们都称为微分方程.一般地，凡表示未知函数、未知函数的导数及自变量之间的关系的方程，称为微分方程.这里必须指出，在微分方程中，自变量及未知函数可以不出现，但未知函数的导数则必须出现.

微分方程中所出现的未知函数的最高阶导数的阶数，称为微分方程的阶.例如，方程(1)是一阶微分方程，方程(5)是二阶微分方程.又如，方程

$$x^2y'''+xy''-4y'=3x^4$$

是三阶微分方程，而方程

$$y^{(4)}-4y'''+10y''-12y'+5y=\sin 2x$$

是四阶微分方程.

求函数 $f(x)$ 的原函数的问题，就是求解一阶微分方程 $y'=f(x)$.这是最简单的一阶微分方程，方程(1)就是这种方程.一般地，一阶微分方程的形式为

$$y'=f(x,y),$$

或更一般地 $F(x,y,y')=0$.

二阶微分方程的一般形式为

$$y''=f(x,y,y'),$$

或更一般地 $F(x,y,y',y'')=0$.

由前面的例子我们看到，在研究某些实际问题时，首先要建立微分方程，然后解微分方程，即求出满足微分方程的函数. 也就是求出这样的函数，把它及它的导数代入微分方程时，能使该方程成为恒等式. 这样的函数称为该微分方程的解. 就二阶微分方程 $F(x,y,y',y'')=0$ 而言，如果有在某个区间 I 上的二阶可微函数 $\varphi(x)$，使当 $x\in I$ 时，有

$$F[x,\varphi(x),\varphi'(x),\varphi''(x)]\equiv 0,$$

那么函数 $y=\varphi(x)$ 就称为微分方程 $F(x,y,y',y'')=0$ 在区间 I 上的解.

例如，函数(3)和(4)都是微分方程(1)的解，函数(8)和(9)都是微分方程(5)的解.

如果微分方程的解中含有任意常数，且任意常数的个数与微分方程的阶数相同，这样的解称为微分方程的通解. 例如，函数(3)是方程(1)的解，它含有一个任意常数，而方程(1)是一阶的，所以函数(3)是方程(1)的通解. 又如，函数(8)是方程(5)的解，它含两个任意常数，而方程(5)是二阶的，所以函数(8)是方程(5)的通解.

由于通解中含有任意常数，所以它还不能完全确定地反映某一客观事物的规律性. 要完全确定地反映事物的规律性，必须确定这些常数的值. 为此，要根据问题的实际情况提出确定这些常数的条件. 例如，例 1 中的条件(2)、例 2 中的条件(6)便是这样的条件.

设微分方程中未知函数为 $y=y(x)$，如果微分方程是一阶的，那么通常用来确定任意常数的条件是

$$x=x_0 \text{ 时 } y=y_0,$$

或写成

$$y\big|_{x=x_0}=y_0,$$

其中 x_0,y_0 都是给定的值；如果微分方程是二阶的，那么通常用来确定任意常数的条件是

$$x=x_0 \text{ 时 } y=y_0, y'=y_1,$$

或写成

$$y\big|_{x=x_0}=y_0,\quad y'\big|_{x=x_0}=y_1,$$

其中 x_0,y_0,y_1 都是给定的值. 上述这种条件称为初值条件.

确定了通解中的任意常数以后，就得到微分方程的特解. 例如，(4)式是微分方程(1)满足初值条件(2)的特解，(9)式是微分方程(5)满足初值条件(6)

的特解.

求一阶微分方程 $F(x,y,y')=0$ 满足初值条件 $y|_{x=x_0}=y_0$ 的特解这样一个问题,称为一阶微分方程的初值问题,记作

$$\begin{cases}F(x,y,y')=0,\\ y|_{x=x_0}=y_0.\end{cases} \tag{10}$$

微分方程的特解的图形是一条曲线,称为微分方程的积分曲线.初值问题(10)的几何意义,是求微分方程通过点(x_0,y_0)的积分曲线.二阶微分方程满足初值条件 $y|_{x=x_0}=y_0,y'|_{x=x_0}=y_1$ 的特解的几何意义,是求通过点(x_0,y_0)且在该点处的切线斜率为 y_1 的积分曲线.

例 3 验证:函数

$$x=C_1\cos kt+C_2\sin kt \tag{11}$$

是微分方程

$$\frac{\mathrm{d}^2x}{\mathrm{d}t^2}+k^2x=0 \quad (k\neq 0) \tag{12}$$

的通解.

证 求出所给函数(11)的一阶及二阶导数:

$$\frac{\mathrm{d}x}{\mathrm{d}t}=-C_1k\sin kt+C_2k\cos kt, \tag{13}$$

$$\frac{\mathrm{d}^2x}{\mathrm{d}t^2}=-k^2(C_1\cos kt+C_2\sin kt). \tag{14}$$

把(11)及(14)式代入方程(12),得

$$-k^2(C_1\cos kt+C_2\sin kt)+k^2(C_1\cos kt+C_2\sin kt)\equiv 0.$$

即函数(11)及其导数代入方程(12)后使该方程成为一个恒等式,因此函数(11)是方程(12)的解.

又,函数(11)中含有两个任意常数,而方程(12)为二阶微分方程,所以函数(11)是方程(12)的通解.

例 4 求微分方程(12)满足初值条件

$$x|_{t=0}=A,\quad \left.\frac{\mathrm{d}x}{\mathrm{d}t}\right|_{t=0}=0$$

的特解.

解 由例 3 知方程(12)的通解为函数(11).将条件 $x|_{t=0}=A$ 代入(11)式,得 $C_1=A$;将条件$\left.\frac{\mathrm{d}x}{\mathrm{d}t}\right|_{t=0}=0$ 代入(13)式,得$C_2=0$.于是所求的特解为

$$x=A\cos kt.$$

思考题 1　设微分方程为

$$\frac{d^2y}{dx^2}+4\frac{dy}{dx}+4y=0,$$

指出下列函数中哪些是该方程的解？哪些是通解？哪些是特解？

（1）$y=e^{-2x}$;

（2）$y=xe^{-2x}$;

（3）$y=Ce^{-2x}$　（C 为任意常数）；

（4）$y=(C_1+C_2x)e^{-2x}$　（C_1,C_2 为任意常数）.

微分方程
及其解

习题 6-1

1. 指出下列各微分方程的阶数：

（1）$xy'^2-2yy'+x=0$;　（2）$x^2y''-xy'+y=0$;

（3）$(7x-6y)dx+(x+y)dy=0$;　（4）$L\frac{d^2Q}{dt^2}+R\frac{dQ}{dt}+\frac{1}{C}Q=0$.

2. 指出下列各题中的函数是否为所给微分方程的解：

（1）$xy'=2y$,　$y=5x^2$;

（2）$(x-2y)y'=2x-y$，由方程 $x^2-xy+y^2=C$ 确定的隐函数 $y=y(x)$;

（3）$y''-2y'+y=0, y=x^2e^x$;

（4）$y''=1+y'^2, y=\ln\sec(x+1)$.

3. 在下列各题给出的微分方程的通解中，按照所给的初值条件确定特解：

（1）$x^2-y^2=C, y|_{x=0}=5$;

（2）$y=C_1\sin(x-C_2), y|_{x=\pi}=1, y'|_{x=\pi}=0$.

4. 写出由下列条件确定的曲线所满足的微分方程：

（1）曲线在点 (x,y) 处的切线斜率等于该点横坐标的平方；

（2）曲线上点 $P(x,y)$ 处的法线与 x 轴的交点为 Q，而线段 PQ 被 y 轴平分.

5. 验证：函数 $y=C_1x+C_2e^x$ 是微分方程

$$(1-x)y''+xy'-y=0$$

的通解.并求满足初值条件 $y|_{x=0}=-1, y'|_{x=0}=1$ 的特解.

6. 用微分方程表达一物理命题：某种气体的气压 p 对于温度 T 的变化率与气压成正比，与温度的平方成反比.

第二节 可分离变量的微分方程

一、可分离变量的微分方程

在上节例 1 中,我们遇到一阶微分方程

$$\frac{dy}{dx}=2x,$$

或写成

$$dy=2xdx.$$

把上式两端积分,就得到这个方程的通解

$$y=x^2+C.$$

但并不是所有的一阶微分方程都能这样求解,例如,对于一阶微分方程

$$\frac{dy}{dx}=2xy^2, \tag{1}$$

就不能像上面那样用对两端直接积分的方法求出它的通解.这是因为微分方程(1)的右端含有未知函数 y,积分

$$\int 2xy^2dx$$

求不出来,这是困难所在.为了解决这个困难,在微分方程(1)的两端同时乘$\frac{1}{y^2}dx$,使方程(1)变为

$$\frac{1}{y^2}dy=2xdx,$$

这样,变量 x 与 y 分离在等式的两端.然后两端积分,得

$$-\frac{1}{y}=x^2+C,$$

或

$$y=-\frac{1}{x^2+C}, \tag{2}$$

其中 C 是任意常数.

可以验证函数(2)确是微分方程(1)的解.又因函数(2)含有一个任意常数,所以它是一阶微分方程(1)的通解.

通过这个例子可以看到,在一个一阶微分方程中,若两个变量同时出现在方程的某一端,就不能直接用积分的方法求解.但如果能把两个变量分离开,使方程的一端只含变量 y 及 $\mathrm{d}y$,另一端只含变量 x 及 $\mathrm{d}x$,那么就可以通过两端积分的方法求出它的通解.

一般地,如果一个一阶微分方程能化成

$$g(y)\mathrm{d}y=f(x)\mathrm{d}x \tag{3}$$

的形式,那么原方程就称为可分离变量的微分方程.

把一个可分离变量的微分方程化为形如(3)式的方程,这一步骤称为分离变量.然后即可对微分方程(3)的左端对 y 积分,右端对 x 积分,有

$$\int g(y)\mathrm{d}y=\int f(x)\mathrm{d}x+C^{①},$$

设 $g(y)$ 及 $f(x)$ 的原函数依次为 $G(y)$ 及 $F(x)$,即得

$$G(y)=F(x)+C. \tag{4}$$

读者可以用隐函数求导的方法证明,由关系式(4)所确定的隐函数 $y=y(x)$ 确是微分方程(3)的解.(4)式就称为微分方程(3)的隐式解.又因关系式(4)含一个任意常数,所以(4)式是微分方程(3)的隐式通解.

例1 求微分方程

$$\frac{\mathrm{d}y}{\mathrm{d}x}=2xy \tag{5}$$

的通解.

解 微分方程(5)是可分离变量的,分离变量后得

$$\frac{1}{y}\mathrm{d}y=2x\mathrm{d}x.$$

两端积分

$$\int\frac{1}{y}\mathrm{d}y=\int 2x\mathrm{d}x+C_1,$$

得

$$\ln|y|=x^2+C_1,$$

即

$$|y|=\mathrm{e}^{x^2+C_1}=\mathrm{e}^{C_1}\mathrm{e}^{x^2},$$
$$y=\pm\mathrm{e}^{C_1}\mathrm{e}^{x^2},$$

---

① 为了叙述方便,把积分 $\int g(y)\mathrm{d}y$ 和 $\int f(x)\mathrm{d}x$ 理解为 $g(y)$ 和 $f(x)$ 的一个原函数,而两端积分后出现的两个任意常数经过移项后合并为右端的任意常数 C.

因$\pm e^{C_1}$仍是任意常数，把它记作 C，便得方程(5)的通解

$$y=Ce^{x^2}.$$

例 2 生物种群的繁殖问题

设某生物种群在时刻 t 的个体数量为 $N=N(t)$，选定某一时刻为 $t=0$，在该时刻的个体数量为 $N=N_0$.试确定函数 $N(t)$.

解 先说明一点.由于生物的个体数量 $N(t)$ 只能取正整数，故严格说来，它并不随着时间的变化而连续变动.但如果个体数量是一个很大的数目(比如一个国家的人口总数)，那么相对于最小增量单位 1(个)来说，可以近似地把 $N(t)$ 看作是连续变动的，从而可以用导数来表示它的变化率.

为了找出函数 $N(t)$，必须作一些假设.1798 年，英国经济学家马尔萨斯(Malthus)提出：一种群中个体数量的增长率$\frac{\mathrm{d}N}{\mathrm{d}t}$与该时刻种群的个体数量 N 成正比.由此假设即得微分方程

$$\frac{\mathrm{d}N}{\mathrm{d}t}=rN, \tag{6}$$

其中比例系数 r 可根据统计数据确定.

方程(6)是可分离变量的微分方程，分离变量后得

$$\frac{\mathrm{d}N}{N}=r\mathrm{d}t,$$

两端积分

$$\int\frac{\mathrm{d}N}{N}=\int r\mathrm{d}t+C_1,$$

得

$$\ln N=rt+C_1,$$

即

$$N=e^{rt+C_1}=Ce^{rt},$$

其中 $C=e^{C_1}$为大于零的任意常数，由初值条件 $N\big|_{t=0}=N_0$ 得 $C=N_0$，从而解为

$$N(t)=N_0e^{rt}.$$

例 3 设降落伞从跳伞塔下落后，所受空气阻力与速度成正比(比例系数为 $k,k>0$)，并设降落伞脱钩时($t=0$)速度为零.求降落伞下落速度与时间的函数关系.

解 设降落伞下落速度为 $v(t)$.它在下落时，同时受到重力 P 与阻力 R 的作用(图 6-2)，重力大小为 mg，方向与 v 一致，阻力大小为 kv，方向与 v 相反.从而降落伞所受外力为

$$F=mg-kv.$$

根据牛顿第二运动定律(设加速度为 a)

$$F=ma=m\frac{\mathrm{d}v}{\mathrm{d}t},$$

得函数 $v(t)$ 满足的微分方程为

$$m\frac{\mathrm{d}v}{\mathrm{d}t}=mg-kv, \tag{7}$$

且有初值条件 $v\big|_{t=0}=0$.

图 6-2

把方程(7)分离变量,得

$$\frac{\mathrm{d}v}{mg-kv}=\frac{1}{m}\mathrm{d}t,$$

两端积分,考虑到 $mg-kv>0$,得

$$-\frac{1}{k}\ln(mg-kv)=\frac{t}{m}+C_1,$$

即

$$mg-kv=\mathrm{e}^{-\frac{k}{m}t-kC_1},$$

亦即

$$v=\frac{mg}{k}-C\mathrm{e}^{-\frac{k}{m}t}\quad\left(C=\frac{1}{k}\mathrm{e}^{-kC_1}\right).$$

以初值条件 $v\big|_{t=0}=0$ 代入,得

$$C=\frac{mg}{k},$$

可分离变量的微分方程

于是所求的解为

$$v=\frac{mg}{k}(1-\mathrm{e}^{-\frac{k}{m}t})\quad(0\leqslant t\leqslant T),$$

其中 T 为降落伞落到地面的时刻.

思考题 1　微分方程 $\frac{\mathrm{d}y}{\mathrm{d}x}=\mathrm{e}^{x-y}$ 是可分离变量的微分方程吗?试求出这个方程的通解.

*二、齐次方程

如果一阶微分方程可化成形如

$$\frac{\mathrm{d}y}{\mathrm{d}x}=\varphi\left(\frac{y}{x}\right) \tag{8}$$

的方程,那么就称它为齐次方程.例如,

$$(xy-y^2)\mathrm{d}x-(x^2-2xy)\mathrm{d}y=0$$

是齐次方程,因它可化为

$$\frac{\mathrm{d}y}{\mathrm{d}x}=\frac{xy-y^2}{x^2-2xy}=\frac{\frac{y}{x}-\left(\frac{y}{x}\right)^2}{1-2\left(\frac{y}{x}\right)}.$$

齐次方程(8)中的变量 x 与 y 一般是不能分离的.如果引进新的未知函数

$$u=\frac{y}{x}, \tag{9}$$

就可把方程(8)化为可分离变量的方程.因为由(9)有

$$y=xu,\quad \frac{\mathrm{d}y}{\mathrm{d}x}=u+x\frac{\mathrm{d}u}{\mathrm{d}x},$$

代入方程(8),便得

$$u+x\frac{\mathrm{d}u}{\mathrm{d}x}=\varphi(u),$$

即

$$x\frac{\mathrm{d}u}{\mathrm{d}x}=\varphi(u)-u,$$

这是可分离变量的方程.经分离变量后可得

$$\frac{\mathrm{d}u}{\varphi(u)-u}=\frac{\mathrm{d}x}{x},$$

两端积分,得

$$\int\frac{\mathrm{d}u}{\varphi(u)-u}=\int\frac{\mathrm{d}x}{x}+C.$$

求出积分后,再用 $\frac{y}{x}$ 代替 u,便得所给齐次方程的通解.

例 4 求解方程

$$y^2+x^2\frac{\mathrm{d}y}{\mathrm{d}x}=xy\frac{\mathrm{d}y}{\mathrm{d}x}.$$

解 原方程可写成

$$\frac{\mathrm{d}y}{\mathrm{d}x}=\frac{y^2}{xy-x^2}=\frac{\left(\frac{y}{x}\right)^2}{\frac{y}{x}-1}, \tag{10}$$

这是齐次方程.令$\frac{y}{x}=u$,则

$$y=xu,\quad \frac{\mathrm{d}y}{\mathrm{d}x}=u+x\frac{\mathrm{d}u}{\mathrm{d}x},$$

代入方程(10),得

$$u+x\frac{\mathrm{d}u}{\mathrm{d}x}=\frac{u^2}{u-1},$$

即

$$x\frac{\mathrm{d}u}{\mathrm{d}x}=\frac{u^2}{u-1}-u=\frac{u}{u-1}.$$

分离变量,得

$$\left(1-\frac{1}{u}\right)\mathrm{d}u=\frac{1}{x}\mathrm{d}x,$$

两边积分,得

$$u-\ln|u|=\ln|x|+C_1,$$

或写成

$$\ln|xu|=u-C_1,$$

以$u=\frac{y}{x}$代入,得

$$\ln|y|=\frac{y}{x}-C_1,$$

或

$$y=C\mathrm{e}^{\frac{y}{x}}\quad (C=\pm\mathrm{e}^{-C_1}).$$

例 5 探照灯的聚光镜的镜面是一张旋转曲面,它的形状由 xOy 平面上的一条曲线 L 绕 x 轴旋转而成.按聚光镜性能的要求,在其旋转轴(x 轴)上一点 O 处发出的一切光线,经它反射后都与旋转轴(x 轴)平行.求曲线 L 的方程.

解 将光源所在之处点 O 取作坐标原点(如图 6-3),且曲线 L 位于$y\geqslant 0$ 范围内.

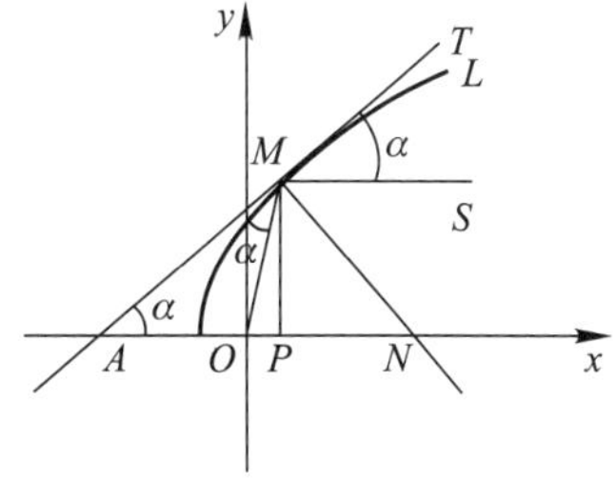

图 6-3

设点 O 发出的某条光线经 L 上一点 $M(x,y)$反射后是一条与 x 轴平行的直线 MS,又设过点 M 的切线 AT 的倾角为 α.根据题意,$\angle SMT=\alpha$.另一方面,$\angle OMA$ 是入射角的余角,$\angle SMT$ 是反射

角的余角,根据光学中的反射定律,有$\angle OMA=\angle SMT=\alpha$,从而$AO=OM$.作$MP$平行$y$轴,则

$$AO=AP-OP=PM\cot\alpha-OP=\frac{y}{y'}-x,$$

而$OM=\sqrt{x^2+y^2}$,于是得微分方程

$$\frac{y}{y'}-x=\sqrt{x^2+y^2},$$

或

$$y'=\frac{y}{x+\sqrt{x^2+y^2}}.$$

这是齐次方程.为方便求解,我们把x看作未知函数,把y看作自变量,当$y>0$时,上式即为

$$\frac{\mathrm{d}x}{\mathrm{d}y}=\frac{x}{y}+\sqrt{\frac{x^2}{y^2}+1},$$

令$\frac{x}{y}=v$,则$x=yv$,$\frac{\mathrm{d}x}{\mathrm{d}y}=v+y\frac{\mathrm{d}v}{\mathrm{d}y}$,代入上式得

$$v+y\frac{\mathrm{d}v}{\mathrm{d}y}=v+\sqrt{v^2+1},$$

化简得

$$y\frac{\mathrm{d}v}{\mathrm{d}y}=\sqrt{v^2+1},$$

分离变量得

$$\frac{\mathrm{d}v}{\sqrt{v^2+1}}=\frac{\mathrm{d}y}{y},$$

积分得

$$\ln(v+\sqrt{v^2+1})=\ln y-\ln C,$$

或

$$v+\sqrt{v^2+1}=\frac{y}{C},$$

即

$$\left(\frac{y}{C}-v\right)^2=v^2+1,$$

亦即

$$y^2-2Cyv=C^2.$$

以 $yv=x$ 代入,得

$$y^2=2C\left(x+\frac{C}{2}\right).$$

这就是所求的曲线 L 的方程,它是以 x 轴为轴、焦点在原点的抛物线.

如果聚光镜镜面的底面直径为 d,从顶点到底面的距离为 h,即

$$当\ x+\frac{C}{2}=h\ 时\ y=\frac{d}{2},$$

代入 $y^2=2C\left(x+\frac{C}{2}\right)$,得 $C=\frac{d^2}{8h}$.这时曲线 L 的方程为

$$y^2=\frac{d^2}{4h}\left(x+\frac{d^2}{16h}\right).$$

对于齐次方程,我们通过变量代换 $y=xu$,把它化为可分离变量的方程,然后分离变量,经积分求得通解.变量代换的方法是解微分方程常用的方法.这就是说,求解一个不能分离变量的微分方程,常要考虑寻求适当的变量代换(因变量的变量代换或自变量的变量代换),使它化为可分离变量的方程.下面仅举一个例子.

例 6 求解微分方程

$$\frac{\mathrm{d}y}{\mathrm{d}x}=\frac{1}{x+y}.$$

解 令 $x+y=u$,则 $y=u-x$,$\frac{\mathrm{d}y}{\mathrm{d}x}=\frac{\mathrm{d}u}{\mathrm{d}x}-1$.于是

$$\frac{\mathrm{d}u}{\mathrm{d}x}-1=\frac{1}{u},$$

即

$$\frac{\mathrm{d}u}{\mathrm{d}x}=\frac{1}{u}+1=\frac{u+1}{u}.$$

分离变量得

$$\frac{u}{u+1}\mathrm{d}u=\mathrm{d}x,$$

积分得

$$u-\ln|u+1|=x+C_1.$$

以 $u=x+y$ 代入,得

$$y-\ln|x+y+1|=C_1,$$

或

$$x=C\mathrm{e}^y-y-1\quad(C=\pm\mathrm{e}^{-C_1}).$$

习题 6-2

1. 求下列可分离变量微分方程的通解：

(1) $y'=\dfrac{3x^2+5x}{y}$； (2) $y'=\dfrac{\sqrt{1-y^2}}{\sqrt{1-x^2}}$；

(3) $xy'-y\ln y=0$； (4) $y\mathrm{d}x+(x^2-4x)\mathrm{d}y=0$；

(5) $\cos x\sin y\mathrm{d}x+\sin x\cos y\mathrm{d}y=0$； (6) $(\mathrm{e}^{x+y}-\mathrm{e}^x)\mathrm{d}x+(\mathrm{e}^{x+y}+\mathrm{e}^y)\mathrm{d}y=0$.

*2. 求下列齐次方程的通解：

(1) $xyy'=x^2+y^2$； (2) $x\dfrac{\mathrm{d}y}{\mathrm{d}x}=y\ln\dfrac{y}{x}$；

(3) $\left(1+2\mathrm{e}^{\frac{x}{y}}\right)\mathrm{d}x+2\mathrm{e}^{\frac{x}{y}}\left(1-\dfrac{x}{y}\right)\mathrm{d}y=0$.

*3. 用适当的变量代换将下列方程化为可分离变量的方程，然后求出通解：

(1) $y'=(x+y)^2$； (2) $xy'+y=y(\ln x+\ln y)$.

4. 求下列可分离变量微分方程满足所给初值条件的特解：

(1) $y'=\mathrm{e}^{2x-y}, y\big|_{x=0}=0$； (2) $x\mathrm{d}y+2y\mathrm{d}x=0, y\big|_{x=2}=1$；

(3) $\mathrm{e}^x\cos y\mathrm{d}x+(\mathrm{e}^x+1)\sin y\mathrm{d}y=0, y\big|_{x=0}=\dfrac{\pi}{4}$.

*5. 求下列齐次方程满足所给初值条件的特解：

(1) $xy'-y-\sqrt{y^2-x^2}=0, y\big|_{x=1}=1$；

(2) $(x+2y)y'=y-2x, y\big|_{x=1}=1$.

6. 质量为 1 g 的质点受外力作用做直线运动，这外力的大小和时间成正比，和质点运动的速度成反比.在 $t=10$ s 时，速度的大小为 50 cm/s，外力的大小为 4 g · cm/s^2.问从运动开始经过了 1 min 后质点的速度是多少？

7. 镭的衰变有如下的规律：镭的衰变速度与它的现存量 R 成正比.由经验材料得知，镭经过 1 600 年后，只余原始量 R_0 的一半.试求镭的量 R 与时间 t 的函数关系.

8. 一曲线通过点(2,3)，它在两坐标轴间的任一切线线段均被切点所平分，求这曲线的方程.

第三节　一阶线性微分方程

形如

$$\frac{\mathrm{d}y}{\mathrm{d}x}+P(x)y=Q(x) \tag{1}$$

的方程称为一阶线性微分方程.其中 $P(x),Q(x)$ 为已知函数.所谓线性微分方程是指方程关于未知函数及其导数是一次的.例如,$\frac{\mathrm{d}y}{\mathrm{d}x}+x^2y=\sin x$ 是一阶线性微分方程,$y\frac{\mathrm{d}y}{\mathrm{d}x}+x^2y=\sin x$ 不是一阶线性微分方程.

当 $Q(x)\equiv 0$ 时,称方程(1)是齐次的;当 $Q(x)\not\equiv 0$ 时,称方程(1)是非齐次的.

设(1)式为非齐次线性微分方程,把 $Q(x)$ 换成零而写出

$$\frac{\mathrm{d}y}{\mathrm{d}x}+P(x)y=0, \tag{2}$$

称为对应于(1)的齐次线性微分方程.方程(1)与(2)的解有着密切的关系.我们先解方程(2).

方程(2)是可分离变量的,分离变量后得

$$\frac{\mathrm{d}y}{y}=-P(x)\mathrm{d}x,$$

积分得

$$\ln|y|=-\int P(x)\mathrm{d}x+C_1,\text{①}$$

或

$$y=C\mathrm{e}^{-\int P(x)\mathrm{d}x}\quad (C=\pm\mathrm{e}^{C_1}),$$

这就是对应于(1)的齐次线性方程(2)的通解.

现在我们用所谓常数变易法来求非齐次线性方程(1)的通解.这方法是把(2)的通解中的任意常数 C 换成 x 的待定函数 u,也就是作变换

$$y=u\mathrm{e}^{-\int P(x)\mathrm{d}x},$$

---

① 这里的积分 $\int P(x)\mathrm{d}x$ 应理解为 $P(x)$ 的一个原函数.

则

$$\frac{\mathrm{d}y}{\mathrm{d}x}=\frac{\mathrm{d}u}{\mathrm{d}x}\mathrm{e}^{-\int P(x)\mathrm{d}x}-uP(x)\mathrm{e}^{-\int P(x)\mathrm{d}x},$$

代入(1)得

$$\frac{\mathrm{d}u}{\mathrm{d}x}\mathrm{e}^{-\int P(x)\mathrm{d}x}-uP(x)\mathrm{e}^{-\int P(x)\mathrm{d}x}+P(x)u\mathrm{e}^{-\int P(x)\mathrm{d}x}=Q(x),$$

即

$$\frac{\mathrm{d}u}{\mathrm{d}x}=Q(x)\mathrm{e}^{\int P(x)\mathrm{d}x}.$$

积分得

$$u=\int Q(x)\mathrm{e}^{\int P(x)\mathrm{d}x}\mathrm{d}x+C,$$

从而有

$$y=\mathrm{e}^{-\int P(x)\mathrm{d}x}\left[\int Q(x)\mathrm{e}^{\int P(x)\mathrm{d}x}\mathrm{d}x+C\right]. \tag{3}$$

(3)式即是一阶非齐次线性微分方程(1)的通解.把(3)式写成两项之和

$$y=C\mathrm{e}^{-\int P(x)\mathrm{d}x}+\mathrm{e}^{-\int P(x)\mathrm{d}x}\int Q(x)\mathrm{e}^{\int P(x)\mathrm{d}x}\mathrm{d}x,$$

上式右端第一项是对应的齐次线性方程(2)的通解,第二项是非齐次线性方程(1)的一个特解(在通解(3)中取 $C=0$,便得这个特解).由此可知,一阶非齐次线性方程的通解等于对应的齐次线性方程的通解与非齐次线性方程的一个特解之和.

例 1 求解微分方程

$$\frac{\mathrm{d}y}{\mathrm{d}x}-\frac{2y}{x}=x^2.$$

解 这是一阶非齐次线性方程.先求对应的齐次线性方程的通解,原方程对应的齐次线性方程为

$$\frac{\mathrm{d}y}{\mathrm{d}x}-\frac{2y}{x}=0,$$

分离变量可得

$$\frac{\mathrm{d}y}{y}=\frac{2}{x}\mathrm{d}x,$$

积分后得

$$\ln|y|=2\ln|x|+C_1 \quad (C_1\text{ 为任意常数}),$$

即

$$y=\pm e^{2\ln|x|+C_1}=\pm e^{C_1}e^{\ln x^2}=Cx^2 \quad (C=\pm e^{C_1}).$$

再用常数变易法，把 C 换成 x 的待定函数 u，即令

$$y=ux^2,$$

则

$$y'=x^2u'+2xu,$$

代入原方程，有

$$x^2u'+2xu-\frac{2ux^2}{x}=x^2,$$

即

$$u'=1.$$

积分后得

$$u=x+C,$$

于是

$$y=x^2(x+C)=x^3+Cx^2.$$

常数变易法是解非齐次线性微分方程的基本方法，要了解它的求解思想.有时为了方便运算，也可直接用一阶线性方程的通解公式(3).但这时应注意一定要先将线性方程化为标准形式 $\frac{dy}{dx}+P(x)y=Q(x)$，即一定要将一阶导数项的系数化为1，正确定出 $P(x)$，$Q(x)$ 后，再用公式(3).例1给出的方程是标准的一阶线性微分方程，其中 $P(x)=-\frac{2}{x}$，$Q(x)=x^2$，将它们代入一阶线性方程的通解公式(3)后，经计算也可得到该方程的通解：

$$\begin{aligned} y&=e^{-\int\left(-\frac{2}{x}\right)dx}\left(\int x^2e^{\int\left(-\frac{2}{x}\right)dx}dx+C\right)\\ &=e^{\int\frac{2}{x}dx}\left(\int x^2e^{-\int\frac{2}{x}dx}dx+C\right), \end{aligned}$$

由于 $\int\frac{2}{x}dx=\ln x^2$，故 $e^{\int\frac{2}{x}dx}=x^2$，$e^{-\int\frac{2}{x}dx}=\frac{1}{x^2}$，从而通解为

$$y=x^2\left(\int x^2\frac{1}{x^2}dx+C\right)=x^2(x+C)=x^3+Cx^2.$$

例 2　求微分方程 $\frac{dy}{dx}-2xy=xe^{-x^2}$ 满足初值条件 $y|_{x=0}=0$ 的特解.

解　此方程是标准的一阶线性微分方程，$P(x)=-2x$，$Q(x)=xe^{-x^2}$，将它们代入公式(3)，得方程通解为

$$
\begin{aligned}
y &= e^{-\int(-2x)\mathrm{d}x}\left(\int xe^{-x^2}\cdot e^{\int(-2x)\mathrm{d}x}\mathrm{d}x+C\right)\\
&= e^{x^2}\left(\int xe^{-2x^2}\mathrm{d}x+C\right)=e^{x^2}\left(-\frac{1}{4}e^{-2x^2}+C\right)\\
&= Ce^{x^2}-\frac{1}{4}e^{-x^2}.
\end{aligned}
$$

由初值条件 $y\big|_{x=0}=0$ 代入上式通解，解得 $C=\frac{1}{4}$，所以特解为

$$
y=\frac{1}{4}(e^{x^2}-e^{-x^2}).
$$

例 3 一容器内盛盐水 100 L，含盐 50 g.现以浓度为 $c_1=2$ g/L 的盐水注入容器内，其流量为 $\varPhi_1=3$ L/min.设注入之盐水与原有盐水被搅拌而迅速成为均匀的混合液，同时，此混合液又以流量为 $\varPhi_2=2$ L/min 流出.试求容器内的含盐量与时间 t 的函数关系(图 6-4).

解 设在时刻 t 时容器内含盐量为 x g.

在时刻 t，容器内盐水体积为

$$
100+(3-2)t=100+t(\mathrm{L}),
$$

故流出的混合液在时刻 t 的浓度为

$$
c_2=\frac{x}{100+t}(\mathrm{g/L}).
$$

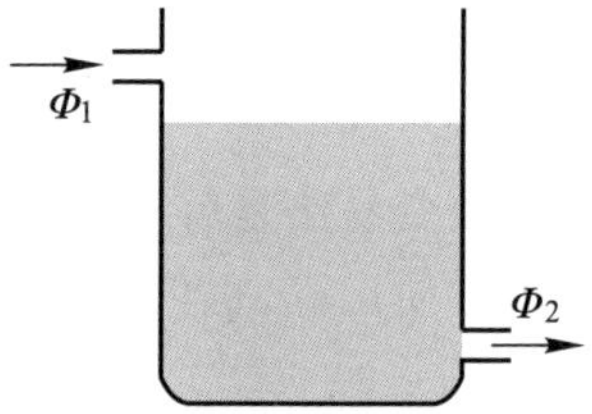

图 6-4

下面我们用定积分应用中的元素法来建立微分方程.在 t 到 $t+\mathrm{d}t$ 这段时间内，

流入盐量为 $c_1\varPhi_1\mathrm{d}t$，

流出盐量为 $c_2\varPhi_2\mathrm{d}t$，

而容器内盐的增量 $\mathrm{d}x$ 应等于流入量减去流出量，即

$$
\mathrm{d}x=(c_1\varPhi_1-c_2\varPhi_2)\mathrm{d}t,
$$

或

$$
\frac{\mathrm{d}x}{\mathrm{d}t}=c_1\varPhi_1-c_2\varPhi_2.
$$

以 $c_1=2,\varPhi_1=3,c_2=\frac{x}{100+t},\varPhi_2=2$ 代入，即得

$$
\frac{\mathrm{d}x}{\mathrm{d}t}=6-\frac{2x}{100+t},
$$

或

$$
\frac{\mathrm{d}x}{\mathrm{d}t}+\frac{2x}{100+t}=6. \tag{4}
$$

初值条件为

$$x\big|_{t=0}=50. \tag{5}$$

方程(4)是一阶非齐次线性微分方程.在方程(4)中,

$$P(t)=\frac{2}{100+t},\quad Q(t)=6,$$

故

$$\int P(t)\,\mathrm{d}t=2\ln(100+t),\quad \mathrm{e}^{\int P(t)\mathrm{d}t}=(100+t)^2,$$

利用公式(3),有

$$\begin{aligned}x&=\mathrm{e}^{-\int P(t)\mathrm{d}t}\left[\int Q(t)\mathrm{e}^{\int P(t)\mathrm{d}t}\mathrm{d}t+C\right]\\&=\frac{1}{(100+t)^2}\left[\int 6\cdot(100+t)^2\mathrm{d}t+C\right]\\&=\frac{1}{(100+t)^2}\left[\frac{6(100+t)^3}{3}+C\right]\\&=2(100+t)+\frac{C}{(100+t)^2}.\end{aligned}$$

一阶线性微分方程

以条件(5)代入,得 $C=-1.5\times10^6$,于是所求函数关系为

$$x=2(100+t)-\frac{1.5\times10^6}{(100+t)^2}.$$

思考题 1　下列方程中为一阶线性微分方程的是(　　).

(A) $y'+xy^2=\mathrm{e}^x$　　(B) $yy'+xy=\mathrm{e}^x$

(C) $y'+x^2y=\mathrm{e}^y$　　(D) $xy'+x^2y=\mathrm{e}^x$

思考题 2　将方程 $x^2\mathrm{d}y+2(\sin x+xy)\mathrm{d}x=0$ 化为形如(1)式的一阶线性微分方程的标准形式,写出 $P(x)$,$Q(x)$,并求方程的通解.

习题 6-3

1. 求下列微分方程的通解:

(1) $\dfrac{\mathrm{d}y}{\mathrm{d}x}+y=\mathrm{e}^{-x}$;　　(2) $\dfrac{\mathrm{d}\rho}{\mathrm{d}\theta}+3\rho=2$;

(3) $y'+y\cos x=\mathrm{e}^{-\sin x}$;　　(4) $xy'+x^2-6y=0$;

(5) $y'x\ln x-2y+\ln x=0$;　　(6) $y'+2xy=4x$;

(7) $y'+y\tan x=\sin 2x$;　　(8) $(2xy-\cos x)\mathrm{d}x+(x^2-1)\mathrm{d}y=0$.

2. 求下列微分方程满足所给初值条件的特解：

(1) $y'-y\tan x=\sec x, y|_{x=0}=0$； (2) $y'+\dfrac{y}{x}=\dfrac{\sin x}{x}, y|_{x=\pi}=1$；

(3) $y'+y\cot x=5e^{\cos x}, y|_{x=\frac{\pi}{2}}=-4$； (4) $y'+\dfrac{2-3x^2}{x^3}y=1, y|_{x=1}=0$.

3. 求一曲线，这曲线通过原点，并且它在点 (x,y) 处的切线斜率等于 $2x+y$.

4. 设有一质量为 m 的质点做直线运动.从速度等于零的时刻起，有一个与运动方向一致、大小与时间成正比（比例系数为 k_1）的力作用于它，此外还受到与速度成正比（比例系数为 k_2）的阻力.求质点运动的速度与时间的函数关系.

*第四节 可降阶的高阶微分方程

二阶及二阶以上的微分方程称为高阶微分方程.对于有些高阶微分方程，我们可以通过变量代换将它化成较低阶的方程来求解，这种类型的方程就称为可降阶的方程.相应的求解方法也就称为降阶法.

下面介绍三种容易降阶的高阶微分方程的求解方法.

一、$y''=f(x)$ 型的微分方程

这类方程的特点是方程的右端仅含有自变量 x，只要把 y' 作为新的未知函数，那么方程就成为

$$(y')'=f(x),$$

两端积分，得

$$y'=\int f(x)\,dx+C_1,$$

上式的两端再一次积分就得通解

$$y=\int\left(\int f(x)\,dx\right)dx+C_1x+C_2.$$

这种逐次积分的方法，也可用于解同一类型的更高阶的微分方程

$$y^{(n)}=f(x).$$

例1 求微分方程

$$y'''=e^{2x}-\cos x$$

的通解.

解　对所给方程接连积分三次,得

$$y''=\frac{1}{2}e^{2x}-\sin x+C,$$

$$y'=\frac{1}{4}e^{2x}+\cos x+Cx+C_2,$$

$$y=\frac{1}{8}e^{2x}+\sin x+C_1x^2+C_2x+C_3\quad\left(C_1=\frac{C}{2}\right).$$

这就是所求的通解.

例 2　在公路交通事故的现场,常会发现事故车辆的车轮底下留有一段拖痕.这是紧急刹车后制动片抱紧制动箍使车轮停止了转动,由于惯性的作用,车轮在地面上摩擦滑动而留下的.如果在事故现场测得拖痕的长度为 10 m(图 6-5),那么事故调查人员是如何判定事故车辆在紧急刹车前的车速的?

图 6-5

解　调查人员首先测定出现场的路面与事故车辆之车轮的摩擦系数为 $\lambda=1.02$(此系数由路面质地、车轮与地面接触面积等因素决定),然后设拖痕所在的直线为 x 轴,并令拖痕的起点为原点,车辆的滑动位移为 x,滑动速度为 v.当 $t=0$ 时,$x=0,v=v_0$;当 $t=t_1$ 时(t_1 是滑动停止的时刻),$x=10,v=0$.

在滑动过程中,车辆受到与运动方向相反的摩擦力 f 的作用,若车辆的质量为 m,则摩擦力 f 的大小为 λmg.根据牛顿第二定律,有

$$m\frac{d^2x}{dt^2}=-\lambda mg,$$

即

$$\frac{d^2x}{dt^2}=-\lambda g.$$

积分得

$$\frac{dx}{dt}=-\lambda gt+C_1.$$

根据条件,当 $t=0$ 时 $v=\frac{dx}{dt}=v_0$,定出 $C_1=v_0$,即有

$$\frac{dx}{dt}=-\lambda gt+v_0,\tag{1}$$

再一次积分,得

$$x=-\frac{\lambda g}{2}t^2+v_0t+C_2.$$

根据条件,当 $t=0$ 时 $x=0$,定出 $C_2=0$,即有

$$x=-\frac{\lambda g}{2}t^2+v_0t. \tag{2}$$

最后根据条件 $t=t_1$ 时,$x=10$,$v=0$,由(1)式和(2)式,得

$$\begin{cases}-\lambda g t_1+v_0=0,\\ -\frac{\lambda g}{2}t_1^2+v_0t_1=10.\end{cases}$$

在此方程组中消去 t_1,得

$$v_0=\sqrt{2\lambda g\times 10}.$$

代入 $\lambda=1.02$,$g\approx 9.81\ \mathrm{m/s^2}$,计算得

$$v_0\approx 14.15\ \mathrm{m/s}\approx 50.9\ \mathrm{km/h}.$$

这是车辆开始滑动时的初速度,而实际上在车轮开始滑动之前车辆还有一个滚动减速的过程,因此车辆在刹车前的速度要远大于 50.9 km/h.此外,如果根据勘察,确定了事故发生的临界点(即事故发生瞬时的确切位置)在距离拖痕起点 x_0 m 处,由方程(2)还可以计算出 t_0 的值,这就是驾驶员因突发事件而紧急制动的提前反应时间.可见依据刹车拖痕的长短,调查人员可以判断驾驶员的行驶速度是否超出规定以及他对突发事件是否做出了及时的反应.

二、$y''=f(x,y')$ 型的微分方程

方程

$$y''=f(x,y') \tag{3}$$

的右端不显含未知函数 y.如果设 $y'=p$,那么

$$y''=\frac{\mathrm{d}p}{\mathrm{d}x}=p',$$

从而方程(3)就成为

$$p'=f(x,p).$$

这是一个关于变量 x,p 的一阶微分方程.设其通解为

$$p=\varphi(x,C_1),$$

而 $p=\frac{\mathrm{d}y}{\mathrm{d}x}$,因此又得到一个一阶微分方程

$$\frac{\mathrm{d}y}{\mathrm{d}x}=\varphi(x,C_1).$$

对它积分,便得方程(3)的通解为

$$y=\int\varphi(x,C_1)\,\mathrm{d}x+C_2.$$

例3 求微分方程

$$(1+x^2)y''=2xy'$$

的通解.

解 所给方程是 $y''=f(x,y')$ 型的.设 $y'=p$,代入方程并分离变量后,有

$$\frac{\mathrm{d}p}{p}=\frac{2x}{1+x^2}\mathrm{d}x.$$

两端积分,得

$$\ln|p|=\ln(1+x^2)+C,$$

即

$$p=y'=\pm\mathrm{e}^C(1+x^2).$$

两端再积分,便得方程的通解为

$$y=C_1(3x+x^3)+C_2\quad\left(C_1=\pm\frac{\mathrm{e}^C}{3}\right).$$

例4 设子弹以 200 m/s 的速度射入厚 0.1 m 的木板,受到的阻力大小与子弹的速度大小的平方成正比,如果子弹穿出木板时的速度为 80 m/s,求子弹穿过木板所需的时间.

解 设子弹的质量为 m,子弹开始射入木板的时刻为 $t=0$,穿出木板的时刻为 $t=t_1$,并设 x 轴沿着子弹运动的路径,x 轴正向与子弹运动方向一致,取子弹开始射入木板的那一点为坐标原点.根据题意,由牛顿第二定律 $F=ma$ 可得微分方程

$$m\frac{\mathrm{d}^2x}{\mathrm{d}t^2}=-k\left(\frac{\mathrm{d}x}{\mathrm{d}t}\right)^2,\tag{4}$$

其中 $k(k>0)$ 为比例系数.令 $\frac{k}{m}=a^2$,方程(4)为

$$\frac{\mathrm{d}^2x}{\mathrm{d}t^2}=-a^2\left(\frac{\mathrm{d}x}{\mathrm{d}t}\right)^2.\tag{5}$$

初值条件为 $x\big|_{t=0}=0,\left.\frac{\mathrm{d}x}{\mathrm{d}t}\right|_{t=0}=v\big|_{t=0}=200.$

令 $\frac{\mathrm{d}x}{\mathrm{d}t}=v$,则 $\frac{\mathrm{d}^2x}{\mathrm{d}t^2}=\frac{\mathrm{d}v}{\mathrm{d}t}$,代入方程(5)并分离变量,得

$$\frac{\mathrm{d}v}{-v^2}=a^2\mathrm{d}t.$$

两端积分,得

$$\frac{1}{v}=a^2t+C_1.$$

把条件 $v\big|_{t=0}=200$ 代入上式,得 $C_1=\frac{1}{200}$,于是

$$v=\frac{200}{200a^2t+1}. \tag{6}$$

由 $v\big|_{t=t_1}=80$ 代入(6)式,得 $a^2=\frac{3}{400t_1}$.所以

$$v=\frac{\mathrm{d}x}{\mathrm{d}t}=\frac{400t_1}{3t+2t_1}.$$

分离变量,得

$$\mathrm{d}x=\frac{400t_1}{3t+2t_1}\mathrm{d}t.$$

两端积分,得

$$x=\frac{400t_1}{3}\ln(3t+2t_1)+C_2.$$

把条件 $x\big|_{t=0}=0$ 代入上式,得 $C_2=-\frac{400t_1}{3}\ln(2t_1)$.于是

$$x=\frac{400t_1}{3}[\ln(3t+2t_1)-\ln(2t_1)].$$

将 $x\big|_{t=t_1}=0.1$ 代入上式,便得子弹通过木板所需的时间

$$t_1=\frac{3}{4\ 000(\ln 2.5)}\approx 0.000\ 818\ 5(\mathrm{s}).$$

三、$y''=f(y,y')$ 型的微分方程

方程

$$y''=f(y,y') \tag{7}$$

中不显含自变量 x.为了求出它的解,可令 $y'=p$,并把 y 看作自变量,利用复合函数的求导法则把 y'' 化为对 y 的导数,即

$$y''=\frac{\mathrm{d}p}{\mathrm{d}x}=\frac{\mathrm{d}p}{\mathrm{d}y}\frac{\mathrm{d}y}{\mathrm{d}x}=p\frac{\mathrm{d}p}{\mathrm{d}y}.$$

这样,方程(7)就成为

$$p\frac{\mathrm{d}p}{\mathrm{d}y}=f(y,p).$$

这是一个关于变量 y,p 的一阶微分方程.设它的通解为

$$y'=p=\varphi(y,C_1).$$

分离变量并积分,便得方程(7)的通解为

$$\int\frac{\mathrm{d}y}{\varphi(y,C_1)}=x+C_2.$$

例 5　求微分方程

$$2yy''=1+y'^2$$

满足初值条件

$$y\big|_{x=0}=1,\quad y'\big|_{x=0}=1$$

的特解.

解　方程不显含 x.令 $y'=p$,则 $y''=p\dfrac{\mathrm{d}p}{\mathrm{d}y}$,代入方程并分离变量,得

$$\frac{2p}{1+p^2}\mathrm{d}p=\frac{1}{y}\mathrm{d}y,$$

两边积分,得

$$\ln(1+p^2)=\ln|y|+C.$$

即

$$1+p^2=C_1y\quad(C_1=\pm\mathrm{e}^C).$$

用条件 $y\big|_{x=0}=1,y'\big|_{x=0}=1$ 即 $p\big|_{y=1}=1$ 代入上式,得

$$C_1=2,$$

即

$$p^2=2y-1,\quad p=\pm\sqrt{2y-1}.$$

由于要求的是满足初值条件 $y'\big|_{x=0}=1$ 的解,所以在上式右端取正号,即得

$$\frac{\mathrm{d}y}{\mathrm{d}x}=\sqrt{2y-1}.$$

分离变量并两边积分,得

$$\sqrt{2y-1}=x+C_2.$$

用 $y\big|_{x=0}=1$ 代入,解得 $C_2=1$,从而所求特解为

$$\sqrt{2y-1}=x+1.$$

由上面的解法可见,在求特解过程中,出现任意常数后,立即用初值条件代入,确定任意常数,往往可使运算简化.

*习题 6-4

1. 求下列微分方程的通解：

(1) $y''=x+\sin x$；　(2) $y'''=xe^{x}$；

(3) $y''=1+y'^{2}$；　(4) $y''=y'+x$；

(5) $xy''+y'=0$；　(6) $y^{3}y''-1=0$.

2. 求下列微分方程满足所给初值条件的特解：

(1) $y'''=e^{2x}, y\big|_{x=0}=y'\big|_{x=0}=y''\big|_{x=0}=0$；

(2) $y''-2y'^{2}=0, y\big|_{x=0}=0, y'\big|_{x=0}=-1$；

(3) $(1-x^{2})y''-xy'=0, y\big|_{x=0}=0, y'\big|_{x=0}=1$；

(4) $y''=3\sqrt{y}, y\big|_{x=0}=1, y'\big|_{x=0}=2$.

3. 试求 $y''=x$ 的经过点 $M(0,1)$ 且在此点与直线 $y=\dfrac{x}{2}+1$ 相切的积分曲线.

第五节 二阶常系数齐次线性微分方程

微分方程

$$y''+py'+qy=0 \tag{1}$$

称为二阶常系数齐次线性微分方程，其中 p,q 为常数.

我们可以用代数的方法来解这类方程.为此，先讨论这类方程的解的性质.

定理 设 $y=y_1(x)$ 及 $y=y_2(x)$ 是方程(1)的两个不同的解，那么，对于任何常数 C_1,C_2，$y=C_1y_1(x)+C_2y_2(x)$ 仍然是方程(1)的解.

证 因 $y_1(x),y_2(x)$ 是方程(1)的解，故有

$$y_1''+py_1'+qy_1\equiv 0,$$
$$y_2''+py_2'+qy_2\equiv 0,$$

从而

$$\begin{aligned}&(C_1y_1+C_2y_2)''+p(C_1y_1+C_2y_2)'+q(C_1y_1+C_2y_2)\\=&C_1(y_1''+py_1'+qy_1)+C_2(y_2''+py_2'+qy_2)\equiv 0,\end{aligned}$$

即 $y=C_1y_1+C_2y_2$ 是方程(1)的解.

由此定理可知，如果我们能找到方程(1)的两个不同的解 $y_1(x)$ 及 $y_2(x)$，且 $\dfrac{y_1(x)}{y_2(x)}\neq$ 常数，那么

$$y=C_1y_1(x)+C_2y_2(x)$$

就是含有两个任意常数的解，因而就是方程(1)的通解①.

下面，我们讨论如何用代数的方法来找方程(1)的两个解.

当 r 为常数时，指数函数 $y=e^{rx}$ 和它的各阶导数都只相差一个常数因子.由于指数函数有这样的特点，因此我们用函数 $y=e^{rx}$ 来尝试，看能否适当地选取常数 r，使 $y=e^{rx}$ 满足方程(1).

将 $y=e^{rx}$ 求导，得

$$y'=re^{rx},\quad y''=r^2e^{rx}.$$

把 y,y' 及 y'' 代入方程(1)，得

$$(r^2+pr+q)e^{rx}=0.$$

由于 $e^{rx}\neq0$，所以

$$r^2+pr+q=0. \tag{2}$$

由此可见，只要常数 r 满足方程(2)，函数 $y=e^{rx}$ 就是方程(1)的解.我们把代数方程(2)称为微分方程(1)的特征方程.

特征方程(2)的根称为微分方程(1)的特征根.特征根可以用一元二次方程的求根公式

$$r_{1,2}=\frac{1}{2}(-p\pm\sqrt{p^2-4q})$$

求出.它们有三种不同的情形：

(i) 当 $p^2-4q>0$ 时，r_1,r_2 是特征方程两个不相等的实根

$$r_1=\frac{1}{2}(-p+\sqrt{p^2-4q}),\quad r_2=\frac{1}{2}(-p-\sqrt{p^2-4q});$$

(ii) 当 $p^2-4q=0$ 时，r_1,r_2 是特征方程两个相等的实根

$$r_1=r_2=-\frac{p}{2};$$

(iii) 当 $p^2-4q<0$ 时，r_1,r_2 是特征方程一对共轭复根

$$r_1=\alpha+i\beta,\quad r_2=\alpha-i\beta,$$

其中 $\alpha=-\frac{p}{2},\beta=\frac{1}{2}\sqrt{4q-p^2}$.

相应地，微分方程(1)的通解也就有三种不同的情形，现在分别讨论如下：

---

① 如果 $\frac{y_1(x)}{y_2(x)}\equiv C$，即 $y_1(x)\equiv Cy_2(x)$，那么 $C_1y_1(x)+C_2y_2(x)=C_1Cy_2(x)+C_2y_2(x)=(C_1C+C_2)y_2(x)=C_3y_2(x)$，此时这个解实际上只含一个任意常数，因而就不是二阶方程(1)的通解.

(i) 特征方程有两个不相等的实根 $r_1 \neq r_2$.

由上面的讨论知道, $y_1 = e^{r_1 x}$, $y_2 = e^{r_2 x}$ 是微分方程(1)的两个解,且 $\frac{y_1}{y_2} = \frac{e^{r_1 x}}{e^{r_2 x}} = e^{(r_1-r_2)x}$ 不是常数,因此方程(1)的通解为

$$y = C_1 e^{r_1 x} + C_2 e^{r_2 x}.$$

例 1 求 $y''+2y'-3y=0$ 的通解.

解 特征方程为 $r^2+2r-3=0$,即 $(r+3)(r-1)=0$,解得特征根 $r_1=-3$, $r_2=1$. 于是微分方程的通解为

$$y = C_1 e^{-3x} + C_2 e^{x}.$$

例 2 求 $y''-3y'=0$ 的通解.

解 特征方程为 $r^2-3r=0$,即 $r(r-3)=0$,得特征根 $r_1=0$, $r_2=3$. 故所求方程的通解为

$$y = C_1 + C_2 e^{3x}.$$

(ii) 特征方程有两个相等的实根 $r_1 = r_2$.

这时,只能得到微分方程(1)的一个解 $y_1 = e^{r_1 x}$. 还需求出另一个解 y_2,且要求 $\frac{y_2}{y_1}$ 不是常数. 为此,设 $\frac{y_2}{y_1} = u(x) \neq C$,即 $y_2 = e^{r_1 x} u(x)$. 下面来求 $u(x)$,使 $y_2 = e^{r_1 x} u(x)$ 满足方程.

将 y_2 求导,得

$$y_2' = e^{r_1 x}(u' + r_1 u),$$

$$y_2'' = e^{r_1 x}(u'' + 2r_1 u' + r_1^2 u),$$

代入方程(1),得

$$e^{r_1 x}[(u''+2r_1 u'+r_1^2 u)+p(u'+r_1 u)+qu]=0,$$

约去 $e^{r_1 x}$,并按 u'', u' 及 u 合并同类项,得

$$u''+(2r_1+p)u'+(r_1^2+pr_1+q)u=0.$$

由于 r_1 是特征方程(2)的重根,故 $r_1^2+pr_1+q=0$, $2r_1+p=0$,于是有

$$u''=0,$$

解得 $u=C_1+C_2 x$. 由于我们只要得到一个不为常数的解,所以不妨选取 $u=x$,由此得微分方程的另一个解

$$y_2 = x e^{r_1 x},$$

从而微分方程(1)的通解为

$$y = C_1 e^{r_1 x} + C_2 x e^{r_1 x} = (C_1 + C_2 x) e^{r_1 x}.$$

例 3　求 $y''+4y'+4y=0$ 的通解.

解　特征方程为 $r^2+4r+4=0$,即 $(r+2)^2=0$,解得特征根 $r_1=r_2=-2$.于是所求方程的通解为

$$y=(C_1+C_2x)e^{-2x}.$$

(iii) 特征方程有一对共轭复根:

$$r_1=\alpha+i\beta,\quad r_2=\alpha-i\beta\quad(\beta\neq 0).$$

这时可以验证,函数 $y_1=e^{\alpha x}\cos\beta x$ 和 $y_2=e^{\alpha x}\sin\beta x$ 是微分方程(1)的两个解,且 $\dfrac{y_1}{y_2}=\cot\beta x\neq$ 常数.由此得方程(1)的通解

$$y=e^{\alpha x}(C_1\cos\beta x+C_2\sin\beta x).$$

例 4　求 $y''+2y'+5y=0$ 的通解.

解　特征方程为 $r^2+2r+5=0$,解得特征根 $r_{1,2}=-1\pm 2i$.故所求方程的通解为

$$y=e^{-x}(C_1\cos 2x+C_2\sin 2x).$$

例 5　求 $y''+2y=0$ 的通解.

解　特征方程为 $r^2+2=0$,解得特征根 $r_{1,2}=\pm i\sqrt{2}$.于是所求方程的通解为

$$y=C_1\cos\sqrt{2}x+C_2\sin\sqrt{2}x.$$

综上所述,二阶常系数齐次线性方程可以用代数方法求得其通解,其求解步骤是:

第一步　写出特征方程,求出特征根;

第二步　根据特征根的不同情况,按照下表,对应地写出微分方程的通解:

特征方程 $r^2+pr+q=0$ 的两个根 r_1,r_2	微分方程 $y''+py'+qy=0$ 的通解
两个不相等的实根 r_1,r_2	$y=C_1e^{r_1x}+C_2e^{r_2x}$
两个相等的实根 $r_1=r_2$	$y=(C_1+C_2x)e^{r_1x}$
一对共轭复根 $r_{1,2}=\alpha\pm i\beta$	$y=e^{\alpha x}(C_1\cos\beta x+C_2\sin\beta x)$

二阶常系数线性微分方程有着广泛的应用,特别是有关振动问题(如梁的振动、电路的振荡等)往往可归结为这种类型的微分方程.下面举一个弹簧振动的例子.

例 6　设有一弹簧,它的上端固定,下端挂一个质量为 m 的物体.当物体处于静止状态时,作用在物体上的重力与弹簧作用于物体的弹性力大小相等、方向相反.这个位置就是物体的平衡位置.如果有一外力使物体离开平衡位置,并随即撤去外力,那么物体便在平衡位置附近做上下振动.求物体的振动规律.

解 如图 6-6,取 x 轴铅直向下,并取物体的平衡位置为坐标原点.设在时刻 t 物体所在的位置为 x,则函数 $x=x(t)$ 就是所要求的振动规律.

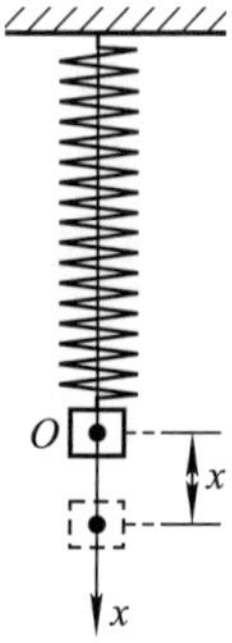

由力学知道,当振幅不大时,弹簧使物体回到平衡位置的弹性恢复力 f(它不包括在平衡位置时和重力相平衡的那一部分弹性力)和物体离开平衡位置的位移 x 成正比:

$$f=-Cx,$$

其中 C ($C>0$) 为弹簧的弹性系数,负号表示弹性恢复力的方向和物体位移的方向相反.

图 6-6

另外,物体在运动过程中,还受到阻尼介质(如空气、油等)的阻力的作用,使得振动逐渐停止.由实验知道,当物体运动的速度不太大时,可设阻力与运动速度成正比:

$$R=-\mu\frac{\mathrm{d}x}{\mathrm{d}t},$$

其中 μ ($\mu>0$) 为比例系数,负号表示阻力方向与运动方向相反.

根据上述关于物体受力情况的分析,由牛顿第二定律得

$$m\frac{\mathrm{d}^2x}{\mathrm{d}t^2}=-Cx-\mu\frac{\mathrm{d}x}{\mathrm{d}t},$$

移项,并记 $2n=\dfrac{\mu}{m}, k^2=\dfrac{C}{m}$,则上式化为

$$\frac{\mathrm{d}^2x}{\mathrm{d}t^2}+2n\frac{\mathrm{d}x}{\mathrm{d}t}+k^2x=0. \tag{3}$$

这就是物体自由振动的微分方程.

下面来求方程(3)满足初值条件

$$t=0\text{ 时 }x=x_0,\quad \frac{\mathrm{d}x}{\mathrm{d}t}=v_0 \tag{4}$$

的特解.

方程(3)的特征方程为 $r^2+2nr+k^2=0$,其根为

$$r=-n\pm\sqrt{n^2-k^2}.$$

下面按 $n=0, 0<n<k, n=k$ 及 $n>k$ 四种不同情形分别进行讨论:

(i) $n=0$,称为理想的无阻尼情形.

这时特征根为 $r=\pm\mathrm{i}k$,所以方程(3)的通解为

$$x=C_1\cos kt+C_2\sin kt.$$

应用初值条件(4),定出 $C_1=x_0, C_2=\frac{v_0}{k}$,因而所求的特解为

$$x=x_0\cos kt+\frac{v_0}{k}\sin kt.$$

为了便于说明特解所反映的振动现象,我们令

$$x_0=A\sin\varphi,\quad \frac{v_0}{k}=A\cos\varphi,$$

于是特解 x 可写作

$$x=A\sin(kt+\varphi),\tag{5}$$

其中 $A=\sqrt{x_0^2+\frac{v_0^2}{k^2}}, \tan\varphi=\frac{kx_0}{v_0}$.

函数(5)的图形如图 6-7 所示(图中假定 $x_0>0, v_0>0$).

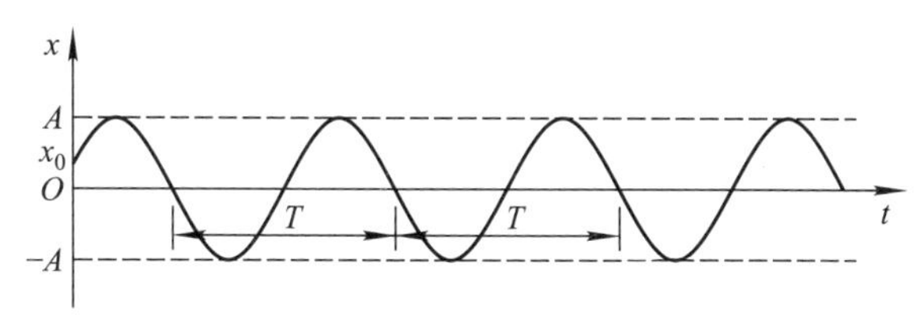

图 6-7

函数(5)所反映的运动就是简谐振动.这个振动的振幅为 A,初相为 φ,周期为 $\frac{2\pi}{k}$,频率为 $\frac{k}{2\pi}$(单位:Hz),角频率为 k(单位:rad/s),角频率也简称频率.由于 $k=\sqrt{\frac{C}{m}}$,它完全由振动系统(在本例中就是弹簧和物体所组成的系统)本身所确定,因此频率 $k\left(或\frac{k}{2\pi}\right)$ 又称为系统的固有频率.固有频率是反映振动系统特性的一个重要参数.

(ii) $0<n<k$,称为小阻尼情形.

这时,特征根为 $r=-n\pm i\sqrt{k^2-n^2}$,记 $\omega=\sqrt{k^2-n^2}$,于是方程(3)的通解为

$$x=e^{-nt}(C_1\cos\omega t+C_2\sin\omega t).$$

应用初值条件(4),定出 $C_1=x_0, C_2=\frac{v_0+nx_0}{\omega}$,于是所求特解为

$$x=e^{-nt}\left(x_0\cos\omega t+\frac{v_0+nx_0}{\omega}\sin\omega t\right).$$

令 $x_0=A\sin\varphi,\dfrac{v_0+nx_0}{\omega}=A\cos\varphi$，上式可化为

$$x=A\mathrm{e}^{-nt}\sin(\omega t+\varphi),\tag{6}$$

其中 $A=\sqrt{x_0^2+\dfrac{(v_0+nx_0)^2}{\omega^2}}=\dfrac{1}{\omega}\sqrt{v_0^2+2nx_0v_0+k^2x_0^2}$，$\tan\varphi=\dfrac{\omega x_0}{v_0+nx_0}$.

从(6)式看出，物体的运动是频率为$\dfrac{\omega}{2\pi}$的振动.但与简谐振动不同，它的振幅 $A\mathrm{e}^{-nt}$ 随时间 t 的增大而逐渐减少，因此，物体随时间 t 的增大而趋于平衡位置.函数(6)的图形如图 6-8 所示(图中假定 $x_0=0,v_0>0$).

(iii) $n=k$，称为临界阻尼情形.

这时，特征根为重根 $r=-n$，故方程(3)的通解为

$$x=(C_1+C_2t)\mathrm{e}^{-nt}.$$

由初值条件(4)得 $C_1=x_0,C_2=v_0+nx_0$，于是所求特解为

$$x=[x_0+(v_0+nx_0)t]\mathrm{e}^{-nt}.\tag{7}$$

由(7)式可看出，使 $x=0$ 的 t 值最多只有一个，即物体最多越过平衡位置一次，因此物体已不再有振动现象.

又由于

$$\lim_{t\to+\infty}t\mathrm{e}^{-nt}=\lim_{t\to+\infty}\frac{t}{\mathrm{e}^{nt}}=\lim_{t\to+\infty}\frac{1}{n\mathrm{e}^{nt}}=0,$$

从而当 $t\to+\infty$ 时 $x\to0$，即物体随时间 t 的增大而趋于平衡位置.

函数(7)的图形如图 6-9 所示(图中假定 $x_0>0,v_0<-nx_0$).

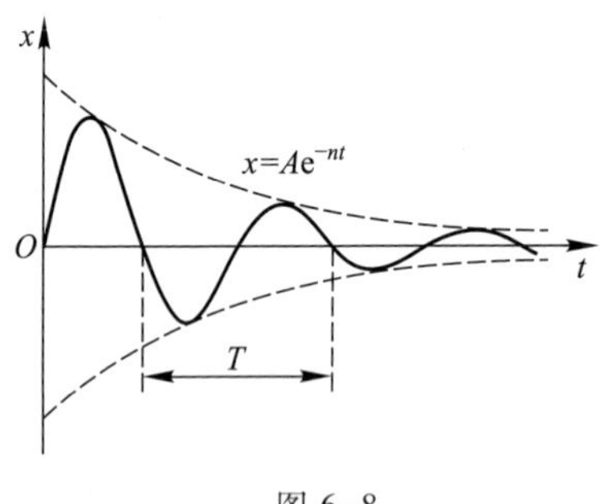

图 6-8

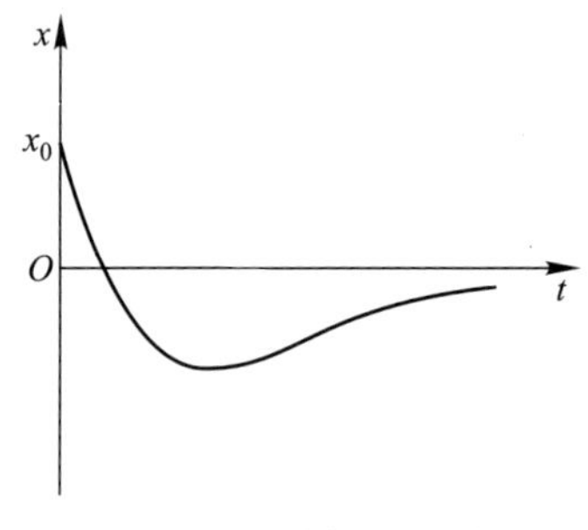

图 6-9

(iv) $n>k$，称为大阻尼情形.

这时，特征根

$$r=-n\pm\sqrt{n^2-k^2}$$

是两个不相等的负实根，所以方程(3)的通解为

$$x=C_1\mathrm{e}^{-(n-\sqrt{n^2-k^2})t}+C_2\mathrm{e}^{-(n+\sqrt{n^2-k^2})t},\tag{8}$$

其中 C_1,C_2 可由初值条件(4)确定.对(8)式进行类似的讨论可知,这时物体也没有振动现象,且随 t 的增加很快趋于平衡位置.

本节所介绍的求二阶常系数齐次线性微分方程通解的方法,也可用于求解更高阶的常系数齐次线性方程.下面仅举一例.

二阶常系数齐次线性微分方程

例 7 求解微分方程

$$y^{(4)}+8y'=0.$$

解 特征方程为 $r^4+8r=0$,即 $r(r+2)(r^2-2r+4)=0$,求得特征根为

$$r_1=0,\quad r_2=-2,\quad r_{3,4}=1\pm \mathrm{i}\sqrt{3}.$$

于是通解为

$$y=C_1+C_2\mathrm{e}^{-2x}+\mathrm{e}^x(C_3\cos\sqrt{3}x+C_4\sin\sqrt{3}x).$$

思考题 1 验证微分方程 $y''-2y'+2y=0$ 的特征方程有一对共轭复根 $r_{1,2}=1\pm\mathrm{i}$;并进一步验证微分方程有两个解 $y_1=\mathrm{e}^x\cos x$ 和 $y_2=\mathrm{e}^x\sin x$.

思考题 2 分别写出下列微分方程的特征方程、特征根和方程的通解:

(1) $y''-4y'+4y=0$;

(2) $y''+4y'-4y=0$;

(3) $5y''-2y'+y=0$.

习题 6-5

1. 求下列微分方程的通解:

(1) $y''+y'-2y=0$;

(2) $y''-4y'=0$;

(3) $y''+y=0$;

(4) $y''+6y'+13y=0$;

(5) $4\dfrac{\mathrm{d}^2x}{\mathrm{d}t^2}-20\dfrac{\mathrm{d}x}{\mathrm{d}t}+25x=0$;

(6) $y''-4y'+6y=0$.

2. 求下列微分方程满足所给初值条件的特解:

(1) $y''-4y'+3y=0,y\big|_{x=0}=6,y'\big|_{x=0}=10$;

(2) $4y''+4y'+y=0,y\big|_{x=0}=2,y'\big|_{x=0}=0$;

(3) $y''-3y'-10y=0,y\big|_{x=0}=0,y'\big|_{x=0}=-7$;

(4) $y''+4y'+29y=0,y\big|_{x=0}=0,y'\big|_{x=0}=15$;

(5) $y''+25y=0,y\big|_{x=0}=2,y'\big|_{x=0}=5$;

(6) $y''-4y'+13y=0,y\big|_{x=0}=0,y'\big|_{x=0}=3$.

3. 一个单位质量的质点在数轴上运动,开始时质点在原点 O 处且速度为 v_0.在运动过程中,它受到一个力的作用,这个力的大小与质点到原点的距离成正

比(比例系数 $k_1>0$),而方向与初速度的方向一致.又介质的阻力与速度成正比(比例系数 $k_2>0$).求这质点的运动规律.

4. 直径为 20 cm 的圆柱形浮筒,质量为 20 kg,铅直浮在水中,顶面高出水面 10 cm.今把它下压使顶面与水面齐,然后突然放手,不计阻力,求浮筒的振动规律.

第六节 二阶常系数非齐次线性微分方程

二阶常系数非齐次线性微分方程的一般形式是

$$y''+py'+qy=f(x), \tag{1}$$

其中 p,q 为常数.把 $f(x)$ 换成 0 所得的方程

$$y''+py'+qy=0 \tag{2}$$

称为非齐次方程(1)所对应的齐次方程.

为求解方程(1),我们先讨论它的解的性质.

定理 设 $y=y^*(x)$ 是方程(1)的解,$y=\overline{y}(x)$ 是方程(2)的解,那么

$$y=\overline{y}(x)+y^*(x)$$

仍是方程(1)的解.

证 因 $y^*(x)$ 是方程(1)的解,故有

$$y^{*\prime\prime}+py^{*\prime}+qy^*\equiv f(x);$$

因 $\overline{y}(x)$ 是方程(2)的解,故有

$$\overline{y}''+p\overline{y}'+q\overline{y}\equiv 0;$$

从而

$$\begin{aligned}&(\overline{y}+y^*)''+p(\overline{y}+y^*)'+q(\overline{y}+y^*)\\=&(\overline{y}''+p\overline{y}'+q\overline{y})+(y^{*\prime\prime}+py^{*\prime}+qy^*)\\\equiv&0+f(x)\equiv f(x),\end{aligned}$$

即 $\overline{y}+y^*$ 是方程(1)的解.

根据这一定理,如果我们求出方程(1)的一个特解 $y^*(x)$,再求出方程(2)的通解 $\overline{y}(x)=C_1y_1(x)+C_2y_2(x)$,那么

$$y=\overline{y}(x)+y^*(x)=C_1y_1(x)+C_2y_2(x)+y^*(x)$$

就是方程(1)的通解.

求方程(2)的通解在上一节已经解决.下面我们只介绍当方程(1)中的 $f(x)$ 取两种特殊形式时,如何求 $y^*(x)$ 的方法,这种方法称为待定系数法.所谓待定系数法是通过对微分方程的分析,给出特解 y^* 的形式,然后代到方程中去,确定解中的待定常数.这里所取的 $f(x)$ 的两种形式是:

(i) $f(x)=P_m(x)e^{\lambda x}$，其中 λ 是常数，$P_m(x)$ 是 x 的一个 m 次多项式：

$$P_m(x)=a_0x^m+a_1x^{m-1}+\cdots+a_{m-1}x+a_m;$$

(ii) $f(x)=e^{\lambda x}(A\cos \omega x+B\sin \omega x)$，其中 λ,ω 和 A,B 均为常数.

一、$f(x)=P_m(x)e^{\lambda x}$ 型

我们来考虑怎样的函数可能满足方程(1).因为 $f(x)$ 是多项式 $P_m(x)$ 与指数函数 $e^{\lambda x}$ 的乘积，而多项式与指数函数的乘积之导数仍然是同一类型的函数，因此我们推测 $y^*=Q(x)e^{\lambda x}$(其中 $Q(x)$ 是某个多项式)可能是方程(1)的特解.把 y^*，$y^{*\prime}$ 及 $y^{*\prime\prime}$ 代入方程(1)，然后考虑能否适当选取多项式 $Q(x)$，使 $y^*=Q(x)e^{\lambda x}$ 满足方程(1).为此，将

$$y^*=Q(x)e^{\lambda x},$$
$$y^{*\prime}=e^{\lambda x}[\lambda Q(x)+Q'(x)],$$
$$y^{*\prime\prime}=e^{\lambda x}[\lambda^2Q(x)+2\lambda Q'(x)+Q''(x)]$$

代入方程(1)，并消去 $e^{\lambda x}$，得

$$Q''(x)+(2\lambda+p)Q'(x)+(\lambda^2+p\lambda+q)Q(x)=P_m(x). \tag{3}$$

(i) 如果 λ 不是(2)式的特征方程 $r^2+pr+q=0$ 的根，即 $\lambda^2+p\lambda+q\neq 0$，那么(3)式左端的多项式次数与 $Q(x)$ 的次数相同，要它恒等于右端的 m 次多项式，$Q(x)$ 应是一个 m 次多项式.因此可设

$$Q(x)=Q_m(x)=b_0x^m+b_1x^{m-1}+\cdots+b_{m-1}x+b_m, \tag{4}$$

其中 $b_0,b_1,\cdots,b_m$ 为 $m+1$ 个待定系数.把(4)式代入(3)式，比较等式两端 x 同次幂项的系数，就得到以 $b_0,b_1,\cdots,b_m$ 为未知数的 $m+1$ 个线性方程的联立方程组，从而可以定出 $b_i(i=0,1,\cdots,m)$，并得到一个所求的特解 $y^*=Q_m(x)e^{\lambda x}$.

(ii) 如果 λ 是特征方程的单根，即 $\lambda^2+p\lambda+q=0$ 而 $2\lambda+p\neq 0$，那么(3)式左端的次数与 $Q'(x)$ 的次数相同，要使(3)式两端恒等，$Q'(x)$ 应是一个 m 次多项式.为此令

$$Q(x)=xQ_m(x),$$

并可用与(i)同样的方法确定 $Q_m(x)$ 的系数 $b_i\ (i=0,1,\cdots,m)$.

(iii) 如果 λ 是特征方程的重根，即 $\lambda^2+p\lambda+q=0$ 且 $2\lambda+p=0$，那么(3)式左端的次数与 $Q''(x)$ 的次数相同，要使(3)式两端恒等，$Q''(x)$ 应是一个 m 次多项式.为此令

$$Q(x)=x^2Q_m(x),$$

并可用与(i)同样的方法来确定 $Q_m(x)$ 的 $m+1$ 个系数.

综上所述,我们有如下结论:

如果 $f(x)=P_m(x)\mathrm{e}^{\lambda x}$,那么二阶常系数非齐次线性微分方程(1)具有形如

$$y^*=x^kQ_m(x)\mathrm{e}^{\lambda x} \tag{5}$$

的特解,其中 $Q_m(x)$ 是与 $P_m(x)$ 同次(m 次)的多项式,而 k 按 λ 不是特征方程的根、是特征方程的单根、或是特征方程的重根依次取 0,1 或 2.

例 1 求微分方程 $y''-2y'-3y=3x+1$ 的一个特解.

解 $f(x)=3x+1=(3x+1)\mathrm{e}^{0x}$ 属 $P_m(x)\mathrm{e}^{\lambda x}$ 型($m=1,\lambda=0$).特征方程为 $r^2-2r-3=0$,由于 $\lambda=0$ 不是特征根,所以应设特解为

$$y^*=Q_1(x)\mathrm{e}^{0x}=b_0x+b_1.$$

把它代入所给的方程,得

$$-2b_0-3(b_0x+b_1)=3x+1,$$

比较两端 x 同次幂项的系数,得

$$\begin{cases}-3b_0=3,\\-2b_0-3b_1=1,\end{cases}$$

由此求得 $b_0=-1,b_1=\dfrac{1}{3}$.于是求得一个特解为

$$y^*=-x+\frac{1}{3}.$$

例 2 求微分方程 $y''-5y'+6y=x\mathrm{e}^{2x}$ 的通解.

解 先求对应的齐次方程的通解 $y=\overline{y}(x)$.由特征方程 $r^2-5r+6=0$,得特征根 $r_1=2,r_2=3$,于是

$$\overline{y}(x)=C_1\mathrm{e}^{2x}+C_2\mathrm{e}^{3x}.$$

$f(x)=x\mathrm{e}^{2x}$ 属 $P_m(x)\mathrm{e}^{\lambda x}$ 型,这里 $m=1,\lambda=2$.由于 $\lambda=2$ 为特征方程的单根,所以应设

$$y^*=x(b_0x+b_1)\mathrm{e}^{2x}.$$

求导得

$$y^{*\prime}=[2b_0x^2+(2b_0+2b_1)x+b_1]\mathrm{e}^{2x},$$

$$y^{*\prime\prime}=[4b_0x^2+(8b_0+4b_1)x+2b_0+4b_1]\mathrm{e}^{2x},$$

代入所给方程,并约去 e^{2x},得

$$4b_0x^2+(8b_0+4b_1)x+2b_0+4b_1-5[2b_0x^2+(2b_0+2b_1)x+b_1]+6(b_0x^2+b_1x)=x,$$

即

$$-2b_0x+2b_0-b_1=x.$$

比较系数,得

$$\begin{cases}-2b_0=1,\\2b_0-b_1=0,\end{cases}$$

求得 $b_0=-\dfrac{1}{2}$, $b_1=-1$. 于是

$$y^*=-x\left(\frac{1}{2}x+1\right)e^{2x},$$

从而所求通解为

$$\begin{aligned}y&=\bar{y}+y^*=C_1e^{2x}+C_2e^{3x}-x\left(\frac{1}{2}x+1\right)e^{2x}\\&=\left(C_1-x-\frac{1}{2}x^2\right)e^{2x}+C_2e^{3x}.\end{aligned}$$

思考题 1　写出微分方程 $y''+2y'+3y=e^{2x}$ 的特解形式.

二、$f(x)=e^{\lambda x}(A\cos\omega x+B\sin\omega x)$ 型

可以证明,这时方程(1)具有形如

$$y^*=x^ke^{\lambda x}(a\cos\omega x+b\sin\omega x) \tag{6}$$

的特解,其中 k 按 $\lambda+i\omega$ 不是特征方程的根、或是特征方程的根分别取 0 或 1.

证明这里从略了.

例 3　求 $y''+y=e^x\cos 2x$ 的一个特解.

解　这里 $f(x)=e^x\cos 2x$ 属 $e^{\lambda x}(A\cos\omega x+B\sin\omega x)$ 型,其中 $\lambda=1,\omega=2,A=1,B=0$.

特征方程 $r^2+1=0$,由于 $\lambda+i\omega=1+2i$ 不是特征根,所以应取 $k=0$,故设特解为

$$y^*=e^x(a\cos 2x+b\sin 2x).$$

求导得

$$\begin{aligned}y^{*\prime}&=e^x[(a+2b)\cos 2x+(-2a+b)\sin 2x],\\y^{*\prime\prime}&=e^x[(-3a+4b)\cos 2x+(-4a-3b)\sin 2x],\end{aligned}$$

代入原方程,整理后得

$$(-2a+4b)\cos 2x+(-4a-2b)\sin 2x=\cos 2x.$$

比较两端同类项系数,得 $\begin{cases}-2a+4b=1,\\-4a-2b=0,\end{cases}$ 由此解得 $a=-\dfrac{1}{10}$, $b=\dfrac{1}{5}$. 于是求得一

个特解为

$$y^*=\mathrm{e}^x\left(-\frac{1}{10}\cos 2x+\frac{1}{5}\sin 2x\right).$$

在上节例 6 里，如果物体在振动过程中还受到铅直干扰力

$$F=H\sin pt$$

的作用，则振动方程变为

$$\frac{\mathrm{d}^2x}{\mathrm{d}t^2}+2n\frac{\mathrm{d}x}{\mathrm{d}t}+k^2x=h\sin pt,$$

其中 $h=\frac{H}{m}$. 这一方程称为强迫振动的微分方程.

例 4 求无阻尼强迫振动微分方程

$$\frac{\mathrm{d}^2x}{\mathrm{d}t^2}+k^2x=h\sin pt \tag{7}$$

的通解.

解 由特征方程 $r^2+k^2=0$，得特征根 $r=\pm\mathrm{i}k$. 于是对应的齐次方程的通解为

$$\overline{x}(t)=C_1\cos kt+C_2\sin kt=M\sin(kt+\varphi),$$

其中 M,φ 为任意常数.

$f(t)=h\sin pt$ 属 $\mathrm{e}^{\lambda t}(A\cos\omega t+B\sin\omega t)$ 型，其中 $\lambda=0,\omega=p,A=0,B=h$. 下面就 $p\neq k$ 及 $p=k$ 两种情形分别讨论：

(i) $p\neq k$. 这时 $\lambda+\mathrm{i}\omega=\mathrm{i}p$ 不是特征根，故设

$$x^*=a\cos pt+b\sin pt,$$

代入方程(7)，得

$$(k^2-p^2)a\cos pt+(k^2-p^2)b\sin pt=h\sin pt,$$

求得 $a=0,b=\frac{h}{k^2-p^2}$. 于是特解为

$$x^*=\frac{h}{k^2-p^2}\sin pt,$$

从而方程(7)的通解为

$$x=\overline{x}+x^*=M\sin(kt+\varphi)+\frac{h}{k^2-p^2}\sin pt.$$

上式表示，物体的运动由两部分组成，其中第一项表示自由振动，第二项表示的振动称为强迫振动. 强迫振动是干扰力引起的，它的频率即是干扰力的频率. 当干扰力的频率 p 与振动系统的固有频率 k 接近时，强迫振动的振幅 $\left|\frac{h}{k^2-p^2}\right|$ 可以很大.

(ii) $p=k$.这时 $\lambda+\mathrm{i}\omega=\mathrm{i}p$ 是特征根,故应设

$$x^*=t(a\cos kt+b\sin kt),$$

代入方程(7),解得 $a=-\dfrac{h}{2k}$,$b=0$.于是

$$x^*=-\frac{h}{2k}t\cos kt,$$

从而方程(7)的通解为

$$x=\overline{x}+x^*=M\sin(kt+\varphi)-\frac{h}{2k}t\cos kt.$$

上式右端第二项表明,当干扰力的频率与系统的固有频率相等时,强迫振动的振幅$\dfrac{h}{2k}t$ 随时间 t 的增大而无限增大,这就发生了所谓共振现象.为了避免共振现象,应使干扰力的频率不要靠近系统的固有频率;反之,若要利用共振现象,则应使两者尽量靠近.

思考题 2　写出微分方程 $y''+4y=\sin x$ 的特解形式.

习题 6-6

1. 求下列微分方程的通解:

(1) $2y''+y'-y=2\mathrm{e}^x$;　　(2) $2y''+5y'=5x^2-2x-1$;

(3) $y''+5y'+4y=3-2x$;　　(4) $y''-6y'+9y=(x+1)\mathrm{e}^{3x}$;

(5) $y''+3y'+2y=\mathrm{e}^{-x}\cos x$;　　(6) $y''+3y=\cos 3x+4\sin 3x$.

2. 求下列微分方程满足所给初值条件的特解:

(1) $y''-4y'=5$,$y|_{x=0}=1$,$y'|_{x=0}=0$;

(2) $y''-3y'+2y=5$,$y|_{x=0}=1$,$y'|_{x=0}=2$;

(3) $y''-10y'+9y=\mathrm{e}^{2x}$,$y|_{x=0}=\dfrac{6}{7}$,$y'|_{x=0}=\dfrac{33}{7}$;

(4) $y''-y=4x\mathrm{e}^x$,$y|_{x=0}=0$,$y'|_{x=0}=1$;

(5) $y''+y+\sin 2x=0$,$y|_{x=\pi}=1$,$y'|_{x=\pi}=1$.

3. 一个质量为 m 的质点从水面由静止开始下沉,所受阻力与下沉速度成正比(比例系数为 k).求此质点下沉深度 x 与时间 t 的函数关系.

4. 大炮以仰角 α、初速度 v_0 发射炮弹,若不计空气阻力,求弹道曲线.

第六章复习题

第六章
复习指导

一、概念复习

1. 填空题：

(1) 微分方程的阶是指____________；

(2) 微分方程的通解是指____________；

(3) 已知 $y=\mathrm{e}^x, y=\mathrm{e}^{2x}$ 是某个二阶常系数齐次线性方程的两个解，则该方程为____________；

(4) 设 $y_1(x), y_2(x)$ 是二阶常系数齐次线性方程的两个解，则 $C_1y_1(x)+C_2y_2(x)$ 是该方程通解的充要条件是____________.

2. 选择题：

(1) 设 $y_1(x), y_2(x)$ 是某个二阶常系数非齐次线性方程 $y''+py'+qy=f(x)$ 的两个解，则下列论断正确的是(　　)；

(A) $C_1y_1(x), C_2y_2(x)$ (C_1, C_2 为常数) 一定也是该非齐次方程的解

(B) 当 $\dfrac{y_1(x)}{y_2(x)}\neq$ 常数时，$C_1y_1(x)+C_2y_2(x)$ 是该非齐次方程的通解

(C) $y_1(x)+y_2(x)$ 是对应齐次方程 $y''+py'+qy=0$ 的解

(D) $y_1(x)-y_2(x)$ 是对应齐次方程 $y''+py'+qy=0$ 的解

(2) 下列方程中为一阶线性方程的是(　　).

(A) $yy'+y=x^2$

(B) $y'+y^2=\sin x$

(C) $(x^2-y)\mathrm{d}x-2x\mathrm{d}y=0$

(D) $(2x-y)\mathrm{d}x-(x-2y)\mathrm{d}y=0$

3. 写出下列微分方程的特解形式：

(1) $y''+2y'=x^2+1$；

(2) $y''-6y'+9y=\mathrm{e}^{3x}$；

(3) $y''+y=x\mathrm{e}^{-x}$；

(4) $y''+2y'+5y=\mathrm{e}^{-x}\sin 2x$；

(5) $y''+4y'=\sin 2x-3\cos 2x$.

二、综合练习

1. 求下列微分方程的通解：

(1) $y'=x(1+\mathrm{e}^{-y})$；

(2) $xy'=xy+4y+4\mathrm{e}^x$；

*(3) $(1+\mathrm{e}^{-\frac{x}{y}})y\mathrm{d}x=(x-y)\mathrm{d}y$；

*(4) $y'''=y''$；

*(5) $y''+\dfrac{x}{1+x^2}y'=x$；

(6) $y''+4y=\sin x\cos x$.

2. 求下列微分方程满足所给初值条件的特解:

(1) $x^2y'+xy-\ln x=0, y\big|_{x=1}=\dfrac{1}{2}$;

*(2) $yy''=2y'^2, y\big|_{x=0}=1, y'\big|_{x=0}=3$;

(3) $y''-2y'=e^x(x^2+x-3), y\big|_{x=0}=2, y'\big|_{x=0}=2$.

3. 设$f(x)$可导,且满足$\int_0^x tf(t)\,dt=f(x)-x^2$, $f(0)=0$.求$f(x)$.

4. 设可微函数$f(x)$,$g(x)$满足$f'(x)=g(x)$,$g'(x)=f(x)$.且$f(0)=0$,$g(x)\neq 0$,设$\varphi(x)=\dfrac{f(x)}{g(x)}$,试导出$\varphi(x)$所满足的一阶微分方程,并求$\varphi(x)$.

*5. 设曲线L上任一点$P(x,y)$满足$OP\perp QR$,其中点R为曲线在点P处的切线与y轴的交点,点Q为点P在x轴上的投影点.已知L过点$(1,2)$.求曲线L的方程.

6. 已知某车间的容积为$30\times30\times6\ m^3$,其中的空气含0.12%的CO_2(以容积计算).现以含CO_2 0.04%的新鲜空气输入,问每分钟应输入多少,才能在30 min后使车间空气中的CO_2含量不超过0.06%?(假定输入的新鲜空气与原有空气很快混合均匀后,以相同的流量排出.)

7. 细菌是通过分裂而繁殖的,细菌繁殖的速率与当时细菌的数量成正比(比例系数$k_1>0$).在细菌培养液中加入毒素可将细菌杀死,毒素杀死细菌的速率与当时的细菌数量和毒素浓度之积成正比(比例系数$k_2>0$).现在假设时刻t时的细菌数量为$y(t)$,$t=0$时,$y=y_0$.又设毒素浓度始终保持为常数d.

(1) 求出细菌数量随时间变化的规律;

(2) 当$t\to+\infty$时,细菌的数量将发生什么变化?(分k_1-k_2d大于零、等于零、小于零三种情况讨论.)

附录

附录Ⅰ　基本初等函数的图形及其主要性质

函数	图形	定义域	值域	主要性质
幂函数 $y=x^{\mu}$ (μ 是常数)	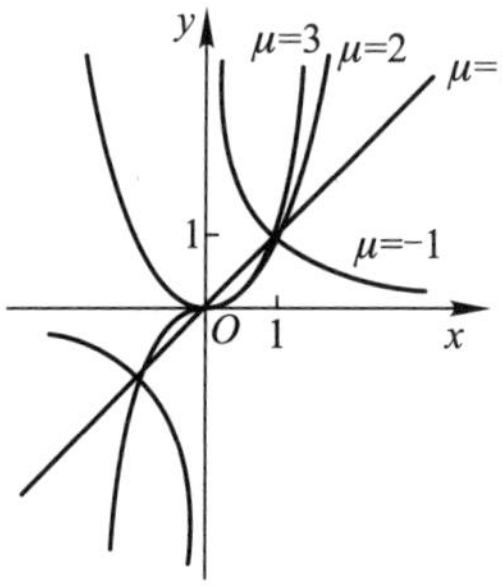	随 μ 不同而不同,但不论 μ 取什么值,x^{μ} 在$(0,+\infty)$内总有定义	随 μ 不同而不同	若 $\mu>0$, x^{μ} 在$[0,+\infty)$内单调增加; 若 $\mu<0$, x^{μ} 在$(0,+\infty)$内单调减少
指数函数 $y=a^{x}$ (a 是常数,$a>0,a\neq 1$)	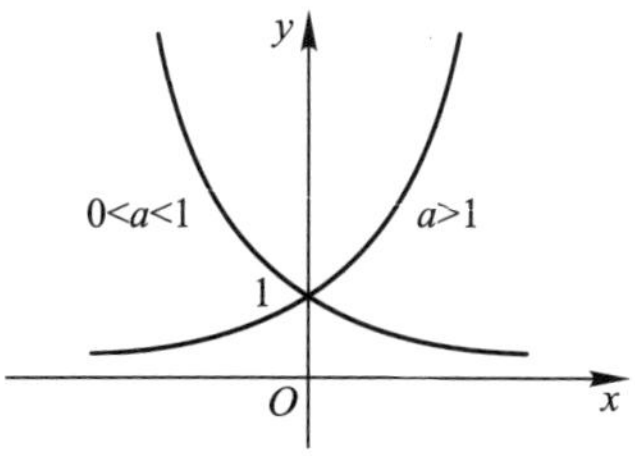	$(-\infty,+\infty)$	$(0,+\infty)$	$a^{0}=1$; 若 $a>1$,a^{x} 单调增加; 若 $0<a<1$,a^{x} 单调减少; 直线 $y=0$ 为函数图形的水平渐近线
对数函数 $y=\log_{a}x$ (a 是常数,$a>0,a\neq 1$)	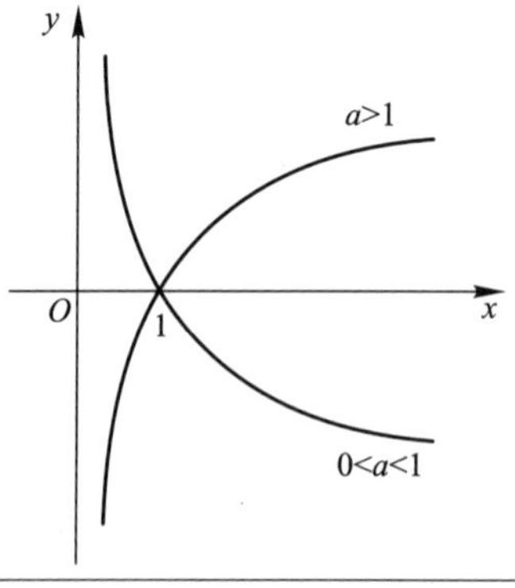	$(0,+\infty)$	$(-\infty,+\infty)$	$\log_{a}1=0$; 若 $a>1$,$\log_{a}x$ 单调增加; 若 $0<a<1$,$\log_{a}x$ 单调减少; 直线 $x=0$ 为函数图形的铅直渐近线

续表

函数	图形	定义域	值域	主要性质
正弦函数 $y=\sin x$	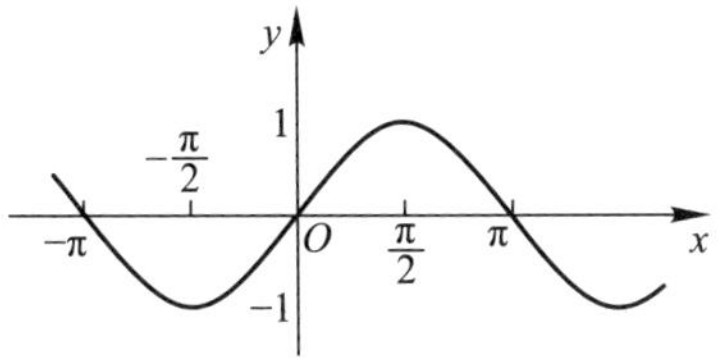	$(-\infty,+\infty)$	$[-1,1]$	以 2π 为周期的周期函数，在 $\left[-\frac{\pi}{2},\frac{\pi}{2}\right]$ 上单调增加，奇函数
余弦函数 $y=\cos x$	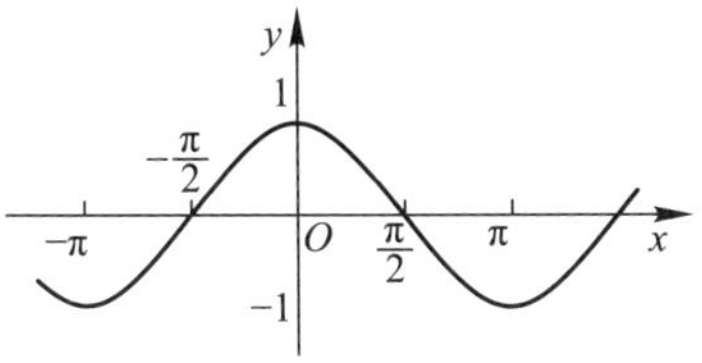	$(-\infty,+\infty)$	$[-1,1]$	以 2π 为周期的周期函数，在 $[0,\pi]$ 上单调减少，偶函数
正切函数 $y=\tan x$	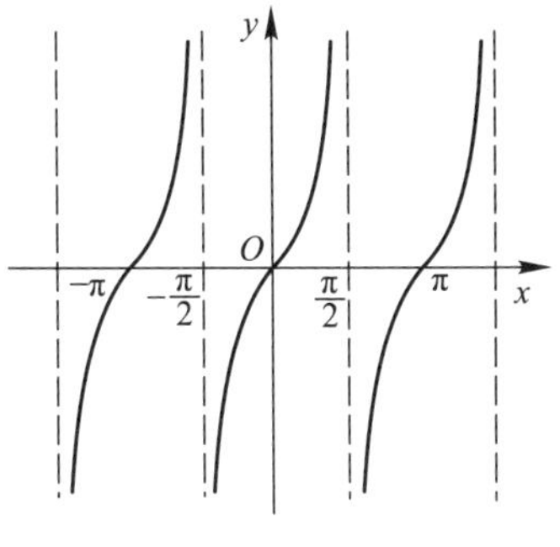	$(2n-1)\frac{\pi}{2}<x<(2n+1)\cdot\frac{\pi}{2}(n=0,\pm1,\pm2,\cdots)$	$(-\infty,+\infty)$	以 π 为周期的周期函数，在 $\left(-\frac{\pi}{2},\frac{\pi}{2}\right)$ 内单调增加，奇函数，直线 $x=(2n+1)\frac{\pi}{2}$ 为函数图形的铅直渐近线 $(n=0,\pm1,\pm2,\cdots)$
余切函数 $y=\cot x$	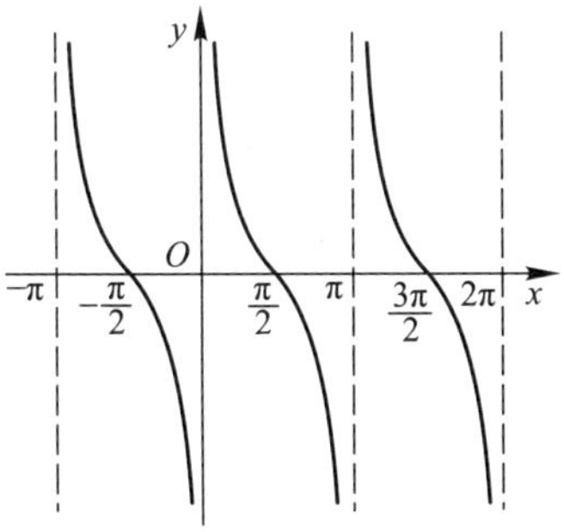	$n\pi<x<(n+1)\pi(n=0,\pm1,\pm2,\cdots)$	$(-\infty,+\infty)$	以 π 为周期的周期函数，在 $(0,\pi)$ 内单调减少，奇函数，直线 $x=n\pi$ 为函数图形的铅直渐近线 $(n=0,\pm1,\pm2,\cdots)$

续表

函数	图形	定义域	值域	主要性质
反正弦函数 $y=\arcsin x$	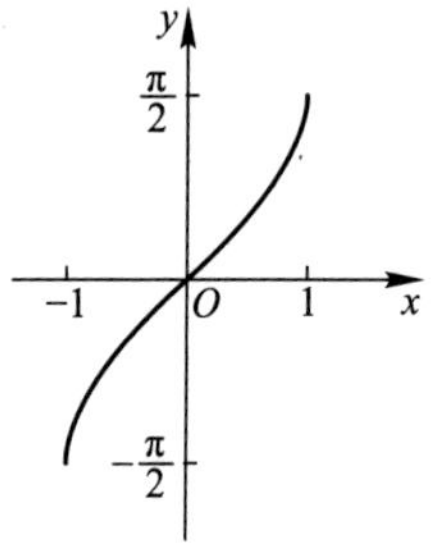	$[-1,1]$	$\left[-\frac{\pi}{2},\frac{\pi}{2}\right]$	单调增加， 奇函数
反余弦函数 $y=\arccos x$	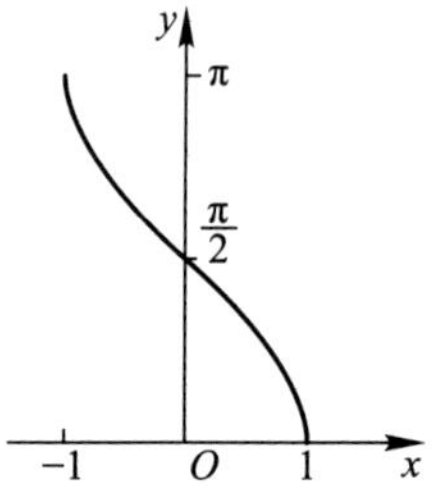	$[-1,1]$	$[0,\pi]$	单调减少
反正切函数 $y=\arctan x$	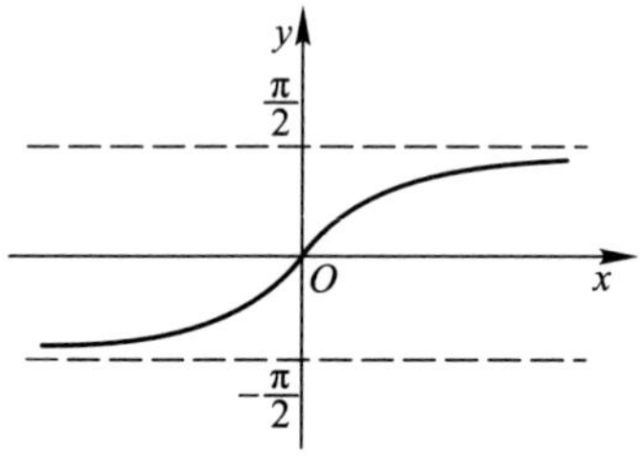	$(-\infty,+\infty)$	$\left(-\frac{\pi}{2},\frac{\pi}{2}\right)$	单调增加，奇函数，直线 $y=-\frac{\pi}{2}$ 及 $y=\frac{\pi}{2}$ 为函数图形的水平渐近线
反余切函数 $y=\operatorname{arccot} x$	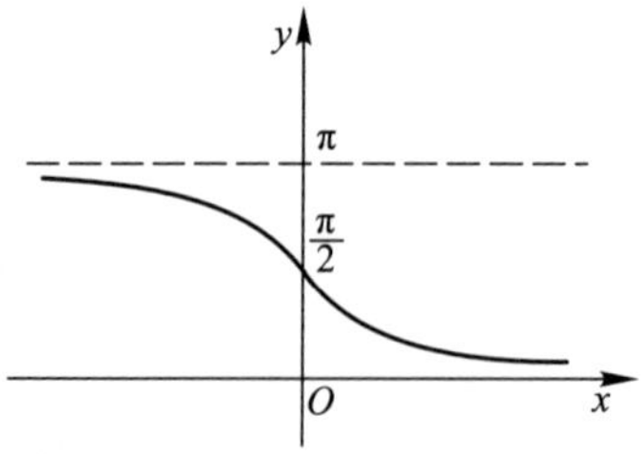	$(-\infty,+\infty)$	$(0,\pi)$	单调减少， 直线 $y=0$ 及 $y=\pi$ 为函数图形的水平渐近线

附录Ⅱ　几种常用的曲线

（1）三次抛物线

$$y=ax^3$$

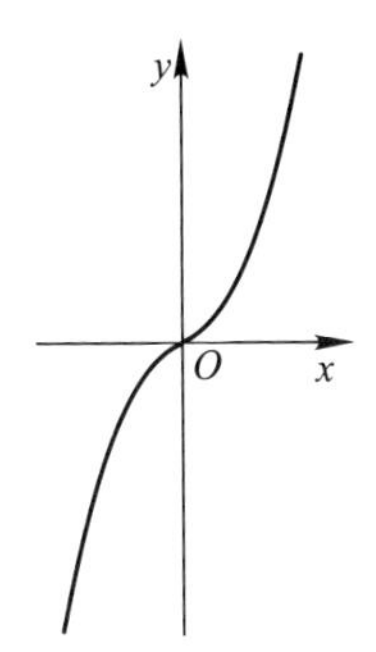

（2）半立方抛物线

$$y^2=ax^3$$

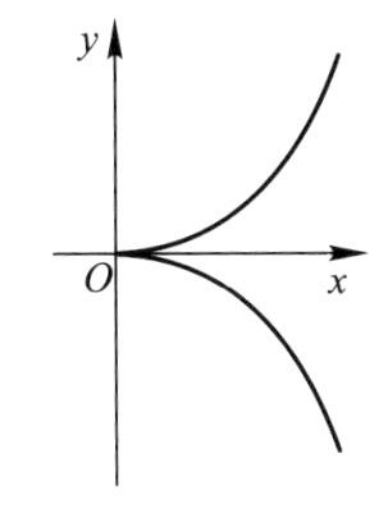

（3）概率曲线

$$y=\mathrm{e}^{-x^2}$$

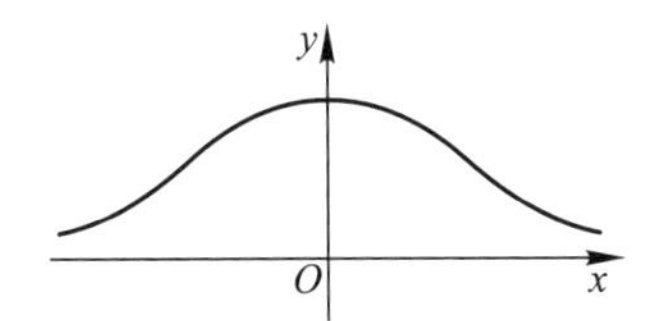

（4）箕舌线

$$y=\frac{8a^3}{x^2+4a^2}$$

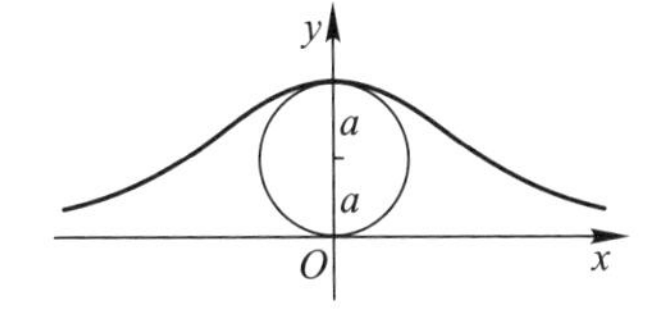

（5）蔓叶线

$$y^2(2a-x)=x^3$$

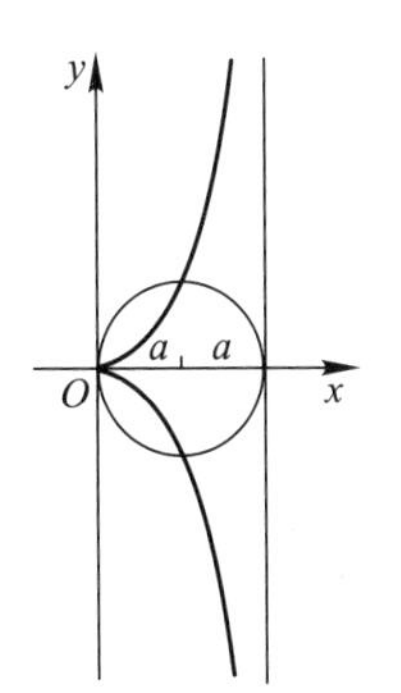

（6）笛卡儿叶形线

$$x^3+y^3-3axy=0$$

$$x=\frac{3at}{1+t^3},y=\frac{3at^2}{1+t^3}$$

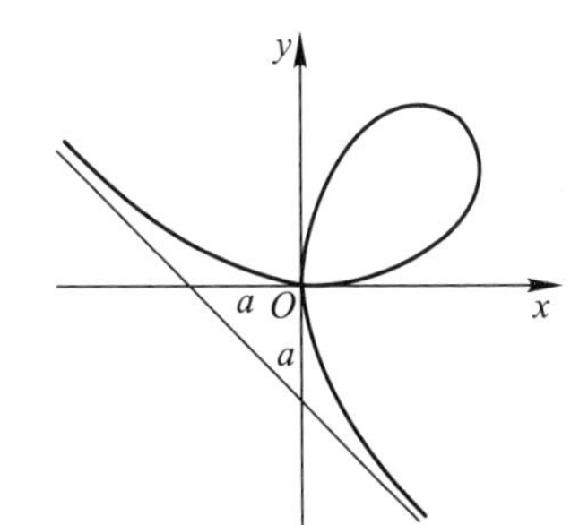

(7) 星形线(内摆线的一种)

$$x^{\frac{2}{3}}+y^{\frac{2}{3}}=a^{\frac{2}{3}}$$

$$\begin{cases}x=a\cos^3\theta\\y=a\sin^3\theta\end{cases}$$

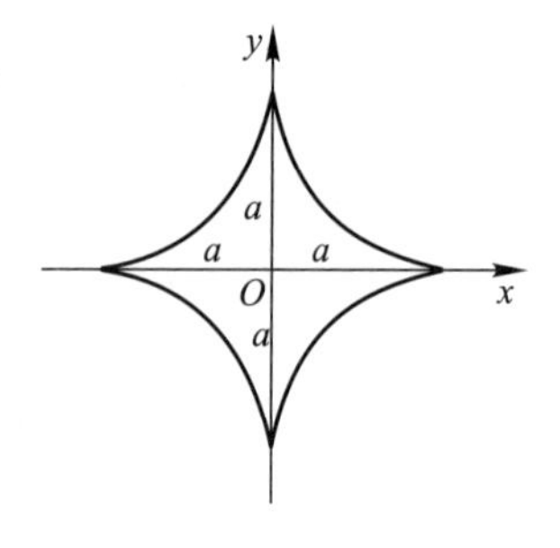

(8) 摆线

$$\begin{cases}x=a(\theta-\sin\theta)\\y=a(1-\cos\theta)\end{cases}$$

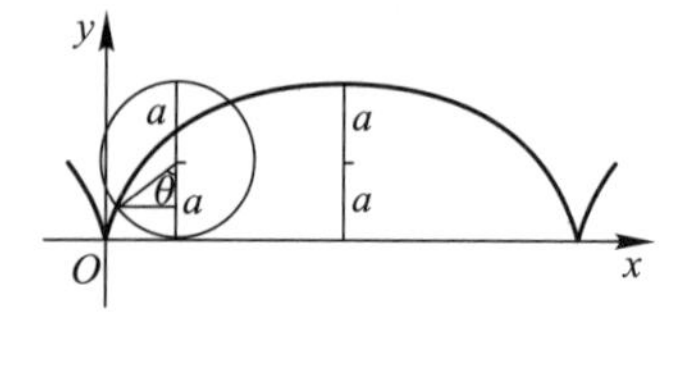

(9) 心形线(外摆线的一种)

$$x^2+y^2+ax=a\sqrt{x^2+y^2}$$

$$\rho=a(1-\cos\varphi)$$

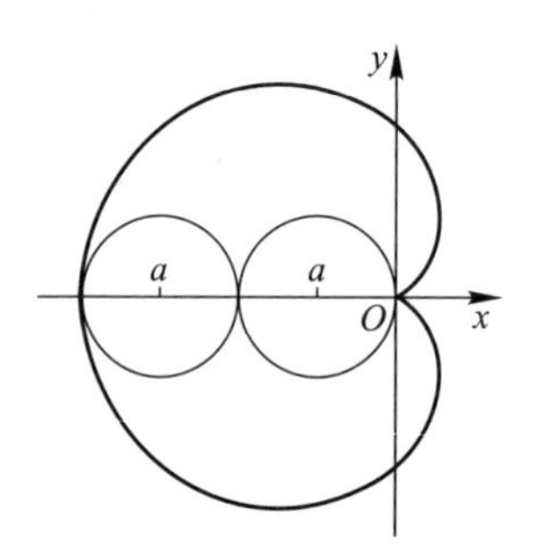

(10) 阿基米德螺线

$$\rho=a\varphi$$

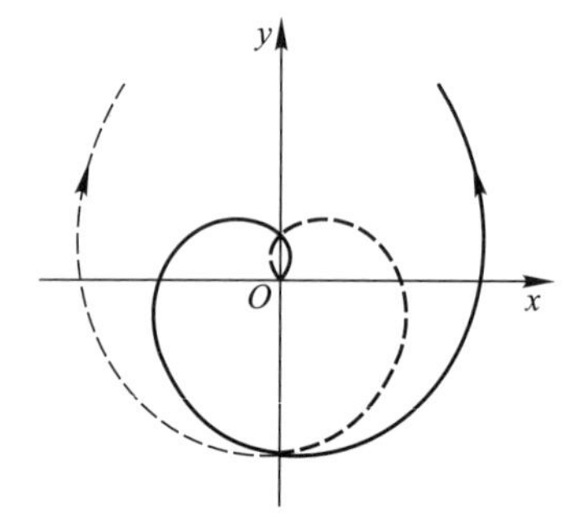

(11) 对数螺线

$$\rho=\mathrm{e}^{a\varphi}$$

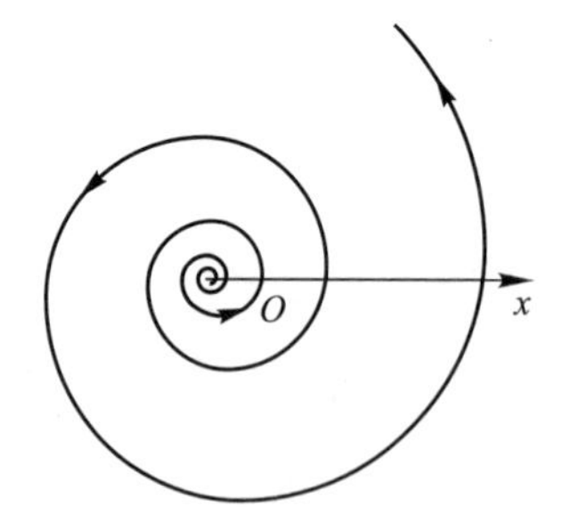

(12) 双曲螺线

$$\rho\varphi=a$$

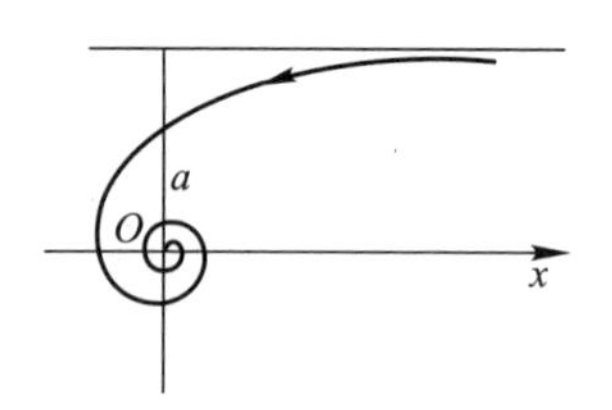

(13) 伯努利双纽线

$$(x^2+y^2)^2=2a^2xy$$

$$\rho^2=a^2\sin 2\varphi$$

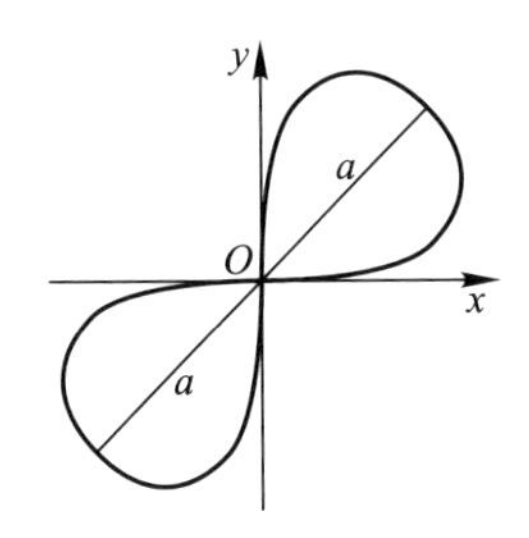

(14) 伯努利双纽线

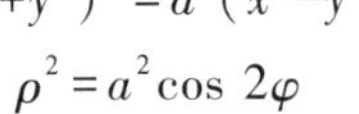

$$(x^2+y^2)^2=a^2(x^2-y^2)$$

$$\rho^2=a^2\cos 2\varphi$$

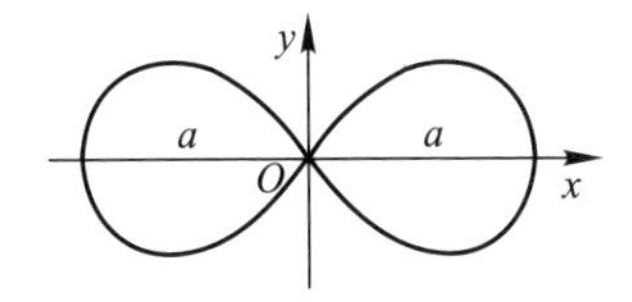

(15) 三叶玫瑰线

$$\rho=a\cos 3\varphi$$

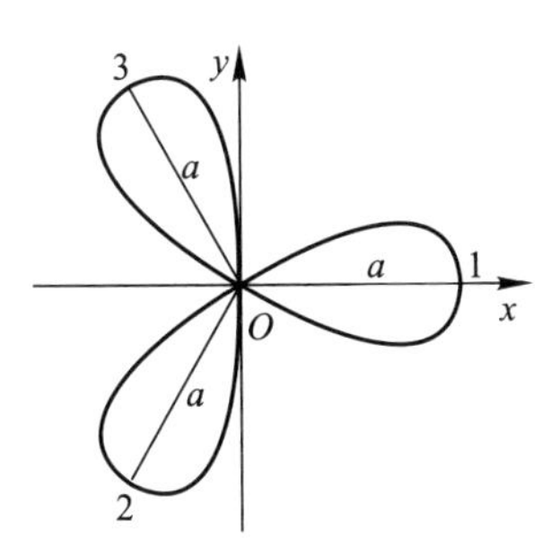

(16) 三叶玫瑰线

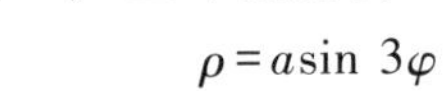

$$\rho=a\sin 3\varphi$$

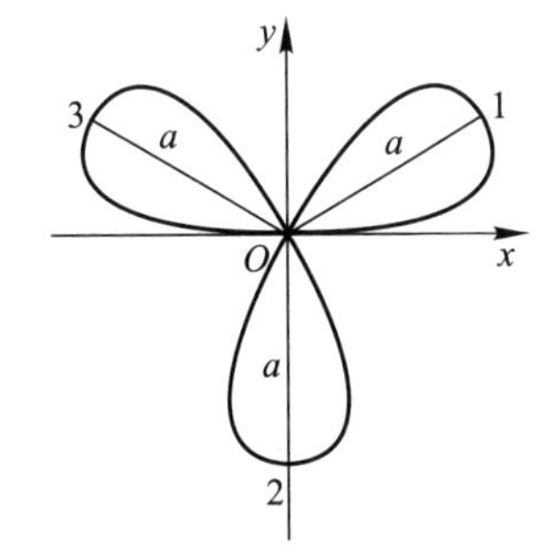

(17) 四叶玫瑰线

$$\rho=a\sin 2\varphi$$

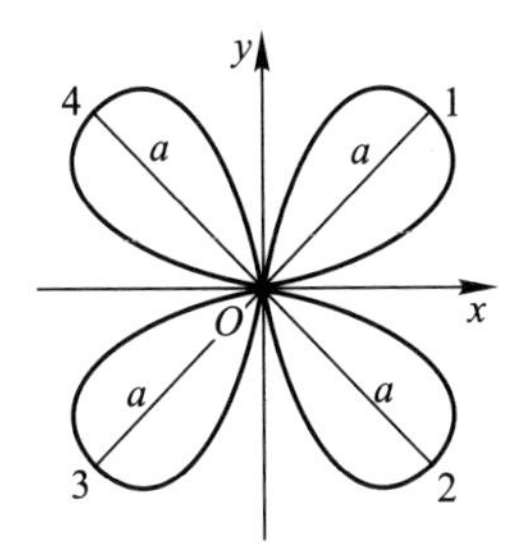

(18) 四叶玫瑰线

$$\rho=a\cos 2\varphi$$

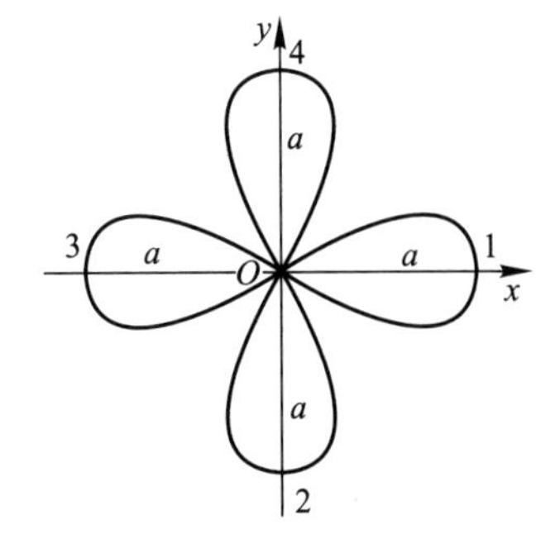

附录Ⅲ 常用三角函数公式

$$\sin^2\alpha+\cos^2\alpha=1,$$
$$\sec^2\alpha-\tan^2\alpha=1,$$
$$\csc^2\alpha-\cot^2\alpha=1.$$

和角差角公式

$$\sin(\alpha\pm\beta)=\sin\alpha\cos\beta\pm\cos\alpha\sin\beta,$$
$$\cos(\alpha\pm\beta)=\cos\alpha\cos\beta\mp\sin\alpha\sin\beta.$$

倍角公式

$$\sin 2\alpha=2\cos\alpha\sin\alpha,$$
$$\cos 2\alpha=\cos^2\alpha-\sin^2\alpha=2\cos^2\alpha-1=1-2\sin^2\alpha.$$

半角公式

$$\cos^2\frac{\alpha}{2}=\frac{1+\cos\alpha}{2},\quad \sin^2\frac{\alpha}{2}=\frac{1-\cos\alpha}{2}.$$

积化和差公式

$$\cos\alpha\cos\beta=\frac{1}{2}[\cos(\alpha+\beta)+\cos(\alpha-\beta)],$$
$$\cos\alpha\sin\beta=\frac{1}{2}[\sin(\alpha+\beta)-\sin(\alpha-\beta)],$$
$$\sin\alpha\cos\beta=\frac{1}{2}[\sin(\alpha+\beta)+\sin(\alpha-\beta)],$$
$$\sin\alpha\sin\beta=-\frac{1}{2}[\cos(\alpha+\beta)-\cos(\alpha-\beta)].$$

和差化积公式

$$\cos\alpha+\cos\beta=2\cos\frac{\alpha+\beta}{2}\cos\frac{\alpha-\beta}{2},$$
$$\cos\alpha-\cos\beta=-2\sin\frac{\alpha+\beta}{2}\sin\frac{\alpha-\beta}{2},$$
$$\sin\alpha+\sin\beta=2\sin\frac{\alpha+\beta}{2}\cos\frac{\alpha-\beta}{2},$$
$$\sin\alpha-\sin\beta=2\cos\frac{\alpha+\beta}{2}\sin\frac{\alpha-\beta}{2}.$$

部分思考题答案

第 一 章

第一节

1. (1) $(2,6]$; (2) $(1.9,2.1)$;

(3) $(-\infty,-100)\cup(100,+\infty)$; (4) $(-1-\delta,-1)\cup(-1,-1+\delta)$.

2. $f(0)=2, f(-1)=\sqrt{5}, f\left(\frac{1}{a}\right)=\frac{1}{|a|}\sqrt{4a^2+1}, f(x_0)=\sqrt{4+x_0^2}$,

$f(x_0+h)=\sqrt{4+(x_0+h)^2}$.

3. (a).

4. $y=1-\frac{1}{x}$在$[1,+\infty)$上单调增加且有界，$y=1-x$ 在$[1,+\infty)$上单调减少且无界.

5. $(0,0),(-2,1),(2,-1)$.

6. $\frac{1}{3},\frac{3}{4}\pi,\pi-x$.

7. (1) $y=\ln|\sec x|$; (2) $y=e^u, u=v^2, v=\sin t, t=\frac{x}{3}$.

8. $x^2+6x+11$.

第二节

1. (1) 0; (2) 0; (3) 1; (4) 没有极限.

2. 不唯一.如果找到了一个符合条件的 N_0，那么大于 N_0 的任一正整数都可作为 N.

第三节

1. $f(0^+)=1, f(0^-)=-1, \lim\limits_{x\to 0}f(x)$不存在.

2. 不唯一.如果找到了一个符合条件的 δ_0，那么小于 δ_0 的任一正数都可作为 δ.

3. $\lim\limits_{x\to+\infty}\arctan x=\frac{\pi}{2}, \lim\limits_{x\to-\infty}\arctan x=-\frac{\pi}{2}$.

曲线 $y=\arctan x$ 有两条水平渐近线 $y=-\frac{\pi}{2}$和 $y=\frac{\pi}{2}$.

4. 不能.反例：$f(x)=x^2$ 在 $x_0=0$ 的去心邻域内大于零，但 $\lim\limits_{x\to 0}x^2=0$.

第四节

1. 不一定.比如 $x\to0$ 时,$x,2x,x^2$ 都是无穷小,但有 $\lim\limits_{x\to0}\dfrac{x^2}{x}=0,\lim\limits_{x\to0}\dfrac{x}{2x}=\dfrac{1}{2},\lim\limits_{x\to0}\dfrac{x}{x^2}=\infty$.

2. 是.因 $\sin n$ 是有界函数,而当 $n\to\infty$ 时,$\dfrac{1}{n}$是无穷小,故它们的乘积是 $n\to\infty$ 时的无穷小.

3. 当 $x\to0$ 时,$\dfrac{1}{x},-\dfrac{1}{x},-\dfrac{1}{2x}$都是无穷大,但有 $\lim\limits_{x\to0}\left[\dfrac{1}{x}+\left(-\dfrac{1}{2x}\right)\right]=\lim\limits_{x\to0}\dfrac{1}{2x}=\infty$, $\lim\limits_{x\to0}\left[\dfrac{1}{x}+\left(-\dfrac{1}{x}\right)\right]=0$.

第五节

1. $\lim f(x)$ 和 $\lim g(x)$ 必须都存在,且在商的极限运算法则中,$\lim g(x)\neq0$.
2. $\lim f(x)$ 存在,$\lim g(x)$ 不存在,则 $\lim[f(x)+g(x)]$ 必不存在;若 $\lim f(x)$ 和 $\lim g(x)$ 都不存在,则 $\lim[f(x)+g(x)]$ 可能存在,也可能不存在.例子见第四节思考题 3.

第六节

1. $\lim\limits_{x\to0}\dfrac{\sin x}{x}=1$.而利用无穷小与有界函数乘积为无穷小的结论,可得 $\lim\limits_{x\to\infty}\dfrac{\sin x}{x}=0$, $\lim\limits_{x\to0}x\sin\dfrac{1}{x}=0$.

2. 这里错用了乘积的极限运算法则.这条法则只适用于"有限多个(个数固定)"函数的乘积,而这里是无限多个趋于 1 (而不等于 1)的函数的乘积的极限,乘积法则不再适用.

第七节

1. 当 $x\to0$ 时,$x^2-x^3=o(2x-x^2)$.

2. 当 $x\to1$ 时,$1-x$ 与 $1-x^3$ 为同阶(但不等价)无穷小,$1-x$ 与$\dfrac{1}{2}(1-x^2)$是等价无穷小.

第八节

1. $\lim\limits_{\Delta x\to0}\Delta y=0,\lim\limits_{x\to x_0}f(x)=f(x_0)$.
2. $x=2$ 为第二类间断点,$x=1$ 是可去间断点,补充定义 $f(1)=-2$.
3. 在区间$(-\infty,-3),(-3,2),(2,+\infty)$内连续.

   $\lim\limits_{x\to0}f(x)=\dfrac{1}{2},\lim\limits_{x\to-3}f(x)=-\dfrac{8}{5},\lim\limits_{x\to2}f(x)=\infty$.

第九节

1. 比如定义在$[0,2]$上的函数 $f(x)=\begin{cases}x-3, & \text{当 } 0\leqslant x\leqslant1,\\ 3-x, & \text{当 } 1<x\leqslant2,\end{cases}$ $x=1$ 为间断点,虽然有 $f(0)=-3$, $f(2)=1$,但不存在 $c\in(0,2)$ 使 $f(c)=0$.

2. 比如可加上条件:$\lim\limits_{x\to a^+}f(x)=A>0\ (<0)$, $\lim\limits_{x\to b^-}f(x)=B<0\ (>0)$;或 $\lim\limits_{x\to a^+}f(x)=+\infty\ (-\infty)$, $\lim\limits_{x\to b^-}f(x)=-\infty\ (+\infty)$.

第二章

第一节

1. $\dfrac{\mathrm{d}T}{\mathrm{d}t}$.

2. 平均变化率是 8, $x=0$ 处的变化率是 1.

3. a.

4. -2.

5. $y=|\sin x|$在 $x=0$ 处连续但不可导.

第二节

1. $f'(x)=3x^2-4x+3$, $(uv)'=f'(x)=3x^2-4x+3$, $u'v'=2x$（其中 $u=x-2$, $v=x^2+3$）.

2. $f'(x)=2x-\dfrac{1}{x^2}$, $\left(\dfrac{u}{v}\right)'=f'(x)=2x-\dfrac{1}{x^2}$, $\dfrac{u'}{v'}=3x^2-2$（其中 $u=x^3-2x+1$, $v=x$）.

第三节

1. $\varphi(3)=1$; $\varphi'(3)=\dfrac{1}{8}$.

2. $F'(3)=-7$, $G'(3)=-8$.

第四节

1. $n!$.

2. $(uv)''=u''v+2u'v'+uv''$.

第五节

1. $\dfrac{\mathrm{d}y}{\mathrm{d}x}=-\dfrac{x}{y}$.

2. $x+y-2=0$.

3. $\left.\dfrac{\mathrm{d}y}{\mathrm{d}\theta}\right|_{\theta=\theta_0}=4$.

第七节

1. 可微的定义见本节教材；可微的充要条件是 $f(x)$ 在点 x_0 处可导.

2. $\mathrm{d}y=-2x\mathrm{d}x$, $\mathrm{d}y\Big|_{\substack{x=2\\ \Delta x=0.1}}=-0.4$.

4. $\mathrm{d}y=2x\mathrm{e}^{x^2}\mathrm{d}x$.

第三章

第一节

1. $f'(x)$是三次多项式. $f'(x)=0$ 恰有 3 个实根，分别位于$(1,2)$，$(2,3)$和$(3,4)$内.

2. $f(x)$与$g(x)$至多相差一个常数.

第二节

1. 设 $\lim f(x)=0\ (\infty)$，$\lim g(x)=0\ (\infty)$，则 $\lim\frac{f(x)}{g(x)}$称为$\frac{0}{0}\left(\frac{\infty}{\infty}\right)$型未定式，此外还有$\infty\pm\infty$，$0\cdot\infty$，$0^0$，$1^\infty$，$\infty^0$等类型的未定式.

第三节

1. $e^x=1+x+\frac{x^2}{2!}+\frac{x^3}{3!}+\frac{e^{\theta x}x^4}{4!}\ (0<\theta<1)$，

$\sin x=x-\frac{x^3}{3!}+\frac{(\cos\theta x)x^5}{5!}\ (0<\theta<1)$，

$\ln(1+x)=x-\frac{x^2}{2}+\frac{x^3}{3}-\frac{x^4}{4(1+\theta x)^4}\ (0<\theta<1)$.

第四节

1. 单调减少区间：$(-\infty,1]$，单调增加区间：$[1,+\infty)$；

凹区间：$(-\infty,0]$，$\left[\frac{2}{3},+\infty\right)$，凸区间：$\left[0,\frac{2}{3}\right]$；

拐点：$(0,1)$，$\left(\frac{2}{3},\frac{11}{27}\right)$.

2. (1)

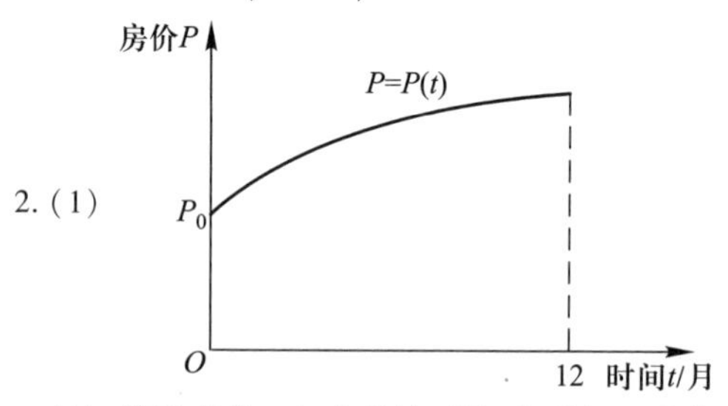

(2) 某地房价一年来持续下跌，但跌幅逐月收窄.

第五节

1. “可疑”极值点为驻点和导数不存在的点.可用本节定理2(极值第一充分条件)和定理3(极值第二充分条件)来确定这些“可疑”极值点是否确为极值点，是极大值点还是极小值点.

2. (1) $f(x)$有最大值$f(0)=25$，最小值$f(3)=-2$；

(2) $f(x)$有最大值$f(-1)=30$，最小值$f(3)=-2$；

(3) $f(x)$没有最大值，有最小值$f(3)=-2$.

第　四　章

第一节

1. xe^x+C.

2. A，C.

3. $y=\frac{5}{3}x^3+2\cos x-2$.

第二节

1. $1+x^3,\frac{1}{63}(1+x^3)^{21}+C$. $\sin 2x,\frac{1}{6}\sin^3 2x+C$.

$\int\frac{\mathrm{d}u}{\sqrt{1-u^2}},\arcsin(\ln x)+C$. $\int\frac{2\mathrm{d}u}{\sqrt{1+u^2}},2\arctan\sqrt{x}+C$.

2. $-\sqrt{a^2-x^2}+C$.

第三节

1. (1) $(x^2-x+2)\mathrm{e}^x+C$; (2) $x\arctan x-\frac{1}{2}\ln(1+x^2)+C$.

2. $\sin\sqrt{2x-1}-\sqrt{2x-1}\cos\sqrt{2x-1}+C$.

第四节

1. (1) $\frac{x^2}{2}-x-\ln|x|+2\ln|x+1|+C$; (2) $\arctan(x+1)+\frac{1}{2}\ln(x^2+2x+2)+C$.

2. $\frac{3}{5}(x+1)^{\frac{5}{3}}-\frac{3}{2}(x+1)^{\frac{2}{3}}+C$.

第五章

第一节

1. $\int_0^l\rho(x)\mathrm{d}x$.

2. $[1,2]$.

3. 1.

第二节

1. $\Phi(x)=\frac{1}{2}x^2,\Phi'(x)=x$.

2. $\Phi(x)$在$(-\infty,+\infty)$上单调减少.

3. (1) $\frac{2}{7}(8\sqrt{2}-1)$; (2) $1-\frac{1}{\mathrm{e}^2}$; (3) $\frac{\sqrt{3}}{2}$.

第三节

1. (1) 0; (2) $\frac{1}{4}$; (3) $\ln\left(\frac{1+\mathrm{e}}{2}\right)$; (4) $\frac{8}{15}(\sqrt{2}+1)$.

2. $\frac{4}{3}+\frac{\pi}{2}$.

3. $\dfrac{\pi}{4}$.

4. (1) $\dfrac{1}{4}(5\mathrm{e}^2-3)$;　　(2) $\dfrac{1}{4}(\mathrm{e}^2+1)$.

5. (1) $\dfrac{35\pi}{256}$;　　(2) $\dfrac{128}{315}$.

第四节

1. (1) $\dfrac{1}{6}$;　　(2) $\ln 2$.

2. $\dfrac{1}{2}\int_{\alpha}^{\beta}[\rho_2^2(\varphi)-\rho_1^2(\varphi)]\mathrm{d}\varphi$.

3. $\pi\sin x,\int_0^{\pi}\pi\sin x\,\mathrm{d}x,2\pi$.

4. $\sqrt{1+\dfrac{4x^2}{(1-x^2)^2}}\,\mathrm{d}x=\dfrac{1+x^2}{1-x^2}\mathrm{d}x,\ln 3-\dfrac{1}{2}$.

第五节

1. (1) $k\dfrac{q}{r^2}\mathrm{d}r$;　　(2) $\int_a^b k\dfrac{q}{r^2}\mathrm{d}r$.

第六节

1. 不对,因为$\int_0^{+\infty}\dfrac{x}{\sqrt{1+x^2}}\mathrm{d}x$发散.

2. (1) 1;　　(2) 2.

3. 上半圆周周长$=\int_{-1}^{1}\dfrac{1}{\sqrt{1-x^2}}\mathrm{d}x$,半圆面积$=\int_{-1}^{1}\sqrt{1-x^2}\,\mathrm{d}x$.

第　六　章

第一节

1. (1)(2)(3)(4)都是微分方程的解,(4)是通解,(1)(2)是特解.

第二节

1. 是,$y=\ln(\mathrm{e}^x+C)$.

第三节

1. D.

2. $y'+\dfrac{2}{x}y=-\dfrac{2\sin x}{x^2},P(x)=\dfrac{2}{x},Q(x)=-\dfrac{2\sin x}{x^2},y=\dfrac{2\cos x+C}{x^2}$.

第五节

2. (1) $r^2-4r+4=0, r_{1,2}=2, y=(C_1+C_2x)e^{2x}$;

   (2) $r^2+4r-4=0, r_{1,2}=-2\pm2\sqrt{2}, y=C_1e^{(-2+2\sqrt{2})x}+C_2e^{(-2-2\sqrt{2})x}$;

   (3) $5r^2-2r+1=0, r_{1,2}=\frac{1}{5}\pm\frac{2}{5}i, y=e^{\frac{1}{5}x}\left(C_1\cos\frac{2}{5}x+C_2\sin\frac{2}{5}x\right)$.

第六节

1. $y^*=ke^{2x}$.

2. $y^*=a\sin x+b\cos x$.

部分习题答案

第　一　章

习题 1-1

1. $\delta=\dfrac{\varepsilon}{2}$, 0.05, 0.005.

2. (1) 不同；　(2) 不同；　(3) 相同；　(4) 不同.

3. (1) $[-1,0)\cup(0,1]$；　(2) $(-\infty,1)\cup(1,2)\cup(2,+\infty)$；

(3) $[2,4]$；　(4) $(-\infty,0)\cup(0,3]$；

(5) $(-1,+\infty)$；　(6) $(-\infty,0)\cup(0,+\infty)$.

4. $\varphi\left(\dfrac{\pi}{6}\right)=\dfrac{1}{2},\varphi\left(\dfrac{\pi}{4}\right)=\dfrac{\sqrt{2}}{2},\varphi\left(-\dfrac{\pi}{4}\right)=\dfrac{\sqrt{2}}{2},\varphi(-2)=0$.

8. (1) 偶函数；　(2) 既非奇函数又非偶函数；

(3) 奇函数；　(4) 偶函数；

(5) 奇函数；　(6) 既非奇函数又非偶函数.

11. (1) 是周期函数，周期 $l=2\pi$；

(2) 是周期函数，周期 $l=2$；

(3) 不是周期函数；

(4) 是周期函数，周期 $l=\pi$.

12. (1) $y=\dfrac{1-x}{1+x}$；　(2) $y=\dfrac{1}{3}\arcsin\dfrac{x}{2}$；

(3) $y=\mathrm{e}^{x-1}-2$；　(4) $y=\log_2\dfrac{x}{1-x}$.

13. (1) $y=\sin^2 x, y_1=\dfrac{1}{4}, y_2=\dfrac{3}{4}$；

(2) $y=\sqrt{1+x^2}, y_1=\sqrt{2}, y_2=\sqrt{5}$；

(3) $y=\mathrm{e}^{\tan^2 t}, y_1=1, y_2=\mathrm{e}$；

(4) $y=\mathrm{e}^{2\tan t}, y_1=1, y_2=\mathrm{e}^2$.

14. $y=\begin{cases}20+6(k-1), & 当\ x=500k,\\ 20+6\left[\dfrac{x}{500}\right], & 当\ 0<x<30\ 000\ 且\ x\neq 500k(k=1,2,\cdots,60).\end{cases}$

15. (1)与(Ⅲ);(2)与(Ⅳ);(3)与(Ⅱ);(4)与(Ⅰ).

习题 1-3

3. 曲线 $y=\dfrac{1+x^3}{2x^3}$ 的水平渐近线为 $y=\dfrac{1}{2}$, $y=\dfrac{\sin x}{\sqrt{x}}$ 的水平渐近线为 $y=0$.

5. $f(0^-)=f(0^+)=\lim\limits_{x\to 0}f(x)=1$, $\varphi(0^-)=-1$, $\varphi(0^+)=1$, $\lim\limits_{x\to 0}\varphi(x)$ 不存在.

习题 1-4

1. (1) 0;　(2) 0.

2. 曲线 $y=\dfrac{1+2x}{x}$ 有铅直渐近线 $x=0$.

3. $y=x\sin x$ 在 $(0,+\infty)$ 内无界,但当 $x\to+\infty$ 时,此函数不是无穷大.

习题 1-5

1. (1) -9;　(2) 2;　(3) 0;　(4) 0;　(5) 0;
(6) $\dfrac{1}{2}$;　(7) $2x$;　(8) 2;　(9) $\dfrac{1}{2}$;　(10) 0;
(11) 6;　(12) $\dfrac{2}{3}$;　(13) 2;　(14) 2;　(15) $\dfrac{1}{2}$;
(16) $\dfrac{1}{5}$;　(17) -1.

2. (1) ∞;　(2) ∞;　(3) ∞;　(4) $\dfrac{\pi}{3}$.

3. (1) $\sqrt{5}$;　(2) 0;　(3) -2;　(4) 2.

习题 1-6

1. (1) ω;　(2) 3;　(3) $\dfrac{2}{5}$;　(4) 1;
(5) 2;　(6) 1;　(7) $\cos a$;　(8) x;　(9) $\ln 2$.

2. (1) $\dfrac{1}{\mathrm{e}}$;　(2) e^2;　(3) $\sqrt{\mathrm{e}}$;　(4) e^2;
(5) e;　(6) e^{-k}.

习题 1-7

2. (1) $\dfrac{3}{2}$;　(2) $\begin{cases}0, & m<n,\\ 1, & m=n,\\ \infty, & m>n;\end{cases}$　(3) $\dfrac{1}{2}$;
(4) $\dfrac{1}{3}$;　(5) 2;　(6) -1.

习题 1-8

1.（1）$f(x)$在$[0,2]$上连续；

（2）$f(x)$在$(-\infty,-1)$和$(-1,+\infty)$内连续，$x=-1$为跳跃间断点.

2.（1）$x=0$ 和 $x=\dfrac{\pi}{2}$为可去间断点，$x=\pi$ 为第二类间断点，$y\big|_{x=0}=1$，$y\big|_{x=\frac{\pi}{2}}=0$；

（2）$x=0$ 为第二类间断点；

（3）$x=1$ 为第一类间断点，但不是可去间断点.

3.（1）$-\dfrac{1}{2}\left(\dfrac{1}{e^2}+1\right)$；　（2）1；　（3）0；　（4）$-\dfrac{\sqrt{2}}{2}$.

4. $a=1$.

第一章复习题

一、1.（1）A，D；　（2）D；　（3）$2-2x^2$；

（4）$x=-1,x=0,x=1$；可去间断点，跳跃间断点，无穷间断点；

（5）2；

（6）$x\sim\sin x\sim\tan x\sim e^x-1\sim\arcsin x\sim\arctan x\sim\ln(1+x)$，$1-\cos x\sim\dfrac{x^2}{2}(x\to0)$；

（7）$\lim\limits_{x\to x_0}\alpha(x)=0$.

2.（1）错误；　（2）正确；　（3）错误；　（4）错误；

（5）错误；　（6）错误；　（7）正确.

二、1.（1）令 $y=\dfrac{2x+1}{x-2}$，解得 $x=\dfrac{2y+1}{y-2}$.由此得 $f^{-1}(x)=\dfrac{2x+1}{x-2}=f(x)$.所以 $y=f(x)$的图形关于直线 $y=x$ 对称.

（2）水平渐近线 $y=2$；铅直渐近线 $x=2$.

2. $f[g(x)]=\begin{cases}1, & 当\ x<0,\\ 0, & 当\ x=0,\\ -1, & 当\ x>0,\end{cases}$　$g[f(x)]=\begin{cases}e, & 当\ |x|<1,\\ 1, & 当\ |x|=1,\\ e^{-1}, & 当\ |x|>1.\end{cases}$

3.（1）$\dfrac{\pi^2}{2}$（提示：令 $t=x-1$）；　（2）2（提示：令 $t=\dfrac{1}{x}$）；

（3）$\dfrac{1}{2}$；　（4）$-\dfrac{1}{2}$；　（5）e^3；　（6）e^{-2}.

4. $a=1,b=-1$.

5. $a=1$.

6. 三个根分别位于区间$(-3,-2)$，$(0,1)$和$(2,3)$内.

7.（1）残留药量可达$\dfrac{q_0e^{kT}}{e^{kT}-1}$；　（2）$k=0.1155$，药量为 2.67 mg.

*8. 提示：建立函数 $u=f(x)$，其中 x 为橡皮筋上任一点的老坐标，$a\leqslant x\leqslant b$；u 为拉伸后该点的新坐标，$c\leqslant u\leqslant d$.然后对连续函数$F(x)=x-f(x)$在区间$[a,b]$上用介值定理.

第　二　章

习题 2-1

1.（1）$10-g-\frac{1}{2}g\Delta t$；　　（2）$10-g$；

（3）$10-gt_0-\frac{1}{2}g\Delta t$；　　（4）$10-gt_0$.

2. -20.

3. $2A$.

4. 可导.

5.（1）$4x^3$；　（2）$\frac{2}{3\sqrt[3]{x}}$；　（3）$1.6x^{0.6}$；　（4）$-\frac{1}{2x\sqrt{x}}$；

（5）$-\frac{2}{x^3}$；　（6）$\frac{16}{5}x^{11/5}$；　（7）$\frac{1}{6x^{5/6}}$.

6. 4 m/s.

7. $f'\left(\frac{\pi}{6}\right)=-\frac{1}{2}, f'\left(\frac{\pi}{3}\right)=-\frac{\sqrt{3}}{2}$.

9.（1）在 $x=0$ 处连续、不可导；　　（2）在 $x=0$ 处连续且可导.

10. $k_1=y'\big|_{x=\frac{2}{3}\pi}=-\frac{1}{2}, k_2=y'\big|_{x=\pi}=-1$.

11. $(2,4)$.

12. 切线方程为$\frac{\sqrt{3}}{2}x+y-\frac{1}{2}\left(1+\frac{\sqrt{3}}{3}\pi\right)=0$；

法线方程为$\frac{2\sqrt{3}}{3}x-y+\frac{1}{2}-\frac{2\sqrt{3}}{9}\pi=0$.

习题 2-2

1.（1）$6x+\frac{4}{x^3}$；　　（2）$4x+\frac{5}{2}x^{3/2}$；

（3）$2x-\frac{5}{2}x^{-7/2}-3x^{-4}$；　　（4）$8x-4$.

2.（1）$v(t)=v_0-gt$；　　（2）$t=\frac{v_0}{g}$.

3. 切线方程为 $2x-y=0$，法线方程为 $x+2y=0$.

4. 切线方程为 $2x-y-2=0$ 和 $2x-y+2=0$.

5. $(1,0)$和$(-1,-4)$.

7. (1) $x(2\cos x-x\sin x)$; (2) $\sqrt{\varphi}\left(\frac{\sin\varphi}{2\varphi}+\cos\varphi\right)$;

(3) $\tan x+x\sec^2 x-2\sec x\tan x$;

(4) $-\frac{1}{x^2}\left(\frac{2\cos x}{x}+\sin x\right)$; (5) $1-3\cos v$;

(6) $10x^9+10^x\ln 10$; (7) $e^x(x^2+5x+4)$;

(8) $e^x(\cos x+x\sin x+x\cos x)$;

(9) $(x-b)(x-c)+(x-c)(x-a)+(x-a)(x-b)$;

(10) $\sqrt{x}\left(\frac{5}{2}\cos x-\frac{1}{2x}\cot x\cos x+\csc x\cot x-x\sin x\right)$.

8. (1) $\frac{2}{(x+1)^2}$; (2) $\frac{\cos t+\sin t+1}{(1+\cos t)^2}$;

(3) $-\frac{2\csc x[(1+x^2)\cot x+2x]}{(1+x^2)^2}$;

(4) $\frac{x\cos x-2\sin x}{x^3}$; (5) $\frac{2v^4(v^3-5)}{(v^3-2)^2}$;

(6) $-\frac{2\sqrt{x}(1+\sqrt{x})\csc^2 x+\cot x}{2\sqrt{x}(1+\sqrt{x})^2}$;

(7) $-\frac{1+2x}{(1+x+x^2)^2}$; (8) $-\frac{1+t}{\sqrt{t}(1-t)^2}$;

(9) $\tan x+x\sec^2 x+\csc x\cot x$;

(10) $\frac{(\sin x+x\cos x)(1+\tan x)-x\sin x\sec^2 x}{(1+\tan x)^2}$.

9. (1) $y'\big|_{x=\frac{\pi}{6}}=\frac{1}{2}$, $y'\big|_{x=\frac{\pi}{4}}=0$; (2) $\frac{\sqrt{2}}{4}\left(1+\frac{\pi}{2}\right)$;

(3) $f'(4)=-\frac{1}{18}$; (4) $f'(0)=\frac{3}{25}$, $f'(2)=\frac{17}{15}$.

10. (1) $b^2-3ac>0$; (2) $b^2-3ac=0$; (3) $b^2-3ac<0$.

习题 2-3

1. (1) $\frac{2x}{1+x^4}$; (2) $\frac{1}{2\sqrt{x}}\arctan x+\frac{\sqrt{x}}{1+x^2}$;

(3) $\frac{2\arcsin x}{\sqrt{1-x^2}}$; (4) $\arcsin(\ln x)+\frac{1}{\sqrt{1-\ln^2 x}}$;

(5) $\frac{2x}{x^4-2x^2+2}$; (6) $\frac{e^{\arctan\sqrt{x}}}{2\sqrt{x}(1+x)}$;

(7) $\frac{1}{2}\sqrt{1+\csc x}$; (8) $\arccos x$;

(9) $-\dfrac{1}{1+x^2}$;　　(10) $\dfrac{\pi}{2\sqrt{1-x^2}(\arccos x)^2}$;

(11) $2x\ln x+x$;　　(12) $-\dfrac{2}{x(1+\ln x)^2}$.

2. (1) $15(3x+1)^4$;　　(2) $-3e^{-x}$;

(3) $A\omega\cos(\omega t+\varphi)$;　　(4) $-\dfrac{nb}{x^2}\left(a+\dfrac{b}{x}\right)^{n-1}$;

(5) $-2xe^{-x^2}$;　　(6) $-\tan x$;

(7) $2^x\cos(2^x)\ln 2$;　　(8) $2^{\sin x}\cos x\ln 2$;

(9) $2\sec^2 x\tan x$;　　(10) $\dfrac{1}{x^2}\csc^2\dfrac{1}{x}$;

(11) $\dfrac{\sqrt{1-t^2}}{(1+t)(1-t)^2}$;　　(12) $\dfrac{2x+1}{(x^2+x+1)\ln a}$.

3. (1) $\csc x$;　　(2) $\dfrac{1}{\sqrt{x^2+a^2}}$;

(3) $-x\tan x^2\sqrt{\cos x^2}$;　　(4) $\dfrac{x\cos\sqrt{1+x^2}}{\sqrt{1+x^2}}$;

(5) $-2a\omega\sin 2(2\omega t+\varphi)$;　　(6) $\dfrac{1}{x\ln x\ln(\ln x)}$;

(7) $\dfrac{2x\cos 2x-\sin 2x}{x^2}$;

(8) $e^{-\alpha t}[\omega\cos(\omega t+\varphi)-\alpha\sin(\omega t+\varphi)]$;

(9) $\dfrac{a^2-2x^2}{2\sqrt{a^2-x^2}}$;　　(10) $\dfrac{2^{\frac{x}{\ln x}}(\ln x-1)\ln 2}{\ln^2 x}$;

(11) $\sec^2 x(1-\tan^2 x+\tan^4 x)$;　　(12) $\dfrac{1}{4}\sec^2\dfrac{x}{2}\sqrt{\cot\dfrac{x}{2}}$.

4. $\dfrac{f(x)f'(x)+g(x)g'(x)}{\sqrt{f^2(x)+g^2(x)}}$.

5. (1) $2xf'(x^2)$;　　(2) $\sin 2x[f'(\sin^2 x)-f'(\cos^2 x)]$.

6. $x=a$.

7. $\dfrac{dT}{dt}=-k(T_0-T_1)e^{-kt}$.

8. $\dfrac{dm}{dt}=-km_0e^{-kt}$.

9. 法线方程为 $x+2y-2=0$,原点到法线的距离为$\dfrac{2\sqrt{5}}{5}$.

习题 2-4

1. (1) $4-\frac{1}{x^2}$;　　(2) $4\mathrm{e}^{2x-1}$;

(3) $-2\sin x-x\cos x$;　　(4) $-2\mathrm{e}^{-t}\cos t$;

(5) $-\frac{a^2}{(a^2-x^2)^{\frac{3}{2}}}$;　　(6) $4+\frac{3}{4}x^{-\frac{5}{2}}+8x^{-3}$;

(7) $-\frac{2(1+x^2)}{(1-x^2)^2}$;　　(8) $2\sec^2x\tan x$;

(9) $\frac{6x(2x^3-1)}{(x^3+1)^3}$;　　(10) $2\arctan x+\frac{2x}{1+x^2}$;

(11) $-2\cos 2x\ln x-\frac{2\sin 2x}{x}-\frac{\cos^2x}{x^2}$;

(12) $\frac{\mathrm{e}^x(x^2-2x+2)}{x^3}$;　　(13) $2x\mathrm{e}^{x^2}(3+2x^2)$;

(14) $-\frac{x}{(1+x^2)^{\frac{3}{2}}}$.

2. $f'''(2)=207\ 360$.

3. $\frac{f''(x)f(x)-[f'(x)]^2}{[f(x)]^2}$.

6. (1) $2^{n-1}\sin\left[2x+(n-1)\frac{\pi}{2}\right]$;　　(2) $(-1)^n\frac{2\cdot n!}{(1+x)^{n+1}}$;

(3) $\frac{1}{m}\left(\frac{1}{m}-1\right)\left(\frac{1}{m}-2\right)\cdots\left(\frac{1}{m}-n+1\right)(1+x)^{\frac{1}{m}-n}$;

(4) $(-1)^n\frac{(n-2)!}{x^{n-1}}\quad(n\geqslant 2)$.

习题 2-5

1. (1) $\frac{y}{y-x}$;　　(2) $\frac{ay-x^2}{y^2-ax}$;　　(3) $\frac{\mathrm{e}^{x+y}-y}{x-\mathrm{e}^{x+y}}$;　　(4) $-\frac{\mathrm{e}^y}{1+x\mathrm{e}^y}$.

2. 切线方程为 $x+y-\frac{\sqrt{2}}{2}a=0$,法线方程为 $x-y=0$.

3. (1) $\frac{\sin(x+y)}{[\cos(x+y)-1]^3}$;　　(2) $-\frac{1}{y^3}$.

4. (1) $\left(\frac{x}{1+x}\right)^x\left(\ln\frac{x}{1+x}+\frac{1}{1+x}\right)$;

(2) $-\frac{(\tan 2x)^{\cot\frac{x}{2}}}{2}\left(\csc^2\frac{x}{2}\ln\tan 2x-8\cot\frac{x}{2}\csc 4x\right)$;

(3) $\frac{1}{5}\sqrt[5]{\frac{x-5}{\sqrt[5]{x^2+2}}}\left[\frac{1}{x-5}-\frac{2x}{5(x^2+2)}\right]$;

(4) $\dfrac{\sqrt{x+2}(3-x)^4}{(x+1)^5}\left[\dfrac{1}{2(x+2)}-\dfrac{4}{3-x}-\dfrac{5}{x+1}\right]$.

5. $a=\dfrac{1}{4},b=\dfrac{5}{4}$.

6. (1) $\dfrac{3b}{2a}t$; (2) $\dfrac{\cos\theta-\theta\sin\theta}{1-\sin\theta-\theta\cos\theta}$.

7. $\sqrt{3}-2$.

8. (1) 切线方程为 $2\sqrt{2}x+y-2=0$，法线方程为$\sqrt{2}x-4y-1=0$；

(2) 切线方程为 $x+2y-4=0$，法线方程为 $2x-y-3=0$.

9. (1) $\dfrac{1}{t^3}$; (2) $-\dfrac{b}{a^2\text{in}^3 t}$.

* 习题 2-6

1. $4l$ g/cm.
2. 43.75 L/min，37.5 L/min，25 L/min.
3. -0.04.
4. (1) $C'(100)=1.90$ 元/件，$C(101)-C(100)\approx1.902$ 元/件；

(2) $C'(100)=11$ 元/件，$C(101)-C(100)\approx11.07$ 元/件.

6. $500\sqrt{3}\approx866$(km/h).
7. $\dfrac{8}{9\pi}$ m/min.
8. 0.14 rad/min.

习题 2-7

1. 把质点在时间区间$[t_0,t_0+\Delta t]$上的直线运动近似看作匀速运动，其速度为 t_0 时刻的瞬时速度 $v(t_0)$，则质点所跑的距离 ΔS 就近似等于 $v(t_0)\Delta t$，从而得线性近似式 $\Delta S\approx v(t_0)\Delta t$.
2. 当 $\Delta x=1$ 时，$\Delta y=4$，$dy=3$；当 $\Delta x=0.1$ 时，$\Delta y=0.31$，$dy=0.3$；

当 $\Delta x=0.01$ 时，$\Delta y=0.0301$，$dy=0.03$.

3. (1) $\left(-\dfrac{1}{x^2}+\dfrac{\sqrt{x}}{x}\right)dx$; (2) $(\sin 2x+2x\cos 2x)dx$;

(3) $(x^2+1)^{-\frac{3}{2}}dx$; (4) $\dfrac{2\ln(1-x)}{x-1}dx$;

(5) $2x(1+x)e^{2x}dx$;

(6) $8x\tan(1+2x^2)\sec^2(1+2x^2)dx$;

(7) $-\dfrac{2x}{1+x^4}dx$; (8) $A\omega\cos(\omega t+\varphi)dt$.

4. (1) $2x+C$; (2) $\dfrac{3}{2}x^2+C$; (3) $\sin t+C$;

(4) $-\dfrac{1}{\omega}\cos\omega x+C$; (5) $\ln(1+x)+C$; (6) $-\dfrac{1}{2}e^{-2x}+C$;

(7) $2\sqrt{x}+C$;　　(8) $\frac{1}{3}\tan 3x+C$.

5. (1) $\arctan x\approx x$;　　(2) $e^{-x}\cos x\approx 1-x$;

(3) $\arcsin\sqrt{1-x}\approx\frac{\pi}{4}-\left(x-\frac{1}{2}\right)$;　　(4) $\ln(1+x^2)\approx\ln 2+(x-1)$.

6. 0.033 55 g.

7. (1) 0.087 5;　　(2) 2.005 2.

第二章复习题

一、1. (1) 充分，必要；　　(2) $o(\Delta x)$;　　(3) $-\frac{3ty}{6y^2+t^3}$;

(4) (a)与 C,(b)与 D,(c)与 B,(d)与 A;　　(5) B;

(6) D.

2. (1) 非；　(2) 是；　(3) 是；　(4) 非；　(5) 非.

二、1. (1) 当 $k>1$ 时, $f'(0)=0$; 当 $0<k\leqslant 1$ 时, $f'(0)$不存在.

(2) $f'(0)=1$.

2. 2.

3. (1) $\frac{\sqrt[3]{x-1}}{\sqrt{x}}\left[\frac{1}{3(x-1)}-\frac{1}{2x}\right]$（提示：用对数求导法）;

(2) $y'=\frac{1}{1+x^2}$;　　(3) $y'=\sin x\ln(\tan x)$;

(4) $y'=\frac{e^x}{\sqrt{1+e^{2x}}}$.

4. $y'(0)=-\frac{1}{e}$, $y''(0)=\frac{1}{e^2}$.

5. (1) $\frac{dy}{dx}=-\tan\theta$, $\frac{d^2y}{dx^2}=\frac{1}{3a}\sec^4\theta\csc\theta$;

(2) $\frac{dy}{dx}=\frac{1}{t}$, $\frac{d^2y}{dx^2}=-\frac{1+t^2}{t^3}$.

6. $a=1$, $b=2$.

*7. 80 km/h.

第　三　章

习题 3-1

3. 提示：先对 $f(x)$ 在 $[x_1,x_2]$ 和 $[x_2,x_3]$ 上分别用罗尔定理，得到 $\xi_1\in(x_1,x_2)$, $\xi_2\in(x_2,x_3)$，使 $f'(\xi_1)=f'(\xi_2)=0$. 然后对 $f'(x)$ 在 $[\xi_1,\xi_2]$ 上用罗尔定理.

4. 提示:对函数 $F(x)=f(x)-g(x)$ 在 $[a,b]$ 上用罗尔定理.
5. 提示:利用导数恒为零的函数是常数的定理.
7. 该车的平均速度已达 120 km/h.由拉格朗日中值定理,该车必有某时刻的瞬时速度为 120 km/h.故必定超速.

习题 3-2

1. (1) 1;　(2) 2;　(3) $-\frac{3}{5}$;　(4) $\frac{m}{n}a^{m-n}$;

(5) $-\frac{1}{8}$;　(6) 1;　(7) -1;　(8) 3;

(9) $\frac{1}{2}$;　(10) ∞;　(11) $-\frac{1}{2}$;　(12) 1.

3. 提示:计算 $\lim\limits_{x\to+\infty}\frac{x}{\ln x}$.

习题 3-3

2. $f(x)=-56+21(x-4)+37(x-4)^2+11(x-4)^3+(x-4)^4$.
4. $\tan x=x+\frac{1+2\sin^2(\theta x)}{3\cos^4(\theta x)}x^3\quad(0<\theta<1)$.
5. (1) $\sqrt{e}\approx1.65$, $|R_3|<0.01$;

(2) $\sin 9°\approx0.156\ 434$, $|R_3|<7.97\times10^{-7}$.

习题 3-4

1. 单调减少.
2. 单调增加.
3. (1) 在 $(-\infty,-1]$, $[3,+\infty)$ 内单调增加,在 $[-1,3]$ 上单调减少;

(2) 在 $(0,2]$ 内单调减少,在 $[2,+\infty)$ 内单调增加.

6. (1) 凸的;　(2) 凹的.
7. (1) 拐点 $\left(\frac{5}{3},\frac{20}{27}\right)$,在 $\left(-\infty,\frac{5}{3}\right]$ 内是凸的,在 $\left[\frac{5}{3},+\infty\right)$ 内是凹的;

(2) 拐点 $(-1,\ln 2)$ 和 $(1,\ln 2)$,在 $(-\infty,-1]$, $[1,+\infty)$ 内是凸的,在 $[-1,1]$ 上是凹的.

习题 3-5

1. (1) 极大值 $y\big|_{x=-1}=17$, 极小值 $y\big|_{x=3}=-47$;

(2) 极小值 $y\big|_{x=0}=0$;

(3) 极大值 $y\big|_{x=\pm1}=1$, 极小值 $y\big|_{x=0}=0$;

(4) 极大值 $y\big|_{x=\frac{3}{4}}=\frac{5}{4}$;

(5) 极大值 $y\big|_{x=1}=2$;

(6) 极大值 $y\big|_{x=\frac{\pi}{4}+2k\pi}=\frac{\sqrt{2}}{2}e^{\frac{\pi}{4}+2k\pi}$,

极小值 $y\Big|_{x=\frac{\pi}{4}+(2k+1)\pi}=-\dfrac{\sqrt{2}}{2}e^{\frac{\pi}{4}+(2k+1)\pi}$　$(k=0,\pm1,\pm2,\cdots)$；

(7) 极大值 $y\Big|_{x=e}=e^{1/e}$；

(8) 没有极值.

2. (1) $f(x)=\begin{cases}x^2-2x, & \text{当 } x<0,\\ 2x-x^2, & \text{当 } 0\leqslant x\leqslant 2,\\ x^2-2x, & \text{当 } x>2;\end{cases}$

(2) 驻点：$x=1$，导数不存在的点 $x=0$，$x=2$；

(3) 极小值：$f(0)=0, f(2)=0$；

极大值：$f(1)=1$.

3. $a=2, f\left(\dfrac{\pi}{3}\right)=\sqrt{3}$ 为极大值.

4. (1) 最大值 $y\Big|_{x=4}=80$，最小值 $y\Big|_{x=-1}=-5$；

(2) 最大值 $y\Big|_{x=\frac{3}{4}}=\dfrac{5}{4}$，最小值 $y\Big|_{x=-5}=\sqrt{6}-5$.

5. $x=-3$ 处函数有最小值 27.

6. $x=1$ 处函数有最大值 $\dfrac{1}{2}$.

7. 至少需砌墙 $16\sqrt{2}$ m，由于 $16\sqrt{2}\approx 22.6<24$，因此存砖足够了.

8. $r=\sqrt[3]{\dfrac{V}{2\pi}}$，$h=2\sqrt[3]{\dfrac{V}{2\pi}}$，$d:h=1:1$.

9. $\varphi=\dfrac{2\sqrt{6}}{3}\pi$.

11. 距离烟尘喷出量较小的烟囱 6.67 km.

*习题 3-7

1. $K=1$.

2. $K=|\cos x|$，$\rho=|\sec x|$.

3. $K=2$，$\rho=\dfrac{1}{2}$.

4. $K=\dfrac{2}{|3a\sin 2t_0|}$.

5. $\left(\dfrac{\sqrt{2}}{2},-\dfrac{\ln 2}{2}\right)$ 处曲率半径有最小值 $\dfrac{3\sqrt{3}}{2}$.

6. 约 1 246 N.

*习题 3-8

1. $-0.20<\xi<-0.19$.

2. $0.32<\xi<0.33$.

3. $1.76<\xi<1.77$.

第三章复习题

一、1. (1) $f(a)=f(b)$; (2) <0; (3) >0;

(4) A; (5) A; (6) D.

2. (1) 非; (2) 非; (3) 是;

(4) 非; (5) 是.

二、1. 位置函数曲线是 c,速度函数曲线是 b,加速度函数曲线是 a.

3. ka.

4. 提示:令 $F(x)=a_0x+\frac{a_1}{2}x^2+\cdots+\frac{a_n}{n+1}x^{n+1}$,则 $f(x)=F'(x)$,对 $F(x)$ 在区间 $[0,1]$ 上用罗尔定理.

6. 提示:分别在 $[1.1,1.2]$ 和 $[1.2,1.3]$ 上用拉格朗日中值定理,再注意到 $f'(x)$ 在 $[1,2]$ 上单调减少,可证得结论.

7. (1) $\frac{1}{2}$; (2) $\frac{1}{2}$.

9. 最大值 $f(\mathrm{e})$,数列最大项 $\sqrt[3]{3}$.

10. $\sqrt{\frac{a}{b}}$.

11. 1 800 元.

第 四 章

习题 4-1

1. (1) $-\frac{1}{x}+C$; (2) $-\frac{2}{3}x^{-\frac{3}{2}}+C$;

(3) $\sqrt{\frac{2h}{g}}+C$; (4) $\arcsin x+C$;

(5) $\frac{x^5}{5}+\frac{2x^3}{3}+x+C$; (6) $2\sqrt{x}+\frac{2}{3}x^{\frac{3}{2}}+C$;

(7) $x-\ln|x|+\frac{2}{x}+C$; (8) $\frac{4(x^2+7)}{7\sqrt[4]{x}}+C$;

(9) $x-\arctan x+C$; (10) $x^3+\arctan x+C$;

(11) $3\arctan x-2\arcsin x+C$; (12) $\frac{27^x}{3\ln 3}+C$;

(13) $\mathrm{e}^x-2\sqrt{x}+C$; (14) $2x+\frac{3\left(\frac{2}{3}\right)^x}{\ln 3-\ln 2}+C$;

(15) $-2\cos x+C$;　　(16) $\tan x-\sec x+C$;

(17) $\frac{1}{2}(x+\sin x)+C$;　　(18) $\frac{1}{2}\tan x+C$;

(19) $\sin x-\cos x+C$;　　(20) $-(\cot x+\tan x)+C$.

2. $y=\ln x+1$.

3. (1) 24 m;　　(2) $\sqrt{80}\approx 8.94$ s.

习题 4-2

1. (1) $\frac{1}{a}$;　(2) $\frac{1}{7}$;　(3) $\frac{1}{2}$;　(4) $\frac{1}{10}$;

(5) $-\frac{1}{2}$;　(6) $\frac{1}{12}$;　(7) $\frac{1}{2}$;　(8) -2;

(9) $-\frac{2}{3}$;　(10) $\frac{1}{5}$;　(11) $-\frac{1}{5}$;　(12) $\frac{1}{3}$;

(13) -1;　(14) -1.

2. (1) $\frac{1}{5}e^{5x}+C$;　　(2) $-\frac{1}{202}(3-2x)^{101}+C$;

(3) $-\frac{1}{2}\ln|1-2x|+C$;　　(4) $-\frac{1}{2}(2-3x)^{\frac{2}{3}}+C$;

(5) $\frac{t}{2}+\frac{1}{12}\sin 6t+C$;　　(6) $-2\cos\sqrt{t}+C$;

(7) $-\frac{1}{(\ln 2)4^x}+C$;　　(8) $\frac{1}{11}\tan^{11}x+C$;

(9) $\ln|\csc 2x-\cot 2x|+C$;　　(10) $\arctan e^x+C$;

(11) $\frac{1}{2}\sin(x^2)+C$;　　(12) $-\frac{1}{3}\sqrt{2-3x^2}+C$;

(13) $\frac{1}{2\sqrt{2}}\arctan(\sqrt{2}x^2)+C$;　　(14) $-\frac{1}{3\omega}\cos^3(\omega t+\varphi)+C$;

(15) $\frac{1}{2}\sec^2 x+C$;　　(16) $-2\sqrt{1-x^2}-\arcsin x+C$;

(17) $\sin x-\frac{1}{3}\sin^3 x+C$;　　(18) $\frac{3}{2}(\sin x-\cos x)^{\frac{2}{3}}+C$;

(19) $\frac{(1-x)^{101}}{101}-\frac{(1-x)^{100}}{100}+C$;　　(20) $\frac{1}{2}\cos x-\frac{1}{10}\cos 5x+C$;

(21) $\frac{1}{4}\sin 2x-\frac{1}{24}\sin 12x+C$;　　(22) $\frac{1}{3}\sec^3 x-\sec x+C$;

(23) $(\arctan\sqrt{x})^2+C$;　　(24) $\ln|\ln\ln x|+C$;

(25) $-\ln|\cos\sqrt{1+x^2}|+C$;　　(26) $\frac{1}{2}\arctan(\sin^2 x)+C$;

(27) $\sqrt{x^2-9}-3\arccos\dfrac{3}{|x|}+C$; (28) $\dfrac{x}{a^2\sqrt{a^2-x^2}}+C$;

(29) $-\dfrac{\sqrt{1+x^2}}{x}+C$; (30) $\dfrac{1}{2}\left(\arctan x-\dfrac{x}{1+x^2}\right)+C$.

习题 4-3

1. $-x\cos x+\sin x+C$.
2. $x^2\sin x+2x\cos x-2\sin x+C$.
3. $-e^{-x}(x+1)+C$.
4. $\dfrac{1}{3}x^3\ln x-\dfrac{1}{9}x^3+C$.
5. $\dfrac{1}{2}[(x^2+1)\ln(x^2+1)-x^2]+C$.
6. $x\arcsin x+\sqrt{1-x^2}+C$.
7. $2\sqrt{x}(\ln x-2)+C$.
8. $2x\sin\dfrac{x}{2}+4\cos\dfrac{x}{2}+C$.
9. $-\dfrac{1}{2}x^2+x\tan x+\ln|\cos x|+C$.
10. $x\ln^2 x-2x\ln x+2x+C$.
11. $-\dfrac{x}{4}\cos 2x+\dfrac{1}{8}\sin 2x+C$.
12. $\dfrac{x^2}{4}+\dfrac{x}{4}\sin 2x+\dfrac{1}{8}\cos 2x+C$.
13. $-\dfrac{1}{5}e^{-x}(2\cos 2x+\sin 2x)+C$.
14. $\dfrac{x}{2}(\cos\ln x+\sin\ln x)+C$.
15. $\tan x\ln\cos x+\tan x-x+C$.
16. $x\ln(x+\sqrt{1+x^2})-\sqrt{1+x^2}+C$.
17. $3e^{\sqrt[3]{x}}(\sqrt[3]{x^2}-2\sqrt[3]{x}+2)+C$.
18. $\sin\sqrt{2x+1}-\sqrt{2x+1}\cos\sqrt{2x+1}+C$.

习题 4-4

1. $\dfrac{1}{2}x^2-\dfrac{9}{2}\ln(x^2+9)+C$.
2. $\dfrac{1}{x+1}+\dfrac{1}{2}\ln|x^2-1|+C$.
3. $\dfrac{1}{2}\ln\dfrac{x^2}{x^2+1}+C$.
4. $\dfrac{1}{2}\ln(x^2+2x+2)-\arctan(x+1)+C$.
5. $\dfrac{1}{\sqrt{2}}\arctan\dfrac{\tan\dfrac{x}{2}}{\sqrt{2}}+C$.
6. $\ln\left|1+\tan\dfrac{x}{2}\right|+C$.
7. $\ln\left|\dfrac{\sqrt{2x+1}-1}{\sqrt{2x+1}+1}\right|+C$.
8. $x-4\sqrt{x+1}+4\ln(\sqrt{x+1}+1)+C$.
9. $2\sqrt{x}-4\sqrt[4]{x}+4\ln(\sqrt[4]{x}+1)+C$.
10. $-2\sqrt{\dfrac{x-1}{2-x}}+2\arctan\sqrt{\dfrac{2-x}{x-1}}+C$.

第四章复习题

一、1.(1) 其中一条积分曲线可由另一条积分曲线沿 y 轴向上(或向下)平移而得到;

(2) $e^{\sin^2 x}+C$;　　(3) $-\frac{1}{x^2}$;

(4) $\tan x-x+C$, $-\sec x-\cos x+C$;　　(5) $f(x)\,dx$;

(6) $f(x)=\cos x$ 为偶函数,$F(x)=\sin x+1$ 是它的一个原函数,但不是奇函数.

2.(1) B;　(2) C;　(3) D;　(4) A.

二、1.(1) $\arctan x-\frac{2}{x}+C$;　　(2) $\frac{1}{3}\ln(x^3+\sqrt{1+x^6})+C$;

(3) $\frac{1}{\sqrt{2}}\arcsin\left(\sqrt{\frac{2}{3}}\sin x\right)+C$;

(4) $\frac{1}{\sqrt{2}}\arctan\left(\frac{\tan x}{\sqrt{2}}\right)+C$;　　(5) $x-\ln(e^x+1)+C$;

(6) $\frac{2}{3}(1+\ln x)^{\frac{3}{2}}-2(1+\ln x)^{\frac{1}{2}}+C$;

(7) $-\frac{\sqrt{a^2-x^2}}{a^2x}+C$;　　(8) $\ln(x-1+\sqrt{x^2-2x+5})+C$;

(9) $-2\sqrt{-x^2+6x-8}+9\arcsin(x-3)+C$;

(10) $\ln|\sin x|-x\cot x+C$;　　(11) $\frac{1}{4}\sec^4 x+C$;

(12) $\sqrt{1+x^2}\arctan x-\ln(x+\sqrt{1+x^2})+C$;

(13) $\frac{1}{5}(4-x^2)^{\frac{5}{2}}-\frac{4}{3}(4-x^2)^{\frac{3}{2}}+C$;

(14) $\frac{1}{15}(1-3x)^{\frac{5}{3}}-\frac{1}{6}(1-3x)^{\frac{2}{3}}+C$;

(15) $a\arcsin\frac{x}{a}-\sqrt{a^2-x^2}+C$;

(16) $-\frac{1+\ln x}{x}+C$;　　(17) $4\ln|x-2|-\frac{11}{x-2}+C$;

(18) $\frac{x^4}{4}+\ln\frac{\sqrt[4]{x^4+1}}{x^4+2}+C$;　　(19) $\ln\frac{x}{(\sqrt[6]{x}+1)^6}+C$;

(20) $\frac{1}{1+e^x}+\ln\frac{e^x}{1+e^x}+C$.

2. (1) $2x\sec^2 x\tan x-\sec^2 x+C$;　(2) $x\sec^2 x-\tan x+C$.

3. $f(x)=-x^2-\ln|1-x|+C$.

4. $f(x)=\frac{x}{\sqrt{x^2+1}}$.

5. $f(x)=x^3-3x^2+4$.

第 五 章

习题 5-1

1. $e-1$.

3. $s=\int_1^3(3t+5)\,dt=22(m)$.

4. (1) $\int_0^1 x^2 dx$ 较大；　(2) $\int_3^4 \ln^2 x dx$ 较大；

(3) $\int_0^{\frac{\pi}{2}} \sin^2 x dx$ 较大；　(4) $\int_0^1 e^x dx$ 较大.

5. (1) $6\leqslant\int_1^4(x^2+1)\,dx\leqslant 51$；　(2) $\pi\leqslant\int_{\frac{\pi}{4}}^{\frac{5\pi}{4}}(1+\sin^2 x)\,dx\leqslant 2\pi$；

(3) $3e^{-4}\leqslant\int_{-1}^{2} e^{-x^2}dx\leqslant 3$；　(4) $\frac{2}{3}\leqslant\int_{\frac{\pi}{6}}^{\frac{\pi}{2}}\frac{\sin x}{x}dx\leqslant 1$.

6. 表示时刻 T 时两车速度之差.

习题 5-2

1. (1) e^{x^2-x}；　(2) $\frac{1}{2\sqrt{x}}\cos(x+1)$；

(3) $-\frac{2\sin x^2}{x}$；　(4) $2x\sqrt{1+x^6}-2\sqrt{1+8x^3}$.

2. $-\frac{\cos x}{e^y}$.

3. (1) $\frac{17}{6}$；　(2) $45\frac{1}{6}$；　(3) $\frac{\pi}{3}$；　(4) $\frac{\pi}{3a}$；

(5) $1+\frac{\pi}{4}$；　(6) -1；　(7) $\frac{\pi}{2}-1$；　(8) 4；

(9) $\frac{5}{2}$；　(10) $\frac{8}{3}$.

4. (1) $\frac{1}{3}$；　(2) e；　(3) $-\frac{1}{2}$；　(4) 18.

习题 5-3

1. (1) 0；　(2) $\frac{51}{512}$；　(3) $\frac{1}{4}$；

(4) $\frac{\pi}{6}-\frac{\sqrt{3}}{8}$；　(5) $\sqrt{2}-\frac{2\sqrt{3}}{3}$；　(6) $\frac{\pi}{16}a^4$；

(7) $\frac{1}{6}$；　(8) $2-2\ln\frac{3}{2}$；　(9) $(\sqrt{3}-1)a$；

(10) $1-e^{-\frac{1}{2}}$; (11) $\frac{1}{5}$; (12) $\frac{\pi}{2}$;

(13) $\arctan e-\frac{\pi}{4}$; (14) $\ln\frac{3}{2}$; (15) $\frac{4}{3}$;

(16) $2\sqrt{2}$.

2. (1) $1-\frac{2}{e}$; (2) $\frac{\pi^2}{4}-2$; (3) $\frac{\pi}{4}-\frac{1}{2}$;

(4) $4(2\ln 2-1)$; (5) $\left(\frac{1}{4}-\frac{\sqrt{3}}{9}\right)\pi+\frac{1}{2}\ln\frac{3}{2}$;

(6) $\frac{1}{5}(e^{\pi}-2)$; (7) $2\left(1-\frac{1}{e}\right)$; (8) $\frac{35}{512}\pi$.

3. (1) 0; (2) $\frac{\pi^3}{324}$; (3) π;

(4) $\frac{2}{5}(9\sqrt{3}-4\sqrt{2})$.

4. 1.

习题 5-4

1. (1) $\frac{1}{6}$; (2) 1; (3) $\frac{32}{3}$; (4) $\frac{2-\sqrt{2}}{3}$.

2. (1) $2\pi+\frac{4}{3}, 6\pi-\frac{4}{3}$; (2) $\frac{3}{2}-\ln 2$; (3) $b-a$;

(4) $\frac{4}{3}$; (5) $2(\sqrt{2}-1)$; (6) $\frac{32}{3}$.

3. $\frac{9}{4}$.

4. $\frac{16}{3}p^2$.

5. (1) $\frac{3}{2}\pi a^2$; (2) a^2.

6. $\frac{1}{4}, \frac{1}{4}$.

7. (1) $2\pi a x_0^2$; (2) $\frac{3}{10}\pi$; (3) $160\pi^2$.

8. $\frac{128}{7}\pi, \frac{64}{5}\pi$.

10. $\frac{1}{2}\pi R^2 h$.

11. $\frac{4\sqrt{3}}{3}R^3$.

12. (1) $\frac{8}{9}\left[\left(\frac{5}{2}\right)^{\frac{3}{2}}-1\right]$； (2) $\frac{\sqrt{5}}{2}(e^{4\pi}-1)$；

(3) $2\pi\sqrt{1+4\pi^2}+\ln(2\pi+\sqrt{1+4\pi^2})$.

13. $\left(\left(\frac{2}{3}\pi-\frac{\sqrt{3}}{2}\right)a,\frac{3}{2}a\right)$.

习题 5-5

1. $0.18k$ J.
2. $800\pi\ln 2$ J.
3. $\frac{27}{7}kc^{\frac{2}{3}}a^{\frac{7}{3}}$ (k 为比例常数).
4. $18\ 375\pi$ kJ (取 $g=9.8\ \mathrm{m/s^2}$).
5. 205.8 kN (取 $g=9.8\ \mathrm{m/s^2}$).
7. P 点应在距点 $B\ \frac{4}{3}$处.

习题 5-6

1. (1) $\frac{1}{3}$； (2) 发散； (3) $\frac{1}{2}$； (4) π；

(5) $\frac{8}{3}$； (6) -1； (7) 发散； (8) $\frac{\pi}{2}$.

2. $n!$.
3. $\frac{e}{2}$.

第五章复习题

一、1. (1) 必要； (2) 充分； (3) 充要；

(4) 1； (5) $2x+\frac{1}{x}$.

2. (1) A； (2) D； (3) C； (4) A.

二、1. (1) $1-\frac{\pi}{4}$； (2) $-\frac{\pi}{12}$； (3) $\frac{1}{3}$； (4) 12；

(5) 0； (6) $\frac{\pi}{4}+\ln 2$.

2. (1) -2，提示：利用被积函数的奇偶性；

(2) 2π，提示：令 $x=2\sin t$，换元后利用 $\int_0^{\frac{\pi}{2}}\sin^n x\mathrm{d}x$ 的计算公式；

(3) $200\sqrt{2}$.

3. $A=\frac{f'(0)}{3}$.

4. $\frac{1}{2}(\cos 1-1)$.

5. $\frac{16}{15}$.

6. $\frac{1}{8}(5\pi-6\sqrt{3})$.

7. $\frac{512\pi}{15}$.

8. $\frac{g\pi H^3}{12}$(kJ).

9. 薄板应铅直下降$\frac{4R}{3\pi}$.

第 六 章

习题 6-1

1. (1) 一阶; (2) 二阶; (3) 一阶; (4) 二阶.

2. (1) 是; (2) 是; (3) 不是; (4) 是.

3. (1) $y^2-x^2=25$; (2) $y=-\cos x$.

4. (1) $y'=x^2$; (2) $yy'+2x=0$.

5. $y=2x-e^x$.

6. $\frac{dp}{dT}=k\frac{p}{T^2}$($k$ 为比例系数).

习题 6-2

1. (1) $y=2x^3+5x^2+C$; (2) $\arcsin y=\arcsin x+C$;

   (3) $y=e^{Cx}$; (4) $(x-4)y^4=Cx$;

   (5) $\sin x\sin y=C$; (6) $(e^x+1)(e^y-1)=C$.

*2. (1) $y^2=x^2(2\ln|x|+C)$; (2) $\ln\frac{y}{x}=Cx+1$;

   (3) $x+2ye^{\frac{x}{y}}=C$.

*3. (1) $y+x=\tan(x+C)$; (2) $xy=e^{Cx}$.

4. (1) $2e^y=e^{2x}+1$; (2) $x^2y=4$;

   (3) $e^x+1=2\sqrt{2}\cos y$.

*5. (1) $y+\sqrt{y^2-x^2}=x^2$; (2) $\arctan\frac{y}{x}+\ln(x^2+y^2)=\frac{\pi}{4}+\ln 2$.

6. $v=\sqrt{72\ 500}\approx 269.3(\mathrm{cm/s})$.

7. $R=R_0\mathrm{e}^{-0.000\ 433t}$,时间以年为单位.

8. $xy=6$.

习题 6-3

1. (1) $y=\mathrm{e}^{-x}(x+C)$; (2) $\rho=\frac{2}{3}+C\mathrm{e}^{-3\theta}$;

(3) $y=(x+C)\mathrm{e}^{-\sin x}$; (4) $y=\frac{x^2}{4}+Cx^6$;

(5) $y=\ln x+C\ln^2 x$; (6) $y=2+C\mathrm{e}^{-x^2}$;

(7) $y=C\cos x-2\cos^2 x$; (8) $y=\frac{1}{x^2-1}(\sin x+C)$.

2. (1) $y=x\sec x$; (2) $y=\frac{1}{x}(\pi-1-\cos x)$;

(3) $y\sin x+5\mathrm{e}^{\cos x}=1$; (4) $2y=x^3-x^3\mathrm{e}^{\frac{1}{x^2}-1}$.

3. $y=2(\mathrm{e}^x-x-1)$.

4. $v=\frac{k_1}{k_2}t-\frac{k_1 m}{k_2^2}\left(1-\mathrm{e}^{-\frac{k_2}{m}t}\right)$.

*习题 6-4

1. (1) $y=\frac{1}{6}x^3-\sin x+C_1x+C_2$; (2) $y=(x-3)\mathrm{e}^x+C_1x^2+C_2x+C_3$;

(3) $y=-\ln|\cos(x+C_1)|+C_2$; (4) $y=C_1\mathrm{e}^x-\frac{1}{2}x^2-x+C_2$;

(5) $y=C_1\ln|x|+C_2$; (6) $C_1y^2-1=(C_1x+C_2)^2$.

2. (1) $y=\frac{1}{8}\mathrm{e}^{2x}-\frac{1}{4}x^2-\frac{1}{4}x-\frac{1}{8}$; (2) $y=-\frac{1}{2}\ln(2x+1)$;

(3) $y=\arcsin x$; (4) $y=\left(\frac{1}{2}x+1\right)^4$.

3. $y=\frac{x^3}{6}+\frac{x}{2}+1$.

习题 6-5

1. (1) $y=C_1\mathrm{e}^x+C_2\mathrm{e}^{-2x}$; (2) $y=C_1+C_2\mathrm{e}^{4x}$;

(3) $y=C_1\cos x+C_2\sin x$; (4) $y=\mathrm{e}^{-3x}(C_1\cos 2x+C_2\sin 2x)$;

(5) $x=(C_1+C_2t)\mathrm{e}^{\frac{5}{2}t}$; (6) $y=\mathrm{e}^{2x}(C_1\cos\sqrt{2}x+C_2\sin\sqrt{2}x)$.

2. (1) $y=4\mathrm{e}^x+2\mathrm{e}^{3x}$; (2) $y=(2+x)\mathrm{e}^{-\frac{x}{2}}$;

（3）$y=e^{-2x}-e^{5x}$；　　（4）$y=3e^{-2x}\sin 5x$；

（5）$y=2\cos 5x+\sin 5x$；　　（6）$y=e^{2x}\sin 3x$.

3. $x=\dfrac{v_0}{\lambda}(1-e^{-\lambda t})e^{\frac{1}{2}(\lambda-k_2)t}$，其中 $\lambda=\sqrt{k_2^2+4k_1}$.

4. $x=-10\cos \omega t(\text{cm})$，其中 $\omega=\sqrt{\dfrac{\pi g}{200}}\approx 3.9(1/\text{s})$.

习题 6-6

1.（1）$y=C_1e^{\frac{x}{2}}+C_2e^{-x}+e^x$；

（2）$y=C_1+C_2e^{-\frac{5}{2}x}+\dfrac{1}{3}x^3-\dfrac{3}{5}x^2+\dfrac{7}{25}x$；

（3）$y=C_1e^{-x}+C_2e^{-4x}-\dfrac{x}{2}+\dfrac{11}{8}$；

（4）$y=(C_1+C_2x)e^{3x}+x^2\left(\dfrac{1}{6}x+\dfrac{1}{2}\right)e^{3x}$；

（5）$y=C_1e^{-x}+C_2e^{-2x}+\dfrac{1}{2}(\sin x-\cos x)e^{-x}$；

（6）$y=C_1\cos\sqrt{3}x+C_2\sin\sqrt{3}x-\dfrac{1}{6}\cos 3x-\dfrac{2}{3}\sin 3x$.

2.（1）$y=\dfrac{11}{16}+\dfrac{5}{16}e^{4x}-\dfrac{5}{4}x$；　　（2）$y=-5e^x+\dfrac{7}{2}e^{2x}+\dfrac{5}{2}$；

（3）$y=\dfrac{1}{2}(e^{9x}+e^x)-\dfrac{1}{7}e^{2x}$；　　（4）$y=e^x-e^{-x}+e^x(x^2-x)$；

（5）$y=-\cos x-\dfrac{1}{3}\sin x+\dfrac{1}{3}\sin 2x$.

3. $x=\dfrac{mg}{k}t-\dfrac{m^2g}{k^2}(1-e^{-\frac{k}{m}t})$.

4. $\begin{cases}x=v_0\cos\alpha\cdot t,\\ y=v_0\sin\alpha\cdot t-\dfrac{1}{2}gt^2.\end{cases}$

第六章复习题

一、1.（1）微分方程中出现的导数的最高阶数；

（2）微分方程的解中含有任意常数，且任意常数的个数与微分方程的阶数相同；

（3）$y''-3y'+2y=0$；　　（4）$\dfrac{y_1(x)}{y_2(x)}\neq$常数.

2.（1）D；　（2）C.

3.（1）$x(ax^2+bx+c)$；　　（2）ax^2e^{3x}；

（3）$(ax+b)e^{-x}$；　　（4）$xe^{-x}(a\cos 2x+b\sin 2x)$；

（5） $a\cos 2x+b\sin 2x$.

二、1.（1） $y=\ln(Ce^{\frac{x^2}{2}}-1)$;

（2） $y=(Cx^4-1)e^x$;

*（3） $x+ye^{\frac{x}{y}}=C$;

*（4） $y=C_1e^x+C_2x+C_3$;

*（5） $y=\frac{x}{9}(3+x^2)+C_1\ln(x+\sqrt{1+x^2})+C_2$;

（6） $y=C_1\cos 2x+C_2\sin 2x-\frac{x}{8}\cos 2x$.

2.（1） $y=\frac{1}{2x}(1+\ln^2 x)$;

*（2） $y=\frac{1}{1-3x}$;

（3） $y=e^{2x}+(-x^2-x+1)e^x$.

3. $f(x)=2(e^{\frac{x^2}{2}}-1)$.

4. $\begin{cases}\varphi'=1-\varphi^2,\\ \varphi(0)=0,\end{cases}\varphi(x)=\frac{e^{2x}-1}{e^{2x}+1}$.

*5. $y=x\sqrt{4-2\ln x}\ (0<x<e^2)$.

6. 每分钟约输入 250 m^3.

7.（1） $y=y_0e^{(k_1-k_2d)t}$;

（2） 若 $k_1>k_2d$，则 $y\to+\infty\ (t\to+\infty)$;

若 $k_1=k_2d$，则 $y\equiv y_0$;

若 $k_1<k_2d$，则 $y\to 0\ (t\to+\infty)$.